Teubner Studienbücher   Mechanik

K. Magnus
Schwingungen

Leitfäden der angewandten Mathematik und Mechanik LAMM

Unter Mitwirkung von
Prof. Dr. E. Becker, Darmstadt †
Prof. Dr. G. Hotz, Saarbrücken
Prof. Dr. P. Kall, Zürich
Prof. Dr. Dr.-Ing. E. h. K. Magnus, München
Prof. Dr. E. Meister, Darmstadt
Prof. Dr. Dr. h. c. F. K. G. Odqvist, Stockholm †
Prof. Dr. Dr. h. c. Dr. h. c. E. Stiefel, Zürich †

herausgegeben von
Prof. Dr. Dr. h. c. H. Görtler, Freiburg

Band 3

Die Lehrbücher dieser Reihe sind einerseits allen mathematischen Theorien und Methoden von grundsätzlicher Bedeutung für die Anwendung der Mathematik gewidmet; andererseits werden auch die Anwendungsgebiete selbst behandelt. Die Bände der Reihe sollen dem Ingenieur und Naturwissenschaftler die Kenntnis der mathematischen Methoden, dem Mathematiker die Kenntnisse der Anwendungsgebiete seiner Wissenschaft zugänglich machen. Die Werke sind für die angehenden Industrie- und Wirtschaftsmathematiker, Ingenieure und Naturwissenschaftler bestimmt, darüber hinaus aber sollen sie den im praktischen Beruf Tätigen zur Fortbildung im Zuge der fortschreitenden Wissenschaft dienen.

Schwingungen

Eine Einführung in die theoretische
Behandlung von Schwingungsproblemen

Von Dr. rer. nat. Dr.-Ing. E. h. Kurt Magnus
Professor an der Techn. Universität München

4., durchgesehene Auflage
Mit 197 Figuren und 62 Aufgaben

 B. G. Teubner Stuttgart 1986

Professor Dr. rer. nat. Dr.-Ing. E. h. Kurt Magnus

geboren 1912 in Magdeburg. Studium der Mathematik und Physik, 1937 Promotion und 1942 Habilitation an der Universität Göttingen. Lehrtätigkeit an den Universitäten in Göttingen, Freiburg, Lawrence/Kansas und den Technischen Hochschulen (Universitäten) in Danzig, Stuttgart, München. Seit 1958 o. Professor für Mechanik, von 1966 bis 1980 Leiter des Instituts für Mechanik, Fachbereich Maschinenwesen der Technischen Universität München. Seit 1980 emeritiert. Ehrendoktor der Universität Stuttgart.

CIP-Kurztitelaufnahme der Deutschen Bibliothek

Magnus, Kurt:
Schwingungen : e. Einf. in d. theoret.
Behandlung von Schwingungsproblemen / von
Kurt Magnus. — 4., durchges. Aufl. —
Stuttgart : Teubner, 1986
  (Leitfäden der angewandten Mathematik
  und Mechanik ; Bd. 3)
  Teubner-Studienbücher : Mechanik)
  ISBN 3-519-22302-3
NE: GT

© B. G. Teubner Verlagsgesellschaft mbH, Stuttgart 1961
Printed in Germany
Gesamtherstellung: Beltz Offsetdruck, Hemsbach/Bergstr.
Umschlaggestaltung: W. Koch, Sindelfingen

Vorwort

Es besteht im deutschsprachigen Schrifttum kein Mangel an guten, ja ausgezeichneten Werken zur Schwingungslehre. Warum also soll das Bücherangebot auf diesem Gebiet noch vermehrt werden? Diese naheliegende Frage sei mit dem Hinweis beantwortet, daß für die vorliegende Zusammenstellung die Stoffauswahl und eine Beschränkung im Umfang entscheidend gewesen sind. Beides hängt eng miteinander zusammen. Es sollte etwa die Stoffmenge gebracht werden, die in einer einsemestrigen Vorlesung bewältigt werden kann; gleichzeitig aber sollte ein nicht zu einseitig begrenzter Überblick gegeben werden. Dieses Ziel verbot von vornherein jeden Gedanken an Vollständigkeit bezüglich der Ergebnisse der Schwingungslehre. Jedoch wurde eine gewisse Abrundung nicht nur hinsichtlich der Methoden, sondern auch bezüglich der wichtigsten Schwingungs-Erscheinungen angestrebt. Aus der Gliederung wird man erkennen, daß gegenüber anderen Büchern mit ähnlicher Zielsetzung gewisse Schwerpunktsverschiebungen vorgenommen wurden. Leitender Grundgedanke war eine Einteilung der Schwingungstypen nach dem Mechanismus ihrer Entstehung. Neben den autonomen Eigenschwingungen und selbsterregten Schwingungen wurden die heteronomen parametererregten und erzwungenen Schwingungen behandelt. In beide Bereiche übergreifend sind abschließend Koppelschwingungen dargestellt worden. Auf diese Weise sollte der Übergang zu Systemen mit mehreren Freiheitsgraden und zum schwingenden Kontinuum angedeutet werden.

In der Darstellung wurde versucht, die wesentlichen Grundgedanken herauszuarbeiten, ohne die eine Schwingungslehre nicht auskommen kann. Auf eine Verbindung anschaulich-physikalischer Überlegungen mit den oft formalmathematischen Berechnungen ist besonderer Wert gelegt worden. Erfahrungsgemäß liegt gerade in der Übertragung der physikalisch gegebenen Aufgabe in ein mathematisch formuliertes Problem – und in der Rücktransformation, der physikalischen Deutung eines mathematischen Ergebnisses – eine der Hauptschwierigkeiten für die Handhabung jeglicher Theorie. Ich hoffe, daß diese Darstellung dazu beitragen kann, den notwendigen Zusammenhang zwischen mathematischen Verfahren und physikalischer Wirklichkeit deutlich werden zu lassen. Soweit es möglich war, wurden exakte mathematische Verfahren bevorzugt. Dennoch konnte auf die verschiedenartigen Näherungsverfahren nicht verzichtet werden, die als wichtiges, ja unentbehrliches Handwerkszeug für den Schwingungspraktiker ausgearbeitet wurden. So ist selbstverständlich die Methode der kleinen Schwingungen vielfach verwendet worden; beschrieben wurden aber auch die ergiebigeren Verfahren, die vor allem für die Untersuchung nichtlinearer Probleme entwickelt worden sind, z. B. die Methode der harmonischen Balance. Auf Schwierigkeiten der mathematischen Begründung konnte hier freilich nur hingewiesen werden.

Die Schwingungslehre greift in fast alle Bereiche der Physik und Technik ein. Daher habe ich mich nicht auf die Behandlung der mechanischen Schwingungen beschränkt, obwohl Beispiele aus dem Bereich der Mechanik überwiegen. Wo es möglich war, habe ich versucht, Querverbindungen aufzuzeigen; so wurde insbesondere auf die enge Verwandtschaft der Begriffswelten der Schwingungslehre und der Regelungstechnik hingewiesen. Die Einführung der Begriffe Übergangsfunktion, Übertragungsfunktion, Frequenzgang und Ortskurven ergab sich völlig zwanglos bei der Behandlung der erzwungenen Schwingungen. Auch das Duhamelsche Integral gehört bereits in die Schwingungslehre.

Einzelne Beispiele wurden, sofern sie als typisch angesehen werden können, ausführlich durchgerechnet; andere wurden z. T. nur angedeutet. Trotz der Beschränkung im Umfang wird hier der Eingeweihte einige Ergebnisse finden, die – soweit mir bekannt ist – bisher nicht veröffentlicht worden sind, obwohl sie mit bekannten Methoden gewonnen werden können (z. B. in den Abschnitten 3.31, 3.42, 4.2, 4.4 und 5.42). Der Charakter des Werkes als Lehrbuch sollte durch die Aufgaben unterstrichen werden, die jedem Kapitel beigegeben wurden. Ich möchte annehmen, daß jeder Leser, der diese Aufgaben gelöst hat, behaupten darf, etwas von den Grundgedanken der Schwingungslehre zu verstehen. Zumindest wird es für ihn nicht schwierig sein, sich von der gewonnenen Plattform aus weiter in Spezialgebiete der Schwingungslehre einzuarbeiten.

Wenn auch das Konzept dieses Buches auf eigenen Vorlesungsausarbeitungen fußt, so habe ich doch das Glück gehabt, Mitarbeiter zu finden, die sich für die teilweise mühsame Arbeit der Formelkontrolle, des Fertigmachens zum Druck und des Korrekturlesens zur Verfügung gestellt haben. Ich möchte diesen Mitarbeitern herzlich dafür danken, auch wenn ich sie hier nicht einzeln namentlich aufführen kann. Erwähnen muß ich jedoch meine Assistenten, die Herren Dr. Horst Leipholz, der wesentlichen Anteil an der Durchrechnung der Beispiele und Aufgaben hat und wertvolle Bemerkungen zum Text beisteuerte, und Dipl.-Ing. Martin Frik, der das Manuskript und die Korrekturen gewissenhaft und nicht nur schematisch gelesen hat. Die Abbildungen hat Herr Dipl.-Ing. Karl-Heinz Döttinger mit Geschick entworfen; er hat außerdem viele Kurven durchgerechnet und auf diese Weise dazu beigetragen, daß der leider häufige Fehler eines nur qualitativen Skizzierens der Abbildungen vermieden werden konnte.

Dem Teubner-Verlag bin ich für die erwiesene Geduld, für viele wertvolle Hinweise und insgesamt für die überaus erfreuliche Zusammenarbeit zu Dank verpflichtet.

Für die 3.u.4. Auflage waren nur wenige kleinere Fehler zu korrigieren, so daß ein gegenüber der zweiten Auflage im wesentlichen unveränderter Nachdruck durchgeführt werden konnte. Auch bei dieser Gelegenheit möchte ich für zahlreiche Zuschriften danken und bitten, mich auf Unstimmigkeiten oder mißverständliche Formulierungen, die sich wohl nie ganz vermeiden lassen, aufmerksam zu machen.

München, im Frühjahr 1986   K. Magnus

Inhalt

6 Koppelschwingungen

1 Grundbegriffe und Darstellungsmittel

1.1 Schwingungen und ihre Bestimmungsstücke

Als Schwingungen werden mehr oder weniger regelmäßig erfolgende zeitliche Schwankungen von Zustandsgrößen bezeichnet. Schwingungen können überall in der Natur und in allen Bereichen der Technik beobachtet werden. So schwankt die Tageshelligkeit in 24stündigem Rhythmus; es pendelt der Arbeitskolben in einem Motor ständig hin und her; schließlich ändert sich der Winkel, den ein Schwerependel mit der Vertikalen bildet, in stets sich wiederholender Weise.

Der Zustand eines schwingenden Systems kann durch geeignet gewählte Zustandsgrößen, z. B. Winkel, Druck, Temperatur, elektrische Spannung, Geschwindigkeit o. ä. gekennzeichnet werden. Sei x eine derartige Zustandsgröße, so interessiert in der Schwingungslehre die zeitliche Veränderung $x = x(t)$. Eine besondere Rolle spielen Vorgänge, bei denen sich x periodisch ändert. Für sie gilt:

$$x(t) = x(t + T).\tag{1.1}$$

Darin ist T ein fester Wert, der als Periode, als Schwingungsdauer oder als Schwingungszeit bezeichnet wird. Die Beziehung (1.1) sagt aus, daß die Zustandsgröße x zu irgend zwei Zeitpunkten, die um den Betrag T zeitlich auseinanderliegen, den gleichen Wert annimmt.

Der reziproke Wert der Schwingungszeit T

$$f = \frac{1}{T}\tag{1.2}$$

ist die Frequenz der Schwingung, also die Zahl der Schwingungen in einer Sekunde. Die Einheit der Frequenz ist das Hertz, abgekürzt Hz. Bei einer Schwingung von z. B. 6 Hz werden also 6 volle Perioden in einer Sekunde durchlaufen.

Für die rechnerische Behandlung der Schwingungen wird neben der durch (1.2) definierten Frequenz f noch die sogenannte Kreisfrequenz ω verwendet. Darunter wird die Zahl der Schwingungen in 2π Sekunden verstanden. Es gilt also:

$$\omega = 2\pi f = \frac{2\pi}{T}.\tag{1.3}$$

Schwingungszeit bzw. Frequenz bestimmen den Rhythmus einer Schwingung; ihre Stärke ist durch die Amplitude A gegeben. Darunter versteht man den halben Wert der gesamten Schwingungsweite, also des Bereiches, den die Zustandsgröße x im Verlaufe einer Periode durchläuft. Ist x_{max} der Größtwert und x_{min} der Kleinstwert von x während einer Periode, so gilt:

$$A = \frac{1}{2}\left(x_{max} - x_{min}\right).\tag{1.4}$$

Der Wert der Zustandsgröße x schwankt bei periodischen Schwingungen um eine Mittellage, die durch

$$x_0 = \frac{1}{2}(x_{max} + x_{min}) \tag{1.5}$$

definiert werden kann. Bei symmetrischen Schwingungen entspricht diese Mittellage zugleich der Ruhelage oder Gleichgewichtslage.

Genügt die Funktion $x(t)$ nicht streng, sondern nur näherungsweise der Periodizitätsbedingung (1.1), so spricht man von fast periodischen Schwingungen. Es gilt dann:

$$|x(t) - x(t + T)| < \varepsilon \tag{1.6}$$

mit einem vorgegebenen kleinen Wert ε.

1.2 Das Ausschlag-Zeit-Diagramm (x, t-Bild)

Zur anschaulichen Darstellung eines Schwingungsvorganges bedient man sich des x, t-Bildes, also einer graphischen Darstellung, bei der die Zeit t als Abszisse und der Ausschlag x als Ordinate verwendet werden. Wie das in Fig. 1 gezeichnete Beispiel für eine periodische Schwingung zeigt, lassen sich aus dieser Darstellung unmittelbar die interessierenden Bestimmungsstücke der Schwingung, also die Schwingungszeit T, die Mittellage x_0 und die Amplitude A ablesen.

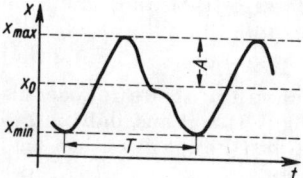

Fig. 1.
x, t-Bild einer periodischen Schwingung

Die dominierende Stellung, die das x, t-Bild bei der Darstellung eines Schwingungsvorganges einnimmt, ist vor allem durch die Tatsache zu erklären, daß fast alle registrierenden Schwingungsmeßgeräte (Schwingungsschreiber, Oszillographen) x, t-Bilder aufzeichnen. Stets wird bei diesen Geräten mittelbar oder unmittelbar die Schwingung auf einem mit konstanter Geschwindigkeit bewegten Papier- bzw. Filmstreifen oder auf einer rotierenden Trommel aufgezeichnet – ähnlich, wie es in Fig. 2 für einen einfachen Fall skizziert ist.

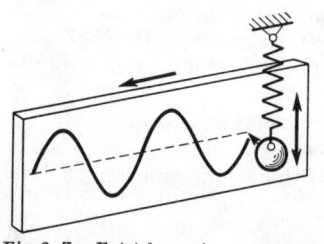

Das x, t-Bild einer Schwingung läßt nicht nur die schon genannten Bestimmungsstücke leicht erkennen, es gibt darüber hinaus dem Fachmann einen manchmal sehr wichtigen Hinweis auf den allgemeinen Charakter der Schwingung, der sich in der Form des Kurvenzuges ausdrückt. In Fig. 3 sind einige typische Formen dargestellt; es sind dies

Fig. 2. Zur Entstehung eines x, t-Bildes

a) die gleichförmige Dreieckschwingung,
b) die Sägezahnschwingung (ungleichförmige Dreieckschwingung),
c) die Trapezschwingung,
d) die Rechteckschwingung,
e) die Sinusschwingung.

Von den genannten Schwingungstypen ist ohne Zweifel die letztgenannte – die Sinusschwingung –, die auch als **harmonische Schwingung** bezeichnet wird, die wichtigste. Nicht nur, weil sie sich mathematisch leicht wiedergeben läßt, sondern vor allem, weil viele in Natur und Technik vorkommende Schwingungen mit sehr guter Annäherung dem Sinusgesetz gehorchen. Selbst in Fällen, bei denen eine Schwingung nicht sinusförmig verläuft, bietet sich die Sinusfunktion als bequemes Hilfsmittel zur näherungsweisen Beschreibung an.

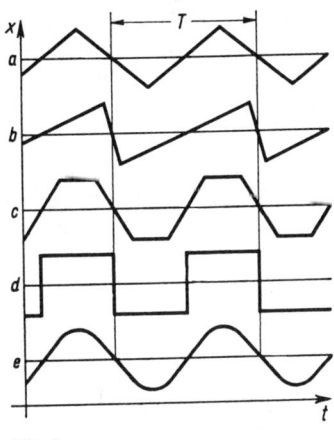

Für eine Sinusschwingung gilt:

$$x = x_0 + A \sin \omega t, \qquad (1.7)$$

wobei für die Kreisfrequenz ω der Wert von (1.3) einzusetzen ist.

Die bisher betrachteten Schwingungen genügten der Periodizitätsbedingung (1.1), so daß sich die Kurvenstücke des x, t-Bildes für die einzelnen Schwingungsperioden vollkommen zur Deckung bringen lassen. Für

Fig. 3.
x, t-Bilder einfacher Schwingungsformen

jede Periode gelten die gleichen Werte x_{max} und x_{min}. Verbindet man einerseits die Punkte, an denen x den Wert x_{max}, andererseits die Punkte, an denen x den Wert x_{min} erreicht, so erhält man zwei horizontale Gerade, die die eigentliche Schwingungskurve einhüllen (Fig. 4a). Die Schwingungen sind **ungedämpft**. Wird der Abstand der beiden Hüllkurven mit wachsendem t kleiner, wie es Fig. 4b zeigt, dann spricht man von **gedämpften Schwingungen**. Gehen die beiden Hüllkurven mit wachsendem t auseinander, so nennt man die Schwingungen **aufschaukelnd** oder **angefacht** (Fig. 4c).

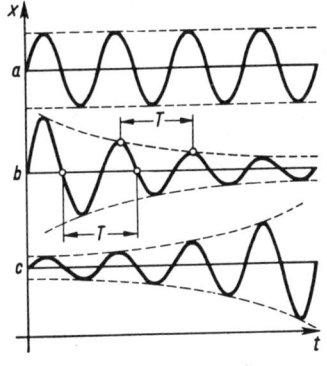

Obwohl für angefachte oder gedämpfte Schwingungen die Beziehung (1.1) nicht gilt, läßt sich dennoch eine Schwingungszeit T auch für diese definieren. Man verwendet hierzu beispielsweise den zeitlichen Abstand, in dem die Schwingungskurve eine der beiden Hüllkurven aufeinanderfolgend berührt.

Fig. 4. Ungedämpfte, gedämpfte und angefachte Schwingungen

Aber auch der Abstand zweier benachbarter in gleicher Richtung erfolgender Durchgänge der Schwingungskurve durch die Mittellage kann als Schwingungszeit T verwendet werden.

Die Mittellage ist in diesen Fällen einfach als Mittellinie zwischen den beiden Hüllkurven gegeben. Als Maß für die jetzt von der Zeit abhängige Amplitude kann der jeweilige Abstand der Hüllkurven von der Mittellage verwendet werden.

1.3 Vektorbild und komplexe Darstellung

Zur Darstellung von sinusförmigen Schwingungen kann das sehr durchsichtige Vektorbild, auch Zeigerbild genannt, verwendet werden. Bei seiner Konstruktion wird der enge Zusammenhang ausgenützt, der zwischen der Sinusschwingung und einer gleichförmigen Kreisbewegung besteht. Man erkennt diesen Zusammenhang unmittelbar an dem in Fig. 5 gezeichneten Gleitkurbelgetriebe. Wird der Kurbelarm gleichförmig gedreht, dann vollführt jeder Punkt der Gleitstange eine reine Sinusbewegung, für die $x = A \sin \omega t$ gilt.

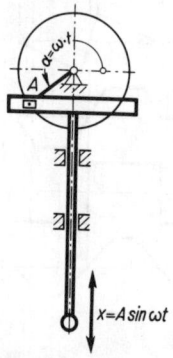

Der Zusammenhang zwischen dem gleichförmig umlaufenden Vektor A, dessen Betrag durch die Länge des Kurbelarmes gegeben ist, und dem x, t-Bild der resultierenden Schwingung der Gleitstange geht aus der geometrischen Konstruktion von Fig. 6 hervor. Der Endpunkt des Vektors A bewegt sich auf einer Kreisbahn und nimmt dabei nacheinander die Lagen 1 bis 9 ein. Projiziert man diese Lagen in eine x, t-Ebene, bei der für die Abszisseneinteilung an Stelle der Zeit t auch der zu ihr proportionale Winkel α aufgetragen werden kann, so ergibt sich eine Sinuslinie. Der linke Teil von Fig. 6 ist das Vektorbild einer einfachen Sinusschwingung.

Fig. 5.
Gleitkurbelgetriebe
und Sinusschwingung

Für die Berechnung von harmonischen Schwingungen ist es häufig zweckmäßig, die Ebene des Vektorbildes als komplexe z-Ebene mit $z = x + iy$ aufzufassen. Der rotierende Vektor von der Länge A wird dann dargestellt durch:

$$z = A e^{i \omega t} = A (\cos \omega t + i \sin \omega t). \tag{1.8}$$

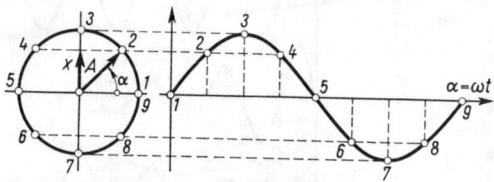

Fig. 6. Entstehung der Sinusschwingung
aus der gleichförmigen Kreisbewegung

Wenn über den Zeitnullpunkt frei verfügt werden kann, so läßt sich jede harmonische Schwingung entweder als Sinus- oder als Cosinus-Schwingung darstellen. Liegt der Zeitpunkt aus irgendwelchen Gründen bereits fest, dann kann stets eine Darstellung von der Form

$$x = A \cos (\omega t - \varphi) \tag{1.9}$$

gefunden werden. Die Größe φ, die im Vektorbild als Winkel eingetragen werden kann, heißt Phasenwinkel. Dieser Winkel gibt an, in welcher Bewegungsphase sich die Schwingung zum Zeitnullpunkt gerade befindet.

Man kann eine Sinusschwingung mit beliebigem Phasenwinkel stets aus einer Sinus- und einer Cosinus-Komponente aufbauen. Aus (1.9) folgt nämlich:

$$\begin{aligned} x &= A \cos\varphi \cos \omega t + A \sin\varphi \sin \omega t, \\ x &= A_1 \cos \omega t + A_2 \sin \omega t, \end{aligned} \tag{1.10}$$

Wegen $A_1 = A \cos \varphi$; $A_2 = A \sin \varphi$ gilt:

$$A = \sqrt{A_1^2 + A_2^2}; \qquad \tan \varphi = \frac{A_2}{A_1}. \tag{1.11}$$

Dieser Zusammenhang kann auch unmittelbar aus der in Fig. 7 dargestellten Vektorzerlegung abgelesen werden.

Auch bei der phasenverschobenen Schwingung (1.9) bewährt sich die komplexe Darstellung. Zu (1.9) gehört ein komplexer Ausschlag

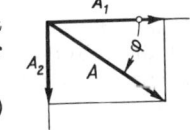

$$z = A e^{i(\omega t - \varphi)} = A e^{-i\varphi} e^{i\omega t}. \tag{1.12}$$

Faßt man darin das Produkt $A e^{-i\varphi}$ als komplexen Amplitudenfaktor auf, so kommt man wieder genau auf die frühere Darstellung (1.8) zurück. Die Phasenverschiebung wirkt sich also in einem Komplexwerden des Amplitudenfaktors aus; in der komplexen Ebene bedeutet das aber eine Drehung des Vektors A um den festen Winkel φ, wie dies auch aus Fig. 7 zu ersehen ist.

Fig. 7. Vektorzerlegung für eine Schwingung mit dem Phasenwinkel φ

Die Beziehung (1.9) kann als Ergebnis der Addition der beiden um 90° phasenverschobenen Schwingungen von (1.10) aufgefaßt werden. Eine Addition von zwei harmonischen Schwingungen, die die gleiche Frequenz $\omega_1 = \omega_2$ besitzen, läßt sich auch ganz allgemein durchführen. Hierzu verwenden wir die komplexe Darstellung. Es seien

$$z_1 = A_1 e^{i(\omega_1 t - \varphi_1)} = A_1 e^{-i\varphi_1} e^{i\omega t}$$

$$z_2 = A_2 e^{i(\omega_2 t - \varphi_2)} = A_2 e^{-i\varphi_2} e^{i\omega t}$$

die beiden Schwingungen mit gleicher Frequenz, aber verschiedenen Amplitudenfaktoren A und verschiedenen Phasenwinkeln φ. Durch Addition folgt nun:

$$z = z_1 + z_2 = e^{i\omega t}(A_1 e^{-i\varphi_1} + A_2 e^{-i\varphi_2}) \tag{1.13}$$

$$z = A e^{-i\varphi} e^{i\omega t}.$$

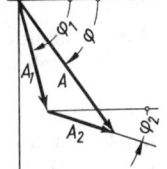

Die Addition der beiden Schwingungen läuft also auf eine Addition der beiden komplexen Amplitudenfaktoren hinaus, eine Operation, die man in der komplexen Ebene unmittelbar als Vektoraddition deuten kann (Fig. 8). Die Berechnung ergibt für die neuen Größen die Werte:

Fig. 8. Vektoraddition zweier Schwingungen gleicher Frequenz

$$A = \sqrt{A_1^2 + A_2^2 + 2A_1 A_2 \cos(\varphi_2 - \varphi_1)}$$

$$\tan \varphi = \frac{A_1 \sin \varphi_1 + A_2 \sin \varphi_2}{A_1 \cos \varphi_1 + A_2 \cos \varphi_2}. \tag{1.14}$$

Die Addition von zwei Schwingungen gleicher Frequenz ergibt somit wieder eine Schwingung derselben Frequenz, jedoch mit entsprechend veränderter Amplitude und Phase.

Wenn man die Zeitabhängigkeit der Schwingung Gl. (1.13) im Vektorbild erkennen will, so muß man sich das Vektordreieck von Fig. 8 als starres Gebilde um den Ursprung mit konstanter Winkelgeschwindigkeit ω rotierend denken. Zu den festen Winkeln $\varphi, \varphi_1, \varphi_2$, die die drei Vektoren mit der reellen Achse bilden, kommen noch die jeweils gleich großen, aber linear mit der Zeit anwachsenden Winkel ωt. Die Projektion des Endpunktes von A auf die reelle Achse ist dann gleich dem Ausschlag $x = x(t)$.

Etwas umständlicher als die Addition von zwei Schwingungen gleicher Frequenz ist die Addition (oder Subtraktion) zweier Schwingungen verschiedener Frequenz. Da hier die komplexe Rechnung keine Vorteile bietet, soll reell angesetzt werden:

$$x = x_1 + x_2 = A_1 \cos \omega_1 t + A_2 \cos \omega_2 t. \tag{1.15}$$

Der Einfachheit halber ist dabei $\varphi_1 = \varphi_2 = 0$ angenommen worden. Schon dieser Sonderfall läßt die wesentlichsten Dinge erkennen, so daß von einer nicht schwierigen, aber etwas mühsamen Behandlung des allgemeinen Falles hier abgesehen werden kann.

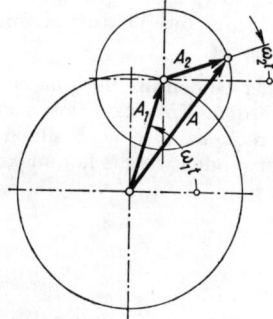

Zunächst sei der Verlauf der Schwingung an Hand des Vektorbildes (Fig. 9) überlegt: jeder der beiden Summanden von (1.15) stellt in der komplexen Ebene einen rotierenden Vektor dar. Die Addition kann nach den Regeln der Vektorrechnung so vorgenommen werden, daß der Anfangspunkt des zweiten Vektors in den Endpunkt des ersten gelegt wird. Der Summenvektor A ist dann vom Anfangspunkt des ersten Vektors zum Endpunkt des zweiten zu ziehen. Beide Teilvektoren rotieren jetzt aber mit verschiedenen Geschwindigkeiten. Infolgedessen verändert sich die Gestalt des Vektordreiecks als Funktion der Zeit. Das Vektordreieck rotiert also nicht – wie im Falle von Fig. 8 – als

Fig. 9. Vektoraddition zweier Schwingungen verschiedener Frequenz

starres Gebilde um den Ursprung, sondern verformt sich während der Drehung. Dadurch verliert das Vektorbild etwas an Anschaulichkeit, wenngleich es natürlich mit seiner Hilfe ohne Schwierigkeiten möglich ist, die Bahn des Endpunktes des Vektors A schrittweise als Funktion der Zeit in der komplexen Ebene zu konstruieren.

Etwas mehr Auskunft gibt in diesem Falle die Rechnung. Wir erhalten zunächst durch eine einfache Umformung aus (1.15):

$$x = \frac{A_1 + A_2}{2} \left(\cos \omega_1 t + \cos \omega_2 t \right) + \frac{A_1 - A_2}{2} \left(\cos \omega_1 t - \cos \omega_2 t \right).$$

Daraus folgt durch Anwendung trigonometrischer Beziehungen:

$$x = \left[(A_1 + A_2) \cos \frac{\omega_1 - \omega_2}{2} t \right] \cos \frac{\omega_1 + \omega_2}{2} t$$

$$- \left[(A_1 - A_2) \sin \frac{\omega_1 - \omega_2}{2} t \right] \sin \frac{\omega_1 + \omega_2}{2} t. \tag{1.16}$$

Oder zusammengefaßt:

mit den Abkürzungen:

$$x = A^* \cos(\omega_m t + \varphi^*) \qquad (1.17)$$

$$A^* = \sqrt{A_1^2 + A_2^2 + 2A_1 A_2 \cos 2\omega_d t}$$

$$\tan \varphi^* = \frac{A_1 - A_2}{A_1 + A_2} \tan \omega_d t \qquad (1.18)$$

$$\omega_m = \frac{1}{2}(\omega_1 + \omega_2); \qquad \omega_d = \frac{1}{2}(\omega_1 - \omega_2).$$

Wenn auch diese Darstellung erheblich komplizierter ist, als die einfache Ausgangsbeziehung (1.15), so läßt sie doch gerade für einige technisch besonders interessierende Fälle eine sehr anschauliche Deutung zu. Wenn die Frequenzen beider Teilschwingungen benachbart sind, gilt $\omega_d \ll \omega_m$. Dann läßt sich die Lösung Gl. (1.17) als Sinusschwingung mit der mittleren Frequenz ω_m auffassen, deren Amplitudenfaktor A^* und Phasenwinkel φ^* sich langsam mit der kleinen Differenz-Frequenz $2\omega_d$ bzw. ω_d als Funktionen der Zeit ändern.

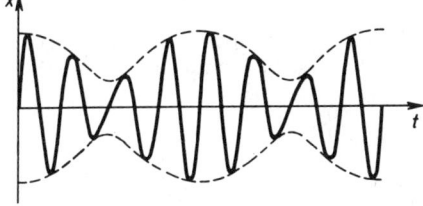

Das x, t-Bild einer derartigen Schwingung hat das Aussehen von Fig. 10: die Hauptschwingung mit der Frequenz ω_m wird von einer Hüllkurve eingeschlossen, die ihrerseits periodisch verläuft. Man er-

Fig. 10. x, t-Bild für zwei überlagerte Schwingungen mit benachbarten Frequenzen

kennt sofort, daß der Abstand der Hüllkurve von der Mittellage der Schwingung zwischen den Grenzen

$$|A_1 - A_2| \leqq A^* \leqq A_1 + A_2$$

hin und her schwankt. Die Amplitudenfaktoren A sind dabei stets als positiv anzusehen. Die mit der Frequenz $2\omega_d$ erfolgende Schwankung wird als Schwebung bezeichnet. Man kann die in Fig. 10 dargestellte Schwingung auch als eine modulierte Schwingung betrachten, bei der die Grundschwingung die Trägerfrequenz ω_m besitzt; wegen $\varphi^* = \varphi^*(t)$ schwankt jedoch diese Frequenz um den Mittelwert ω_m. Die Grundschwingung ist außerdem bezüglich der Amplitude mit einer Modulationsfrequenz $2\omega_d$ moduliert. Modulierte Schwingungen bilden die Grundlage der Funktechnik.

1.4 Phasenkurven und Phasenporträt

Mit dem Vektorbild eng verwandt ist die Darstellung einer Schwingung in der sogenannten Phasenebene. Die Phasendarstellung ist jedoch vielseitiger und besonders auch für nichtharmonische Schwingungen gut geeignet. Man bekommt das Phasenbild einer Schwingung, wenn man die Bewegungsgeschwindigkeit $\dot{x} = \dfrac{dx}{dt} = v$ als Ordinate über dem Ausschlag x als Abszisse aufträgt. Jeder Bewegung kann zur Zeit t ein Bildpunkt in der x, v-Ebene zugeordnet werden, der durch die Momentanwerte von Ausschlag x und Geschwindigkeit $\dot{x} = v$

eindeutig festgelegt ist. Der Bildpunkt wandert als Funktion der Zeit und durchläuft dabei die Phasenkurve (Fig. 11). Die Zeit erscheint bei dieser Darstellung als Parameter; die Gleichung einer Phasenkurve ist durch $v = v(x)$ gegeben.

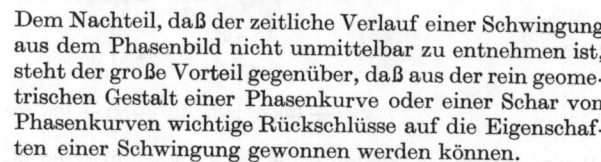

Dem Nachteil, daß der zeitliche Verlauf einer Schwingung aus dem Phasenbild nicht unmittelbar zu entnehmen ist, steht der große Vorteil gegenüber, daß aus der rein geometrischen Gestalt einer Phasenkurve oder einer Schar von Phasenkurven wichtige Rückschlüsse auf die Eigenschaften einer Schwingung gewonnen werden können.

Fig. 11. Bahnkurve einer Bewegung in der Phasenebene (x, v-Ebene)

Betrachten wir zunächst ein einfaches Beispiel: Es sei die Phasenkurve einer Sinusschwingung zu bestimmen, für die

$$x = A \cos(\omega t - \varphi)$$
$$v = \dot{x} = -A\omega \sin(\omega t - \varphi)$$

gilt. Durch Quadrieren und nachfolgendes Addieren läßt sich die Zeit eliminieren, so daß der Zusammenhang zwischen x und v die Form annimmt:

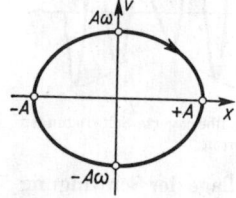

$$\frac{x^2}{A^2} + \frac{v^2}{(A\omega)^2} = 1. \tag{1.19}$$

Das ist in der Phasenebene eine Ellipse mit den Halbachsen A bzw. $A\omega$ (Fig 12). Im Fall $\omega = 1$ wird die Ellipse zum Kreis. Man kann jedoch auch bei beliebiger Frequenz ω Kreise erhalten, wenn man den Maßstab auf der Ordinate verzerrt und nicht v, sondern v/ω über x aufträgt.

Fig. 12. Phasenbahn einer Sinusschwingung

Für die in Fig. 3a gezeichnete Dreieckschwingung ist die Geschwindigkeit v abschnittweise konstant, sie springt in den Umkehrpunkten der Bewegung jedesmal auf den entgegengesetzten Wert. Wie man leicht sieht, hat die Phasenkurve in diesem Fall die Gestalt eines Rechtecks (Fig. 13). Die gleiche Phasenkurve, nur mit einer anderen Zuordnung für die Zeit t, ergibt sich für die Trapezschwingung (Fig. 3c). Die Phasenkurve einer Sägezahnschwingung wird ebenfalls ein Rechteck, nur rückt die untere Rechteckseite zu größeren negativen v-Werten. Bei der Phasenkurve der Rechteckschwingung schließlich rutschen die beiden horizontalen Anteile

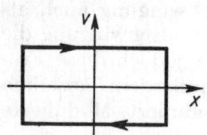

Fig. 13. Phasenkurve einer Dreieckschwingung

der Phasenkurve ins Unendliche nach oben bzw. nach unten, so daß nur zwei Parallelen zur Ordinate im Abstand $+A$ bzw. $-A$ übrigbleiben.

Der aus der Gleichung einer Phasenkurve nicht ersichtliche zeitliche Verlauf der Schwingung kann durch Integration bestimmt werden. Ist die Gleichung einer Phasenkurve mit $\dot{x} = v = v(x)$ gegeben, so findet man durch Trennung der Variablen:

$$dt = \frac{dx}{v(x)}$$

und integriert:

$$t = t_0 + \int\limits_0^x \frac{dx}{v(x)}. \tag{1.20}$$

So erhält man für die Schwingungszeit der Phasenellipse von Gl. (1.19) wegen

die Schwingungszeit
$$v = \omega \sqrt{A^2 - x^2}$$

$$T = 2 \int\limits_{-A}^{+A} \frac{dx}{\omega \sqrt{A^2 - x^2}} = \frac{2}{\omega} \arcsin \frac{x}{A} \Big|_{-A}^{+A} = \frac{2}{\omega} \left(\frac{\pi}{2} + \frac{\pi}{2} \right) = \frac{2\pi}{\omega}.$$

Phasenkurven besitzen einige allgemeine Eigenschaften, die nun besprochen werden sollen. Man sieht unmittelbar, daß jede Phasenkurve in der oberen Hälfte der Phasenebene nur von links nach rechts, in der unteren Halbebene dagegen nur von rechts nach links durchlaufen werden kann. In der oberen Halbebene ist stets $v > 0$, so daß die Größe x nur zunehmen kann, umgekehrt gilt in der unteren Halbebene $v < 0$, so daß hier x nur abnehmen kann. Damit ist aber der Durchlaufungssinn eindeutig festgelegt. In den Fig. 11 bis 13 ist er durch Pfeile angedeutet.

Alle Phasenkurven schneiden die Abszisse senkrecht. Das folgt aus der Tatsache, daß der Schnittpunkt mit der Abszisse durch $v = 0$ gekennzeichnet ist. Wenn aber die Geschwindigkeit $v = 0$ ist, hat x selbst einen stationären Wert, folglich muß die Tangente an die Phasenkurve im Schnittpunkt mit der Abszisse vertikal sein. Die Schnittpunkte mit der Abszisse bilden gleichzeitig die Extremwerte für x; geometrisch ausgedrückt: es kann in der oberen oder unteren Halbebene keine Punkte der Phasenkurve mit vertikaler Tangente geben. Für jeden Punkt mit vertikaler Tangente – sei er nun ein Extremwert oder ein Wendepunkt – muß ja $v = 0$ gelten.

Als Ausnahme ist es möglich, daß gewisse ausgeartete Phasenkurven die Abszisse nicht senkrecht schneiden. Dann aber ist der Schnittpunkt stets ein sogenannter singulärer Punkt. Davon wird später noch gesprochen werden.

Die einzelne Phasenkurve repräsentiert einen ganz bestimmten Bewegungsverlauf. Will man sich eine Übersicht über die in einem Schwinger möglichen Bewegungen verschaffen, so muß man mehrere Phasenkurven zeichnen. Die Gesamtheit dieser Kurven wird als das Phasenporträt des Schwingers bezeichnet. Wie das Porträt eines Menschen eine gewisse Vorstellung von dessen Eigenheiten vermittelt, so verrät das Phasenporträt dem geübten Auge wichtige Eigenschaften eines Schwingers.

Betrachten wir als einfaches Beispiel eine an einer Feder hängende Masse. Bei geeignetem Anstoß vollführt die Masse Schwingungen mit einer bestimmten Amplitude A; die zugehörige Phasenkurve ist eine Ellipse oder ist zumindest ellipsenähnlich. Bei anderen Anfangsbedingungen ergeben sich Schwingungen mit anderer Amplitude, aber von sonst gleichem Charakter. Das Phasenporträt des aus Feder und Masse bestehenden Schwingers ist also aus einer Schar konzentrischer Ellipsen aufgebaut (Fig. 14). Sinngemäß muß auch die Gleichgewichtslage des Schwingers, also der Punkt $x = v = 0$ zum Phasenporträt hinzugezählt werden. Geometrisch betrachtet bildet er einen singulären Punkt in der Phasenebene.

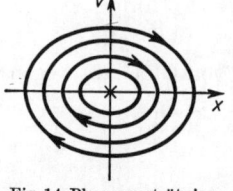

Fig. 14. Phasenporträt eines harmonischen Schwingers

Gleichgewichtslagen eines Schwingers werden stets durch singuläre Punkte repräsentiert. Man kann sich leicht überlegen, daß sie nur auf der x-Achse liegen können, da sonst keine Ruhe möglich ist. Nach dem Verlauf der den singulären Punkt umgebenden Phasenkurven unterscheidet man verschiedene Typen von singulären Punkten, und zwar Wirbelpunkte, Strudelpunkte, Knotenpunkte und Sattelpunkte. Diese aus der Theorie der Differentialgleichungen übernommenen Bezeichnungen[1]) haben sich als sehr nützlich für die Beschreibung des Verhaltens eines Schwingers erwiesen.

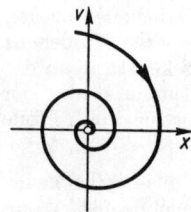

Fig. 15. Phasenkurve einer gedämpften Schwingung

Fig. 14 zeigt im Nullpunkt einen Wirbelpunkt. Er ist charakteristisch für ungedämpfte Schwingungen um eine Gleichgewichtslage. Ist Dämpfung vorhanden, dann wird die einzelne Ellipse zu einer Spirale (Fig. 15), und der singuläre Punkt im Nullpunkt wird zu einem Strudelpunkt.

Ist die Dämpfung einer Schwingung schwach, so hat die Spirale viele eng ineinanderliegende Windungen. Je stärker die Dämpfung ist, um so weiter rücken die Windungen auseinander. Bei sehr starker Dämpfung ändert sich das Phasenporträt auch qualitativ und nimmt die Form von Fig. 16 an. Hier wird der Nullpunkt zum Knotenpunkt. Alle Phasenkurven sind im Nullpunkt tangential zu einer schräg durch den Nullpunkt gehenden Gerade $a - a$ und wandern längs dieser Geraden in den Nullpunkt herein. Dieses Hereinwandern erfolgt so, daß der Nullpunkt selbst erst nach unendlich langer Zeit erreicht wird. Man erkennt das leicht, wenn man den Zeitverlauf der Bewegung mit Hilfe des Integrales (1.20) analysiert. In der unmittelbaren Umgebung des Nullpunktes kann jede Phasenkurve durch eine Gerade $v = -cx$ angenähert werden. Setzt man diesen Ausdruck in (1.20) ein, so folgt:

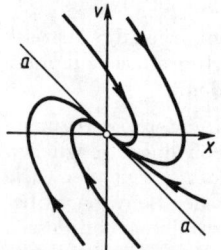

Fig. 16. Phasenporträt eines Schwingers mit starker Dämpfung

$$t = t_0 - \int\limits_{x_0}^{x} \frac{dx}{cx} = t_0 - \frac{1}{c}\,(\ln x - \ln x_0)$$

oder

$$x = x_0\,e^{-c\,(t-t_0)}. \tag{1.21}$$

Der Nullpunkt kann also nur asymptotisch erreicht werden. Damit hängt die Tatsache zusammen, daß hier die Phasenkurven die Abszisse nicht senkrecht schneiden.

---

[1]) Siehe z. B. L. Collatz, Differentialgleichungen, 3. Aufl. Stuttgart 1967.

Fig. 17 zeigt ein Phasenporträt mit Sattelpunkt. Es ist dadurch gekennzeichnet, daß zwei ausgeartete Phasenkurven (Separatrizen) durch ihn hindurchgehen, und die benachbarten Phasenkurven eine hyperbelähnliche Gestalt haben. Wir werden später sehen, daß dieser Typ stets dann vorkommen kann, wenn ein Schwinger eine instabile Gleichgewichtslage besitzt.

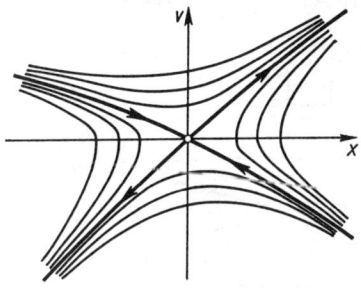

Die hier aufgeführten Phasenbilder sind die Bausteine, aus denen sich die später zu besprechenden Phasenporträts realer Schwinger aufbauen lassen. Es sei noch erwähnt, daß man auch modifizierte Phasenebenen verwenden kann. So kann

Fig. 17. Phasenporträt mit Sattelpunkt

es zweckmäßig sein, auf der Ordinate nicht v selbst, sondern geeignete Funktionen von v, und entsprechend auf der Abszisse geeignete Funktionen von x aufzutragen, um einfachere Formen für die Phasenkurven zu bekommen. Auch hat man gelegentlich Vorteil davon, wenn das Achsenkreuz nicht rechtwinklig, sondern schiefwinklig gewählt wird.

1.5 Übergangsfunktion, Frequenzgang und Ortskurve

Will man die Eigenschaften eines Schwingers erkennen und darstellen, so gibt es dazu noch andere Möglichkeiten. Man kann den Schwinger stören und die Reaktion auf diese Störung untersuchen. So wird man zum Beispiel die Tonhöhe einer Stimmgabel erkennen, wenn man diese anschlägt und den Ausschwingvorgang beobachtet. Allgemeiner gesprochen: die Eigenschaften eines Schwingers lassen sich aus seiner Reaktion auf bestimmte Arten von Störungen erkennen. Nennt man die Störung Eingangsfunktion x_e und die Reaktion darauf Ausgangsfunktion x_a, so können die Zusammenhänge – unabhängig von dem speziellen Aufbau des Schwingers selbst – durch das Blockschema von Fig. 18 veranschaulicht werden. Um ein konkretes Beispiel vor Augen zu haben, denke man an die an einer Feder hängende Masse (Fig. 19). Eine Störung kann hier durch vertikale Bewegung des Aufhängepunktes P verursacht werden. Die Verschiebung dieses Punktes ist die Eingangsgröße x_e. Als Reaktion wird die Masse zu schwingen anfangen, so daß als Ausgangsgröße x_a die Ortskoordinate der Masse angenommen werden kann.

Fig. 18.
Blockschema eines gestörten Schwingers

Als besonders geeignete Störfunktionen oder Prüffunktionen haben sich nun Funktionen erwiesen, wie sie in Fig. 20 dargestellt sind. Fig. 20a zeigt die Sprungfunktion

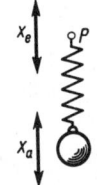

Fig. 19. Feder-Masse-Schwinger mit bewegtem Aufhängepunkt

$$x_e = \begin{cases} 0 & \text{für } t \le t_0 \\ 1 & \text{für } t > t_0. \end{cases} \qquad (1.22)$$

Durch Multiplizieren mit entsprechenden Faktoren können natürlich aus diesem Einheitssprung Sprünge mit beliebigen anderen Sprunghöhen erhalten werden.

Die in Fig. 20b dargestellte **Nadelfunktion** oder **Stoßfunktion** (Dirac-Funktion) ist nur in einem schmalen Bereich um den Zeitpunkt $t = t_0$ von Null verschieden. Im Grenzfall geht die Breite dieses Bereiches $2\varepsilon \to 0$. Es gilt:

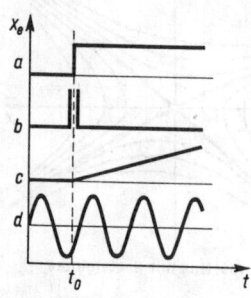

$$x_e = 0 \quad \text{für} \quad t < t_0 - \varepsilon \quad \text{und} \quad t > t_0 + \varepsilon,$$

und

$$\int\limits_{t_0-\varepsilon}^{t_0+\varepsilon} x_e \, dt = 1.$$

Für die **Anstiegfunktion** von Fig. 20c gilt

$$x_e = \begin{cases} 0 & \text{für} \quad t \leqq t_0 \\ c(t-t_0) & \text{für} \quad t \geqq t_0. \end{cases}$$

Fig. 20. Prüffunktionen zur Untersuchung von Schwingern

Auch hierbei kann man die vorkommende Konstante gleich der Einheit wählen. Fig. 20d schließlich zeigt eine sinusförmige Prüffunktion $x_e = \sin \omega t$.

Gelegentlich werden auch noch andere Prüffunktionen (z. B. Rechtecks- oder Dreiecks-Funktionen) verwendet, jedoch haben die beiden Funktionen nach Fig. 20a und 20d, also Sprungfunktion und Sinusfunktion, die überwiegende Bedeutung. Von diesen beiden Prüffunktionen wurden Begriffe abgeleitet, die zu wertvollen Hilfsmitteln der Schwingungslehre geworden sind.

Die Reaktion eines Schwingers auf einen Einheitssprung im Eingang wird als **Übergangsfunktion** bezeichnet. Ihre Entstehung soll in Fig. 21 verdeutlicht werden, die ohne weitere **Erklärung** verständlich sein dürfte. Die Störung wirkt sich hier in einer sprungartigen Verlagerung der Gleichgewichtslage des Schwingers aus. Der zeitliche Verlauf des Überganges aus der alten Gleichgewichtslage in die neue ist die Übergangsfunktion, die künftig mit $x_{\ddot{u}}(t)$ bezeichnet werden soll.

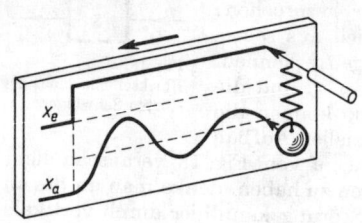

Fig. 21.
Zur Entstehung der Übergangsfunktion

Ist die Eingangsprüffunktion sinusförmig, so wird – nach Abklingen von gewissen Einschwingvorgängen – auch die Ausgangsfunktion eine periodische Funktion mit derselben Frequenz ω sein. In vielen Fällen ist sie sogar selbst sinusförmig oder zumindest so stark der Sinusform angenähert, daß man die Sinuskurve als gut brauchbare Annäherung betrachten kann.

Unter Verwendung der komplexen Schreibweise kann man in diesem Falle setzen:

$$x_e = e^{i\omega t}; \qquad x_a = V e^{i(\omega t - \psi)} = V e^{-i\psi} e^{i\omega t}.$$

Die **Vergrößerungsfunktion** V zeigt dabei an, um welchen Faktor die Amplitude der Ausgangsschwingung gegenüber der Amplitude der Eingangsschwingung verändert ist. Der Winkel ψ gibt den Phasenunterschied zwischen

Eingang und Ausgang an. Man bildet nun das Verhältnis zwischen Ausgangs-
und Eingangsgröße:

$$F = \frac{x_a}{x_e} = V e^{-i\psi}. \tag{1.23}$$

Diese komplexe Größe wird als Übertragungsfaktor des Schwingers bezeichnet. Er ist im allgemeinen keine Konstante, sondern von der Frequenz ω der verwendeten Eingangsschwingung abhängig. Würde man die Amplitude der Eingangsschwingung gleich A wählen, so würde F sowie auch V und ψ noch von A abhängen können:

$$F = F(A, \omega); \qquad V = V(A, \omega); \qquad \psi = \psi(A, \omega).$$

Für eine wichtige Klasse von Schwingern – die linearen Schwinger – bleibt jedoch die Amplitude A der Eingangsgröße ohne Einfluß, so daß nur noch die Abhängigkeit von der Frequenz ω übrigbleibt. Man nennt dann $V(\omega)$ den Amplituden-Frequenz-gang, $\psi(\omega)$ den Phasen-Frequenzgang und entsprechend $F(\omega)$ den (komplexen) Frequenz-gang des Schwingers. Allgemein wird als Frequenzgang die Änderung irgendeiner Kenngröße mit der Frequenz bezeichnet. Ein Beispiel zeigt Fig. 22.

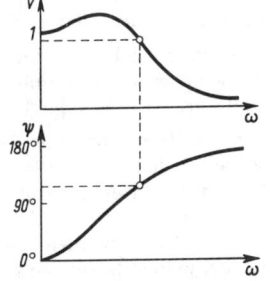

Fig. 22. Amplituden- und Phasen-Frequenzgang

Man kann den komplexen Übertragungsfaktor F auch unmittelbar durch eine Kurve darstellen, wenn man V und ψ als Polarkoordinaten von F in einer komplexen Ebene aufträgt. Zu jedem Wert von ω gehört ein Wertepaar V, ψ, also ein Punkt der komplexen Ebene. Mit Veränderungen von ω wandert dieser Punkt und beschreibt eine Kurve, die als die Ortskurve des Schwingers bezeichnet wird (Fig. 23). Sie beginnt für $\omega = 0$ auf der reellen Achse und endet mit $\omega \to \infty$ im Nullpunkt. Das ist einleuchtend, weil der Schwinger wegen der stets vorhandenen Trägheit unendlich raschen Eingangsschwingungen nicht folgen kann, also die Reaktion im Ausgang gleich Null wird. Ebenso wie Phasenporträt und Übergangsfunktion ist die Ortskurve eine Visitenkarte des Schwingers, aus der wichtige Eigenschaften entnommen werden können.

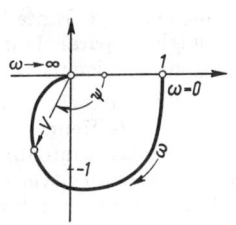

Fig. 23. Ortskurve (Amplituden-Phasen-Charakteristik) eines Schwingers

Für manche Zwecke ist es vorteilhaft, nicht den Faktor F nach Gl. (1.23), sondern seinen reziproken Wert in der komplexen Ebene aufzutragen. Man erhält dann die inverse Ortskurve:

$$\overline{F} = \frac{1}{F} = \frac{1}{V} e^{+i\psi}. \tag{1.24}$$

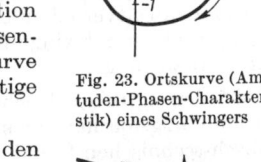

Fig. 24. Die inverse Ortskurve des Schwingers von Fig. 23

Zu der Ortskurve von Fig. 23 gehört die inverse Ortskurve von Fig. 24. Auch die inverse Ortskurve beginnt stets auf der reellen Achse; sie endet jedoch für $\omega \to \infty$ im Unendlichen.

1.6 Möglichkeiten einer Klassifikation von Schwingungen

Jeder Darstellung auf dem Gebiete der Schwingungslehre muß eine gewisse Vorstellung darüber zugrundeliegen, wie man die verschiedenen Typen von Schwingungen ordnen und unter einheitlichen Gesichtspunkten darstellen kann. Verschiedene Einteilungsarten sollen hier erwähnt werden, um eine Vorstellung von den vorhandenen Möglichkeiten zu vermitteln.

Eine im allgemeinen lückenlos durchführbare, aber doch sehr formale Einteilung verwendet die Zahl der Freiheitsgrade eines Schwingers als Kennzeichen. Dabei ist diese Zahl – in Übereinstimmung mit den Festlegungen in der Physik – stets gleich der Zahl derjenigen Koordinaten, die notwendig sind, die Bewegungen des Schwingers in eindeutiger Weise zu beschreiben. Ein um eine feste Achse drehbar gelagertes starres Schwerependel hat demnach einen Freiheitsgrad, weil allein schon die Angabe des Ausschlagwinkels ausreicht, die Lage des Pendels festzulegen. Ein Fadenpendel, also eine an einem Faden aufgehängte „punktförmige" Masse, hat 2 Freiheitsgrade usw.

Die wesentlichsten Verfahren der Schwingungslehre lassen sich bereits an Schwingern von nur einem Freiheitsgrad veranschaulichen. Daher wird ein großer Teil dieses Buches der Untersuchung derartiger Schwinger gewidmet sein.

Eine weitere, ebenfalls formale Einteilung ist die nach dem Charakter der beschreibenden Differentialgleichung des Schwingers. Hier ist vor allem die vielgenannte Unterscheidung zwischen linearen Schwingungen und nichtlinearen Schwingungen zu erwähnen, je nachdem die zugehörigen Differentialgleichungen linear oder nichtlinear sind. Reale Schwinger sind letzten Endes immer nichtlinear, jedoch lassen sie sich vielfach innerhalb gewisser Grenzen näherungsweise durch lineare Schwinger beschreiben. Das bringt große methodische Vorteile mit sich, von denen später Gebrauch gemacht werden soll.

Eine andersartige Einteilung nach dem Typ der beschreibenden Differentialgleichung läuft parallel mit der noch zu besprechenden Einteilung nach dem Entstehungsmechanismus von Schwingungen.

Wie bereits im Abschnitt 1.2 erwähnt, kann auch die Gestalt des x, t-Bildes einer Schwingung als Kennzeichen verwendet werden. Abgesehen von der auf diese Weise möglichen Einteilung in z. B. Sinus-, Dreieck-, Rechteck-Schwingung usw. ist vor allem das Zeitverhalten der Amplitude wichtig. Hier sind zu unterscheiden die angefachten Schwingungen, die ungedämpften Schwingungen und die gedämpften Bewegungen.

Für die Gliederung dieses Buches ist eine Einteilung der Schwingungen nach ihrem Entstehungsmechanismus vorgenommen worden. Das ist nicht nur vom physikalisch-technischen Standpunkt aus sinnvoll, sondern auch aus methodischen Gründen zweckmäßig, weil die Berechnungsverfahren innerhalb dieser Gruppen von Schwingungen verwandt sind. Wir unterscheiden

Eigenschwingungen,   selbsterregte Schwingungen,
parametererregte Schwingungen,   erzwungene Schwingungen,
Koppelschwingungen.

Eigenschwingungen – oder auch freie Schwingungen – sind Bewegungen eines Schwingers, der sich selbst überlassen ist und der keinen Einwirkungen von außen unterliegt. Es wird also während der Schwingung keine Energie von außen zugeführt. Beispiel: die Bewegungen eines einmal angestoßenen, dann aber sich selbst überlassenen Schwerependels. Die Berechnung von Eigenschwingungen führt auf Differentialgleichungen, bei denen die rechten Seiten zum Verschwinden gebracht werden können.

Zum Unterschied von den Eigenschwingungen findet bei den selbsterregten Schwingungen eine Zufuhr von Energie statt. Es ist eine Energiequelle vorhanden, aus der der Schwinger durch einen später näher zu erläuternden Mechanismus im Takte der Schwingungen soviel Energie entnimmt, wie zum Unterhalt der Schwingungen notwendig ist. Das bekannteste Beispiel dieser Art ist die Uhr. Energiequelle ist hier ein gehobenes Gewicht oder eine gespannte Feder.

Die Berechnung von selbsterregten Schwingungen führt stets auf nichtlineare Differentialgleichungen, wobei die Nichtlinearität wesentlich ist.

Bei Eigenschwingungen und selbsterregten Schwingungen wird die Frequenz durch den Schwinger selbst bestimmt. Man spricht daher von autonomen Systemen. Dagegen sind die parametererregten und die erzwungenen Schwingungen heteronom, denn bei ihnen wird die Frequenz durch äußere Einwirkungen vorgegeben (Fremderregung). Bei parametererregten Systemen wirkt sich der Fremdeinfluß in periodischen Veränderungen eines oder mehrerer Parameter aus. Beispiel: ein Fadenpendel, dessen Fadenlänge periodischen Veränderungen unterworfen ist.

Das mathematische Kennzeichen der parametererregten Schwingungen besteht darin, daß die beschreibenden Differentialgleichungen zeitabhängige – meist periodische Koeffizienten besitzen.

Auch bei erzwungenen Schwingungen sind äußere Störungen vorhanden, durch die der Takt der Schwingungen vorgeschrieben wird. Die Erregung geht jedoch jetzt nicht über einen Parameter, sondern über ein in die Schwingungsgleichung eingehendes Störungsglied. Die Differentialgleichungen erzwungener Schwingungen haben daher stets ein zeitabhängiges Glied auf der rechten Seite. Beispiel einer erzwungenen Schwingung: Erregung eines Maschinenfundamentes durch einen unwuchtigen Motor.

Koppelschwingungen können stets auftreten, wenn sich zwei oder mehrere Schwinger gegenseitig beeinflussen, oder wenn ein Schwinger mehrere Freiheitsgrade besitzt. Kennzeichnend ist dabei die gegenseitige Beeinflussung der vorhandenen Schwingungen. Wäre die Beeinflussung einseitig, so daß z. B. nur die Schwingung 1 auf die Schwingung 2 einwirkt, aber diese nicht zurück auf die erste, dann läge ein Fall vor, der sich mit den bereits besprochenen Schwingungstypen erfassen läßt: Schwinger 1 führt Eigenschwingungen aus, die den Schwinger 2 zu erzwungenen Schwingungen erregen.

Zwischen den hier genannten Schwingungstypen sind natürlich vielfältige Kombinationen möglich. So können Schwingungen gleichzeitig erzwungen und selbsterregt sein, dazu können sich noch Eigenschwingungen überlagern, auch können parameter-selbsterregte Schwingungen vorkommen. Es kann nicht die Aufgabe der folgenden Ausführungen sein, alle möglichen Fälle zu behandeln oder auch nur zu erwähnen. Vielmehr soll versucht werden, durch Behandlung der typischen Fälle eine Vorstellung von den verschiedenartigen Eigenschaften der Schwinger zu vermitteln.

2 Eigenschwingungen

Eigenschwingungen sind Bewegungen eines sich selbst überlassenen Schwingers. Bei ihnen findet ein ständiger Energieaustausch statt, wobei Energie der Lage (potentielle Energie) und Energie der Bewegung (kinetische Energie) wechselseitig ineinander übergehen. Bleibt die während der Schwingung ausgetauschte Energie im Verlauf der Bewegung erhalten, dann sind die Schwingungen ungedämpft; man nennt sie auch konservativ. Geht Energie – zum Beispiel durch störende Reibungskräfte – verloren, so verlaufen seine Bewegungen gedämpft. Im folgenden sollen zunächst die ungedämpften, dann die gedämpften Schwingungen behandelt werden. Innerhalb dieser Einteilung ist es dann noch zweckmäßig, die linearen von den nichtlinearen Schwingern zu unterscheiden.

2.1 Ungedämpfte Eigenschwingungen

2.11 Verschiedene Arten von Schwingern und ihre Differentialgleichungen. Die Bewegungsgleichungen von Schwingern sind Differentialgleichungen, weil nicht nur die Koordinate x, sondern auch ihre zeitlichen Ableitungen von Einfluß sind. Für einige typische Beispiele sollen diese Differentialgleichungen abgeleitet werden.

2.111 Feder-Masse-Pendel. Wir betrachten zunächst ein Feder-Masse-System vom Typ Fig. 25, bei dem sich die Masse in der eingezeichneten x-Richtung bewegen soll. Die Bewegungsgleichung dieses einfachen Schwingers wird durch Betrachten des Kräftegleichgewichts an der Masse m erhalten. Es greifen hier die beiden Federn an und üben Kräfte aus von der Größe

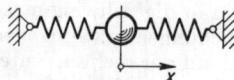

$$K_{f1} = K_0 + \frac{c}{2}\,x$$

$$K_{f2} = K_0 - \frac{c}{2}\,x.$$

Fig. 25. Feder-Masse-Pendel. Schwingungsrichtung in Richtung der Federachsen

K_0 ist dabei die Kraft, die in der Gleichgewichtslage auf die Masse ausgeübt wird. Bei einer Auslenkung x aus der Gleichgewichtslage entstehen Zusatzkräfte, die bei normalen Federn der Größe der Auslenkung proportional sind. Der Proportionalitätsfaktor ist gleich $c/2$ gesetzt worden. Die Kräfte K_{f1} und K_{f2} haben entgegengesetzte Wirkungsrichtungen, so daß nur ihre Differenz

$$K_f = K_{f2} - K_{f1} = -cx \tag{2.1}$$

wirksam bleibt. Diese Kraft muß nun entweder in das bekannte Newtonsche Grundgesetz:

$$\frac{d}{dt}\,(m\,\dot{x}) = m\ddot{x} = \sum K$$

eingesetzt werden, oder es muß die Gleichgewichtsbedingung

$$\sum K = 0 \tag{2.2}$$

verwendet werden, wobei dann allerdings die Trägheitswirkungen der Masse m durch Hinzunahme der d'Alembertschen Trägheitskraft

$$K_t = -\frac{d}{dt}(m\dot{x}) = -m\ddot{x} \tag{2.3}$$

berücksichtigt werden müssen. Die zeitlichen Ableitungen sind dabei in üblicher Weise durch darübergesetzte Punkte gekennzeichnet worden. Aus (2.2) folgt nun durch Einsetzen von (2.1) und (2.3)

oder mit der Abkürzung

$$m\ddot{x} + cx = 0 \tag{2.4}$$

$$\omega^2 = \frac{c}{m} \tag{2.5}$$

$$\ddot{x} + \omega^2 x = 0. \tag{2.6}$$

Man kann das betrachtete Feder-Masse-System auch so anstoßen, daß die Masse Schwingungen senkrecht zu der zunächst betrachteten Richtung ausführt (Fig. 26). In diesem Fall ergibt sich ein anderes Bewegungsgesetz. Man erhält für die Federkraft

$$K_f = K_0 + \frac{c}{2}\left[\sqrt{L^2 + x^2} - L\right].$$

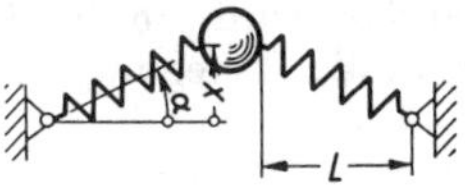

Fig. 26. Feder-Masse-Pendel, Schwingungsrichtung senkrecht zur Richtung der Federachsen

Sie hat für beide Federn den gleichen Betrag, ihre Richtung entspricht den Richtungen der Federlängsachsen. Für die Bewegung interessieren jetzt nur die Komponenten dieser Kräfte in der eingezeichneten x-Richtung

$$K_{fx} = K_{f1x} + K_{f2x} = 2K_f \sin\alpha = 2K_f\,\frac{x}{\sqrt{L^2+x^2}}$$

$$K_{fx} = \frac{2K_0 x}{\sqrt{L^2+x^2}} + cx\left[1 - \frac{L}{\sqrt{L^2+x^2}}\right] = f(x). \tag{2.7}$$

Zusammen mit der Trägheitskraft ergibt sich nunmehr aus der Bedingung (2.2) die Bewegungsgleichung

$$m\ddot{x} + f(x) = 0. \tag{2.8}$$

Zum Unterschied von (2.4) ist diese Bewegungsgleichung nichtlinear. Interessiert man sich nur für kleine Auslenkungen des Schwingers, so kann man wegen $x \ll L$ den Ausdruck (2.7) noch vereinfachen:

$$f(x) \approx 2K_0\,\frac{x}{L} + \left(\frac{cL}{2} - K_0\right)\left(\frac{x}{L}\right)^3. \tag{2.9}$$

Bei großer Vorspannung K_0 der Federn und kleinen Ausschlägen x kann man in diesem Ausdruck im allgemeinen das zweite Glied gegenüber dem ersten vernachlässigen. Die Bewegungsgleichung (2.8) wird dann linear und ließe sich leicht in die frühere Form Gl. (2.6) überführen. Ist jedoch keine Vorspannung vorhanden, dann kann auch bei kleinen Ausschlägen kein linearer Näherungsausdruck gewonnen werden. Die rückführende Kraft ist dann in der Umgebung der Gleichgewichtslage der dritten Potenz der Auslenkung x proportional.

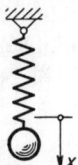

Wir wollen schließlich noch das Feder-Masse-System von Fig. 27 betrachten. Hier ist außer der rückführenden Federkraft $K_f = -cx$ und der Trägheitskraft (2.3) noch die Schwerkraft (Gewichtskraft) $K_g = mg$ mit der Schwerebeschleunigung g zu berücksichtigen. Die Gleichgewichtsbedingung (2.2) ergibt jetzt

$$m\ddot{x} + cx - mg = 0. \tag{2.10}$$

Fig. 27. Vertikal schwingendes Feder-Masse-Pendel

Das letzte Glied dieser Gleichung ist von x unabhängig. Wir können es durch die Koordinatentransformation

$$x = \xi + x_0; \qquad \ddot{x} = \ddot{\xi}$$

eliminieren, wenn

$$x_0 = \frac{mg}{c} \tag{2.11}$$

gewählt wird. Berücksichtigt man gleichzeitig die Abkürzung (2.5), so bekommt man die Bewegungsgleichung (2.10) in der Form

$$\ddot{\xi} + \omega^2 \xi = 0. \tag{2.12}$$

2.112 Der elektrische Schwingkreis. Durch Zusammenschalten eines Kondensators mit einer Spule nach Fig. 28 erhält man einen elektrischen Schwingkreis. Die Energie kann hier als elektrische Energie im geladenen Kondensator oder als magnetische Energie in der Spule gespeichert werden. Die Differentialgleichungen des Schwingers können durch Betrachten des Gleichgewichtes für die Spannungen gefunden werden. Ist U_c die am Kondensator anliegende Spannung, C die Kapazität und Q die Ladung des Kondensators, so gilt

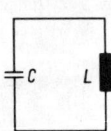

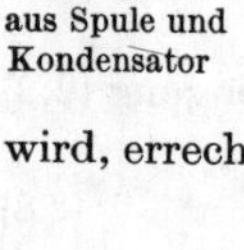

Fig. 28. Elektrischer Schwingkreis aus Spule und Kondensator

$$Q = C U_c \qquad \text{oder} \qquad U_c = \frac{Q}{C}.$$

Die Spannung an der Spule, die von einem Strom I durchflossen wird, errechnet sich nach dem Induktionsgesetz aus

$$U_L = L \frac{dI}{dt}. \tag{2.13}$$

Darin ist L die hier als zeitlich konstant angenommene Induktivität der Spule. Die Forderung, daß die Summe aller Spannungen gleich Null sein muß, führt also zu

$$U_L + U_c = L \frac{dI}{dt} + \frac{Q}{C} = 0. \tag{2.14}$$

Berücksichtigt man nun, daß

$$Q = \int I \, dt \qquad \text{also} \qquad I = \frac{dQ}{dt}$$

ist, und führt gleichzeitig die Abkürzung

$$\omega^2 = \frac{1}{LC} \qquad (2.15)$$

ein, so geht die Gl. (2.14) über in

$$\ddot{Q} + \omega^2 Q = 0. \qquad (2.16)$$

Wenn die Spule einen Eisenkern enthält, dann ist der im Induktionsgesetz (2.13) auftretende Faktor L nicht mehr als Konstante anzusehen. Er ist vielmehr eine Funktion der Stromstärke. In diese Funktion geht vor allem die Magnetisierungskurve der verwendeten Eisensorte ein. Die den Schwingungsvorgang beschreibende Gleichung (2.14) geht jetzt über in

$$L(I)\frac{dI}{dt} + \frac{1}{C}\int I\,dt = 0. \qquad (2.17)$$

Sie ist dadurch nichtlinear geworden.

2.113 Flüssigkeit im U-Rohr und Helmholtz-Resonator. Eine in einem U-Rohr befindliche Flüssigkeitssäule (Fig. 29) kann nach entsprechender Anfangsstörung Schwingungen ausführen. Wenn der Querschnitt F des U-Rohres konstant ist, dann gehorchen die Eigenschwingungen dieses Systems einer linearen Differentialgleichung, die nach den Gesetzen für die instationäre Bewegung von Flüssigkeiten[1]) aufgestellt werden kann. In dem hier betrachteten Sonderfall kommen wir jedoch auch durch eine einfache Überlegung zum Ziel: Da alle Flüssigkeitsteilchen denselben Weg zurücklegen, kann die Wassersäule wie eine schwingende Einzelmasse von der Größe $m = \varrho F L$ betrachtet werden; ϱ ist die Dichte und L die Länge der Flüssigkeitssäule. Die Führungskräfte, die die Umlenkung der Säule

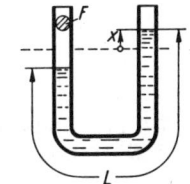

Fig. 29. Flüssigkeitssäule im U-Rohr

an den Rundungen des Rohres bewirken, brauchen nicht berücksichtigt zu werden, da sie stets senkrecht zur Bewegungsrichtung stehen. Folglich gehen als Kräfte nur die Gewichtskräfte ein, und von diesen bleibt lediglich der Differenzbetrag $K_g = -2xF\varrho g$ übrig, der dem Übergewicht des höher stehenden Teils der Säule entspricht. Man bekommt damit die Bewegungsgleichung

$$m\ddot{x} = \varrho F L\ddot{x} = K_g = -2\varrho F g x,$$

oder mit der Abkürzung

$$\omega^2 = \frac{2g}{L}$$

$$\ddot{x} + \omega^2 x = 0. \qquad (2.18)$$

---

[1]) Siehe z. B. L. Prandtl, „Strömungslehre", Braunschweig 1942, Kap. 2, § 5.

Bei dem Helmholtzschen Kugelresonator nach Fig. 30 kann man annehmen, daß die im Hals des Resonators befindliche Luftmasse einen Pfropfen von bestimmter Masse bildet, der durch das im Innern der Kugel befind-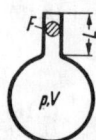liche Luftpolster elastisch gefesselt ist. Man kann dann die Eigenschwingungen in derselben Weise wie bei einem Feder-Masse-System berechnen.

Fig. 30.
Helmholtz-
Resonator

Wenn der Hals des Resonators die Länge L und den Querschnitt F hat, dann ist die Masse des darin befindlichen Luftpfropfens $m = \varrho F L$, folglich ist die Trägheitskraft

$$K_t = -\varrho F L \ddot{x}. \tag{2.19}$$

Eine rückführende Kraft entsteht durch den Druckunterschied zwischen dem Kugelinnern und der Außenluft. Ist diese Druckdifferenz Δp, so hat man die rückführende Kraft

$$K_d = F \Delta p. \tag{2.20}$$

Es gilt nun, Δp durch die Koordinate x der Schwingung des Pfropfens auszudrücken. Das kann auf dem Umweg über die Zustandsgleichung des Gases geschehen. Bei einer Verschiebung um den Betrag x ändert sich das Volumen der im Resonator eingeschlossenen Gasmasse um den Betrag $\Delta V = Fx$. Nimmt man adiabatische Zustandsänderungen an, so gilt mit dem Adiabatenexponenten $\varkappa$:

$$p V^{\varkappa} = (p_0 + \Delta p)(V_0 + \Delta V)^{\varkappa} = p_0 V_0^{\varkappa} = \text{const}$$

oder entwickelt

$$\Delta p \, V_0^{\varkappa} + p_0 \varkappa V_0^{\varkappa-1} \Delta V + \cdots = 0.$$

Betrachtet man die Größen Δp und ΔV als klein, dann lassen sich die weiteren Glieder der Entwicklung vernachlässigen, so daß man als Beziehung zwischen Δp und ΔV bekommt

$$\Delta p = -\frac{p_0 \varkappa}{V_0} \Delta V = -\frac{p_0 \varkappa F}{V_0} x.$$

Setzt man dies in (2.20) ein, so folgt aus der Forderung nach Kräftegleichgewicht

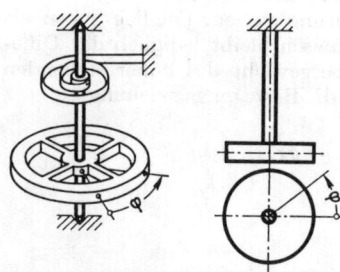

$$K_t + K_d = -F \left(\varrho L \ddot{x} + \frac{p_0 \varkappa F}{V_0} x \right) = 0$$

oder mit der Abkürzung

$$\omega^2 = \frac{p_0 \varkappa F}{\varrho L V_0}$$

$$\ddot{x} + \omega^2 x = 0. \tag{2.21}$$

Fig. 31. Zwei Drehschwinger

2.114 Drehschwinger. Zwei einfache Typen von Drehschwingern sind in Fig. 31 gezeichnet. Es handelt sich um die Unruhe einer Taschenuhr, die um eine im Uhrgehäuse feste Achse drehbar gelagert ist, sowie um eine an einer einseitig fest eingespannten Torsionswelle befestigte Scheibe. Bei

Drehungen um einen Winkel φ entstehen in beiden Fällen rückführende Drehmomente, die im zulässigen Beanspruchungsbereich stets der Größe der Verdrehung proportional sind:

$$M_d = -c\varphi.$$

Dieses Drehmoment hält dem durch die Drehträgheit der Unruhe (bzw. der Scheibe) hervorgerufenen d'Alembertschen Moment

$$M_t = -\frac{d}{dt}(J\dot\varphi) = -J\ddot\varphi \qquad (2.22)$$

das Gleichgewicht. Dabei ist J das Massenträgheitsmoment der Unruhe (bzw. der Scheibe) bezogen auf die Drehachse. Da es während der Schwingungen als konstant angesehen werden kann, läßt sich das Moment M_t in der einfachen Form (2.22) ausdrücken. Die Forderung nach Momentengleichgewicht bezüglich der Drehachse führt nun zu

$$M_t + M_d = -J\ddot\varphi - c\varphi = 0$$

oder mit der Abkürzung

$$\omega^2 = \frac{c}{J}$$

$$\ddot\varphi + \omega^2\varphi = 0. \qquad (2.23)$$

Eine Gleichung von genau derselben Gestalt ergibt die Betrachtung des in Fig. 32 skizzierten Systems, das aus zwei Scheiben besteht, die auf die Enden einer Torsionswelle aufgekeilt sind. Wenn beide Scheiben aus der Ruhelage heraus um gleiche Winkel $\varphi_1 = \varphi_2$ verdreht werden, dann wird die dazwischen liegende Welle nicht tordiert, sie kann also auch kein Moment auf die Scheiben ausüben. Nur wenn eine Differenz beider Winkel entsteht, wird ein Moment von der Größe

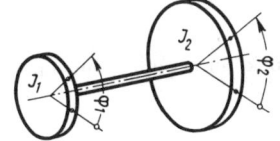

Fig. 32. Eine Welle mit Endscheiben als Drehschwinger

$$M_d = -c(\varphi_2 - \varphi_1) \qquad (2.24)$$

übertragen. Dieses Moment wirkt mit dem in (2.24) geschriebenen Vorzeichen auf die zweite Scheibe, mit umgekehrtem Vorzeichen auf die erste Scheibe, denn die beiden an den Enden der Welle auftretenden Momente heben sich gegenseitig auf.

Das Torsionsmoment der Welle muß nun jeweils mit den d'Alembertschen Momenten $-J_1\ddot\varphi_1$ für die erste Scheibe und $-J_2\ddot\varphi_2$ an der zweiten Scheibe ins Gleichgewicht gesetzt werden. Das ergibt die Bedingungen

$$-J_1\ddot\varphi_1 + c(\varphi_2 - \varphi_1) = 0$$
$$-J_2\ddot\varphi_2 - c(\varphi_2 - \varphi_1) = 0. \qquad (2.25)$$

Wenn man sich nur für die Verdrehung der beiden Scheiben gegeneinander interessiert, der sich natürlich eine gemeinsame Umlaufbewegung überlagern kann, dann kann man mit der Abkürzung $\psi = \varphi_2 - \varphi_1$ durch Subtrahieren aus (2.25) erhalten:

$$\ddot{\psi} + c\left(\frac{1}{J_1} + \frac{1}{J_2}\right)\psi = 0, \qquad (2.26)$$

oder mit der Abkürzung:

$$\omega^2 = c\left(\frac{1}{J_1} + \frac{1}{J_2}\right)$$

$$\ddot{\psi} + \omega^2\psi = 0. \qquad (2.27)$$

Somit führt die Betrachtung aller drei Drehschwinger zu derselben Bewegungsgleichung, wie sie zuvor schon für andere Fälle ausgerechnet worden ist.

2.115 Schwerependel. Die Gleichungen für ein Fadenpendel, das eine ebene Bewegung ausführt (Fig. 33), lassen sich nach dem bisher schon verwendeten Verfahren leicht ableiten. Bei einer Auslenkung um den Winkel φ aus der Vertikallage entsteht eine rücktreibende Komponente der Gewichtskraft von der Größe

$$K_g = -mg\sin\varphi. \qquad (2.28)$$

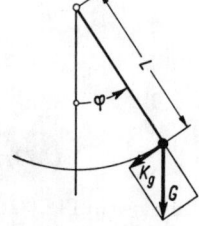

Der vom Massenpunkt durchlaufene Bogen hat die Größe $L\varphi$, folglich ist die Beschleunigung gleich $L\ddot{\varphi}$ und damit die Trägheitskraft

$$K_t = -mL\ddot{\varphi}.$$

Fig. 33. Fadenpendel
bei ebener Bewegung

Mit der Abkürzung

$$\omega^2 = \frac{g}{L} \qquad (2.29)$$

bekommt man damit eine Bewegungsgleichung von der Gestalt

$$\ddot{\varphi} + \omega^2\sin\varphi = 0. \qquad (2.30)$$

Diese nichtlineare Gleichung kann vereinfacht werden, wenn man sich darauf beschränkt, kleine Pendelwinkel $\varphi \ll 1$ zu betrachten. Dann kann die bekannte Entwicklung der Sinusfunktion nach dem ersten Glied abgebrochen werden:

$$\sin\varphi = \varphi - \frac{\varphi^3}{3!} + \frac{\varphi^5}{5!} - \cdots \approx \varphi.$$

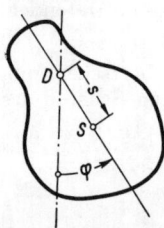

Die Gleichung (2.30) geht damit in die bisher stets erhaltene lineare Form $\ddot{\varphi} + \omega^2\varphi = 0$ über. Die hier angewandte Betrachtungsweise ist ein einfaches Beispiel für die später noch ausführlicher zu besprechende Linearisierung nach der Methode der kleinen Schwingungen.

Fig. 34. Um eine feste
Achse drehbares
Körperpendel

Eine mit Gl. (2.30) vollkommen äquivalente Gleichung wird auch erhalten, wenn an Stelle des Fadenpendels ein Körperpendel betrachtet wird (Fig. 34). Hier ist es zweckmäßig, nicht die Kräfte, sondern die Momente bezüglich der Drehachse des Pendels auszurechnen. So erhält man als rücktreibendes Moment der Gewichtskraft

$$M_g = -mgs\sin\varphi,$$

wobei s der Abstand des Schwerpunktes S von der Drehachse D ist. Das Reaktionsmoment infolge der Drehträgheit ist $M_t = -J_D\ddot{\varphi}$, worin J_D das bezüglich der Drehachse geltende Massenträgheitsmoment des Körperpendels ist. Mit der Abkürzung

$$\omega^2 = \frac{mgs}{J_D} \tag{2.31}$$

bekommt man als Bewegungsgleichung wieder die Form (2.30).

Zu den Schwerependeln kann man schließlich auch solche Schwinger zählen, bei denen sich eine Masse unter dem Einfluß der Schwerkraft längs einer vorgegebenen Kurve bewegt, oder bei denen eine Kugel oder ein Zylinder auf einer gekrümmten Fläche rollt. Schließlich ist auch das schaukelnde Abrollen gekrümmter Flächen aufeinander ein Schwingungsvorgang, der durch die Einwirkung der Schwerkraft zustande kommt. Als Beispiel eines Rollschwingers sei der Schaukelstuhl genannt.

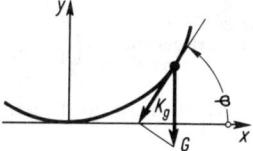

Bei dem Fadenpendel bewegt sich der Massenpunkt auf einer Kreisbahn. Hat die Führungskurve eine beliebige Gestalt (Fig. 35), so kann $y = y(x)$ als gegebene Funktion betrachtet werden. Nennt man den Neigungswinkel der Tangente gegenüber der horizontalen x-Achse φ, so ergibt sich bei Auslenkungen des Massenpunktes aus der Gleichgewichtslage $\varphi = 0$ eine rückführende Kraft von der Größe

Fig. 35. Zur Bewegung einer Masse auf einer beliebigen ebenen Kurve im Schwerefeld

$$K_g = -mg\sin\varphi.$$

Wegen $\tan\varphi = \dfrac{\mathrm{d}y}{\mathrm{d}x} = y'$ kann man diesen Ausdruck umformen in

$$K_g = -\frac{mgy'}{\sqrt{1+y'^2}}. \tag{2.32}$$

Die Trägheitskraft ist $K_t = -m\ddot{s}$. Dabei bekommt man für die Bogenlänge s und ihre zeitlichen Ableitungen

$$s = \int\sqrt{1+y'^2}\,\mathrm{d}x$$

$$\dot{s} = \frac{\mathrm{d}s}{\mathrm{d}x}\dot{x} = \sqrt{1+y'^2}\,\dot{x}$$

$$\ddot{s} = \frac{\mathrm{d}\dot{s}}{\mathrm{d}t} = \frac{\mathrm{d}}{\mathrm{d}t}\left(\sqrt{1+y'^2}\,\dot{x}\right). \tag{2.33}$$

Aus der Bedingung des Kräftegleichgewichts folgt nunmehr unter Berücksichtigung der Ausdrücke (2.32) und (2.33) die Bewegungsgleichung

$$\frac{\mathrm{d}}{\mathrm{d}t}\left(\sqrt{1+y'^2}\,\dot{x}\right) + g\frac{y'}{\sqrt{1+y'^2}} = 0. \tag{2.34}$$

Wählt man als Beispiel eine Führungskurve $y = y(x)$ in Form eines Kreises vom Radius L, so kommt man mit der Parameterdarstellung dieser Kurve

$$x = L \sin \varphi$$
$$y = L(1 - \cos \varphi)$$

wieder auf die schon unmittelbar abgeleitete Gl. (2.30) für das Fadenpendel zurück.

Wenn die schwingende Masse an der Führungskurve nicht entlanggleitet, sondern auf einer Führungsfläche rollt (Fig. 36), so ändert sich an den bisherigen Betrachtungen nicht viel. Es muß lediglich berücksichtigt werden, daß ein Rollen nur stattfinden kann, wenn auch Reibungskräfte vorhanden sind, die das Gleiten verhindern. Diese Reibungskräfte K_r greifen in den Kräftehaushalt des Schwingers ein, so daß die Forderung nach Gleichgewicht der Kräfte in der Bewegungsrichtung nunmehr lautet:

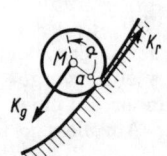

Fig. 36.
Rollschwinger auf
fester Führungsfläche

$$- m\ddot{s} + K_g - K_r = 0. \tag{2.35}$$

Die Reibungskraft erzeugt bezüglich des Mittelpunktes M ein Moment von der Größe $K_r a$, wenn a der Rollradius ist. Dieses Moment muß dem Moment der Drehträgheit das Gleichgewicht halten, so daß

$$- J\ddot{\alpha} + K_r a = 0$$

gelten muß. J ist das Trägheitsmoment des rollenden Körpers für eine Achse durch M. Rechnet man die unbekannte Reibungskraft K_r aus und setzt den erhaltenen Wert in (2.35) ein, so bekommt man – unter Berücksichtigung der rein kinematischen Rollbedingung

$$s = a\alpha; \qquad \ddot{s} = a\ddot{\alpha}$$

die Bewegungsgleichung

$$- \left(m + \frac{J}{a^2}\right)\ddot{s} + K_g = 0. \tag{2.36}$$

Daraus erkennt man, daß die Tatsache des Rollens an der Form der Gleichung nichts ändert; es wird lediglich die Masse um den Betrag J/a^2 vergrößert. Berücksichtigt man, daß das Massenträgheitsmoment auch durch den Trägheitsradius ausgedrückt werden kann,

$$J = m\varrho^2,$$

so läßt sich die bei einem Rollvorgang einzusetzende Masse wie folgt schreiben:

$$m^* = m\left[1 + \left(\frac{\varrho}{a}\right)^2\right]. \tag{2.37}$$

Für eine homogene Kugel erhält man z. B. $m^* = 1,40\, m$, für einen homogenen Zylinder $m^* = 1,50\, m$.

Es muß jedoch ausdrücklich darauf hingewiesen werden, daß die vergrößerte Masse m^* nur bei der Trägheitskraft, nicht dagegen bei der Berechnung der aus dem Gewicht zu bestimmenden Rückführkraft eingesetzt werden darf. Als Bei -

spiel sei die Bewegungsgleichung einer homogenen Vollkugel angeschrieben, die in einer Kugelschale vom Radius L auf einer ebenen Bahn durch den tiefsten Punkt dieser Schale rollt. Man erhält wegen $s = L\varphi$ und $\ddot{s} = L\ddot{\varphi}$:

$$m^* L\ddot{\varphi} + mg \sin\varphi = 0, \qquad (2.38)$$

oder mit

$$\omega^2 = \frac{g}{1,4 L}$$

die bekannte Bewegungsgleichung des Fadenpendels

$$\ddot{\varphi} + \omega^2 \sin\varphi = 0.$$

2.116 Schwinger mit kontinuierlich verteilten Energiespeichern. Bei den bisher behandelten Schwingern waren die Speicher für potentielle und kinetische Energie stets eindeutig definiert und klar gegeneinander abgegrenzt. Darin liegt jedoch im allgemeinen bereits eine Idealisierung des Problems, denn es wurde zum Beispiel bei den Feder-Masse-Schwingern einerseits die Masse der Federn und andererseits eine eventuell vorhandene elastische Nachgiebigkeit der Masse vernachlässigt. Für zahlreiche Untersuchungen mag das durchaus zulässig sein. Man kann sich jedoch leicht Fälle ausdenken, bei denen derartige Vernachlässigungen nicht mehr zu vernünftigen Ergebnissen führen können. Wenn zum Beispiel bei dem in Fig. 25 skizzierten Schwinger die in der Mitte zwischen den Federn befindliche Masse immer kleiner gewählt wird – und im Grenzfall ganz fortfällt –, so bekommt man ein schwingungsfähiges System (Fig. 37), bei dem die beiden Energiespeicher kontinuierlich über die gesamte Länge der Feder verteilt sind. Jedes Teilstück der Feder besitzt eine gewisse Masse, in der kinetische

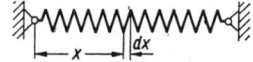

Fig. 37. Die gleichförmige Schraubenfeder als Schwinger

Energie gespeichert werden kann; außerdem besitzt es die Fähigkeit, durch elastische Verformungen potentielle Energie zu speichern. Wir wollen auch für diesen Fall die Bewegungsgleichung aufstellen.

Es sei x die in Fig. 37 eingetragene Längenkoordinate der einzelnen Teile der Feder im Ruhezustand. $\xi = \xi(x)$ sei die in der x-Richtung erfolgende Verschiebung der Federelemente während der Bewegung. Wir betrachten ein Teilstück von der Länge dx und stellen für dieses Teilstück die Bewegungsgleichung bzw. die Bedingung für das Gleichgewicht der Kräfte auf. Wenn μ die Masse der Längeneinheit der Feder ist, so hat man die Trägheitskraft

$$\Delta K_t = -\mu\,dx\,\frac{\partial^2 \xi}{\partial t^2} = -\mu\,dx\,\ddot{\xi}. \qquad (2.39)$$

Während einer Bewegung wird das Federstück im allgemeinen auch eine Dehnung erfahren, die als Verhältnis von Verlängerung zur ursprünglichen Länge berechnet werden kann

$$\varepsilon = \frac{\xi(x + dx) - \xi(x)}{dx} = \frac{\partial \xi}{\partial x}.$$

3*

Die im Federstück übertragene Kraft ist dieser Dehnung proportional

$$K_f = k\, \frac{\partial \xi}{\partial x}\,.$$

Auf das Teilstück von der Länge dx wirkt jetzt nur die Differenz der entsprechenden Federkräfte an den beiden Enden dieses Teilstücks

$$\Delta K_f = K_f(x + dx) - K_f(x) = \frac{\partial K_f}{\partial x}\, dx = k\, \frac{\partial^2 \xi}{\partial x^2}\, dx = k\xi''\, dx. \qquad (2.40)$$

Die Bedingung des Kräftegleichgewichts gibt nunmehr

$$\Delta K_t + \Delta K_f = -\, dx(\mu\ddot{\xi} - k\xi'') = 0$$

oder mit der Abkürzung

$$c^2 = \frac{k}{\mu} \qquad (2.41)$$

$$\ddot{\xi} = c^2 \xi''. \qquad (2.42)$$

Das ist eine partielle Differentialgleichung zweiter Ordnung, die als eindimensionale **Wellengleichung** bekannt ist.

Man kann in genau derselben Weise, wie es hier für die Längsschwingungen einer Feder geschah, auch die Gleichung für die in einem elastischen Stab möglichen Längsschwingungen ableiten. Der Gedankengang ist völlig analog, nur ist es zweckmäßig, in diesem Falle den Elastizitätsmodul E und die Dichte ϱ des Stabmaterials einzuführen. Man kommt auf diese Weise zu der Bewegungsgleichung (2.42), bei der die Konstante den Wert

$$c^2 = \frac{E}{\varrho} \qquad (2.43)$$

hat.

In ähnlicher Weise, wie durch einen Grenzübergang aus einem Feder-Masse-Schwinger ein Schwinger mit kontinuierlich verteilten Speichern erhalten wurde, kann auch aus dem in Fig. 30 skizzierten Helmholtzschen Resonator durch Auseinanderziehen der Kugel zu einem langen Rohr ein Schwinger erhalten werden, bei dem die Speicherung sowohl der kinetischen als auch der potentiellen Energie stetig über die ganze Länge des Rohres erfolgt. Man kommt so zu einem Schwinger vom Typ der Orgelpfeife oder der Flöte. Wir wollen uns die Ableitung der Bewegungsgleichungen für diesen Fall ersparen und nur angeben, daß auch hier wieder die Gl. (2.42) herauskommt mit der Konstanten

$$c^2 = \frac{dp}{d\varrho}\,. \qquad (2.44)$$

Dabei ist p der Druck und ϱ die Dichte im Gas. Die Größe c hat eine sehr anschauliche Bedeutung: es ist die im Gase geltende Schallgeschwindigkeit.

Bei den bisher erwähnten Schwingungen handelte es sich um Längsschwingungen. Man kann leicht zeigen, daß auch Querschwingungen zu analogen Ergebnissen führen. Die in Fig. 37 gezeichnete Schraubenfeder kann ja auch in einer Richtung senkrecht zur x-Richtung zu Schwingungen angeregt werden. Dann schwingt sie wie eine gespannte Saite – und es möge der folgenden Ableitung eine solche Saite (Fig. 38) zugrunde gelegt werden.

Die jetzt senkrecht zur x-Richtung erfolgenden Auslenkungen der Saite seien mit ξ bezeichnet. Wir haben die Bedingung für das Kräftegleichgewicht eines Saitenteilchens von der Länge dx aufzustellen. Ist μ die

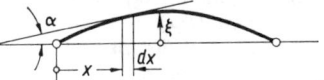

Fig. 38. Die schwingende Saite

Masse der Längeneinheit, so hat man die Trägheitskraft

$$\Delta K_t = -\mu\, dx\, \frac{\partial^2 \xi}{\partial t^2} = -\mu\, dx\, \ddot{\xi}.$$

Wenn die Saite mit einer Spannkraft S gespannt ist, dann entsteht bei Auslenkungen eine Komponente in der ξ-Richtung von der Größe

$$K_f = S \sin\alpha \approx S\, \frac{\partial \xi}{\partial x},$$

wobei die Näherung um so besser gilt, je kleiner der Neigungswinkel α ist. Die an den beiden Enden des Saitenstücks wirkenden Komponenten der **Kraft** K heben sich weitgehend auf, so daß nur die Differenzkraft

$$\Delta K_f = K_f(x + dx) - K_f(x) = \frac{\partial K_f}{\partial x}\, dx = S\, \frac{\partial^2 \xi}{\partial x^2}\, dx$$

übrigbleibt. Die Bedingung des Kräftegleichgewichts führt nun mit der Abkürzung

$$c^2 = \frac{S}{\mu} \tag{2.45}$$

wieder zu derselben Bewegungsgleichung, wie sie zuvor schon für die Längsschwingungen abgeleitet wurde,

$$\ddot{\xi} = c^2 \xi''. \tag{2.46}$$

Ohne auf die allgemeine Lösung dieser Wellengleichung einzugehen, wollen wir uns hier nur für den zeitlichen Ablauf der Schwingungen interessieren. Die Schwingungskoordinate ξ ist ja eine Funktion sowohl der Zeit t als auch der Ortskoordinate x. Man kann nun gewisse Teillösungen der Gleichung finden, wenn man als Ansatz für die gesuchte Funktion ξ das Produkt einer nur von der Zeit abhängigen Funktion mit einer nur vom Ort abhängigen Funktion wählt:

$$\xi = F(t)\,G(x). \tag{2.47}$$

Durch Einsetzen in (2.46) und Trennen der beiden Funktionen kommt man zu

$$\frac{\ddot{F}}{F} = c^2\, \frac{G''}{G}. \tag{2.48}$$

Die linke Seite ist dabei ausschließlich von der Zeit t, die rechte dagegen nur vom Ort x abhängig. Das ist nur möglich, wenn beide Seiten gleich einer weder von der Zeit noch vom Ort abhängigen Konstanten sind. Man setzt diese Konstante zweckmäßigerweise gleich $-\omega^2$, da – wie man sich leicht überlegen kann – nur ein negativer Wert physikalisch sinnvoll ist: Betrachtet man nämlich die Schwingung an einem festgehaltenen Ort $x = x_0$, so kann ohne Beschränkung der Allgemeinheit $G(x) > 0$ vorausgesetzt werden. Für eine Auslenkung in positiver ξ-Richtung ist demnach $F > 0$. Dadurch entsteht aber eine rückführende Kraft und damit $\ddot{F} < 0$.

Gl. (2.48) kann nunmehr in zwei Teilgleichungen aufgespalten werden

$$\ddot{F} + \omega^2 F = 0 \tag{2.49}$$

$$G'' + \left(\frac{\omega}{c}\right)^2 G = 0. \tag{2.50}$$

Man erkennt daraus, daß bei den in diesem Abschnitt behandelten Schwingern, die der Bewegungsgleichung (2.46) gehorchen, Bewegungsformen möglich sind, bei denen für jede Stelle x eine Differentialgleichung von der Form Gl. (2.49) gilt, die genau der Bewegungsgleichung zahlreicher einfacher Schwinger entspricht. Es sei noch bemerkt, daß die Konstante ω natürlich nicht willkürlich gewählt werden darf. Vielmehr lassen sich die Randbedingungen (z. B. die Einspannbedingungen an den Enden der Saite von Fig. 38) nur für ganz bestimmte diskrete Eigenwerte $\omega = \omega_e$ erfüllen.

2.12 Das Verhalten linearer Schwinger. Im vorigen Abschnitt wurde gezeigt, daß die Bewegungsgleichungen zahlreicher Schwinger linear sind und – bei Vernachlässigung von dämpfenden Kräften – einer Differentialgleichung

$$\ddot{x} + \omega^2 x = 0 \tag{2.51}$$

gehorchen. Die Eigenschaften der Lösung dieser Differentialgleichung sollen im folgenden besprochen werden.

Ausdrücklich muß darauf hingewiesen werden, daß sich die Bezeichnung „linear" hier stets auf die Linearität der beschreibenden Differentialgleichung, nicht aber auf die eventuell vorhandene Geradlinigkeit des Weges einer schwingenden Masse bezieht.

2.121 Lösung der Differentialgleichung. Gl. (2.51) hat die beiden partikulären Lösungen

$$x_1 = \cos \omega t$$
$$x_2 = \sin \omega t.$$

Diese Lösungen bilden ein Fundamentalsystem, so daß die allgemeine Lösung als Linearkombination

$$x = A \cos \omega t + B \sin \omega t \tag{2.52}$$

mit den Konstanten A und B geschrieben werden kann. Durch Zusammenfassung der beiden Teillösungen kann man die Lösung auch in die Form

$$x = C \cos(\omega t - \varphi) \tag{2.53}$$

mit

$$C = \sqrt{A^2 + B^2}; \qquad \tan \varphi = \frac{B}{A}$$

bringen. Die Integrationskonstanten A und B bzw. C und φ können aus den Anfangsbedingungen der Schwingung ermittelt werden. War zu Beginn der Bewegung $(t = 0)$

$$x(0) = x_0 \quad \text{und} \quad \dot{x}(0) = v_0,$$

so findet man durch Einsetzen sofort $x_0 = A$; $v_0 = B\omega$. Also folgt

$$A = x_0; \qquad B = \frac{v_0}{\omega}$$

$$C = \sqrt{x_0^2 + \frac{v_0^2}{\omega^2}}; \qquad \tan\varphi = \frac{v_0}{\omega x_0}. \tag{2.54}$$

Die allgemeine Bewegung eines linearen Schwingers verläuft also nach einem Sinusgesetz (bzw. Cosinusgesetz), wobei Amplitude und Phase in eindeutiger Weise aus den beiden Anfangsbedingungen für Ausschlag und Ausschlaggeschwindigkeit bestimmt werden können. Der einzige in Gl. (2.51) enthaltene Parameter ω erweist sich nunmehr als die Kreisfrequenz der Schwingungen. Ihr Zusammenhang mit den konstruktiven Daten wurde im Abschnitt 2.11 für einige Schwinger ausgerechnet, so daß jetzt auch die Schwingungszeit für diese Fälle angegeben werden kann:

Schwinger	Fig.	Schwingungszeit
Feder-Masse-Schwinger	25, 27	$T = 2\pi\sqrt{\dfrac{m}{c}}$
Feder-Masse-Schwinger	26	$T = 2\pi\sqrt{\dfrac{mL}{2K_0}}$
Elektrischer Schwingkreis	28	$T = 2\pi\sqrt{LC}$
Flüssigkeit im U-Rohr	29	$T = 2\pi\sqrt{\dfrac{L}{2g}}$
Helmholtz-Resonator	30	$T = 2\pi\sqrt{\dfrac{\varrho L V_0}{p_0 \varkappa F}}$
Drehschwinger	31	$T = 2\pi\sqrt{\dfrac{J}{c}}$
Torsionsschwinger	32	$T = 2\pi\sqrt{\dfrac{J_1 J_2}{c(J_1 + J_2)}}$
Fadenpendel im Fall $\varphi \ll 1$	33	$T = 2\pi\sqrt{\dfrac{L}{g}}$
Körperpendel im Fall $\varphi \ll 1$	34	$T = 2\pi\sqrt{\dfrac{J_D}{mgs}}$

Die Konstruktion der allgemeinen Lösung (2.52) durch Überlagern (Superponieren) von Teillösungen ist nur bei linearen Schwingern möglich. Die Gültigkeit des Superpositionsprinzips, von dem wir noch häufiger Gebrauch machen werden, hat zur Folge, daß lineare Schwinger wesentlich einfacher berechnet werden können als nichtlineare. Um diesen Vorteil auszunützen, wird man meist versuchen, einen Schwinger, dessen exakte Berechnung nicht möglich ist, durch ein lineares Modell zu ersetzen.

Die Lösung der Gl. (2.51) ist auch auf komplexem Wege möglich. Wir überführen zu diesem Zweck die Ausgangsgleichung zunächst in eine komplexe Form, indem wir an Stelle der Unbekannten x die beiden neuen Unbekannten

$$x_1 = x; \qquad x_2 = -\frac{\dot{x}}{\omega}$$

einführen. Damit läßt sich die Gleichung zweiter Ordnung in zwei Gleichungen erster Ordnung aufspalten

$$\dot{x}_1 = -\omega x_2; \qquad \dot{x}_2 = \omega x_1. \tag{2.55}$$

Faßt man nun x_1 und x_2 als Real- und Imaginärteil einer komplexen Veränderlichen

$$z = x_1 + i x_2$$

auf, dann lassen sich die beiden Gl. (2.55) zu einer komplexen Gleichung erster Ordnung zusammenfassen:

$$\dot{z} - i\omega z = 0. \tag{2.56}$$

Ihre Lösung ist

$$z = A e^{i\omega t}. \tag{2.57}$$

Sie ergibt bei einer Darstellung in der komplexen Ebene (Fig. 39) gerade das früher schon besprochene Vektorbild einer harmonischen Schwingung. Der Amplitudenfaktor ist im allgemeinen ebenfalls komplex. Er wird durch den Betrag der Amplitude $|A|$ sowie den Phasenwinkel φ zum Zeitnullpunkt festgelegt. Die komplexe Darstellung ist der reellen völlig äquivalent. Sie hat den Vorteil, daß der Grad der komplexen Differentialgleichung halb so groß ist wie der Grad der Ausgangsgleichung. Diese Tatsache kann bei der Lösung von Differentialgleichungssystemen von entscheidender Bedeutung sein und zu einer wesentlichen Einsparung von Rechenarbeit führen. Allerdings läßt sich die komplexe Methode nur bei solchen Problemen mit Vorteil verwenden, denen eine gewisse Symmetrie eigen ist. Diese Symmetrie äußert sich darin, daß die Ausgangsgleichung in symmetrisch aufgebaute Teilgleichungen [wie in unserem Falle die Gl. (2.55)] zerlegt werden kann.

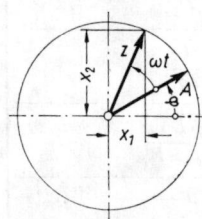

Fig. 39. Vektorbild einer harmonischen Schwingung

Aus den Lösungen (2.52) bzw. (2.53) kann das x, t-Bild, aus der komplexen Lösung (2.57) das Vektorbild für die Bewegung eines linearen Schwingers konstruiert werden. Es bleibt zu klären, ob nicht auch die Phasenkurve der Bewegung unmittelbar aus der Ausgangsgleichung (2.51) gewonnen werden kann.

Auch das ist möglich. Wir multiplizieren zu diesem Zweck (2.51) mit $\dot{x}$ und können dann einmal integrieren

$$\ddot{x}\dot{x} + \omega^2 x\dot{x} = \frac{d}{dt}\left(\frac{\dot{x}^2}{2}\right) + \omega^2 \frac{d}{dt}\left(\frac{x^2}{2}\right) = 0 \qquad (2.58)$$

$$\dot{x}^2 + \omega^2 x^2 = \text{const}. \qquad (2.59)$$

Damit ist die Gleichung der Phasenkurve – nämlich eine Beziehung zwischen x und $\dot{x}$ – gewonnen. Die Integrationskonstante dient wieder dazu, die erhaltene Lösung den jeweils geltenden Anfangsbedingungen anzupassen. Man sieht aus (2.59), daß die Phasenkurven Ellipsen sind, deren Halbachsen sich wie $1:\omega$ verhalten. Das entsprechende Phasenporträt war bereits früher besprochen und in Fig. 14 dargestellt worden.

2.122 Energiebeziehungen. Der Integrationsprozeß von Gl. (2.58), der zur Gleichung der Phasenkurven (2.59) führte, hängt eng mit dem Energiesatz zusammen. Für die hier betrachteten ungedämpften Schwinger gilt der Erhaltungssatz der Energie. Er sagt bei einem mechanischen Schwinger aus, daß die Summe von kinetischer und potentieller Energie konstant ist. Auch das läßt sich leicht aus der Bewegungsgleichung ablesen. Zu diesem Zweck gehen wir nicht von der vereinfachten Form (2.51), sondern vom Ausdruck für das Kräftegleichgewicht z. B. in der Form von Gl. (2.4) aus. Wenn diese Gleichung gliedweise mit $\dot{x}$ multipliziert wird, so läßt sie sich einmal integrieren

$$m\ddot{x}\dot{x} + cx\dot{x} = \frac{d}{dt}\left(\frac{m}{2}\dot{x}^2\right) + \frac{d}{dt}\left(\frac{c}{2}x^2\right) = 0$$

$$\frac{1}{2}m\dot{x}^2 + \frac{1}{2}cx^2 = \text{const} = E_0 \qquad (2.60)$$

$$E_{\text{kin}} + E_{\text{pot}} = E_0.$$

Das ist der Erhaltungssatz der Energie mit der Energiekonstanten E_0. Man kann diese Beziehung sehr anschaulich darstellen (Fig. 40), wenn die potentielle Energie als Funktion von x aufgetragen wird. Das ergibt eine Parabel, deren Form nur noch von der Federkonstanten c abhängt. Schneidet man diese Parabel mit einer Parallelen zur x-Achse im Abstande E_0, so geben die Schnittpunkte dieser Geraden mit der Parabel die Werte für die Amplitude A der Schwingung an. Für den Bereich $-A \leqq x \leqq +A$ lassen sich nun zu jedem Wert von x die zugehörigen Werte sowohl der potentiellen als auch der kinetischen Energie ablesen. Wir werden diese Art der Darstellung später bei der

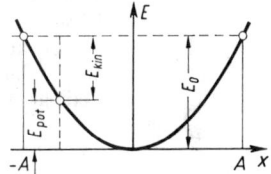

Fig. 40. Energiediagramm für den linearen konservativen Schwinger

Behandlung der nichtlinearen Schwingungen wieder verwenden und sie dann noch verallgemeinern.

Durch Einsetzen der Lösung (2.53) bekommt man für die Energien

$$E_{pot} = \frac{1}{2} c x^2 = \frac{c C^2}{2} \cos^2(\omega t - \varphi) = \frac{c C^2}{4} [1 + \cos(2\omega t - 2\varphi)]$$

$$E_{kin} = \frac{1}{2} m \dot{x}^2 = \frac{m C^2 \omega^2}{2} \sin^2(\omega t - \varphi) = \frac{m C^2 \omega^2}{4} [1 - \cos(2\omega t - 2\varphi)].$$

(2.61)

Während die Koordinate x und damit auch ihre sämtlichen Ableitungen mit der Kreisfrequenz ω schwingen, erfolgt das Pendeln der Energie mit der doppelten Frequenz, also mit 2ω (Fig. 41). Die Nullpunkte der einen Energieform fallen jedesmal mit den Maxima der anderen zusammen. Die Beträge der Maxima müssen natürlich gleich groß sein:

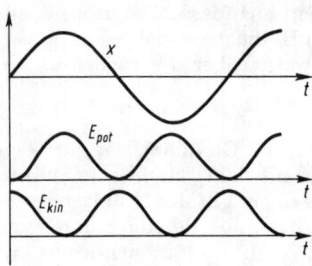

$$\frac{1}{4} c C^2 = \frac{1}{4} m C^2 \omega^2,$$

woraus wiederum $\omega^2 = \dfrac{c}{m}$ folgt.

Fig. 41. Ausschlag und Energie
als Funktion der Zeit

2.123 Der Einfluß der Federmasse. Mit Hilfe von Energiebetrachtungen läßt sich auch die Frage beantworten, wie groß der Einfluß der bisher vernachlässigten Eigenmasse der Feder eines Feder-Masse-Schwingers zum Beispiel nach Fig. 42 ist. Die kinetische Energie des Systems setzt sich jetzt aus der kinetischen Energie der Masse m sowie aus den Anteilen der einzelnen Teilstücke der Feder zusammen

$$E_{kin} = \frac{1}{2} m \dot{x}^2 + \int_0^L \frac{1}{2} \mu \, d\xi \, \dot{\xi}^2.$$

(2.62)

Darin ist ξ die aus Fig. 42 ersichtliche Längenkoordinate der Feder und μ die Masse der Feder je Längeneinheit. Man wird nun keinen großen Fehler begehen, wenn man für die Geschwindigkeit der Federteile $\dot{\xi}$ die Beziehung $\dot{\xi}/\dot{x} = \xi/L$ als gültig ansieht. Sie sagt aus, daß die Geschwindigkeit vom Einspannpunkt der Feder bis zum Ende, an dem die Masse hängt, vom Werte Null linear bis zu dem Wert ansteigt, der für die Masse m gilt. Diese Annahme ist sicher dann zulässig, wenn die Eigenschwingungen, die die Feder bei festgehaltener Masse ausführen kann, erheblich kleinere Schwingungszeiten haben, als der Feder-Masse-Schwinger selbst. Das ist der Fall, wenn die Federmasse merklich kleiner als m ist. Setzt man nun

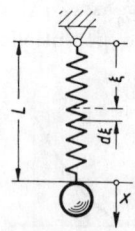

Fig. 42.
Zur Berechnung
des Einflusses
der Federmasse

$$\dot{\xi} = \frac{\dot{x}}{L} \xi$$

in Gl. (2.62) ein, so folgt:

$$E_{kin} = \frac{1}{2} \dot{x}^2 \left(m + \frac{\mu}{L^2} \int_0^L \xi^2 d\xi \right) = \frac{1}{2} \dot{x}^2 \left(m + \frac{\mu L}{3} \right).$$

Oder mit der Federmasse $m_f = \mu L$

$$E_{\text{kin}} = \frac{1}{2}\dot{x}^2\left(m + \frac{1}{3}\,m_f\right).\qquad(2.63)$$

Man erhält also die kinetische Energie in der bekannten Form, nur ist zur Masse des schwingenden Körpers noch ein Drittel der Federmasse hinzuzufügen. Das gilt nun nicht nur für die kinetische Energie, sondern auch für die Berechnung der Kreisfrequenz ω, die ja aus der kinetischen Energie bestimmt werden kann. Die Schwingungszeit des betrachteten Feder-Masse-Schwingers wird demnach

$$T = 2\pi\sqrt{\frac{1}{c}\left(m + \frac{1}{3}\,m_f\right)}.\qquad(2.64)$$

Wendet man diese Näherungsformel auf den Grenzfall $m = 0$ an, so bekommt man für die Zeit der Grundschwingung einer unbelasteten Feder mit gleichförmiger Massenverteilung einen um etwa 10% zu kleinen Wert. Die Abweichung wird geringer, wenn man berücksichtigt, daß die Feder unter dem Einfluß ihres Eigengewichtes nicht gleichmäßig beansprucht wird. Ihre Dehnung ist ja selbst wieder eine Funktion von ξ, wie dies in Fig. 43 für den Fall einer besonders schlaffen Feder gezeigt ist.

Fig. 43.
Verformung einer schlaffen Feder durch Eigengewicht

Besteht der Feder-Masse-Schwinger aus einer einseitig eingespannten Blattfeder und einer am anderen Ende befestigten Masse (Fig. 44), so muß die Energie aus

$$E_{\text{kin}} = \frac{1}{2}\,m\dot{x}^2 + \int\limits_0^L \frac{1}{2}\,\mu\,\mathrm{d}y\,\dot{\xi}^2\qquad(2.65)$$

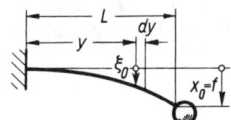

Fig. 44. Zur Berechnung des Einflusses der Federmasse bei einer Blattfeder

berechnet werden. In diesem Falle darf man die Geschwindigkeiten der Blattfederteile nicht als lineare Funktion ihres Abstandes y von der Einspannstelle annehmen. Man wird jedoch mit der Beziehung $\dot{\xi}/\dot{x} = \xi_0/x_0$ rechnen dürfen, bei der ξ_0 die statische Durchbiegung der Blattfeder ist. Für die Durchbiegung unter dem Einfluß einer Einzellast von der Größe mg am Blattfederende liefert die Biegetheorie des Balkens die Funktion:

$$\xi_0 = \frac{mg}{2EJ}\,y^2\left(L - \frac{1}{3}\,y\right).\qquad(2.66)$$

Dabei ist E der Elastizitätsmodul und J das Flächenträgheitsmoment des Blattfederquerschnitts. Die maximale Durchbiegung am Ort der Einzelmasse – der sogenannte Biegepfeil – folgt daraus zu

$$x_0 = f = \frac{mgL^3}{3EJ}.$$

Damit läßt sich nun $\dot{\xi}$ bestimmen. Nach Einsetzen in (2.65) und Ausintegrieren bekommt man in diesem Fall als Ergebnis

$$E_{\text{kin}} = \frac{1}{2}\,\dot{x}^2\left(m + \frac{33}{140}\,m_f\right). \tag{2.67}$$

Es darf also jetzt nur rund ein Viertel der Federmasse zur Masse des Körpers hinzugeschlagen werden – gegenüber einem Drittel im Falle der Schraubenfeder. Im Grenzfall $m = 0$ bekommt man damit für die Schwingungszeit einer Blattfeder ohne Endmasse einen Wert, der nur um 1,5% kleiner als der exakte Wert ist.

2.124 Bestimmung der Frequenz aus dem Biegepfeil. Bei allen Schwingern vom Feder-Masse-Typ, bei denen die Schwingungsrichtung vertikal ist, gibt es ein sehr bequemes Verfahren, die Frequenz oder auch die Schwingungszeit aus der Größe des Biegepfeiles, also aus der Größe der statischen Durchbiegung zu bestimmen. Ist f der Biegepfeil, so gilt im Gleichgewichtsfall

$$cf = G = mg.$$

Daraus kann die Federungskonstante c ausgerechnet und in die Beziehung für die Kreisfrequenz eingesetzt werden

$$\omega^2 = \frac{c}{m} = \frac{mg}{f}\,\frac{1}{m} = \frac{g}{f}$$

$$\omega = \sqrt{\frac{g}{f}} \quad \text{oder} \quad T = \frac{2\pi}{\omega} = 2\pi\,\sqrt{\frac{f}{g}}. \tag{2.68}$$

Berücksichtigt man jetzt noch die Tatsache, daß für den Betrag von g näherungsweise $g \approx 100\,\pi^2$ gilt, so kommt man zu den für praktische Fälle im allgemeinen ausreichenden Näherungsformeln

$$T \approx \frac{1}{5}\sqrt{f}; \qquad n = \frac{1}{T} \approx \frac{5}{\sqrt{f}} \qquad (f \text{ in cm!}). \tag{2.69}$$

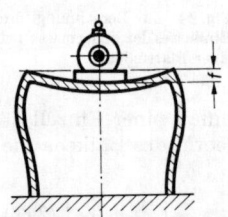

Diese Faustformel gilt sehr allgemein, nicht nur für Schwinger, wie sie in den Fig. 42 und 44 gezeichnet wurden, sondern auch für kompliziertere Gebilde, wie zum Beispiel das in Fig. 45 etwas schematisch und mit übertriebener Durchbiegung gezeichnete Maschinenfundament.

Fig. 45. Durchbiegung eines Maschinenfundamentes unter dem Gewicht der Maschine

2.13 Das Verhalten nichtlinearer Schwinger. Konservative Schwinger, deren Bewegungen durch nichtlineare Differentialgleichungen beschrieben werden, haben wir im Abschnitt 2.11 kennengelernt. Jetzt soll gezeigt werden, daß sich ihr Verhalten mit Hilfe der bereits besprochenen Berechnungsverfahren und Darstellungsmethoden erfassen läßt. Es interessieren dabei vor allem das Zeitverhalten $x(t)$, die Schwingungszeit T sowie der aus dem Phasenporträt ersichtliche qualitative Charakter der Bewegung.

2.131 Allgemeine Zusammenhänge. Als Repräsentant für die Bewegungsgleichung eines nichtlinearen Schwingers sei hier Gl. (2.8)

$$m\ddot{x} + f(x) = 0 \qquad (2.70)$$

gewählt, bei der $f(x)$ als eine in ganz beliebiger Weise von x abhängige Rückführkraft aufgefaßt werden kann. Da eine Lösung in allgemeiner Form nicht unmittelbar angegeben werden kann, versuchen wir auf dem Umweg über den Energiesatz zu greifbaren Ergebnissen zu kommen. Wir multiplizieren (2.70) mit $\dot{x}$ und integrieren einmal nach der Zeit

$$\frac{1}{2}m\dot{x}^2 + \int f(x)\dot{x}\,\mathrm{d}t = \mathrm{const} = E_0. \qquad (2.71)$$

Nun ist

$$\int f(x)\dot{x}\,\mathrm{d}t = \int f(x)\,\mathrm{d}x = E_{\mathrm{pot}},$$

so daß (2.71) wieder die Konstanz der Gesamtenergie des Schwingers zum Ausdruck bringt:

$$E_{\mathrm{kin}} + E_{\mathrm{pot}} = E_0.$$

Daraus läßt sich unmittelbar die Gleichung der Phasenkurven, also die Gleichung für das Phasenporträt, finden. Löst man nach $\dot{x}$ auf, so folgt

$$\dot{x} = v = \sqrt{\frac{2}{m}(E_0 - E_{\mathrm{pot}})}. \qquad (2.72)$$

Der hieraus ersichtliche enge Zusammenhang zwischen dem Phasenporträt und der potentiellen Energie läßt sich auch im Diagramm verdeutlichen. Fig. 46 zeigt im oberen Teil eine Funktion E_{pot} in Abhängigkeit von x; darunter ist im gleichen x-Maßstab das zugehörige Phasenporträt gezeichnet. Wie schon im Falle des linearen Schwingers (Fig. 40) kann jetzt eine Parallele zur x-Achse im Abstande E_0 in das obere Diagramm eingetragen werden. In Fig. 46 sind 4 derartige Parallelen gezeichnet. Sie entsprechen verschiedenen Energieniveaus des Schwingers und sind mit den Ziffern 1 bis 4 bezeichnet worden. Die Schnittpunkte dieser E_0-Geraden mit der E_{pot}-Kurve lassen die jeweiligen Maximalausschläge des Schwingers nach beiden Seiten erkennen. Für diese Werte von x wird, wie man sofort aus Gl. (2.72) sieht, $\dot{x} = 0$. Folglich entsprechen diesen Schnittpunkten im unteren Teil des Diagramms die Schnittpunkte der Phasen-

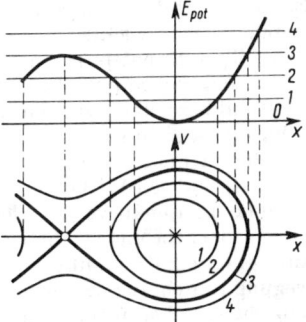

Fig. 46. Energiediagramm und Phasenporträt bei einem Schwinger mit nichtlinearer Rückführfunktion

kurven mit der Abszisse (x-Achse). Zu jedem Wert von x zwischen den Maximalausschlägen läßt sich aus (2.72) das zugehörige $\dot{x}$ ausrechnen und damit die

Phasenkurve zeichnen. Sie hat in den Fällen 1 und 2 ellipsenähnliche Gestalt. Wir hatten schon früher erkannt, daß alle Phasenkurven die x-Achse senkrecht schneiden. Im vorliegenden Falle wird auch die $\dot{x}$-Achse von allen Phasenkurven senkrecht geschnitten. Da nämlich der Nullpunkt von x in das Minimum der E_{pot}-Kurve gelegt wurde, wird die kinetische Energie – also die Differenz $E_0 - E_{pot}$ – ein Maximum. Daraus folgt aber nach (2.72) auch ein Maximum für $\dot{x}$. Die in der unteren Halbebene gelegenen Teile der Phasenkurven sind spiegelbildlich gleich zu denen der oberen Halbebene. Jeder dieser Teile entspricht einem der beiden Werte für die Wurzel (2.72).

Alle E_0-Geraden, die zwischen den Werten 0 und 3 gezogen werden können, würden Phasenkurven von ellipsenähnlicher Gestalt ergeben – wie die Phasenkurven 1 und 2 in Fig. 46. Die mit 3 bezeichnete E_0-Gerade stellt einen Grenzfall dar, da sie eine Tangente an das Maximum der E_{pot}-Kurve bildet. In diesem Fall bekommt man eine Phasenkurve besonderer Art – die Separatrix 3, die durch einen, dem Maximum der E_{pot}-Kurve entsprechenden singulären Punkt auf der x-Achse hindurchgeht. Diese Separatrix trennt den Bereich, in dem die Phasenkurven noch ellipsenähnliches Aussehen haben, von einem Bereich, in dem die Phasenkurven das Aussehen von Kurve 4 haben. Die dieser Phasenkurve entsprechende Bewegung kann nicht mehr als Schwingung bezeichnet werden. Der Bildpunkt dieser Bewegung läuft vielmehr mit endlicher Geschwindigkeit von links kommend nach rechts; er überwindet den bei $x < 0$ gelegenen Potentialberg, wobei für die Spitze dieses Berges $\dot{x}$ ein Minimum wird. Danach wird die Potentialmulde mit dem Tiefstpunkt bei $x = 0$ mit maximalem $\dot{x}$ durchlaufen, bis beim Anrennen gegen den rechts befindlichen steilen Potentialhang die gesamte Geschwindigkeit aufgebraucht wird. Dann kehrt die Bewegung um und geht spiegelbildlich vor sich, wobei sich nur das Vorzeichen der Geschwindigkeit ändert. Der Bildpunkt entfernt sich also nach Überwinden des linken Potentialberges in der Richtung negativer x-Werte.

Das Phasenporträt besitzt einen singulären Punkt vom Typ des Wirbelpunktes. Er entspricht dem Minimum der E_{pot}-Kurve und stellt physikalisch gesehen eine stabile Gleichgewichtslage dar. Weiterhin gibt es einen singulären Punkt vom Sattel-Typ. Er entspricht dem Maximum der E_{pot}-Kurve und repräsentiert eine instabile Gleichgewichtslage des Schwingers. Dabei soll eine Gleichgewichtslage als stabil bezeichnet werden, wenn die nach einer kleinen Störung entstehenden Schwingungen so verlaufen, daß der Schwinger die unmittelbare Umgebung der Gleichgewichtslage nicht verläßt. Wie man aus dem Phasenporträt Fig. 46 sieht, trifft das für den Wirbelpunkt zu, da sich die zu einer gestörten Bewegung gehörende Phasenkurve als kleine Ellipse um den Wirbelpunkt herumlegt. Je kleiner die Störung ist, um so enger schmiegt sich die Ellipse dem Wirbelpunkt an. Bei dem Sattelpunkt wird dagegen auch die geringste Störung zu einer Bewegung führen, die aus der unmittelbaren Umgebung der – instabilen – Gleichgewichtslage herausführt, da die Phasenkurven in der Umgebung des Sattelpunktes Hyperbelcharakter haben.

Aus einem Phasenporträt lassen sich also Gleichgewichtslagen und Schwingungstypen unmittelbar ablesen. Will man auch noch den Zeitverlauf der Bewegungen erkennen, so kann auf die schon früher abgeleitete Gl. (1.20) zurückgegriffen werden. Die Zeit zum Durchlaufen eines Stücks der Phasenkurve von der Koordinate x_0 bis x errechnet sich aus

$$t = t_0 + \int_{x_0}^{x} \frac{\mathrm{d}x}{v} = t_0 + \int_{x_0}^{x} \frac{\mathrm{d}x}{\sqrt{\dfrac{2}{m}(E_0 - E_{\text{pot}})}}. \tag{2.73}$$

Für die Zeit einer Vollschwingung bekommt man entsprechend

$$T = 2 \int_{x_{\text{min}}}^{x_{\text{max}}} \frac{\mathrm{d}x}{\sqrt{\dfrac{2}{m}(E_0 - E_{\text{pot}})}}. \tag{2.74}$$

Diese Formel ist natürlich nur anwendbar, wenn die Phasenkurven geschlossen sind, also den Typ der Kurven 1 und 2 von Fig. 46 zeigen. Nur dann existieren die Extremwerte x_{max} und x_{min} gleichzeitig. Gl. (2.74) kann weiter vereinfacht werden, wenn die Rückführfunktion $f(x)$ ungerade ist, d. h. wenn sie der Bedingung $f(x) = -f(-x)$ genügt. Dann nämlich wird E_{pot} eine gerade Funktion, und es gilt $E_{\text{pot}}(x) = E_{\text{pot}}(-x)$. In diesem Falle sind die Phasenkurven nicht nur spiegelbildlich zur x-Achse, sondern auch spiegelbildlich zur $\dot{x}$-Achse. Daraus folgt:

$$T = 4 \int_{0}^{x_{\text{max}}} \frac{\mathrm{d}x}{\sqrt{\dfrac{2}{m}(E_0 - E_{\text{pot}})}}. \tag{2.75}$$

Man überzeugt sich leicht, daß im linearen Fall $f(x) = cx$ aus (2.75) wieder der schon bekannte Wert für T erhalten wird. Es wird hier $E_{\text{pot}} = \dfrac{1}{2}cx^2$ und wegen $\dfrac{c}{m} = \omega^2$

$$T = \frac{4}{\omega} \int_{0}^{x_0} \frac{\mathrm{d}x}{\sqrt{x_0^2 - x^2}} = \frac{4}{\omega} \arcsin \frac{x}{x_0} \Big|_0^{x_0} = \frac{4}{\omega} \frac{\pi}{2} = \frac{2\pi}{\omega}.$$

Die Integrale (2.73) bis (2.75) führen nicht immer auf bereits bekannte und tabellierte Funktionen, so daß sie oft auf numerischem oder graphischem Weg ausgewertet werden müssen. Sofern die Rückführfunktion ein Polynom bis einschließlich vom dritten Grade ist, wird man stets auf elliptische Funktionen geführt. Wählt man den Nullpunkt für x so, daß $f(0) = 0$ gilt, so wird in diesem Falle

$$f(x) = a_1 x + a_2 x^2 + a_3 x^3$$

$$E_{\text{pot}} = \int f(x)\,\mathrm{d}x = a_0 + \frac{1}{2}a_1 x^2 + \frac{1}{3}a_2 x^3 + \frac{1}{4}a_3 x^4. \tag{2.76}$$

Nun werden aber alle Integrale vom Typ

$$\int R\left[x, \sqrt{P(x)}\right]\mathrm{d}x,$$

bei denen R ganz allgemein eine rationale Funktion und $P(x)$ ein Polynom bis zum vierten Grade sein soll, als elliptische Integrale bezeichnet. Ihre Umkehrfunktionen sind die elliptischen Funktionen. Die Integrale (2.73) bis (2.75) mit (2.76) sind von diesem Typ. Bemerkenswert ist die Tatsache, daß dies auch gilt, wenn die Rückführfunktion $f(x)$ unsymmetrisch ist, wie das zum Beispiel im Fall $a_2 \neq 0$ vorkommen kann.

2.132 Das ebene Schwerependel. Die Beziehungen des vorigen Abschnitts können unmittelbar auf das ebene Schwerependel angewendet werden, gleichgültig, ob es sich um ein Fadenpendel nach Fig. 33 oder um ein Körperpendel nach Fig. 34 handelt. Für beide Fälle war die Bewegungsgleichung (2.30)

$$\ddot{\varphi} + \omega^2 \sin \varphi = 0$$

abgeleitet worden. Wir werden rein formal auf die im vorigen Abschnitt behandelte Gleichung (2.70) zurückgeführt, wenn wir

$$x = \varphi \quad \text{und} \quad f(x) = m\omega^2 \sin \varphi$$

setzen. Damit wird

$$(E_{\text{pot}}) = \int f(x)\, dx = \int_0^{\varphi} m\omega^2 \sin \varphi\, d\varphi = m\omega^2 (1 - \cos \varphi).$$

Da dieser Ausdruck nicht die Dimension einer Energie hat, wurde er in Klammern gesetzt. Die Gültigkeit der Betrachtungen wird jedoch dadurch nicht eingeschränkt. Setzt man $\varphi_{\text{max}} = \varphi_0$, so wird

$$(E_0) = m\omega^2 (1 - \cos \varphi_0),$$

woraus sich durch Einsetzen in (2.72) die Gleichung des Phasenporträts wie folgt ergibt:

$$\dot{\varphi} = \omega \sqrt{2 (\cos \varphi - \cos \varphi_0)}. \tag{2.77}$$

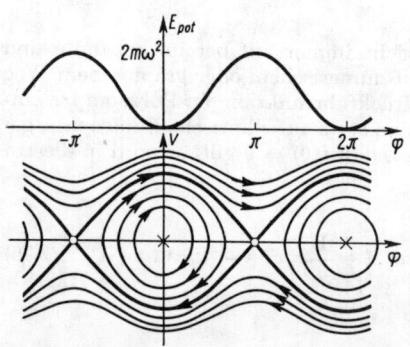

Fig. 47. Energiekurve und Phasenporträt für das ebene Schwerependel

Phasenporträt und die zugehörige Kurve der potentiellen Energie sind in Fig. 47 gezeichnet worden. Aus ihnen sind alle qualitativen Eigenschaften des Schwerependels abzulesen. Das Phasenporträt ist periodisch bezüglich des Winkels φ mit der Periode 2π. Man erkennt die eigentlichen Schwingungen des Pendels um die stabile Gleichgewichtslage $\varphi = 0$ (Wirbelpunkt) als ellipsenähnliche Kurven. Der Bereich dieser hin- und hergehenden Schwingungen wird von zwei Separatrizen begrenzt, die durch die Sattelpunkte bei $\varphi = -\pi$ und $\varphi = +\pi$ laufen.

Diese Separatrizen haben die Form einer Cosinuskurve, wie man leicht aus (2.77) erkennen kann. Setzt man nämlich darin $\varphi_0 = \pm \pi$ ein, so kann man wegen

$$1 + \cos\varphi = 2\cos^2\frac{\varphi}{2}$$

umformen in

$$\dot{\varphi} = 2\omega\cos\frac{\varphi}{2}. \qquad (2.78)$$

Physikalisch entspricht diesen Separatrizen eine Bewegung, wie sie bei stoß-freiem Loslassen eines Schwerependels aus der oberen instabilen Gleichgewichts-lage entsteht. Das Pendel braucht dann – theoretisch betrachtet – unendlich lange Zeit, um sich aus der Gleichgewichtslage heraus in Bewegung zu setzen. Es schlägt schließlich durch die untere stabile Gleichgewichtslage und nähert sich dem oberen Totpunkt wieder in asymptotischer Weise, wie dies bereits früher (Gl. 1.21) besprochen wurde.

Die Phasenkurven außerhalb der Separatrizen entsprechen den Bewegungen des sich überschlagenden Pendels, wobei die Drehung für die oberen Kurven links herum, für die unteren Kurven rechts herum erfolgt.

Wegen der Periodizität des Phasenporträts werden alle vorkommenden Erschei-nungen bereits in einem zur v-Achse parallelen Streifen von der Breite 2π wieder-gegeben. Man kann einen derartigen Streifen herausgeschnitten und zu einem Zylinder derart zusammengeklebt denken, daß sich die zerschnittenen Phasen-kurven an der Klebestelle wieder stetig zusammenfügen. Auf diese Weise hätte man das gesamte Phasenporträt auf einen Zylinder projiziert, ohne daß Wieder-holungen einzelner Kurven vorkommen. Die Phasenkurven des sich überschla-genden Pendels laufen um den Zylinder herum, während die den Pendelschwin-gungen entsprechenden Phasenkurven den stabilen Wirbelpunkt auf dem Zylin-dermantel umkreisen, ohne um den Zylinder herumzulaufen.

Um das Zeitverhalten der Pendelschwingungen zu erkennen, gehen wir auf Gl. (2.73) zurück, die jetzt die folgende Gestalt annimmt:

$$t = t_0 + \frac{1}{\omega}\int\frac{d\varphi}{\sqrt{2(\cos\varphi - \cos\varphi_0)}}. \qquad (2.79)$$

Das Integral läßt sich durch Umformung auf die Legendresche Normalform eines elliptischen Integrals bringen. Zu diesem Zwecke wird zunächst trigonome-trisch umgeformt:

$$\cos\varphi = 1 - 2\sin^2\frac{\varphi}{2};$$

sodann wird durch

$$\sin\frac{\varphi}{2} = \sin\frac{\varphi_0}{2}\sin\alpha = k\sin\alpha$$

die neue Unbekannte α sowie die Abkürzung $k = \sin\frac{\varphi_0}{2}$ eingeführt. Außerdem soll der Zeitnullpunkt so gewählt werden, daß $t_0 = 0$ wird. Dann läßt sich das

Integral (2.79) überführen in

$$t = \frac{1}{\omega} \int \frac{d\alpha}{\cos\dfrac{\varphi}{2}} = \frac{1}{\omega} \int_0^\alpha \frac{d\alpha}{\sqrt{1 - k^2 \sin^2 \alpha}} = \frac{1}{\omega} F(k, \alpha). \qquad (2.80)$$

$F(k, \alpha)$ ist das unvollständige elliptische Integral erster Gattung in der Normalform von Legendre. Diese Funktion ist in Abhängigkeit von der Variablen α und dem sogenannten Modul k in Tafelwerken[1]) zu finden.

Mit (2.80) ist die Aufgabe, das Zeitverhalten der Pendelschwingung zu bestimmen, im Prinzip gelöst, denn es ist die Zeit t als Funktion der Hilfsgröße α ermittelt worden. Für die Anwendungen interessiert aber mehr die umgekehrte Funktion $\alpha = \alpha(t)$ oder besser noch $\varphi = \varphi(t)$. Diese können durch Verwendung der Umkehrfunktion zum elliptischen Integral $F(k, \alpha)$ erhalten werden. Man findet

$$\sin \alpha = \operatorname{sn}(k, \omega t)$$

oder

$$\sin \frac{\varphi}{2} = \sin \frac{\varphi_0}{2} \operatorname{sn}(k, \omega t). \qquad (2.81)$$

$\operatorname{sn}(k, \omega t)$ („sinus amplitudinis") ist eine der Jacobischen elliptischen Funktionen. Sie kann als eine Verallgemeinerung der Sinusfunktion aufgefaßt werden, denn es gilt

$$\operatorname{sn}(0, \omega t) = \sin \omega t.$$

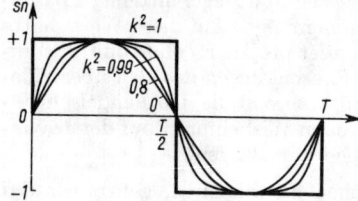

Fig. 48. Die elliptische Funktion sn (k, t) für verschiedene Werte des Moduls k

Der Verlauf von $\operatorname{sn}(k, \omega t)$ ist in Fig. 48 für verschiedene Werte des Moduls k aufgetragen. Dabei muß berücksichtigt werden, daß der Zeitmaßstab für jede der gezeichneten Kurven ein anderer ist, weil in Fig. 48 die Dauer einer Vollschwingung als Zeiteinheit verwendet wurde.

Die Schwingungszeit T wird aus (2.80) erhalten, wenn die obere Integrationsgrenze gleich $\dfrac{\pi}{2}$ gesetzt und das Integral mit dem Faktor 4 multipliziert wird.

$$T = \frac{4}{\omega} \int_0^{\frac{\pi}{2}} \frac{d\alpha}{\sqrt{1 - k^2 \sin^2 \alpha}} = \frac{4}{\omega} F\left(k, \frac{\pi}{2}\right) = \frac{4}{\omega} K(k). \qquad (2.82)$$

$K(k)$ ist das vollständige elliptische Integral erster Gattung, das jetzt nur noch von einer Veränderlichen, dem Modul k, abhängt. Der Verlauf dieser Funktion

---

[1]) Siehe z. B. Jahnke-Emde-Lösch: Tafeln höherer Funktionen, 7. Aufl. Stuttgart 1966.

ist in Fig. 49 skizziert. Man erkennt daraus, daß sich die Schwingungszeit des Schwerependels erst dann wesentlich ändert, wenn $k \to 1$ geht, d. h. wenn sich die Amplitude der Pendelschwingung dem Wert π (180°) nähert. Für kleine Werte von k bzw. φ_0 erhält man die Schwingungszeit

$$T = \frac{4}{\omega}\,\frac{\pi}{2} = \frac{2\pi}{\omega} \qquad (2.83)$$

in Übereinstimmung mit früheren Ergebnissen.

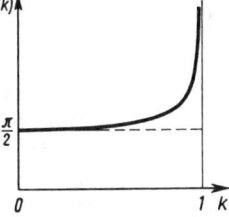

Fig. 49. Das vollständige elliptische Integral $K(k)$

Für die Anwendung der Schwingungen von Schwerependeln in der Uhrentechnik interessiert vor allem die Abhängigkeit der Schwingungszeit von der Amplitude. Wenngleich man sie aus der exakt richtigen Formel (2.82) für alle Amplituden mit jeder nur wünschenswerten Genauigkeit errechnen kann, so ist doch vielfach eine Näherungsformel für den Amplitudeneinfluß wertvoll, weil sich aus ihr der Einfluß der einzelnen Größen leichter erkennen läßt. Wir können eine solche Näherungsformel durch Reihenentwicklung des vollständigen elliptischen Integrals erhalten. Es gilt:

$$K(k) = \frac{\pi}{2}\left[1 + \left(\frac{1}{2}\right)^2 k^2 + \left(\frac{1\cdot 3}{2\cdot 4}\right)^2 k^4 + \cdots\right].$$

Für kleine Werte von φ_0 kann $k \approx \dfrac{\varphi_0}{2}$ gesetzt werden, so daß

$$K(k) \approx \frac{\pi}{2}\left[1 + \frac{1}{16}\varphi_0^2 + \frac{9}{1024}\varphi_0^4 + \cdots\right]$$

geschrieben werden kann. Bei Mitnahme nur der ersten beiden Glieder bekommt man damit aus (2.82) die Schwingungszeit

$$T \approx \frac{2\pi}{\omega}\left(1 + \frac{1}{16}\varphi_0^2\right). \qquad (2.84)$$

Man kann daraus leicht die Fehler abschätzen, die bei Verwendung der üblichen Näherungsformel (2.83) entstehen. Wird beispielsweise eine Amplitude von $\varphi_0 = 10^0 = 0,175$ angenommen, so hat das Zusatzglied in der Klammer von (2.84) einen Betrag von 0,0019. Die Schwingungszeit wird also für diesen Fall durch Gl. (2.83) um etwa $2^0/_{00}$ zu klein angegeben.

2.133 Anwendungen des Schwerependels. Die Differentialgleichungen für die Bewegungen eines ebenen Fadenpendels sind mit denen eines um eine feste Achse drehbaren Körperpendels identisch. Für den in die Gleichung eingehenden Parameter, die Kreisfrequenz ω, erhielten wir im Falle des Fadenpendels

$$\omega^2 = \frac{g}{L} \ (2.29),\ \text{im Falle des Körperpendels}\ \omega^2 = \frac{mgs}{J_D} \ (2.31).$$

Man erkennt daraus, daß sich eine äquivalente Pendellänge L^* für ein Körperpendel definieren läßt

$$L^* = \frac{J_D}{m s}, \qquad (2.85)$$

4*

die in die entsprechenden Formeln für das Körperpendel eingesetzt, diesen genau dieselbe Gestalt gibt wie im Falle des Fadenpendels. Man nennt L^* die reduzierte Pendellänge des Körperpendels.

Für die Anwendungen des Schwerependels interessiert nun die Veränderung der Schwingungszeit infolge einer Verschiebung des Drehpunktes. Da in die Gleichung für die Schwingungszeit als einzige Gerätekenngröße die reduzierte Pendellänge L^* eingeht, diese also die Schwingungszeit bereits eindeutig bestimmt, genügt es, die Veränderungen der reduzierten Pendellänge L^* infolge der Verschiebungen des Drehpunktes zu untersuchen.

Wenn der Drehpunkt wechselt, verändert sich auch das für ihn geltende Massenträgheitsmoment J_D. Es ist daher zweckmäßig, von dem Trägheitsmoment um den Schwerpunkt J_S auszugehen und unter Verwendung des Satzes von Huygens-Steiner

$$J_D = J_S + m s^2 \qquad (2.86)$$

umzurechnen. Verwendet man außerdem noch die bekannte Darstellung eines Trägheitsmomentes durch das Produkt aus der Masse m und dem Quadrat des Trägheitsradius ϱ

$$J_D = m \varrho_D^2; \qquad J_S = m \varrho_S^2,$$

so folgt aus (2.86) bzw. (2.85)

$$\varrho_D^2 = \varrho_S^2 + s^2$$

$$L^* = \frac{\varrho_D^2}{s} = \frac{\varrho_S^2}{s} + s. \qquad (2.87)$$

L^* als Funktion des Schwerpunktsabstandes s ist in Fig. 50 dargestellt. Diese Funktion besitzt ein Minimum bei $s = \varrho_S$, wie sich leicht aus (2.87) nachweisen läßt. Der Minimalwert der reduzierten Pendellänge ist $L^*_{\min} = 2\varrho_S$. Das Vorliegen eines Minimums besagt, daß im Bereich dieses Minimums geringfügige Veränderungen des Schwerpunktsabstandes in erster Näherung keinen Einfluß auf die reduzierte Pendellänge – und damit auch auf die Schwingungszeit – haben. Diese Tatsache wurde von Schuler[1]) zur Konstruktion von besonders hochwertigen Penduluhren ausgenützt. Man nennt ein Pendel, bei dem die Minimumbedingung erfüllt ist, Minimumpendel oder auch Ausgleichpendel. Die Schwingungszeit eines derartigen Pendels ist

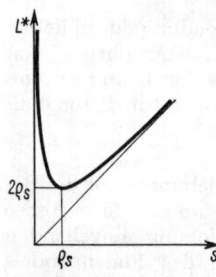

Fig. 50. Die reduzierte Pendellänge als Funktion des Schwerpunktsabstandes

$$T = 2\pi \sqrt{\frac{2 \varrho_S}{g}}. \qquad (2.88)$$

[1]) Siehe M. Schuler, Das freie, unveränderliche Pendel an der Sternwarte in Göttingen, Schriftenreihe der Gesellschaft für Zeitmeßkunde und Uhrentechnik, Bd. 4, 1932, 199–219.

Aus der Unempfindlichkeit der Schwingungszeit gegenüber Schwankungen des Schwerpunktsabstandes darf nicht geschlossen werden, daß damit auch Temperaturdehnungen des Pendels unwirksam seien. Derartige Dehnungen wirken sich ja nicht nur in der Veränderung des Schwerpunktsabstandes s aus, sondern auch in einer entsprechenden Vergrößerung des Trägheitsradius ϱ_S, der in die Formel (2.88) für die Schwingungszeit eingeht. Wohl aber kann ein Minimumpendel weitgehend solche Störungen abfangen, die durch das Abnutzen der Aufhängeschneide im Laufe der Zeit entstehen können.

Aus Fig. 50 sieht man, daß es für $L^* > 2\varrho_S$ zu jedem L^* zwei Werte von s gibt, die gerade die vorgegebene reduzierte Pendellänge und damit eine vorgegebene Schwingungszeit ergeben. Man kann diese beiden Werte aus der in s quadratischen Gleichung (2.87) bestimmen

$$s^2 - L^* s + \varrho_S^2 = 0$$

$$\left.\begin{array}{c} s_1 \\ s_2 \end{array}\right\} = \frac{L^*}{2} \pm \sqrt{\frac{L^{*2}}{4} - \varrho_S^{\,2}} \qquad (2.89)$$

Durch Addieren folgt daraus für die beiden Schwerpunktsabstände die Beziehung $s_1 + s_2 = L^*$. Diese Beziehung bildet die Grundlage für die Anwendung des sogenannten Reversionspendels (Fig. 51). Sein Prinzip ist leicht zu verstehen, wenn man bedenkt, daß die Schwerpunktsabstände nach verschiedenen Richtungen vom Schwerpunkt aus gesehen abgetragen werden können. Es muß also möglich sein, bei jedem Körperpendel jeweils zwei auf verschiedenen Seiten und in verschiedenem Abstand vom Schwerpunkt gelegene Drehpunkte zu finden, zu denen die gleiche Schwingungszeit gehört. Diese Punkte lassen sich experimentell bestimmen, indem man das Pendel nacheinander um Schneiden schwingen läßt, von denen zumindest eine längs der Pendelstange verschoben werden kann. Nach Abstimmung auf gleiche Schwingungszeit für beide Schneiden ist der Abstand der Schneiden genau gleich der reduzierten Pendellänge L^*.

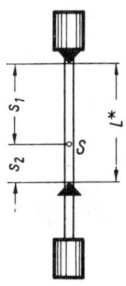

Fig. 51.
Das Reversionspendel

Das Reversionspendel wird zu Präzisionsmessungen der Erdbeschleunigung verwendet. Man hat dabei neben der reduzierten Pendellänge L^* noch die Schwingungszeit T zu bestimmen und kann dann aus

$$T = 2\pi\sqrt{\frac{L^*}{g}} ; \qquad g = \frac{4\pi^2 L^*}{T^2} \qquad (2.90)$$

die Schwerebeschleunigung g berechnen.

Fig. 52. Zur Bestimmung eines Trägheitsmomentes durch Pendelschwingungen

Als weitere Anwendung sei die Bestimmung von Trägheitsmomenten durch Pendelschwingungen erwähnt. Soll beispielsweise das Trägheitsmoment des in Fig. 52 gezeigten Schwungrades bezüglich des Schwerpunktes (Mittelpunktes) bestimmt werden, dann kann dies durch Messen der Zeit der Schwingungen um einen beliebigen Punkt des Rades im Schwerefeld geschehen. Aus dem Schwerpunktsabstand s, der Schwingungszeit T und der Gesamtmasse m des Rades kann dann J_S berechnet werden. Denn es gilt wegen (2.87) und (2.90)

$$J_S = m\varrho_S^2 = ms(L^* - s) = ms\left(\frac{T^2 g}{4\pi^2} - s\right). \tag{2.91}$$

2.134 Das Zykloidenpendel. Die bei dem normalen Schwerependel vorhandene Abhängigkeit der Schwingungszeit vom Ausschlagwinkel wirkt sich störend auf die Genauigkeit von Präzisionspendeluhren aus. Um einen gleichmäßigen Gang der Uhr zu erhalten, muß der Ausschlagwinkel in sehr engen Grenzen konstant gehalten werden. Es tauchte daher schon frühzeitig die Frage auf, ob es nicht möglich ist, Pendel zu bauen, bei denen die Schwingungszeit für jede beliebige Amplitude genau denselben Wert hat. Man nennt einen derartigen Schwinger **isochron.**

Wir wollen nach der Form der Kurve fragen, die eine Masse durchlaufen muß, damit die unter dem Einfluß der Schwerkraft entstehenden Schwingungen isochron sind. Bereits im Abschnitt 2.115 wurde die Bewegungsgleichung für eine Masse aufgestellt, die sich unter dem Einfluß der Schwerkraft auf einer beliebigen Kurve $y = y(x)$ bewegt (Gl. 2.34). Wir hatten dort aus der vorgegebenen Kurve das Kraftgesetz abgeleitet. Jetzt muß der umgekehrte Weg eingeschlagen werden: zu einem als gegeben zu betrachtenden Kraftgesetz $K = K(s)$ mit der Bogenlänge s soll die zugehörige Kurve gesucht werden.

Die rücktreibende Kraft ist in jedem Falle

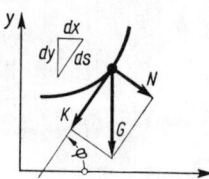

Fig. 53. Zerlegung der Gewichtskraft bei Bewegung einer Masse auf beliebiger Kurve

$$K = -mg\sin\varphi = -G\sin\varphi,$$

wenn φ der Neigungswinkel der Tangente an die gesuchte Kurve ist (Fig. 53). Zerlegt man die Gewichtskraft G in die Normalkomponente N und die rücktreibende Kraft K, so lassen sich aus den ähnlichen Dreiecken von Fig. 53 die folgenden Beziehungen ablesen

$$\frac{dx}{ds} = \cos\varphi = \frac{N}{G} = \frac{\sqrt{G^2 - K^2}}{G} = \sqrt{1 - \left(\frac{K}{G}\right)^2}$$

$$\frac{dy}{ds} = \sin\varphi = -\frac{K}{G}.$$

Daraus kann die Gleichung der Kurve in Parameterdarstellung gefunden werden

$$x = \int \sqrt{1 - \left(\frac{K}{G}\right)^2}\, ds$$

$$y = -\int \frac{K}{G}\, ds. \tag{2.92}$$

Die Aufgabe ist damit auf eine einmalige Integration zurückgeführt. Gl. (2.92) gilt noch allgemein für ein beliebiges Kraftgesetz. Nunmehr spezialisieren wir und fordern, daß die Rückführkraft eine lineare Funktion des Weges der schwingenden Masse sein soll

$$K(s) = -cs. \tag{2.93}$$

Die Betrachtungen zum linearen Schwinger hatten nämlich gezeigt, daß in diesem Falle die Kreisfrequenz ω und damit auch die Schwingungszeit T nicht von der Größe der Amplitude abhängen. Der Ansatz (2.93) wird nun in (2.92) eingesetzt und die Integration durchgeführt. Es ist dabei zweckmäßig, eine neue Veränderliche α durch

$$\sin\frac{\alpha}{2} = \frac{cs}{G} = -\frac{K}{G}$$

einzuführen. Damit wird

$$ds = \frac{G}{2c}\cos\frac{\alpha}{2}\,d\alpha$$

$$x = \int \sqrt{1 - \sin^2\frac{\alpha}{2}}\,ds = \frac{G}{2c}\int_0^\alpha \cos^2\frac{\alpha}{2}\,d\alpha = \frac{G}{4c}\int_0^\alpha (1 + \cos\alpha)\,d\alpha$$

$$x = \frac{G}{4c}(\alpha + \sin\alpha),$$

$$y = \frac{G}{2c}\int_0^\alpha \sin\frac{\alpha}{2}\cos\frac{\alpha}{2}\,d\alpha = \frac{G}{4c}\int_0^\alpha \sin\alpha\,d\alpha = \frac{G}{4c}(1 - \cos\alpha).$$

Mit der Abkürzung $R = \dfrac{G}{4c}$ hat man somit

$$x = R(\alpha + \sin\alpha)$$

$$y = R(1 - \cos\alpha). \tag{2.94}$$

Das ist die Parameterdarstellung einer Zykloide, wie sie in Fig. 54 dargestellt ist. Diese Zykloide kann durch das Abrollen eines Kreises vom Radius R an der

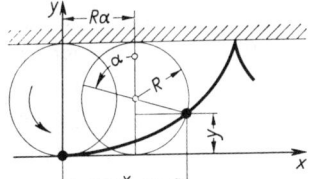
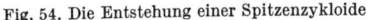
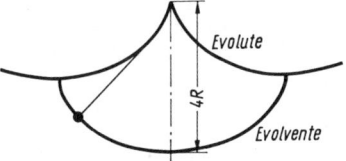

Fig. 54. Die Entstehung einer Spitzenzykloide   Fig. 55. Zykloidenpendel nach Huygens

zur x-Achse im Abstande $2R$ gezogenen Parallelen erzeugt werden. α ist der Rollwinkel des Kreises. Der markierte Punkt auf dem Umfang des abrollenden Kreises beschreibt bei der Abrollbewegung eine Spitzenzykloide.

Wegen der hier behandelten physikalischen Eigenschaft der Spitzenzykloide nennt man sie auch Tautochrone. Schon Huygens (1629–1695) hatte diese Eigenschaft erkannt und den Versuch gemacht, sie zur Konstruktion eines Zykloidenpendels für eine Pendeluhr auszunützen. Da jede Spitzenzykloide als die Evolute einer zu ihr kongruenten Zykloide aufgefaßt werden kann, fand Huygens das in Fig. 55 skizzierte einfache Verfahren, eine Masse auf einem

Zykloidenbogen zu führen. Man muß einen Faden von der Länge $4R$ in der Spitze der Zykloide befestigen und dafür sorgen, daß er sich beim Schwingen an die materiell ausgeführt zu denkenden Backen der oberen Zykloide anlegt. Dann bewegt sich der Endpunkt des Fadens auf der unteren Zykloide.

Die Schwingungszeit des Zykloidenpendels folgt aus

$$T = 2\pi \sqrt{\frac{m}{c}} = 2\pi \sqrt{m \frac{4R}{mg}} = 4\pi \sqrt{\frac{R}{g}}. \tag{2.95}$$

2.135 Schwinger mit stückweise linearer Rückführfunktion. Bei zahlreichen Schwingungsproblemen der Technik ist die Rückführfunktion $f(x)$ zwar im ganzen genommen nichtlinear, aber doch innerhalb einzelner x-Bereiche linear. Einige derartige Schwinger sollen im folgenden untersucht werden.

Wir betrachten zunächst einen Schwinger, dessen Rückführfunktion durch

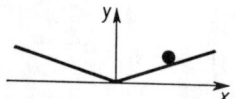

$$f(x) = + h \operatorname{sgn} x = \begin{cases} + h & \text{für } x > 0 \\ - h & \text{für } x < 0 \end{cases} \tag{2.96}$$

Fig. 56.
Nichtlineares Rollpendel

gekennzeichnet wird. In diesem Falle hat die rückführende Kraft einen konstanten Betrag, unabhängig von der Größe der Auslenkung x, jedoch wechselt ihr Vorzeichen beim Durchgang des Schwingers durch die Nullage. Eine derartige Rückführfunktion gilt zum Beispiel für eine Masse, die auf einer im Nullpunkt abgeknickten Geraden (Fig. 56) entlanggleitet oder rollt. Ferner treten Rückführfunktionen nach Gl. (2.96) häufig bei Relaissystemen auf, zum Beispiel bei einem Schwinger von der in Fig. 57 gezeichneten Art. Der Schwinger schaltet hier über einen Schleifer und eine zweigeteilte Kontaktbahn die elektromagnetischen Kräfte, die seine Bewegung beeinflussen.

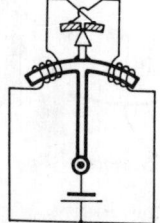

Die Lösung der Bewegungsgleichungen muß jetzt gesondert erfolgen, je nachdem ob $x > 0$ oder $x < 0$ ist. Betrachten wir den Bereich $x > 0$, so gilt

$$m\ddot{x} = -f(x) = -h$$

$$\dot{x} = -\frac{h}{m}t + v_0 \tag{2.97}$$

Fig. 57.
Relaisschwinger mit
unstetiger Rück-
führfunktion

$$x = -\frac{h}{2m}t^2 + v_0 t + x_0.$$

Wenn wir annehmen, daß sich der Schwinger zum Zeitnullpunkt gerade in einem Umkehrpunkt seiner Bewegung befindet, dann sind die Anfangsbedingungen

$$t = 0: \quad x_0 = A; \quad v_0 = 0.$$

Bestimmt man nun aus der zweiten Gleichung (2.97) die Zeit t und setzt diesen Wert in die dritte Gleichung ein, so bekommt man eine Beziehung zwischen

x und $\dot{x}$, also die Gleichung der Phasenkurven. Sie kann in die Form gebracht werden

$$\dot{x} = v = \sqrt{\frac{2h}{m}(A-x)} \, . \qquad (2.98)$$

Das ergibt in der Phasenebene Parabeln, deren Scheitel auf der x-Achse im Abstand A liegt, und deren Schenkel spiegelbildlich zur x-Achse liegen (Fig. 58). Die Phasenkurven sind symmetrisch sowohl zur x-Achse als auch zur v-Achse. Daher kann die Schwingungszeit T für einen vollen Umlauf als der vierfache Wert der Zeit ausgerechnet werden, die für das Durchlaufen eines Quadranten notwendig ist. Diese Zeit folgt unmittelbar aus

$$x = -\frac{h}{2m}t^2 + A \qquad (2.99)$$

$$0 = -\frac{h}{2m}\left(\frac{T}{4}\right)^2 + A$$

$$T = 4\sqrt{\frac{2mA}{h}} = 5{,}6568\sqrt{\frac{mA}{h}} \, . \qquad (2.100)$$

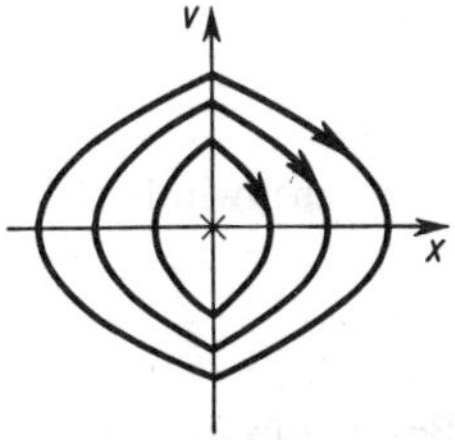

Die Schwingungszeit nimmt mit der Wurzel aus der Amplitude zu. Die Schwingungen sind daher – wie zu erwarten – nicht isochron.

Fig. 58. Phasenporträt eines Schwingers mit der Rückführfunktion $f(x) = h \operatorname{sgn} x$

Wenn die Kontaktbahnen des in Fig. 57 gezeichneten Schwingers nicht aneinandergrenzen, sondern einen gewissen Abstand voneinander haben, dann gibt es einen Bereich um den Nullpunkt herum, in dem keine rückführende Kraft vorhanden ist. Die Breite dieses Totbereiches wollen wir durch den Wert x_t kennzeichnen. Die Rückführfunktion ist dann

$$f(x) = \begin{cases} +h & \text{für} \quad x > x_t \\ 0 & \text{für} \quad -x_t \leqq x \leqq +x_t \\ -h & \text{für} \quad x < -x_t. \end{cases} \qquad (2.101)$$

Entsprechend den 3 Werten, die die Rückführfunktion annehmen kann, muß die Berechnung in drei Schritten erledigt werden. Für den Bereich $x > x_t$ gelten die im vorher betrachteten Fall erhaltenen Ergebnisse unverändert; es gilt also die Gl. (2.98). Die rechts von der Geraden $x = x_t$ liegenden Phasenkurven sind demnach – ebenso wie die links von der Geraden $x = -x_t$ liegenden Phasenkurven – Parabeln. Für das dazwischen liegende Stück ist $f(x) = 0$, also gilt

$$\ddot{x} = 0$$
$$\dot{x} = v_{0t} \qquad (2.102)$$
$$x = v_{0t}t \pm x_t.$$

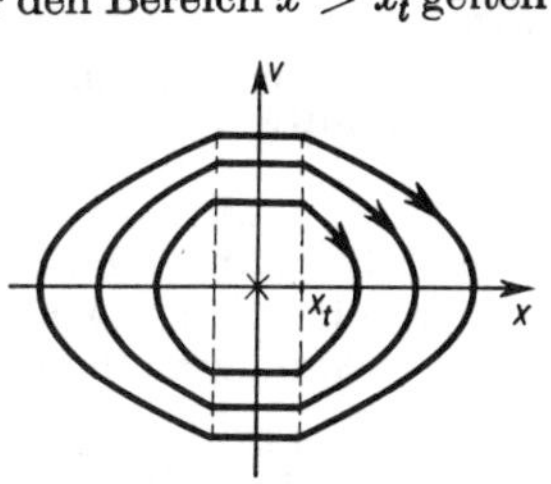

Fig. 59. Phasenporträt eines Schwingers mit Totbereich

Daraus ist ersichtlich, daß die Phasenkurven im mittleren Abschnitt horizontal verlaufen. Folglich ergibt sich ein Phasenporträt, wie es Fig. 59 zeigt.

Es entsteht aus dem Porträt von Fig. 58 dadurch, daß dieses in der Mitte aus-
einandergeschnitten wird und beide Hälften in der x-Richtung jeweils um den
Betrag x_t verschoben werden. Man hat dann die Kurven nur noch durch
horizontale Geraden im Totbereich zu vervollständigen.

Bei der Berechnung der Schwingungszeit sind die beiden Teilzeiten zu errechnen, die der Bildpunkt braucht, um einerseits vom Punkte $x = A$, $\dot{x} = 0$ bis zur
Geraden $x = x_t$, andererseits von dort bis zur $\dot{x}$-Achse zu gelangen. Es ist dann:

$$T = 4(T_1 + T_2).\tag{2.103}$$

T_1 folgt aus (2.99) durch Einsetzen von $x = x_t$ und Auflösen nach t

$$T_1 = \sqrt{\frac{2m}{h}\,(A - x_t)}\ .$$

Die Geschwindigkeit beim Erreichen der Geraden $x = x_t$ folgt aus (2.97)

$$\dot{x} = -\frac{h}{m}\,T_1 = -\sqrt{\frac{2h}{m}\,(A - x_t)} = v_{0t}.$$

Setzt man dies in (2.102) ein und verlangt $x = 0$, so folgt

$$t = T_2 = \frac{x_t}{|\,v_{0t}\,|} = \frac{x_t}{\sqrt{\dfrac{2h}{m}\,(A - x_t)}}.$$

Die gesamte Schwingungszeit ergibt sich jetzt nach (2.103) zu

$$T = \frac{8A - 4x_t}{\sqrt{\dfrac{2h}{m}\,(A - x_t)}}.\tag{2.104}$$

Für $x_t \to 0$ wird daraus natürlich wieder der frühere Wert Gl. (2.100) erhalten.
Das hier verwendete Verfahren der bereichsweisen Lösung der Bewegungsgleichungen und des nachträglichen Aneinanderflickens an den Übergangsstellen zwischen den Bereichen wird als Anstückelverfahren bezeichnet. Es
wird bei stückweise linearen Rückführkennlinien sehr viel verwendet, insbesondere auch bei komplizierteren Systemen, wie sie beispielsweise in der Regel-
technik auftreten.

2.136 Näherungsmethoden. Wenn die Rückführfunktion $f(x)$ beliebig ist und die
im Abschnitt 2.131 angegebenen Formeln zu unhandlich werden, dann können
auch Näherungsmethoden zur Berechnung der Schwingungen herangezogen
werden.

Eines der wichtigsten Verfahren dieser Art ist ohne Zweifel die Methode der
kleinen Schwingungen. Bei ihr wird vorausgesetzt, daß die Amplituden der
Schwingungen um die Ruhelage so klein sind, daß die Rückführfunktion in einer
kleinen Umgebung dieser Ruhelage durch ihre Tangente ersetzt werden kann.
Die Ruhelage (Gleichgewichtslage) sei durch $x = 0$ und $f(x) = 0$, also auch

$f(0) = 0$ gekennzeichnet. In ihrer Umgebung wird $f(x)$ in eine Taylor-Reihe entwickelt:

$$f(x) = f(0) + \left(\frac{\mathrm{d}f}{\mathrm{d}x}\right)_{x=0} x + \frac{1}{2}\left(\frac{\mathrm{d}^2 f}{\mathrm{d}x^2}\right)_{x=0} x^2 + \cdots$$

Bei Beschränkung auf eine kleine Umgebung von $x = 0$ werden die Glieder mit höheren Potenzen von x klein gegenüber dem zweiten Gliede der rechten Seite. Da $f(0) = 0$ ist, kann man als Näherung

$$f(x) \approx \left(\frac{\mathrm{d}f}{\mathrm{d}x}\right)_{x=0} x \tag{2.105}$$

verwenden. Setzt man dies in die Bewegungsgleichung des Schwingers

$$m\ddot{x} + f(x) = 0$$

ein, so kann man sie mit

$$\frac{1}{m}\left(\frac{\mathrm{d}f}{\mathrm{d}x}\right)_{x=0} = \omega^2$$

in die für den linearen Schwinger übliche Form $\ddot{x} + \omega^2 x = 0$ bringen.

Als Beispiel sei das Schwerependel betrachtet, für das

$$f(x) = \frac{mg}{L}\sin x$$

gilt. Hier wird

$$\omega^2 = \frac{1}{m}\frac{mg}{L}(\cos x)_{x=0} = \frac{g}{L}$$

in Übereinstimmung mit früher schon erhaltenen Ergebnissen.

Die Methode der kleinen Schwingungen ist stets anwendbar, wenn die Zerlegung der Rückführfunktion in eine Taylor-Reihe möglich ist. Sie versagt aber in Fällen, wie wir sie im vorigen Abschnitt kennen lernten. Hier existiert entweder ein Sprung der Funktion $f(x)$ – wie zum Beispiel bei (2.96) –, oder aber der Nullpunkt liegt in einem Totbereich, dann verschwinden sämtliche Ableitungen – wie bei der Funktion (2.101). In beiden Fällen sind die Funktionen im Nullpunkt nicht analytisch und daher nicht in eine Taylor-Reihe zu entwickeln.

In derartigen Fällen kann man oft gute Näherungslösungen durch Anwendung eines von Krylov und Bogoljubov ausgearbeiteten Verfahrens erhalten, das als Verfahren der harmonischen Balance bezeichnet wird. Wir werden dieses Verfahren später noch häufiger anwenden, wollen es aber schon an dieser Stelle einführen, da es auch zur Berechnung konservativer nichtlinearer Schwingungen gute Dienste leisten kann. Allerdings soll hier eine Beschränkung auf ungerade – aber sonst beliebige – Rückführfunktionen vorgenommen werden. Es soll also

$$f(x) = -f(-x),$$
$$f(0) = 0 \tag{2.106}$$

gelten. Die Rückführfunktion soll außerdem so beschaffen sein, daß Schwingungen möglich sind; dazu müssen die rückführenden Kräfte überwiegen gegenüber solchen Kräften, die von der Ruhelage fort gerichtet sind.

Die Grundannahme des Verfahrens der harmonischen Balance besteht darin, daß die Schwingung als näherungsweise harmonisch vorausgesetzt wird:

$$x = A \cos \omega t. \tag{2.107}$$

Geht man mit diesem Ansatz in die nichtlineare Rückführfunktion $f(x)$ ein, so wird auch diese eine periodische Funktion der Zeit, und zwar mit der gleichen Kreisfrequenz ω wie x in (2.107). Diese periodische Funktion wird nun in eine Fourier-Reihe zerlegt:

$$f(x) = f(A \cos \omega t) = a_0 + \sum_{\nu=1}^{\infty} (a_\nu \cos \nu \omega t + b_\nu \sin \nu \omega t). \tag{2.108}$$

a_ν und b_ν sind darin die bekannten Fourier-Koeffizienten. Wegen der Voraussetzung (2.106) werden im vorliegenden Fall alle Koeffizienten b_ν sowie auch der konstante Koeffizient a_0 zu Null. Die zweite Annahme des Verfahrens der harmonischen Balance besteht darin, daß die höheren Harmonischen der Reihe (2.108) vernachlässigt werden und nur die Grundharmonische mit der Kreisfrequenz ω berücksichtigt wird. Dann gilt:

$$f(x) = f(A \cos \omega t) \approx a_1 \cos \omega t = \frac{a_1}{A} x = cx. \tag{2.109}$$

Dabei wurde (2.107) berücksichtigt. Man gelangt also nach dem Verfahren der harmonischen Balance zu einem linearen Näherungsausdruck cx für die nichtlineare Funktion $f(x)$, bei dem jedoch der Proportionalitätsfaktor c keine Konstante – wie bei der Methode der kleinen Schwingungen –, sondern eine Funktion der Amplitude A ist. Durch Einsetzen des Ausdrucks für den Fourier-Koeffizienten a_1 bekommt man nämlich

$$c = c(A) = \frac{a_1}{A} = \frac{1}{\pi A} \int_0^{2\pi} f(A \cos \omega t) \cos \omega t \, d(\omega t). \tag{2.110}$$

Das ist eine Integraltransformation, durch die die Funktion f der Variablen x in eine Funktion c der Variablen A überführt wird. Dieser Rechentrick, die Nichtlinearität durch Transformation in die Abhängigkeit eines Beiwertes von dem Parameter A umzuwandeln, erweist sich als ungemein fruchtbar.

Wegen (2.109) kann die nichtlineare Schwingungsgleichung nun durch eine lineare angenähert werden, so daß die schon bekannten Methoden zur Lösung angewendet werden können. Man hat jetzt die Kreisfrequenz

$$\omega^2 = \frac{c(A)}{m}$$

und erhält somit auch eine von der Amplitude A abhängige Schwingungszeit T.

Als einfaches Anwendungsbeispiel sei ein Schwinger mit der Rückführfunktion

$$f(x) = h \operatorname{sgn} x$$

betrachtet, für den wir im vorigen Abschnitt bereits die Schwingungszeit ohne jede Vernachlässigung berechnet hatten. Aus (2.110) folgt:

$$c = 4 \frac{1}{\pi A} \int\limits_{0}^{\frac{\pi}{2}} h \cos \omega t \, \mathrm{d}(\omega t) = \frac{4h}{\pi A} \sin \frac{\pi}{2} = \frac{4h}{\pi A}. \qquad (2.111)$$

Dabei wurde die Tatsache ausgenutzt, daß es wegen der Symmetrie des Integranden zulässig ist, nur von 0 bis $\frac{\pi}{2}$ zu integrieren und das Ergebnis dann mit dem Faktor 4 zu multiplizieren. Für die Schwingungszeit bekommt man nun aus Gl. (2.111)

$$T = 2\pi \sqrt{\frac{m}{c}} = 2\pi \sqrt{\frac{\pi m A}{4h}} = \pi \sqrt{\frac{\pi m A}{h}} = 5{,}5683 \sqrt{\frac{m A}{h}}. \qquad (2.112)$$

Der Vergleich mit der früher erhaltenen exakten Lösung (2.100) zeigt, daß die Näherung den Einfluß der einzelnen Parameter vollständig richtig wiedergibt, nur der Zahlenfaktor ist um $1{,}56^0/_0$ kleiner als der Faktor der exakten Lösung.

Es sei jedoch darauf hingewiesen, daß im allgemeinen der Fehler der Näherungslösung selbst noch von A abhängen kann.

Auch für die Bestimmung des Phasenporträts lassen sich Näherungsverfahren finden, mit denen man ohne viel Mühe für beliebige Funktionen $f(x)$ einen Überblick über den Verlauf der Phasenkurven bekommen kann. Eine Möglichkeit hierzu bietet die aus der Theorie der Differentialgleichungen erster Ordnung bekannte Isoklinenmethode. Man kann nämlich die Ausgangsgleichung

$$m \, \ddot{x} + f(x) = 0,$$

die von zweiter Ordnung ist, leicht in eine Differentialgleichung erster Ordnung umformen. Wegen

$$\ddot{x} = \frac{\mathrm{d}\dot{x}}{\mathrm{d}t} = \frac{\mathrm{d}\dot{x}}{\mathrm{d}x} \frac{\mathrm{d}x}{\mathrm{d}t} = \dot{x} \frac{\mathrm{d}\dot{x}}{\mathrm{d}x} = v \frac{\mathrm{d}v}{\mathrm{d}x}$$

bekommt man

$$\frac{\mathrm{d}v}{\mathrm{d}x} = -\frac{f(x)}{m v}. \qquad (2.113)$$

Der auf der linken Seite stehende Differentialquotient ist gleich dem Tangens des Neigungswinkels der Phasenkurve in der x, v-Ebene. Bei der Isoklinenmethode sucht man nun diejenigen Kurven, für die (2.113) einen vorgegebenen konstanten Wert besitzt. Die Gleichung dieser Kurven folgt aus (2.113) zu

$$\frac{f(x)}{m v} = \text{const.}$$

Die dadurch gegebenen Isoklinen können in der x, v-Ebene gezeichnet und mit Richtungselementen versehen werden. Zeichnet man eine Schar derartiger Isoklinen mit den zugehörigen Richtungselementen, so bekommt man einen guten Überblick über den möglichen Verlauf der Phasenkurven.

Wir wollen als Beispiel zunächst den linearen Schwinger mit $f(x) = cx$ betrachten. Hier wird

$$\frac{\mathrm{d}v}{\mathrm{d}x} = -\frac{c}{m}\frac{x}{v}.$$

Dieser Wert ist konstant, wenn $v = kx$ mit einer beliebigen Konstanten k gilt. Die Isoklinen sind also Geraden durch den Nullpunkt. Für den Neigungswinkel der Richtungselemente auf diesen Isoklinen gilt

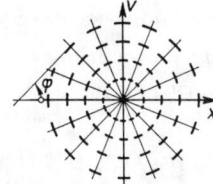

$$\frac{\mathrm{d}v}{\mathrm{d}x} = \tan\varphi = -\frac{c}{mk}.$$

Am einfachsten werden die Verhältnisse, wenn $c/m = 1$ ist. Dann gilt:

$$\frac{\mathrm{d}v}{\mathrm{d}x} = \tan\varphi = -\frac{x}{v}.$$

Fig. 60. Isoklinenfeld in der x,v-Ebene für einen linearen konservativen Schwinger

In diesem Falle stehen die Richtungselemente stets senkrecht auf den Isoklinen. Man erhält dann ein Isoklinen- oder Richtungsfeld, wie es in Fig. 60 dargestellt ist. Daraus ist unmittelbar zu erkennen, daß die Phasenkurven Kreise um den Nullpunkt sind – ein Ergebnis, das natürlich mit den Überlegungen von Abschnitt 2.121 übereinstimmt.

Als zweites Beispiel sei der Schwinger mit der Rückführfunktion $f(x) = h$ sgn x betrachtet. Hier folgt aus (2.113) für den Bereich $x > 0$

$$\frac{\mathrm{d}v}{\mathrm{d}x} = \tan\varphi = -\frac{h}{mv}.$$

Dieser Wert ist konstant, wenn v konstant ist; folglich sind die Isoklinen in diesem Falle Parallelen zur x-Achse (Fig. 61). Die Richtungselemente werden um so steiler, je kleiner v wird. Auf der x-Achse selbst werden die Richtungselemente vertikal. Im Bereich $x < 0$ ergibt sich das entsprechende Bild, nur ist das Vorzeichen von h umzuändern. Auf der v-Achse ist die Richtung unbestimmt, da hier $f(x)$ nicht definiert ist. Man erkennt unschwer aus Fig. 61, daß die Phasenkurven den Verlauf von Fig. 58 haben müssen.

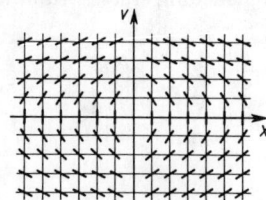

Fig. 61. Isoklinenfeld in der x,v-Ebene für einen konservativen Schwinger mit unstetiger Rückführfunktion

Schließlich sei noch ein einfaches graphisches Verfahren angegeben, das zur Konstruktion der Phasenkurven – ebenfalls aus den Richtungselementen – verwendet werden kann. Das Verfahren wurde in etwas modifizierter Form von Liénard angegeben und ist besonders gut geeignet, wenn die Funktion $f(x)$ als Kurve vorliegt.

Aus Fig. 62 ist die Konstruktion zu ersehen. Man zeichne zunächst die gegebene Funktion $\frac{f(x)}{m}$ in der x, v-Ebene. Jetzt läßt sich das zu einem beliebigen Punkt P gehörende Richtungselement der Phasenkurve wie folgt finden: Man fälle von P das Lot auf die x-Achse; es schneidet die $\frac{f(x)}{m}$-Kurve im Punkte B und hat auf der x-Achse den Fußpunkt C. Nun schlage man mit dem Radius CB um C einen Kreis. Seinen linken Schnittpunkt D mit der x-Achse verbinde man mit P. Das zu P gehörige Richtungselement ist nun senkrecht zur Verbindungslinie DP zu zeichnen. Die Richtigkeit dieser Konstruktion ist wegen

$$\frac{dv}{dx} = \tan\varphi = -\frac{1}{\tan\alpha} = -\frac{1}{\dfrac{PC}{BC}} = -\frac{BC}{PC} = -\frac{f(x)}{mv}$$

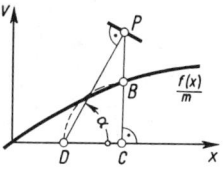

entsprechend Gl. (2.113) leicht einzusehen. Durch schrittweises Aneinanderfügen von Richtungselementen lassen sich auf diese Weise die Phasenkurven leicht konstruieren.

Fig. 62. Konstruktion der Richtungselemente nach Liénard

2.2 Gedämpfte Eigenschwingungen

2.21 Berücksichtigung dämpfender Einflüsse. Bei der Ableitung der Bewegungsgleichungen für die im Abschnitt 2.11 behandelten Schwinger sind stets Vernachlässigungen vorgenommen worden. Deshalb konnten die Gleichungen mechanischer Schwinger zumeist auf die Form

$$m\ddot{x} + f(x) = 0$$

gebracht werden. Diese Bewegungsgleichungen wurden aus den Bedingungen für Gleichgewicht zwischen Trägheitskräften und Rückführkräften erhalten (oder beim elektrischen Schwingungskreis aus der Bedingung für das Gleichgewicht der Spannungen an Spule und Kondensator). In jedem realen Schwinger gibt es aber zusätzlich noch Kräfte (bzw. Momente oder Spannungen), die einen dämpfenden Einfluß ausüben. Die dämpfenden Kräfte leisten Arbeit und verringern damit die im Schwinger hin- und herpendelnde Energie.

Als Beispiel betrachten wir den einfachen mechanischen Schwinger von Fig. 63, der ein Feder-Masse-System bildet, das mit einem Dämpfungskolben zusammengeschaltet wurde. Durch die hin- und hergehende Bewegung des Kolbens im Zylinder entstehen Kräfte in der Schwingungsrichtung, deren Größe von der Schwingungsgeschwindigkeit $\dot{x}$ abhängt. Im allgemeinen, d. h. bei gut eingepaßtem Kolben, sind die Kräfte den Geschwindigkeiten direkt proportional, so daß

Fig. 63. Feder-Masse-Schwinger mit Dämpfer

$$K_d = -d\dot{x} \tag{2.114}$$

gesetzt werden kann. Das Vorzeichen ergibt sich aus der Bedingung, daß die Kräfte die Bewegung zu bremsen suchen. Berücksichtigt man Gl. (2.114) bei der Aufstellung des Kräftegleichgewichts, so folgt

$$K_t + K_d + K_f = 0$$

$$m\ddot{x} + d\dot{x} + cx = 0. \tag{2.115}$$

Entsprechend kann auch die früher abgeleitete Gleichung (2.16) für einen elektrischen Schwingungskreis durch Berücksichtigung der in jedem Kreis vorhandenen Ohmschen Widerstände ergänzt werden. In Fig. 64 sind diese durch einen gesondert eingezeichneten Widerstand R berücksichtigt worden, jedoch braucht der Widerstand keineswegs an einer Stelle lokalisiert zu sein. Wenn ein Strom I im Kreise fließt, dann ist am Widerstand ein Spannungsabfall von der Größe

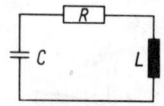

Fig. 64. Elektrischer Schwingkreis mit Dämpfung

$$U_R = RI$$

vorhanden. Die Bedingung für das Gleichgewicht der Spannungen gibt damit

$$L\dot{I} + RI + \frac{1}{C}\int I\,dt = 0$$

oder wegen $\int I\,dt = Q$:

$$L\ddot{Q} + R\dot{Q} + \frac{1}{C}Q = 0. \tag{2.116}$$

In den beiden betrachteten Fällen sind die dämpfenden Kräfte bzw. Spannungen der Änderungsgeschwindigkeit der jeweiligen Zustandsgröße x bzw. Q proportional. Das muß nicht unbedingt so sein. Wenn sich zum Beispiel an einem Pendel eine quer zur Bewegungsrichtung stehende Platte befindet, die beim Schwingen die Luft kräftig durchwirbelt, dann sind die dämpfenden Momente ziemlich genau dem Quadrat der Schwingungsgeschwindigkeit proportional. Wenn andererseits die Pendellagerung schwergängig ist, dann entstehen Reibungsmomente, deren Betrag fast von der Bewegungsgeschwindigkeit unabhängig ist, deren Vorzeichen jedoch jedesmal bei der Bewegungsumkehr wechselt.

In jedem Falle sind die dämpfenden Einflüsse Funktionen der Geschwindigkeit, für die wir allgemein $g(\dot{x})$ schreiben können. Man kann in derartigen Fällen die Bewegungsgleichung eines Schwingers meist (nach Durchdividieren durch den bei $\ddot{x}$ stehenden Faktor) auf die allgemeine Form bringen:

$$\ddot{x} + g(\dot{x}) + f(x) = 0. \tag{2.117}$$

Es kommt gelegentlich vor, daß Dämpfungs- und Rückführkräfte so eng miteinander verknüpft sind, daß sie sich in der Bewegungsgleichung nicht trennen lassen. Dann hat man die allgemeinere Form

$$\ddot{x} + f(x, \dot{x}) = 0. \tag{2.118}$$

Im folgenden sollen nun zunächst die Eigenschaften von gedämpften linearen Schwingern und anschließend einige typische Fälle von nichtlinearen Schwingern behandelt werden.

2.22 Der lineare Schwinger

2.221 Reduktion der allgemeinen Gleichung. Im allgemeinsten Falle können die Koeffizienten der Bewegungsgleichung eines linearen gedämpften Schwingers von einem Freiheitsgrad auch Funktionen der Zeit sein. Man kann dann schreiben

$$m(t)\ddot{x} + d(t)\dot{x} + c(t)x = 0. \tag{2.119}$$

Diese sehr allgemeine lineare Gleichung läßt sich stets so umformen, daß das in der Mitte stehende Dämpfungsglied verschwindet. Führt man nämlich die neue Veränderliche

$$y = x \mathrm{e}^{-\frac{1}{2}\int \frac{d}{m}\, \mathrm{d}t} \tag{2.120}$$

ein, dann geht (2.119) über in

$$\ddot{y} + \left[\frac{c}{m} - \frac{1}{4}\left(\frac{d}{m}\right)^2 - \frac{1}{2}\cdot\frac{\mathrm{d}}{\mathrm{d}t}\left(\frac{d}{m}\right) \right] y = 0. \tag{2.121}$$

Damit können die Lösungen von (2.119) aus den entsprechenden Lösungen für die Gl. (2.121) aufgebaut werden. Das kann für die Berechnung linearer Schwinger außerordentlich nützlich sein.

Wir wollen uns hier auf den Fall konstanter Koeffizienten beschränken; einige bei zeitabhängigen Koeffizienten auftretende Erscheinungen sollen später (Kapitel 4) gesondert besprochen werden. Als Ausgangsgleichung verwenden wir (2.115), doch gelten die Überlegungen ebensogut für die völlig gleichartig aufgebaute Gleichung (2.116). Um den Überlegungen größere Allgemeinheit zu geben, wird die Ausgangsgleichung zunächst in eine dimensionslose Form überführt. Wir setzen

$$\frac{c}{m} = \omega_0^2$$

und führen die dimensionslose Zeit

$$\tau = \omega_0 t \tag{2.122}$$

ein. Das bedeutet, daß die Bewegungen in Schwingern mit verschiedenen Koeffizienten auch in verschiedenen Zeitmaßstäben gemessen werden. τ ist gewissermaßen eine je nach dem Betrage der Kreisfrequenz ω_0 gedehnte oder geraffte Zeit; sie wird als Eigenzeit bezeichnet. Wegen (2.122) folgt nun

$$\dot{x} = \frac{\mathrm{d}x}{\mathrm{d}t} = \frac{\mathrm{d}x}{\mathrm{d}\tau}\frac{\mathrm{d}\tau}{\mathrm{d}t} = \omega_0\frac{\mathrm{d}x}{\mathrm{d}\tau} = \omega_0 x'$$

$$\ddot{x} = \frac{\mathrm{d}\dot{x}}{\mathrm{d}t} = \frac{\mathrm{d}\dot{x}}{\mathrm{d}\tau}\frac{\mathrm{d}\tau}{\mathrm{d}t} = \omega_0^2 x''.$$

Nach Einsetzen dieser Ausdrücke in die Ausgangsgleichung (2.115) und nach entsprechendem Durchdividieren geht die Bewegungsgleichung in die Form

$$x'' + 2Dx' + x = 0 \tag{2.123}$$

über, wobei die einzige noch vorkommende Konstante eine dimensionslose Größe, das sogenannte Dämpfungsmaß ist, das von Lehr [7] eingeführt wurde. Es gilt

$$D = \frac{d}{2m\omega_0} = \frac{d\omega_0}{2c} = \frac{d}{2\sqrt{cm}}. \tag{2.124}$$

Für einen Schwinger ohne Dämpfung wird $D = 0$, so daß man in diesem Grenzfall wieder auf die früheren Untersuchungen zurückgeführt wird.

2.222 Lösung der Bewegungsgleichungen. Die Lösung der dimensionslosen Gl. (2.123) kann nach einem in der Theorie der Differentialgleichungen üblichen Verfahren durch den Exponentialansatz

$$x = e^{\lambda \tau}$$

gesucht werden. Wir wollen jedoch hier den Weg einschlagen, der durch die Transformation (2.120) gewiesen wurde. Durch Vergleich von (2.123) mit (2.119) sieht man, daß im vorliegenden Fall

$$m = c = 1; \qquad d = 2D$$

zu setzen ist. Dann findet man x aus Gl. (2.120)

$$x = y e^{-D\tau}, \tag{2.125}$$

wobei y als Lösung der Differentialgleichung (2.121)

$$y'' + (1 - D^2)y = 0 \tag{2.126}$$

zu bestimmen ist.

Je nach dem Betrage des Dämpfungsmaßes D müssen nun die folgenden drei Fälle gesondert behandelt werden:

$$\text{I.} \quad D < 1$$
$$\text{II.} \quad D > 1$$
$$\text{III.} \quad D = 1.$$

I. $D < 1$. Wir setzen $1 - D^2 = \nu^2$ und bekommen damit aus (2.126) eine Differentialgleichung, deren Lösung bereits im Abschnitt 2.121 ausgerechnet wurde. Mit den Konstanten A und B bzw. C und φ gilt:

$$y = A \cos \nu\tau + B \sin \nu\tau$$

$$y = C \cos (\nu\tau - \varphi).$$

Damit folgt aus (2.125) die Lösung für x

$$x = e^{-D\tau} [A \cos \nu\tau + B \sin \nu\tau]$$
$$x = C e^{-D\tau} \cos (\nu\tau - \varphi). \tag{2.127}$$

Für die Bestimmung der Konstanten aus den Anfangsbedingungen sowie für die spätere Diskussion der Lösung wird auch die Geschwindigkeit gebraucht. Man erhält durch einmalige Differentiation nach τ:

$$x' = e^{-D\tau}[(B\nu - DA) \cos \nu\tau - (A\nu + DB) \sin \nu\tau]$$
$$x' = -C e^{-D\tau}[D \cos (\nu\tau - \varphi) + \nu \sin (\nu\tau - \varphi)]. \tag{2.128}$$

Wenn die Anfangsbedingungen für $\tau = 0 : x = x_0$; $x' = x_0'$ sind, so ergeben sich für die Konstanten in (2.127) und (2.128) die Werte

$$A = x_0$$

$$B = \frac{x_0' + D x_0}{\nu}$$

$$C = \sqrt{A^2 + B^2} = \sqrt{x_0^2 + \left(\frac{x_0' + D x_0}{\nu} \right)^2} \qquad (2.129)$$

$$\tan \varphi = \frac{B}{A} = \frac{x_0' + D x_0}{\nu x_0}.$$

II. $D > 1$. Wir nennen jetzt $D^2 - 1 = k^2$ und bekommen damit aus (2.126) die Gleichung

$$y'' - k^2 y = 0. \qquad (2.130)$$

Partikuläre Lösungen dieser Gleichung sind die Hyperbelfunktionen

$$y_1 = \cosh k\tau; \qquad y_2 = \sinh k\tau.$$

sinh ist der Hyperbelsinus, cosh der Hyperbelcosinus. Diese beiden Lösungen bilden ein Fundamentalsystem, so daß die allgemeine Lösung von (2.130) mit den beiden Konstanten A und B in der Form geschrieben werden kann

$$y = A \cosh k\tau + B \sinh k\tau$$
$$y = C \cosh (k\tau + \varphi) \qquad (2.131)$$

mit

$$C = \sqrt{A^2 - B^2}; \qquad \tanh \varphi = \frac{B}{A}.$$

(tanh ist der Hyperbeltangens).

Durch Einsetzen in (2.125) folgt damit als Lösung für x

$$x = e^{-D\tau} [A \cosh k\tau + B \sinh k\tau]$$
$$x = C e^{-D\tau} \cosh (k\tau + \varphi). \qquad (2.132)$$

Die Bestimmung der Konstanten aus den Anfangsbedingungen ergibt jetzt

$$A = x_0$$

$$B = \frac{x_0' + D x_0}{k}$$

$$C = \sqrt{A^2 - B^2} = \sqrt{x_0^2 - \left(\frac{x_0' + D x_0}{k} \right)^2} \qquad (2.133)$$

$$\tanh \varphi = \frac{B}{A} = \frac{x_0' + D x_0}{k x_0}.$$

Neben den beiden Lösungsformen (2.132) wird häufig noch eine andere verwendet, die sich aus (2.132) durch Anwenden der Beziehungen

$$\cosh \alpha = \frac{1}{2}\,(e^{\alpha} + e^{-\alpha}); \qquad \sinh \alpha = \frac{1}{2}\,(e^{\alpha} - e^{-\alpha})$$

ableiten läßt. Man erhält

$$x = \frac{A+B}{2}\,e^{-(D-k)\tau} + \frac{A-B}{2}\,e^{-(D+k)\tau}. \qquad (2.134)$$

Wegen $k = \sqrt{D^2 - 1} < D$ wird $D - k > 0$, so daß die Exponenten der Lösung (2.134) stets negativ sind.

III. $D = 1$. Dieser Grenzfall läßt sich aus den beiden bisher behandelten Fällen durch den Grenzübergang $D \to 1$ ableiten. Einfacher ist jedoch die unmittelbare Herleitung der Lösung auf dem bisher eingeschlagenen Wege. Man erhält aus (2.126)

$$y'' = 0$$

mit der allgemeinen Lösung

$$y = A\tau + B.$$

Damit wird die Lösung für x

$$x = e^{-\tau}(A\tau + B). \qquad (2.135)$$

Die Bestimmung der Integrationskonstanten aus den Anfangsbedingungen ergibt jetzt

$$A = x_0 + x_0'; \qquad B = x_0.$$

Damit geht die allgemeine Lösung über in

$$x = e^{-\tau}\,[x_0\,(1 + \tau) + x_0'\,\tau]. \qquad (2.136)$$

2.223 Das Zeitverhalten der Lösungen. Bei der Diskussion der im vorigen Abschnitt ausgerechneten Lösungen interessiert vorwiegend das x, t-Bild, also der zeitliche Verlauf der möglichen Bewegungen. Man kann zunächst aus den Lösungen (2.134) und (2.136) ablesen, daß im Falle $D \geq 1$ nur kriechende Bewegungen vorkommen, die im wesentlichen durch e-Funktionen mit reellen und negativen Exponenten beschrieben werden. Im Falle $D < 1$ – Lösung (2.127) – sind dagegen Schwingungen möglich, deren Amplituden jedoch wegen des Vorhandenseins des Faktors $e^{-D\tau}$ mit der Zeit kleiner werden. Wegen des Auftretens der periodischen Funktionen sin und cos in (2.127) spricht man – nicht ganz korrekt – bei $D < 1$ von dem periodischen Fall. Die Koordinate x genügt jedoch für $D \neq 0$ nicht der Periodizitätsbedingung (1.1). Die Fälle $D = 1$ und $D > 1$ werden als aperiodisch bezeichnet, wobei man im ersteren Fall auch vom aperiodischen Grenzfall spricht.

Wir betrachten zunächst den Fall $D < 1$ und stellen fest, daß sich die Transformation (2.125) geometrisch so auswirkt, daß die Geraden $y = \text{const}$ in einer

y, τ-Ebene zu abfallenden e-Funktionen $x = \text{const } e^{-D\tau}$ in der x, τ-Ebene werden (Fig. 65). Das hat zur Folge, daß ein in der y, τ-Ebene ungedämpfter Schwingungszug in der x, τ-Ebene als eine gedämpfte Schwingungskurve erscheint, die zwischen zwei abfallenden e-Funktionen eingezwängt ist. Die früheren Geraden $y = \pm C$ bilden nunmehr Hüllkurven für den Kurvenzug der gedämpften Schwingung. Die Gleichung der Hüllkurven ist

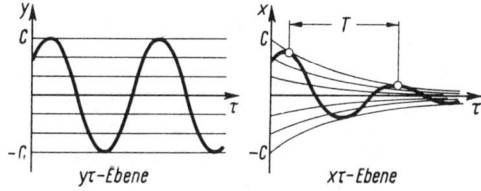

Fig. 65. y, τ-Bild und x, τ-Bild einer gedämpften Schwingung im Falle $D < 1$

$$x = \pm\, C e^{-D\tau}. \qquad (2.137)$$

Für das Zeitverhalten der gedämpften Schwingung sind zwei Größen kennzeichnend; sie bestimmen erstens den zeitlichen Abfall der Hüllkurven und zweitens die Wiederholungszeit für das Hin- und Herpendeln zwischen den Hüllkurven. Der zeitliche Abfall der Hüllkurve wird durch die sogenannte Zeitkonstante τ_z bzw. T_z beschrieben. Es gilt:

$$\tau_z = \frac{1}{D}. \qquad (2.138)$$

Damit kann die Gleichung der Hüllkurve wie folgt geschrieben werden:

$$x_h = C e^{-\frac{\tau}{\tau_z}}.$$

Die geometrische Bedeutung der Zeitkonstanten τ_z geht aus Fig. 66 hervor. Legt man im Zeitnullpunkt eine Tangente an die e-Funktion, so schneidet sie die Abszisse bei dem Werte τ_z. Man kann sich leicht davon überzeugen, daß der τ-Abstand zwischen einem beliebigen Anlegepunkt der Tangente und dem zugehörigen Schnittpunkt der Tangente mit der Abszisse gleich τ_z ist. Die e-Funktion fällt in der Zeit $\tau = \tau_z$ um den Faktor $\dfrac{1}{e} = 0{,}368$ ab, so daß die Amplitude in dieser Zeit um 63% kleiner wird.

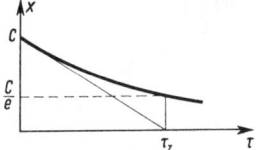

Fig. 66. Zur Deutung der Zeitkonstanten τ_z

Die Größe τ_z ist in der dimensionslosen Eigenzeit gemessen. Der Wert der Zeitkonstanten T_z in der normalen Zeit folgt wegen (2.122):

$$T_z = \frac{\tau_z}{\omega_0} = \frac{1}{D\omega_0} = \frac{2m}{d}. \qquad (2.139)$$

Die zweite kennzeichnende Zeitgröße ist die Schwingungszeit. Sie wird als die Periode T_s der in der Lösung (2.127) vorkommenden periodischen Funktionen sin und cos definiert. Es gilt also im Maßstab der Eigenzeit

$$\tau_s = \frac{2\pi}{\nu} = \frac{2\pi}{\sqrt{1-D^2}}.$$

Im normalen Zeitmaßstab hat man entsprechend

$$T_s = \frac{\tau_s}{\omega_0} = \frac{2\pi}{\omega_0 \sqrt{1 - D^2}} = \frac{T_0}{\sqrt{1 - D^2}}. \qquad (2.140)$$

$T_0 = \dfrac{2\pi}{\omega_0}$ ist dabei die Schwingungszeit der zugehörigen ungedämpften Schwingung $T(D = 0) = T_0$. Man erkennt aus (2.140), daß die gedämpften Schwingungen eine größere Schwingungszeit als die ungedämpften haben. Für kleine Werte des Dämpfungsmaßes D macht sich dieser Einfluß allerdings nur sehr wenig bemerkbar; er wird erst wesentlich, wenn sich der Betrag von D dem Werte Eins nähert.

Aus der Lösung (2.127) sieht man, daß die Nulldurchgänge der Schwingungskurve jeweils um den Betrag $\nu\tau = \pi$ auseinanderliegen. Die Punkte, in denen der Schwingungsbogen die Hüllkurve berührt, liegen in der Mitte zwischen den Nulldurchgängen. Diese Berührungspunkte sind jedoch nur im Falle ungedämpfter Schwingungen mit den Maxima der Schwingungskurve identisch. Bei gedämpften Schwingungen sind die Maxima nach kleineren Werten von τ verschoben. Die Größe dieser Verschiebung findet man durch Aufsuchen des Nullpunktes für die Schwingungsgeschwindigkeit x'. Aus (2.128) folgt mit $\varphi = 0$

$$\tan \nu\tau_0 = -\frac{D}{\nu} = -\frac{D}{\sqrt{1 - D^2}}.$$

Bringt man eine Tangenskurve mit einer im Abstande $-\dfrac{D}{\nu}$ gezogenen horizontalen Geraden zum Schnitt (Fig. 67), so läßt sich die Verschiebung des Maximums unmittelbar ablesen. Ihr Betrag ist

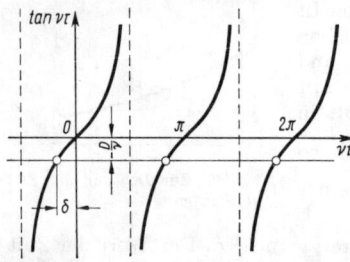

Fig. 67. Bestimmung der Verschiebung δ der Maxima

$$\delta = \nu\tau_0 = \text{arc tan} \frac{D}{\sqrt{1 - D^2}}. \qquad (2.141)$$

Diese Verschiebung ist von der Größe der Amplitude unabhängig. Man kann demnach die Schwingungszeit einer gedämpften Schwingung entweder aus den Abständen der Nulldurchgänge oder aus den Abständen der Maxima bestimmen. Jedoch ist der zeitliche Abstand zwischen Maximum und Nulldurchgang mit dem Faktor 4 multipliziert nicht gleich der Schwingungszeit.

Die Beträge der Maxima werden – entsprechend dem Verlauf der Hüllkurve – geringer. Dieser Abfall wurde bereits durch die Zeitkonstante τ_z charakterisiert. Es ist jedoch zweckmäßig, daneben noch ein anderes Maß für den Amplitudenabfall zu haben, bei dem dieser nicht als Funktion der Zeit, sondern als Funktion der Zahl der Vollschwingungen angegeben wird. Bezeichnen wir die nach der gleichen Seite von der Mittellage gelegenen Maxima einer Schwingungskurve mit $x_1, x_2, \ldots, x_n$ und die zugehörigen Zeiten entsprechend mit $\tau_1, \tau_2, \ldots, \tau_n$, so gilt nach (2.127)

$$x_n = C \mathrm{e}^{-D\tau_n} \cos\left[\nu\tau_n - \varphi\right]$$

$$x_{n+1} = C \mathrm{e}^{-D(\tau_n + \tau_s)} \cos\left[\nu(\tau_n + \tau_s) - \varphi\right].$$

Da der Cosinus periodisch mit $\nu\tau_s$ ist, so folgt durch Quotientenbildung

$$\frac{x_n}{x_{n+1}} = \mathrm{e}^{D\tau_s}. \tag{2.142}$$

Das Verhältnis zweier aufeinanderfolgender Maxima, die von der Mittellage aus gesehen auf derselben Seite liegen, ist also eine konstante Größe, die weder von der Amplitude C noch von der laufenden Zeit τ abhängt. Der Quotient (2.142) ist daher zur Charakterisierung des Dämpfungsverhaltens geeignet. Den natürlichen Logarithmus

$$\ln\left(\frac{x_n}{x_{n+1}}\right) = D\tau_s = \frac{2\pi D}{\sqrt{1 - D^2}} = \vartheta \tag{2.143}$$

nennt man das logarithmische Dekrement der Schwingungen und bezeichnet es mit dem Buchstaben ϑ. Will man ϑ aus Messungen zweier auf verschiedenen Seiten von der Mittellage aufeinanderfolgenden Maxima bestimmen, dann muß der links stehende Logarithmus in Gl. (2.143) sinngemäß mit dem Faktor 2 multipliziert werden. ϑ und D sind zwei durch die Beziehung (2.143) miteinander verbundene Größen. D ist für theoretische Berechnungen besonders zweckmäßig, während ϑ leicht aus Messungen abgeleitet werden kann. Durch Umformung von (2.143) findet man

$$D = \frac{\vartheta}{\sqrt{4\pi^2 + \vartheta^2}}. \tag{2.144}$$

Wenn man aus den gemessenen Beträgen x_n der Maxima die Größe ϑ und dann aus (2.144) D bestimmen will, so verwendet man besser nicht die Formel (2.143), sondern eine graphische Auswertung. Zu diesem Zweck wird $\ln x_n$ als Funktion der Zahl n in halblogarithmischem Papier aufgetragen (Fig. 68). Die Meßpunkte werden durch eine mittelnde Gerade verbunden. Der Tangens des Neigungswinkels α dieser Geraden ist unmittelbar gleich ϑ. Aus

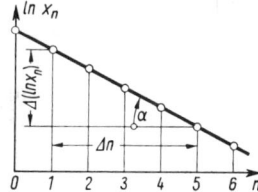

Fig. 68. Graphische Bestimmung des logarithmischen Dekrementes ϑ

$$x_{n+1} = x_1 \mathrm{e}^{-Dn\tau_s}$$

folgt nämlich

$$\ln x_{n+1} = \ln x_1 - Dn\tau_s$$

oder wegen $D\tau_s = \vartheta$

$$\vartheta = \frac{\ln x_1 - \ln x_{n+1}}{n} = \tan\alpha. \tag{2.145}$$

Wenn bei der Anwendung dieses Verfahrens Abweichungen der eingetragenen Meßpunkte von einer Geraden auftreten, die nicht durch die Ungenauigkeit der Einzelmessung erklärt werden können, sondern systematischen Charakter haben, dann ist dies ein Hinweis, daß das hier zugrundegelegte Gesetz für die dämpfenden Kräfte nicht gilt. Man kann aus der Gestalt der die Meßpunkte verbindenden Kurve Rückschlüsse auf die Form des Dämpfungsgesetzes ziehen. Das soll jedoch hier nicht weiter untersucht werden.

Es sei noch erwähnt, daß nicht nur die Koordinate x nach (2.127), sondern auch deren Ableitungen im Diagramm durch gedämpft schwingende Kurvenzüge dargestellt werden können. Da alle Ableitungen von x denselben Zeitfaktor $e^{-D\tau}$ in der Amplitude behalten, werden ihre Zeitkonstanten τ_z und T_z gleich groß. Wegen der Gleichheit der Schwingungszeit wird dann aber auch das logarithmische Dekrement $\vartheta = D\tau_s$ in allen Fällen gleich. Wenn jedoch nicht die Größe x selbst, sondern eine von ihr quadratisch abhängige Größe gemessen wird, z. B. eine Energie, dann bekommt man nur die halbe Zeitkonstante. Wegen

$$x^2 = C^2 e^{-2D\tau} \cos^2 (\nu\tau - \varphi)$$

gilt für die Zeitkonstante τ_z^* von x^2

$$\tau_z^* = \frac{1}{2D} = \frac{1}{2}\tau_z.$$

Somit erfolgt der Abfall der Hüllkurve für x^2 doppelt so schnell wie für x. Daraus darf aber nicht geschlossen werden, daß auch das logarithmische Dekrement doppelt so groß ist. Wegen

$$\cos^2\alpha = \frac{1}{2}(1 + \cos 2\alpha)$$

wird nämlich die Kreisfrequenz für x^2 gegenüber der für x geltenden verdoppelt; die Schwingungszeit τ_s wird halbiert. Demnach erhält man:

$$\vartheta^* = D^*\tau_s^* = 2D\frac{\tau_s}{2} = D\tau_s = \vartheta.$$

Das logarithmische Dekrement bleibt also unverändert.

Um das Zeitverhalten der kriechenden Bewegung im Falle $D > 1$ zu erkennen, greifen wir auf die Form (2.134) der Lösung zurück und bemerken, daß wegen $k = \sqrt{D^2 - 1}$:

$$0 < k < D,$$

$$D + k > D - k > 0$$

gilt. Das zeigt, daß die allgemeine Lösung stets aus zwei e-Funktionen aufgebaut werden kann, die verschieden schnell abfallen. Wir können daher als charakteristische Größen für das Zeitverhalten die beiden Zeitkonstanten

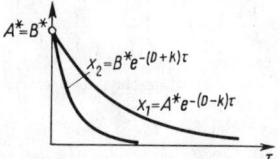

$$\tau_{z1} = \frac{1}{D-k}; \qquad \tau_{z2} = \frac{1}{D+k} \qquad (2.146)$$

Fig. 69. x,τ-Bild der Teillösungen für den Fall $D > 1$

betrachten. Die beiden Teillösungen (Fig. 69) können nun je nach den geltenden Anfangsbedingungen kombiniert werden. Man übersieht die dabei möglichen Bewegungsformen am besten, wenn man nicht von den Anfangsbedingungen selbst, sondern von verschiedenen Vorfaktoren A^* und B^* der Teillösungen, also von der Darstellung

$$x = x_1 + x_2 = A^* e^{-(D-k)\tau} + B^* e^{-(D+k)\tau}$$

ausgeht. Wird die Amplitude A^* der langsamer abfallenden Komponente x_1 festgehalten, so bekommt man durch Variation von B^* die in Fig. 70 gezeichneten x, τ-Kurven.

Zur Kurve 3 gehört eine Bewegung, bei der der Schwinger stoßfrei aus einer ausgelenkten Lage losgelassen wird; bei Kurve 5 wird der Schwinger aus der Ruhelage herausgestoßen. Die Kurven 1 und 6 entstehen, wenn ein Stoß zur Gleichgewichtslage hin erfolgt; bei Stößen von der Gleichgewichtslage fort bekommt man Kurven der Typen 4 oder 5. Die Fig. 70 zeigt schon alle Möglichkeiten, die bei diesen Kriechvorgängen vorkommen können. Eine Untersuchung bei anderen Werten von A^* würde nur im Maßstab verzerrte oder an der τ-Achse gespiegelte Kurven ergeben. Wir können daher feststellen, daß im Falle $D > 1$ höchstens ein Umkehrpunkt der Bewegung und höchstens ein Durchschlagspunkt durch die Nullage auftreten können. Diese Aussage gilt auch für den Grenzfall $D = 1$, also für die durch (2.136) gegebenen Bewegungen, die qualitativ völlig den in Fig. 70 dargestellten entsprechen.

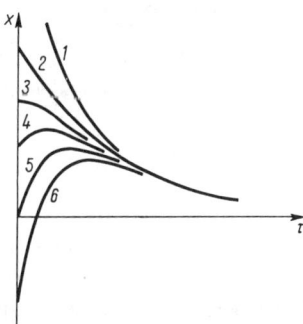

Fig. 70. x,τ-Bilder von Kriechvorgängen bei verschiedenen Anfangsbedingungen

2.224 Das Phasenporträt. Setzt man in der Ausgangsgleichung (2.123) $x' = v$, so wird

$$x'' = \frac{dv}{d\tau} = \frac{dv}{dx}\frac{dx}{d\tau} = v\,\frac{dv}{dx}.$$

Damit kann man aus (2.123) eine Beziehung für die Richtung der Phasenkurven bekommen

$$\frac{dv}{dx} = -\left(2D + \frac{x}{v}\right). \tag{2.147}$$

Die Gleichung zweiter Ordnung (2.123) ist damit in eine Gleichung erster Ordnung überführt worden, aus der leicht die Gleichung der Isoklinen erhalten werden kann. Setzt man $\frac{dv}{dx} = \tan\varphi = \text{const}$, dann folgt aus (2.147) die Gleichung der Isoklinen zu

$$v = -\frac{x}{\tan\varphi + 2D}. \tag{2.148}$$

Die Isoklinen sind demnach Geraden durch den Nullpunkt der Phasenebene. Diese Isoklinen sind Träger von Richtungselementen, die gegen die x-Achse um den Winkel φ geneigt sind. Man kann $\tan\varphi = \frac{dv}{dx}$ aus Gl. (2.147) entnehmen. Übrigens führt der Sonderfall $D = 0$ wieder auf das bereits besprochene Richtungsfeld von Fig. 60 zurück; alle Richtungselemente stehen dabei senkrecht auf den Isoklinen.

Aus Gl. (2.147) sieht man unmittelbar, daß im Fall $D > 0$ alle Richtungselemente um einen gewissen Betrag im Uhrzeigersinne gedreht sind – mit Ausnahme der Richtungselemente auf der x-Achse ($v = 0$); diese stehen nach wie vor senkrecht zur x-Achse. Man kommt also für $D < 1$ zu Richtungsfeldern, von denen Fig. 71 ein Beispiel zeigt. Die Phasenkurven werden zu Spiralen, während der Nullpunkt Strudelpunkt wird. Der die Bewegung repräsentierende Bildpunkt wandert längs dieser Spiralen in den Nullpunkt herein.

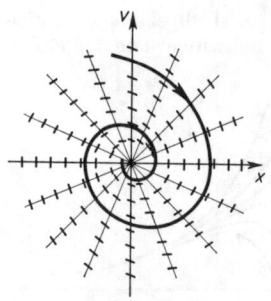

Die Richtungselemente – und damit auch die Phasenkurven – werden horizontal für

$$v = -\frac{x}{2D}.$$

Fig. 71. Richtungsfeld und Phasenkurve für $0 < D < 1$

Das ist die Gleichung einer durch den Nullpunkt der Phasenebene gehenden Geraden.

Je größer das Dämpfungsmaß D wird, um so mehr müssen die Richtungselemente der Isoklinen im Uhrzeigersinne verdreht werden. Dabei kann es bei hinreichend großem D vorkommen, daß ein Richtungselement dieselbe Richtung wie die tragende Isokline bekommt. Eine derartige Isokline kann dann nicht mehr von den Phasenkurven durchschnitten werden, sie bildet vielmehr eine Asymptote für die Phasenkurven. Wir wollen untersuchen, wann dieser Fall eintritt. Offenbar muß gelten

$$\tan\varphi = \frac{v}{x}$$

oder wegen (2.148)

$$\tan\varphi = -\frac{1}{\tan\varphi + 2D}.$$

Das ist eine quadratische Gleichung für $\tan\varphi$ mit den Lösungen

$$\left.\begin{array}{l}\tan\varphi_1\\\tan\varphi_2\end{array}\right\} = -D \pm \sqrt{D^2-1} = \begin{cases} -(D-k)\\ -(D+k). \end{cases} \tag{2.149}$$

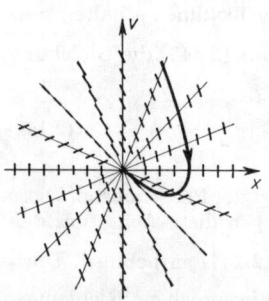

Für $D < 1$ existiert keine reelle Lösung, also gibt es dann auch keine Asymptoten-Isoklinen. Im Sonderfall $D = 1$ (aperiodischer Grenzfall) hat (2.149) die Doppellösung $\tan\varphi = -1$. Hier wird die 45°-Gerade durch den 2. und 4. Quadranten zur Asymptoten-Isokline. Das zugehörige Richtungsfeld mit einer eingezeichneten Phasenkurve zeigt Fig. 72. Für $D > 1$ gibt es zwei Asymptoten-Isoklinen mit den Richtungswinkeln φ_1 und φ_2 (Fig. 73). Als Phasenkurven sind in dieser Skizze die den x, τ-Kurven von Fig. 70 entsprechenden eingetragen und mit denselben Nummern bezeichnet. Durch Vergleich beider Bilder erkennt man leicht die Zusammenhänge zwischen x, τ-Bild und Phasen-

Fig. 72. Richtungsfeld und Phasenkurve im Grenzfall $D = 1$

porträt. Jede Asymptoten-Isokline kann selbst zur Phasenkurve werden. Das geschieht, wenn in der Lösung (2.134) entweder $A = B$ oder $A = -B$ ist, wenn also einer der Faktoren vor den Teillösungen verschwindet. Der Isokline mit dem Richtungswinkel φ_1 entspricht dabei die langsam abfallende erste Teillösung, der Isokline mit dem Richtungswinkel φ_2 entspricht die schneller abfallende zweite Teillösung.

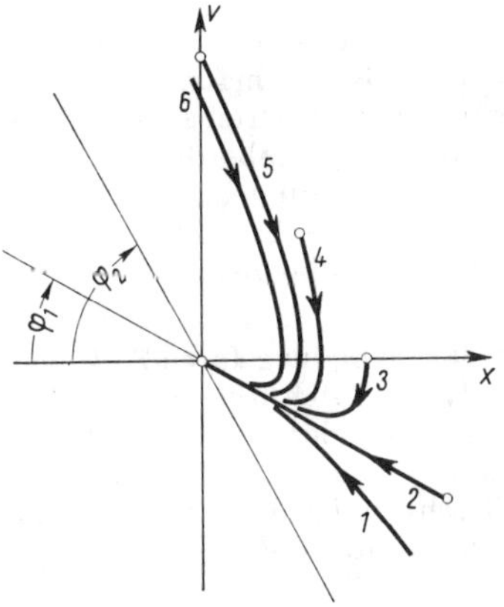

Mit Veränderungen der Dämpfungsgröße D ändert sich das Phasenporträt also nicht nur quantitativ, sondern auch qualitativ. Aus dem für $D = 0$ (Fig. 60) vorhandenen Wirbelpunkt im Nullpunkt der Phasenebene wird für $0 < D < 1$ ein Strudelpunkt (Fig. 71) und schließlich für $D \geq 1$ ein Knotenpunkt (Fig. 72 und 73). Das Phasenporträt mit Wirbelpunkt zeigt rein periodische, ungedämpfte Schwingungen, dem Strudelpunkt entsprechen gedämpfte Schwingungen („periodischer" Fall), zum Knotenpunkt schließlich gehören die Kriechbewegungen (aperiodischer Fall).

Um diese Zusammenhänge auch noch in den Koeffizienten der ursprünglichen Ausgangsgleichung (2.115) auszudrücken, sind die aus der Definitionsgleichung (2.124) folgenden Bereiche der verschiedenen Bewegungstypen in Fig. 74 in einer $\left(\dfrac{c}{m}, \dfrac{d}{m}\right)$-Ebene dargestellt worden. Man erkennt auch daraus wieder, daß die Größe des Dämpfungsfaktors d allein noch nichts über den Charakter der Bewegungen aussagt; entscheidend ist vielmehr das dimensionslose Dämpfungsmaß D.

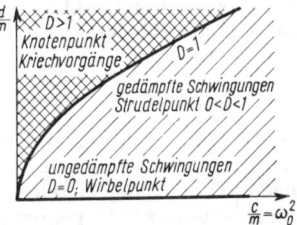

Fig. 73. Phasenkurven im Fall $D > 1$ für die Kriechbewegungen von Fig. 70

Fig. 74. Verteilung der Bewegungstypen in einer $\left(\dfrac{c}{m}, \dfrac{d}{m}\right)$-Ebene

2.23 Nichtlineare Schwinger

2.231 Der allgemeine Fall. Bei Vorhandensein beliebiger Dämpfungs- und Rückführkräfte kann die Bewegungsgleichung des Schwingers in die Form

$$\ddot{x} + F(x, \dot{x}) = 0 \tag{2.150}$$

gebracht werden. Analog zum Vorgehen im Falle des linearen Schwingers kann auch jetzt die Reduktion auf eine Gleichung erster Ordnung vorgenommen werden. Mit $\dot{x} = v$ läßt sich nämlich (2.150) wegen $\ddot{x} = \dfrac{dv}{dt} = v\dfrac{dv}{dx}$ in der Gestalt

$$\frac{dv}{dx} = -\frac{F(x, v)}{v} \tag{2.151}$$

schreiben. Durch diese Beziehung wird jedem Punkte x, v der Phasenebene eindeutig eine bestimmte Richtung zugeordnet. Man kann daher jede Phasenkurve durch schrittweises Aneinanderheften einzelner Richtungselemente konstruieren.

In vielen Fällen kann die Funktion $F(x, v)$ zerlegt werden:

$$F(x, v) = g(v) + f(x).$$

Entsprechend den zahlreichen Möglichkeiten für die Dämpfungsfunktionen $g(v)$ und die Rückführfunktionen $f(x)$ gibt es außerordentlich viele Kombinationen, die zum großen Teil auch in der technischen Praxis vorkommen können. Es kann nicht die Aufgabe der vorliegenden Untersuchungen sein, alle diese Möglichkeiten zu behandeln. Vielmehr sollen zwei typische Fälle herausgegriffen werden, die auch vom Standpunkt der Schwingungspraxis aus besonderes Interesse beanspruchen können.

2.232 Dämpfung durch Festreibung. Festreibung oder Coulombsche Reibung tritt auf, wenn sich feste Körper berühren und gleichzeitig an der Berührungsstelle gegeneinander bewegen. Ohne Schmierung sind die Reibungskräfte fast unabhängig von der Größe der Bewegungsgeschwindigkeit. Ihre Richtung ist der Geschwindigkeit entgegengesetzt. Man kann daher in zahlreichen Fällen die Reibungskraft durch:

$$K_r = \begin{cases} -r & \text{für} \quad v > 0 \\ +r & \text{für} \quad v < 0 \end{cases}$$

$$K_r = -r \operatorname{sgn} v \tag{2.152}$$

näherungsweise beschreiben. Berücksichtigt man diese Kraft bei der Betrachtung des Kräftegleichgewichts an einem mechanischen Schwinger, dann erhält man die Bewegungsgleichung

$$m\ddot{x} + r \operatorname{sgn} \dot{x} + f(x) = 0. \tag{2.153}$$

Da die Reibungsfunktion an der Stelle $\dot{x} = v = 0$ einen Sprung macht, wird die Gl. (2.153) in den Bereichen mit $v > 0$ bzw. $v < 0$ gesondert gelöst. Die Teillösungen in den beiden Bereichen unterscheiden sich nur in dem Vorzeichen des Reibungsbeiwertes r. Es genügt also, die Lösung für einen Bereich auszurechnen und dann die Änderung des Vorzeichens im anderen Bereich zu berücksichtigen. Für $v > 0$ hat man

$$m\ddot{x} + f(x) = -r.$$

Wir multiplizieren diese Gleichung mit $v = \dot{x}$ und können dann in bekannter Weise einmal nach der Zeit integrieren

$$\frac{1}{2} m v^2 + \int_0^x f(x)\,\mathrm{d}x = E_0 - rx \tag{2.154}$$

oder

$$E_{\text{kin}} + E_{\text{pot}} = E_0 - rx = \overline{E}_0. \tag{2.155}$$

Dies kann als verallgemeinerter Energiesatz mit einer von x abhängigen Energie-„Konstanten" $\overline{E}_0$ aufgefaßt werden. Bereits aus Gl. (2.155) läßt sich das Gesetz für die Abnahme der Amplituden in einer sehr durchsichtigen Weise erkennen. Zeichnet man nämlich die potentielle Energie als Funktion von x auf (Fig. 75), so läßt sich – völlig analog zu den Verhältnissen beim linearen Schwinger – auch die kinetische Energie sofort aus dem Diagramm ablesen. Man hat zu diesem Zwecke nur den Ausdruck $E_0 - rx$ von (2.155) als schräglaufende Gerade einzutragen. Für den Bereich $v > 0$ hat diese Gerade eine negative Steigung.

Die Umkehrpunkte der Schwingung sind durch $v = 0$ oder $E_{\text{kin}} = 0$ gekennzeichnet. Die zugehörigen x-Werte bekommt man als Schnittpunkte der E_{pot}-Kurve mit der „Energie-Geraden". Fängt die Schwingung beispielsweise mit $x = x_1 < 0$ und $v = 0$ an, so erhält man den ersten Umkehrpunkt der Bewegung bei $x = x_2 > 0$. Damit wird der Bereich $v > 0$ verlassen. Für die Rückschwingung muß nun in Gl. (2.155) ein anderer Wert $E_0 = E_{02}$ sowie das andere Vorzeichen für r eingesetzt werden. Damit ergibt sich eine Energiegerade mit positiver Steigung, die natürlich – um einen stetigen Anschluß an

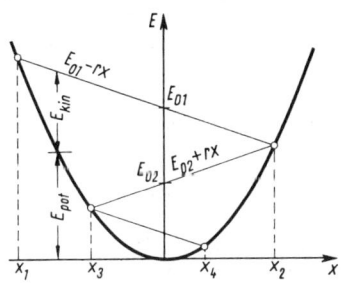

Fig. 75. Bestimmung der Umkehrpunkte für einen Schwinger mit Festreibung

die erste Halbschwingung zu gewährleisten – durch den Schnittpunkt der ersten Energiegeraden mit der E_{pot}-Kurve bei $x = x_2$ gehen muß. Der andere Schnittpunkt der zweiten Energiegeraden ergibt den nächsten Umkehrpunkt $x = x_3$. In dieser Weise kann man fortfahren und die Folge der Umkehrpunkte ohne Mühe bestimmen. Die Folge der x_n reißt ab, wenn die Neigung der E_{pot}-Kurve kleiner als die der Energiegeraden wird. Das läßt sich physikalisch leicht erklären: die Rückführkraft wird mit kleiner werdendem x kleiner, während die Reibungskraft ihren konstanten Betrag behält. Von einer gewissen Auslenkung x an wird demnach die Reibungskraft größer als die Rückführkraft; diese kann dann den Schwinger aus einem Umkehrpunkt heraus nicht wieder in Bewegung setzen. Die Schwingung bleibt schließlich in einem durch die Größe der Reibungskraft r festgelegten Totbereich stecken. Aus (2.155) läßt sich unmittelbar auch die Gleichung der Phasenkurven ableiten

$$v = + \sqrt{\frac{2}{m}\left(E_0 - rx - E_{\text{pot}}\right)}, \quad v > 0, \qquad (2.156)$$

$$v = - \sqrt{\frac{2}{m}\left(E_0 + rx - E_{\text{pot}}\right)}, \quad v < 0.$$

Entsprechend können Ausdrücke für die Schwingungszeit erhalten werden. Dabei werden die zum Durchlaufen der einzelnen Halbschwingungen notwendigen Zeiten gesondert berechnet:

$$T = T_1 + T_2$$

$$T_1 = \int\limits_{x_1}^{x_2} \frac{dx}{\sqrt{\dfrac{2}{m}\left(E_0 - rx - E_{\text{pot}}\right)}} \qquad (2.157)$$

$$T_2 = \int\limits_{x_2}^{x_3} \frac{dx}{\sqrt{\dfrac{2}{m}(E_0 + rx - E_{\text{pot}})}} \cdot$$

Als einfaches, aber typisches Beispiel sei der Fall einer linearen Rückstellkraft $f(x) = cx$ betrachtet. Hier ist

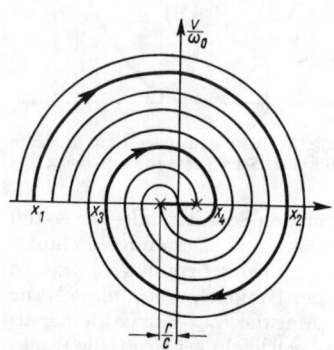

$$E_{\text{pot}} = \int\limits_0^x f(x)\,dx = \frac{1}{2}\,cx^2.$$

Den Energiesatz (2.155) können wir dann umformen

$$\frac{1}{2}\,mv^2 + \frac{1}{2}\,cx^2 + rx = E_0$$

$$\frac{1}{2}\,mv^2 + \frac{1}{2}\,c\left(x + \frac{r}{c}\right)^2 = E_0 + \frac{r^2}{2c} = E^*$$

oder mit $\omega_0^2 = \dfrac{c}{m}$

$$\left(\frac{v}{\omega_0}\right)^2 + \left(x + \frac{r}{c}\right)^2 = \frac{2E_0^*}{c}. \tag{2.158}$$

Fig. 76. Phasenporträt eines Schwingers mit Festreibung bei linearer Rückführfunktion

Trägt man diese Beziehung in einer Phasenebene auf, bei der als Ordinate nicht v, sondern v/ω_0 verwendet wird, dann bekommt man als Phasenkurven Kreise, deren Mittelpunkt um den Betrag r/c nach links auf der Abszisse verschoben ist (Fig. 76). Dieser links gelegene Mittelpunkt gilt für alle Halbkreise der oberen Halbebene. Entsprechend bekommt man für alle Halbkreise der unteren Halbebene einen rechts gelegenen Mittelpunkt. Die Phasenkurven setzen sich aus einer Folge derartiger Halbkreise zusammen, die beim Durchgang durch die x-Achse stetig ineinander übergehen. Auch aus dem Phasenbild sieht man leicht, daß die Bewegung nach einer endlichen Anzahl von Halbschwingungen zur Ruhe kommen muß. Bei jeder Halbschwingung tritt ein Amplitudenverlust von

$$\Delta x = \frac{2r}{c}$$

auf. Wenn daher die Schwingung bei einer Anfangsamplitude x_1 mit $v = 0$ beginnt, dann kann die Zahl n der Halbschwingungen aus

$$|x_1| - \frac{2r}{c}\,n < \frac{r}{c}$$

als kleinste ganze Zahl bestimmt werden, die dieser Bedingung genügt.

Zur Ausrechnung der Schwingungszeit kann man in (2.157) eine ähnliche Umformung vornehmen, wie sie bei der Ausrechnung des Phasenporträts (2.158) verwendet wurde. Man hat dann

$$T_1 = \int_{x_1}^{x_2} \frac{dx}{\sqrt{\frac{2}{m}\left[E_0^* - \frac{1}{2}c\left(x + \frac{r}{c}\right)^2\right]}} .$$

Mit der neuen Variablen $\xi = x + \dfrac{r}{c}$ und $\omega_0^2 = \dfrac{c}{m}$ wird daraus

$$T_1 = \frac{1}{\omega_0}\int_{\xi_1}^{\xi_2} \frac{d\xi}{\sqrt{\frac{2E_0^*}{c} - \xi^2}} = \frac{1}{\omega_0}\arcsin\frac{\xi}{\sqrt{\frac{2E_0^*}{c}}}\Bigg|_{\xi_1}^{\xi_2} = \frac{\pi}{\omega_0} ,$$

denn die Grenzen sind:

$$\xi_1 = -\sqrt{\frac{2E_0^*}{c}} ; \qquad \xi_2 = +\sqrt{\frac{2E_0^*}{c}} .$$

Die Zeit T_1 für die erste Halbschwingung ist also von der Größe der Amplitude und von der Größe der Reibungskraft unabhängig. Folglich erhält man auch für den zweiten Bereich $v < 0$ dieselbe Schwingungszeit $T_2 = T_1$, da eine Änderung des Vorzeichens von r ja keinen Einfluß haben kann. Die Zeit für eine Vollschwingung wird also

$$T = T_1 + T_2 = \frac{2\pi}{\omega_0} ;$$

sie entspricht genau dem Wert für die ungedämpfte Schwingung.

Man kann noch fragen, ob auch bei Dämpfung durch Festreibung kriechende, also nicht hin- und hergehende Bewegungen vorkommen können. Nach dem bisher Gesagten erkennt man leicht, daß dies nicht möglich ist, da jeder Schwingungshalbbogen genau wie eine ungedämpfte Schwingung nur mit verschobener Gleichgewichtslage verläuft. Wohl aber kann eine Schwingung bereits nach einer Halbschwingung zur Ruhe kommen und im Totbereich um die Mittellage stecken bleiben. Die Bedingung dafür lautet

$$\frac{r}{c} < |x_1| \leqq \frac{3r}{c} .$$

Zum Unterschied von den Verhältnissen beim linearen Schwinger hängt diese Aperiodizitätsbedingung von der Anfangsauslenkung ab.

Als zweites Beispiel sei der bereits im Abschnitt 2.135 besprochene Schwinger mit konstanter, aber beim Durchgang durch die Nullage das Vorzeichen wechselnder Rückführkraft erwähnt. Wenn zusätzlich noch Festreibung vorhanden ist, dann erhält man die Bewegungsgleichung

$$m\ddot{x} + r \operatorname{sgn} \dot{x} + h \operatorname{sgn} x = 0. \tag{2.159}$$

Daraus folgt $\ddot{x} = \text{const}$ mit einer in jedem Quadranten der Phasenebene wechselnden Konstanten. Mit der Quadrantenbezeichnung von Fig. 77 bekommt man damit die aus der folgenden Tabelle ersichtlichen Größen

Quadrant	$g(v)$	$f(x)$	$\ddot{x}$	x bzw. v
I	$+r$	$+h$	$-\dfrac{h+r}{m}$	$x_1 = \dfrac{v_0^2 \, m}{2\,(h+r)}$
II	$-r$	$+h$	$-\dfrac{h-r}{m}$	$v_2 = -v_0 \sqrt{\dfrac{h-r}{h+r}}$
III	$-r$	$-h$	$\dfrac{h+r}{m}$	$x_3 = -x_1 \dfrac{h-r}{h+r}$
IV	$+r$	$-h$	$\dfrac{h-r}{m}$	$v_4 = v_0 \dfrac{h-r}{h+r}$

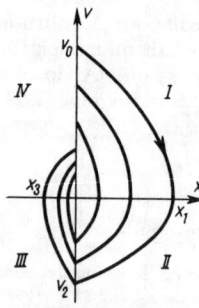

Fig. 77. Phasenporträt eines Schwingers mit Festreibung bei unstetiger Rückführfunktion

Das Phasenporträt ist in Fig. 77 gezeichnet. Es setzt sich aus Parabelstücken zusammen, die in den Quadranten I und III steil, in den Quadranten II und IV dagegen flacher verlaufen. Die in die Gleichung für das Phasenporträt (Spalte $\dot{x}$ der Tabelle) eingehenden Anfangsbedingungen sind in ihrer Bedeutung aus Fig. 77 unmittelbar zu entnehmen.

Das gezeichnete Phasenporträt gilt für den Fall $r < h$. Hierbei existiert kein Totbereich um die Nullage, da die Rückführkraft stets größer als die Reibungskraft ist. Umgekehrt wird man im Falle $r > h$ ein Phasenporträt erhalten, bei dem die gesamte x-Achse zum Totbereich gehört. Jede zur x-Achse hinlaufende Phasenkurve bleibt auf dieser Achse stecken, da die Reibungskraft auch bei noch so großer Auslenkung die Rückführkraft überwiegt.

2.233 Quadratische Dämpfungskräfte. Bei rascher Bewegung von Körpern in Flüssigkeiten oder Gasen von geringer Zähigkeit entstehen Wirbel, deren Herstellung Energie erfordert. Dadurch entstehen Widerstandskräfte, die näherungsweise dem Quadrat der Bewegungsgeschwindigkeit proportional sind. Man spricht hier von **Turbulenzdämpfung.** Die Widerstandskräfte sind der jeweiligen Bewegungsrichtung entgegengesetzt. Man kann daher mit einem Faktor Q ansetzen:

$$K_w = -Q v^2 \operatorname{sgn} v = -Q \,|\, v \,|\, v.$$

Die Gleichung eines mechanischen Schwingers nimmt damit die Form an

$$m\ddot{x} + Qv^2 \operatorname{sgn} v + f(x) = 0. \tag{2.160}$$

Auch jetzt wird die Lösung in den Bereichen $v > 0$ und $v < 0$ gesondert vorgenommen. Wir betrachten zunächst den Fall $v > 0$ und bekommen dafür aus (2.160) mit der Abkürzung $\dfrac{2Q}{m} = q$ und mit

$$\ddot{x} = v\frac{dv}{dx} = \frac{1}{2}\frac{dv^2}{dx}$$

eine in v^2 lineare Differentialgleichung erster Ordnung

$$\frac{dv^2}{dx} + qv^2 + \frac{2}{m}f(x) = 0. \tag{2.161}$$

Die Auflösung dieser Gleichung ergibt mit einer Integrationskonstanten C

$$v^2 = e^{-qx}\left[C - \frac{2}{m}\int_0^x f(x)e^{qx}dx\right]. \tag{2.162}$$

Eine entsprechende Gleichung, nur mit anderem Vorzeichen für den Beiwert q, ergibt sich für $v < 0$. Wir führen nun die Funktionen

$$F_0(x) = \frac{2}{m}\int_0^x f(x)e^{qx}dx \quad \text{für} \quad v > 0 \text{ (obere Halbebene der } x, v\text{-Ebene)}$$

$$\tag{2.163}$$

$$F_u(x) = \frac{2}{m}\int_0^x f(x)e^{-qx}dx \quad \text{für} \quad v < 0 \text{ (untere Halbebene der } x, v\text{-Ebene)}$$

ein und können dann die Integrationskonstante C in (2.162) aus den Anfangsbedingungen $x = x_1 < 0$, $v = 0$ ermitteln. Es wird $C = F_0(x_1)$, so daß die Gleichung der Phasenkurve die folgende Form annimmt

$$\begin{aligned}v^2 &= e^{-qx}[F_0(x_1) - F_0(x)] & v &> 0\\ v^2 &= e^{qx}[F_u(x_2) - F_u(x)] & v &< 0.\end{aligned} \tag{2.164}$$

Daraus läßt sich die Folge der Maximalausschläge bestimmen. Die Umkehrpunkte sind durch $v = 0$ definiert. Bei gegebenem erstem Umkehrpunkt x_1 kann der zweite sofort aus der ersten der Gleichungen (2.164) mittels

$$F_0(x_2) = F_0(x_1) \tag{2.165}$$

bestimmt werden. Am anschaulichsten läßt

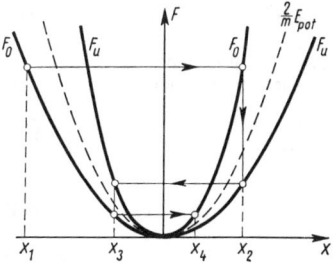

Fig. 78.
Bestimmung der Umkehrpunkte für einen Schwinger mit quadratischer Dämpfung

sich das Verfahren in einem Diagramm erkennen, bei dem die beiden Funktionen F_0 und F_u in Abhängigkeit von x aufgetragen werden (Fig. 78). Diese Kurven haben Ähnlichkeit mit der früher schon verwendeten Kurve der potentiellen Energie. Tatsächlich stellt man leicht fest, daß die Beziehungen gelten

$$F_0(x) > \frac{2}{m} E_{\text{pot}} > F_u(x) \qquad x > 0$$

$$F_0(x) < \frac{2}{m} E_{\text{pot}} < F_u(x) \qquad x < 0.$$

Zur Bestimmung der Amplitudenfolge beginnt man im Diagramm von Fig. 78 mit $x = x_1 < 0$ und lotet senkrecht bis zum Schnittpunkt mit der F_0-Kurve herauf. Den zweiten Umkehrpunkt x_2 erhält man gemäß der Beziehung (2.165) durch waagerechtes Herüberprojizieren bis zum Schnitt mit dem rechten Ast der F_0-Kurve. An diesem Umkehrpunkt erfolgt der Übergang vom Bereich $v > 0$ zum Bereich $v < 0$. Man hat nun $F_u(x_2)$ aufzusuchen und muß diesen Ordinatenwert horizontal zum linken Ast derselben Kurve herüberprojizieren. Der Schnittpunkt hat die Abszisse x_3. Durch Fortsetzen dieses Prozesses läßt sich die Folge der Umkehrpunkte leicht ermitteln.

Das Verfahren läßt sich vereinfachen, wenn $f(x)$ eine ungerade Funktion ist, wenn also $f(x) = -f(-x)$ gilt. Dann folgt aus (2.163) $F_0(x) = F_u(-x)$. Die einzelnen Äste der F_0- und F_u-Kurven gehen dann durch Spiegelung an der Ordinate auseinander hervor. Es genügt daher, eine Hälfte des Diagrammes zu zeichnen (Fig. 79). Beginnt man dort wieder mit der Ausgangsamplitude x_1, so kann man in unmittelbar verständlicher Weise durch treppenförmiges Herabsteigen zwischen beiden Kurven die Umkehrpunkte finden. Allerdings geht dabei das Vorzeichen von x verloren. Da die Vorzeichen alternieren, ist das jedoch ohne Belang.

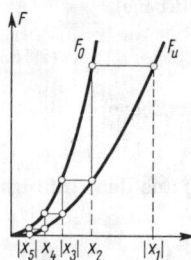

Fig. 79.
Bestimmung der Umkehrpunkte für einen Schwinger mit quadratischer Dämpfung bei ungerader Rückführfunktion $f(x)$

Die Schwingungszeit läßt sich mit (2.164) aus (1.20) als Integral bestimmen

$$T = T_1 + T_2$$

$$T_1 = \int\limits_{x_1}^{x_2} \frac{e^{\frac{q}{2}x} \, dx}{\sqrt{F_0(x_1) - F_0(x)}}$$

$$T_2 = \int\limits_{x_2}^{x_3} \frac{e^{-\frac{q}{2}x} \, dx}{\sqrt{F_u(x_2) - F_u(x)}} .$$

$$(2.166)$$

Als einfaches Beispiel sei auch hier der Fall $f(x) = cx$ untersucht. Man erhält aus (2.163) die Hilfsfunktionen

$$F_0(x) = -\frac{2c}{mq^2} \left[e^{qx} (1 - qx) - 1 \right]$$

$$F_u(x) = -\frac{2c}{mq^2} \left[e^{-qx} (1 + qx) - 1 \right].$$

$$(2.167)$$

Da sowohl der konstante Faktor $2c/mq^2$ als auch der Subtrahend -1 in der eckigen Klammer für die Bestimmung der Amplituden keinen Einfluß haben, sind in Fig. 80 nur die Funktionen $F_0^* = -e^{qx}(1-qx)$ und $F_u^* = -e^{-qx}(1+qx)$ aufgetragen worden. Die aufeinanderfolgenden Umkehrpunkte lassen sich damit in der be-
schriebenen Weise ermitteln. Man erkennt aus dem Kurvenverlauf eine wichtige Tatsache. F_0^* schneidet die x-Achse im Punkte $x = 1/q$ und ist für größere Werte von x positiv. Die Funktion F_u^* bleibt dagegen für alle Werte von x negativ. Daraus folgt, daß – wie groß auch die Anfangsamplitude x_1 sein mag – die Amplitude des zweiten Umkehrpunktes nie größer als $1/q$ werden kann:

$$|x_2| \leqq \frac{1}{q}.$$

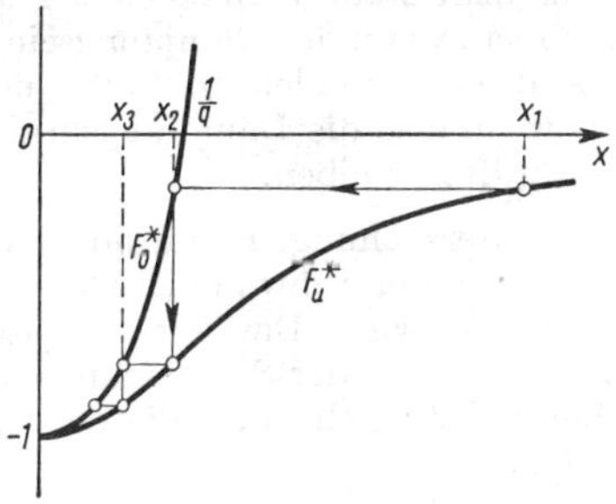

Fig. 80. Bestimmung der Umkehrpunkte für einen Schwinger mit quadratischer Dämpfung bei linearer Rückführfunktion

Als Gleichung der Phasenkurven bekommt man aus (2.164) mit (2.167)

$$v = +\sqrt{\frac{2c}{mq^2}\left[(1-qx)-(1-qx_1)e^{q(x_1-x)}\right]}$$

$$v = -\sqrt{\frac{2c}{mq^2}\left[(1+qx)-(1+qx_2)e^{-q(x_2-x)}\right]}.$$

(2.168)

Man erkennt aus diesen Beziehungen, daß – unter der Voraussetzung gleicher Anfangsbedingungen – die Phasenkurven der unteren Halbebene ($v < 0$) aus denen der oberen durch Veränderung der Vorzeichen von x und v hervorgehen. Die oberen und unteren Teile von Phasenkurven mit $x_1 = x_2$, die dann allerdings nicht zu der gleichen Bewegung gehören, können also durch eine Drehung von 180° um den Nullpunkt der Phasenebene zur Deckung gebracht werden.

Auch die Schwingungszeit läßt sich in der üblichen Weise als Integral angeben. Da sich jedoch das durch Einsetzen von (2.167) in (2.166) entstehende Integral nicht explizit ausrechnen läßt, soll dies hier nicht näher untersucht werden.

Die Ergebnisse für einen Schwinger mit quadratischer Dämpfung können ohne jede Änderung auch angewendet werden, wenn auf den Schwinger Kräfte

$$K = Qv^2 \qquad \text{oder} \qquad K = -Qv^2$$

wirken. Diese Kräfte sind stets positiv (bzw. negativ), folglich würden sie für die eine Halbschwingung als Dämpfung, für die nächste jedoch als Anfachung wirken. Die Dämpfung in dem einen Bereich wird dann durch die Anfachung im nächsten Bereich wieder ausgeglichen, so daß die Schwingungen periodisch – wenn auch nicht symmetrisch zum Punkte $x = 0$ werden. Das Phasenporträt eines derartigen Schwingers ist durch die erste der Gleichungen (2.168) mit dem Vorzeichen $\pm$ bereits in der ganzen Phasenebene bestimmt. Man kann sich leicht überlegen, daß die Phasenkurven stets geschlossen sind und ihre untere Hälfte durch einfache Spiegelung an der x-Achse aus der oberen hervorgeht.

6*

2.234 Näherungen für den Fall geringer Dämpfung. Für Schwingungsgleichungen vom Typ

$$m\ddot{x} + g(\dot{x}) + f(x) = 0 \qquad (2.169)$$

kann man stets dann zu einer gut brauchbaren Abschätzung für die Lösungen kommen, wenn der Dämpfungseinfluß klein bleibt, d. h. wenn der Maximalwert des Gliedes $g(\dot{x})$ klein gegenüber den Maximalwerten der beiden anderen Glieder ist, wenn also die Dämpfungskräfte klein gegenüber den Trägheits- und Rückführkräften bleiben.

Die Untersuchungen zum linearen gedämpften Schwinger hatten gezeigt, daß die Größe der Schwingungszeit durch geringe Dämpfungskräfte fast gar nicht beeinflußt wird. Das gilt entsprechend auch für die allgemeinere Gleichung (2.169). Außer der Schwingungszeit interessiert die Abnahme der Amplituden. Hierfür läßt sich mit Hilfe des Energiesatzes eine meist recht gute Näherung finden.

Wir bilden das Energie-Integral von (2.169) in der bekannten Weise durch Multiplizieren mit $\dot{x}$ und Integration nach der Zeit.

$$\frac{1}{2}mv^2 + \int_0^t g(\dot{x})\dot{x}\,\mathrm{d}t + \int_0^x f(x)\,\mathrm{d}x = E_0. \qquad (2.170)$$

Mit der Abkürzung für die durch Dämpfung vernichtete Energie

$$E_D = \int_0^t g(\dot{x})\dot{x}\,\mathrm{d}t \qquad (2.171)$$

kann der Energiesatz in die Form

$$E_{\text{kin}} + E_{\text{pot}} = E_0 - E_D$$

gebracht werden. Für die Umkehrpunkte der Schwingung gilt jedesmal $v = 0$ bzw. $E_{\text{kin}} = 0$. Da E_0 eine Integrationskonstante ist, gilt somit für die Bewegung zwischen zwei Umkehrpunkten x_1 und x_2

$$E_{\text{pot}}(x_2) \approx E_{\text{pot}}(x_1) - \left[\frac{\mathrm{d}}{\mathrm{d}x}(E_{\text{pot}})\right]_{x=x_1}\Delta x = E_{\text{pot}}(x_1) - f(x_1)\Delta x. \qquad (2.172)$$

Da E_{pot} als bekannte Funktion von x angesehen werden kann, so läßt sich bei bekanntem ΔE_D der Amplitudenabfall Δx aus (2.172) bestimmen. Näherungsweise gilt (wegen Vernachlässigung der höheren Glieder der Taylor-Entwicklung)

$$E_{\text{pot}}(x_2) = E_{\text{pot}}(x_1) - \left[\frac{\mathrm{d}}{\mathrm{d}x}(E_{\text{pot}})\right]_{x=x_1}\Delta x$$

und somit unter Berücksichtigung von (2.172)

$$\Delta x = \frac{\Delta E_D}{f(x_1)}. \qquad (2.173)$$

Die Beziehungen (2.172) und (2.173) sind nur anwendbar, wenn die Größe ΔE_D bekannt ist. In diese Größe geht aber die Schwingungsgeschwindigkeit $\dot{x}$ ein, die selbst erst durch Integration der Ausgangsgleichung gewonnen werden müßte. Wegen der Voraussetzung, daß die dämpfenden Kräfte klein sein sollen, wird man jedoch keinen allzu großen Fehler begehen, wenn zur Berechnung des Dämpfungsverlustes ΔE_D derjenige Wert der Schwingungsgeschwindigkeit eingesetzt wird, der für die ungedämpfte Schwingung gilt. Dann läßt sich das in (2.172) stehende Integral stets ausrechnen und damit ΔE_D bestimmen. Für ein lineares System hat man im ungedämpften Fall die Schwingung

$$x = A \cos \omega t$$
$$\dot{x} = v = - A \omega \sin \omega t. \tag{2.174}$$

Meist kann man diesen Ansatz auch als gute Annäherung für eine nichtlineare Schwingung verwenden. Der zu erwartende Fehler wird schon deshalb klein bleiben, weil der Ansatz ja in diesem Falle nur zur Berechnung des für sich bereits kleinen Dämpfungseinflusses verwendet werden soll.

Geht man mit (2.174) in das Integral auf der rechten Seite von (2.172) ein, so folgt

$$\Delta E_D = \int_{t_1}^{t_2} g(- A \omega \sin \omega t) (- A \omega \sin \omega t) \, dt$$

$$\Delta E_D = - A \int_{0}^{2\pi} g(- A \omega \sin \omega t) \sin \omega t \, d(\omega t). \tag{2.175}$$

Damit kann ΔE_D, also der Energieverlust je Vollschwingung, für jede Dämpfungsfunktion $g(\dot{x})$ ausgerechnet werden. Als Beispiel sei der schon früher behandelte Fall einer Dämpfung durch Festreibung untersucht. Hier gilt

$$g(\dot{x}) = r \operatorname{sgn} \dot{x}$$

$$\Delta E_D = 2 A r \int_{0}^{\pi} \sin \omega t \, d(\omega t) = 4 A r. \tag{2.176}$$

Für die Rückführfunktion wollen wir $f(x) = cx$ wählen. Dann ist

$$E_{\text{pot}} = \frac{1}{2} c x^2.$$

Daraus erhält man unter Berücksichtigung von Gl. (2.176) und mit Einsetzen von $x_1 = A$ aus Gl. (2.173) den Amplitudenabfall je Vollschwingung

$$\Delta x = \frac{4 r}{c}.$$

Dieser Wert stimmt genau mit dem Amplitudenabfall überein, der im Abschnitt 2.232 ohne jede Vernachlässigung ausgerechnet wurde.

Die hier über das Energieintegral ausgerechnete Näherungsformel für den Energieverlust durch Dämpfung (2.175) zeigt Ähnlichkeit mit der Gl. (2.110), die zur Berechnung eines äquivalenten Rückführfaktors $c = c(A)$ abgeleitet wurde. Tatsächlich kann man auch hier einen **äquivalenten Dämpfungsfaktor** $d = d(A)$ durch

$$g(\dot{x}) = d(A)\dot{x}$$

definieren. Zur Bestimmung von d wird dann gefordert, daß der Energieverlust ΔE_D für den äquivalenten Ersatzausdruck $d\dot{x}$ genau den gleichen Wert haben soll, wie der für $g(\dot{x})$ in (2.175) ausgerechnete. Da nun für die Ersatzfunktion der Energieverlust

$$\Delta E_D = \int\limits_0^{\frac{2\pi}{\omega}} d\dot{x}^2\,\mathrm{d}t = \int\limits_0^{\frac{2\pi}{\omega}} dA^2\,\omega^2\sin^2\omega t\,\mathrm{d}t = dA^2\,\omega\pi$$

erhalten wird, so folgt durch Vergleich mit (2.175)

$$d = d(A) = -\frac{1}{\pi A\omega}\int\limits_0^{2\pi} g(-A\omega\sin\omega t)\sin\omega t\,\mathrm{d}(\omega t). \qquad (2.177)$$

Dieser hier durch Gleichsetzen der Energieausdrücke (**energetische Balance**) gewonnene Ausdruck kann auch durch Anwendung des bei der Ableitung des äquivalenten Rückführfaktors c benutzten Verfahrens der harmonischen Balance erhalten werden. Beide Verfahren sind im vorliegenden Fall äquivalent.

Durch (2.177) wird die nichtlineare Funktion $g(\dot{x})$ in einen linearen Ersatzausdruck $d\dot{x}$ umgewandelt, der in die Ausgangsgleichung (2.169) eingesetzt werden kann. Man kann diese dann wie eine Gleichung mit linearer Dämpfungsfunktion behandeln, muß dabei nur beachten, daß d eine Funktion der Amplitude A ist.

Man überzeugt sich leicht, daß nach diesem Näherungsverfahren auch jetzt wieder der als exakt richtig erkannte Wert für den Amplitudenabfall Δx herauskommt, wenn als Dämpfungsfunktion $g(\dot{x}) = r\,\mathrm{sgn}\,\dot{x}$ (Festreibung) eingesetzt wird. Man erhält dann aus (2.177)

$$d(A) = \frac{4r}{\pi A\omega}.$$

Ist außerdem $f(x) = cx$, dann hat man eine Dämpfungsgröße nach (2.124) von

$$D = \frac{d\omega}{2c} = \frac{2r}{\pi A c}.$$

Nun gilt für das Verhältnis zweier Schwingungsamplituden nach (2.142)

$$\frac{x_n}{x_{n+1}} = \mathrm{e}^{D\tau_s} = \mathrm{e}^{\frac{2\pi D}{\sqrt{1-D^2}}}.$$

Wegen der Voraussetzung kleiner Dämpfungskräfte ist $D \ll 1$. Also gilt

$$x_n \approx x_{n+1}(1 + 2\pi D) = x_{n+1}\left(1 + \frac{4r}{Ac}\right).$$

Mit $\Delta x = x_n - x_{n+1}$ und $x_{n+1} = A$ erhält man wieder den als exakt richtig erkannten Wert

$$\Delta x = \frac{4r}{c}$$

für den Amplitudenabfall.

2.3 Aufgaben

1. An einer am oberen Ende fest eingespannten Schraubenfeder mit der Federkonstanten c_1 hänge eine zweite Schraubenfeder mit der Federkonstanten c_2. An der zweiten Feder sei eine Masse m befestigt. Die Massen der Federn seien vernachlässigbar klein gegenüber m. Man berechne die Federkonstante c einer den beiden hintereinandergeschalteten Federn äquivalenten Einzelfeder.

2. Eine Masse m sei – wie in Fig. 25 – zwischen zwei Federn mit den Federkonstanten c_1 und c_2 befestigt. Man berechne die Federkonstante einer Einzelfeder, die den beiden parallel geschalteten Federn äquivalent ist.

3. Man berechne die Kreisfrequenz ω für die kleinen Vertikalschwingungen einer Masse m, die an einem Draht von der Länge L, dem Querschnitt F und dem Elastizitätsmodul E hängt. Die Masse des Drahtes sei vernachlässigbar klein.

4. Ein zylindrischer Stab mit dem Querschnitt F, der Länge L und der Dichte ϱ schwimmt aufrecht in einer Flüssigkeit mit der Dichte ϱ_f. Man leite die Bewegungsgleichung für vertikale Tauchschwingungen des Stabes ab und berechne die Kreisfrequenz dieser Schwingungen. Der Einfluß der mitschwingenden Flüssigkeitsmassen soll vernachlässigt werden.

5. An einer am oberen Ende fest eingespannten Schraubenfeder hängen zwei gleichgroße Massen. Die statische Verlängerung der Feder unter dem Einfluß beider Gewichte sei a. Man berechne Amplitude und Frequenz der Schwingungen, die entstehen, wenn eine der Massen aus der Ruhelage heraus stoßfrei von der Feder gelöst wird.

6. Der Schwinger von Aufgabe 5 (Schraubenfeder mit zwei gleichgroßen Massen) vollführe Schwingungen $x = a + A\cos\omega t$. Wie groß wird die Amplitude A^* der Schwingungen nach dem stoßfreien Lösen einer der beiden Massen

    a) in der Mittellage ($x = a$),
    b) im unteren Umkehrpunkt ($x = a + A$),
    c) im oberen Umkehrpunkt ($x = a - A$)?

7. Die Masse m bewege sich unter dem Einfluß der Schwerkraft auf der Parabel $y = ax^2$ in der Vertikalebene, wobei die y-Achse in die Richtung des Schwerkraftvektors fällt. Man berechne die Gleichung der Phasenkurven $\dot{x} = v = v(x)$ und gebe die Kreisfrequenz für den Fall kleiner Schwingungen an.

8. In welchem Abstand s vom Schwerpunkt muß ein homogener dünner Stab von der Länge L drehbar gelagert werden, damit er ein „Minimumpendel" wird?

9. Ein Kreisring von der Masse m mit dem Radius R sei an drei vertikal hängenden Fäden von der Länge L so aufgehängt, daß die Ebene des Ringes horizontal ist. Wie groß ist die Kreisfrequenz von kleinen Drehschwingungen des Ringes um eine vertikale Achse durch die Ringmitte? Wie groß ist die Kreisfrequenz, wenn an Stelle des Ringes eine homogene Vollscheibe mit gleicher Masse und gleichem Radius aufgehängt wird?

10. Eine Masse möge sich völlig reibungsfrei auf einer Tangentialebene bewegen, die an die Erdkugel gelegt wird. Man berechne die Schwingungszeit der unter dem Einfluß der Schwerkraft möglichen kleinen Schwingungen der Masse um ihre Gleichgewichtslage (Berührungspunkt der Tangentialebene). Der Erdradius ist $R = 6350$ km, die Erdbeschleunigung $g = 9,81$ m/s².

11. Man berechne die Schwingungszeit eines Schwingers mit der Masse m und der Rückführfunktion

$$f(x) = \begin{cases} h + cx & \text{für} \quad x \geqq 0 \\ -h + cx & \text{für} \quad x < 0. \end{cases}$$

12. Man berechne die Schwingungszeit eines Schwingers mit der Masse m und der Rückführfunktion

$$f(x) = \begin{cases} c(x - x_t) & \text{für} \quad x > x_t \\ 0 & \text{für} \quad x_t \geqq x \geqq -x_t \\ c(x + x_t) & \text{für} \quad -x_t > x, \end{cases}$$

wenn die Amplitude $A > x_t$ ist.

13. Die Schwingungszeit eines Schwingers mit linearen Rückführ- und Dämpfungsfunktionen wird durch Einschalten der Dämpfung um 8 % gegenüber dem Wert vergrößert, der sich für den ungedämpften Schwinger ergibt. Welchen Betrag hat die Dämpfungsgröße D?

14. Von einer linearen gedämpften Schwingung wurden drei aufeinanderfolgende Umkehrpunkte gemessen: $x_1 = 8,6$ mm; $x_2 = -4,1$ mm; $x_3 = 4,3$ mm. Welches ist die Mittellage x_m der Schwingung? Wie groß sind das logarithmische Dekrement ϑ und die Dämpfungsgröße D?

15. Von einer linearen gedämpften Schwingung wurde die Zeitkonstante der Hüllkurve $T_z = 5$ s und die Schwingungszeit $T_s = 2$ s gemessen. Wie groß sind ϑ und D?

16. Von einer linearen gedämpften Schwingung wurde gemessen: 1) die Zeit $t_1 = 2$ s von einem Durchgang durch die Mittellage bis zum Erreichen des Maximums, 2) die Zeit $t_2 = 2,2$ s zwischen dem Erreichen des Maximums und dem darauf folgenden Nulldurchgang. Wie groß ist D? Wie groß ist die nächstfolgende Maximalamplitude nach der anderen Seite, gemessen in Prozenten der vorhergehenden?

17. Ein stark gedämpfter linearer Schwinger ($D > 1$) wurde zur Bestimmung seiner Kennwerte zur Zeit $t = 0$ aus der Ruhelage $x = 0$ heraus angestoßen. Es wurden die folgenden Auslenkungen gemessen:

$$\text{für} \quad t = 1\,\text{s} : \; x_1 = 1\,\text{m},$$

$$\text{für} \quad t = 2\,\text{s} : \; x_2 = 0,5\,\text{m},$$

$$\text{für} \quad t = 4\,\text{s} : \; x_3 = 0,1\,\text{m}.$$

Wie groß sind die Zeitkonstanten T_{z1} und T_{z2} der beiden Teilbewegungen im Schwinger?

18. Ein Schwinger mit der linearen Rückstellkraft $-cx$ und der Federkonstanten $c = 2 \text{ N/cm}$ kann durch Einschalten einer Bremse gedämpft werden. Die Bremse überträgt eine konstante Bremskraft von $r = 1 \text{ N}$; sie wirkt jedoch nur im Bereich $-1 \text{ cm} \leqq x \leqq +1 \text{ cm}$. Außerhalb dieses Bereiches schwingt der Schwinger ungedämpft. Man berechne die Folge der Umkehrpunkte, wenn die Schwingung mit der Auslenkung $x_0 = -3 \text{ cm}$ und $\dot{x}_0 = 0$ zu schwingen beginnt. Nach wievielen Halbschwingungen kommt die Bewegung zum Stillstand?

19. Man berechne die äquivalente Dämpfungsgröße $D = D(A)$ für einen Schwinger mit der linearen Rückführfunktion $f(x) = cx$ und der nichtlinearen Dämpfungsfunktion $g(\dot{x}) = k\dot{x}^3$ und gebe den Amplitudenverlust Δx je Vollschwingung nach Gl. (2.173) an.

3 Selbsterregte Schwingungen

Selbsterregte Schwingungen sind Eigenschwingungen besonderer Art. Sie unterscheiden sich von den im Kapitel 2 behandelten Eigenschwingungen durch den Mechanismus ihrer Entstehung und ihrer Aufrechterhaltung. Kennzeichnend für selbsterregungsfähige Schwinger ist das Vorhandensein einer Energiequelle, aus der der Schwinger im Takte seiner Eigenschwingungen Energie entnehmen kann, um die unvermeidlichen Verluste durch Dämpfungen auszugleichen.

Es soll hier zunächst der Entstehungsmechanismus selbsterregter Schwingungen an Hand von Beispielen qualitativ untersucht werden; dabei sind einige wichtige neue Begriffe einzuführen. Danach sollen die mathematischen Methoden zur Berechnung besprochen und zur Untersuchung einiger konkreter Beispiele angewendet werden.

3.1 Aufbau und Wirkungsweise selbsterregungsfähiger Systeme

3.11 Schwinger- und Speicher-Typ. Nach der Art ihres Aufbaus und ihrer Wirkungsweise lassen sich selbsterregungsfähige Schwinger in zwei Typen einteilen. Für den ersten Typ, den wir den **Schwinger-Typ** nennen wollen, ist der aus dem Schema von Fig. 81 ersichtliche Aufbau kennzeichnend. Es ist eine Energiequelle vorhanden, die dem Schwinger Energie zuführen kann. Diese

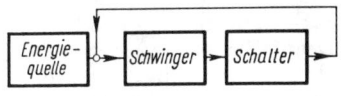

Fig. 81. Blockschema eines selbsterregten Systems vom Schwinger-Typ

Energiezufuhr geschieht nicht willkürlich, sondern über einen vom Schwinger selbst betätigten Steuermechanismus, der in Fig. 81 als Schalter bezeichnet wurde. Dieser Schalter wirkt zurück auf die Verbindung zwischen Energiequelle und Schwinger und regelt damit die Energiezufuhr im Takte der Eigenschwingungen des Schwingers.

Am Beispiel der elektrischen Klingel (Fig. 82) lassen sich die wesentlichen Teile eines selbsterregungsfähigen Systems leicht erkennen. Energiequelle ist die Batterie bzw. das elektrische Netz. Als Schwinger fungiert der an einer elastischen Blattfeder befestigte Klöppel. Er trägt ein Kontaktblech, das in der Ruhelage des Klöppels – bei nicht eingeschalteter Spannung – gegen

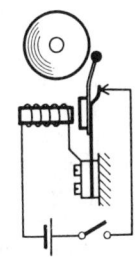

Fig. 82. Die elektrische Klingel

eine Kontaktspitze drückt. Bei eingeschalteter Spannung wird der Stromkreis über diesen Kontakt geschlossen, so daß der Elektromagnet den am Klöppel befestigten Eisenanker anziehen kann. Auf diese Weise wird eine Schwingung des Klöppels angeregt, die durch periodisches Schließen und Öffnen des Kontaktes selbst für eine im richtigen Augenblick erfolgende Energiezufuhr sorgt. Trotz der Stoßverluste zwischen Klöppel und Glocke werden auf diese Weise ungedämpfte Schwingungen aufrecht erhalten.

Das wesentliche Kennzeichen eines Systems nach Fig. 81 ist die Rückkopplung vom Schwinger über den Schalter zur Energieausgabe. Erst durch diese Rückkopplung wird die Selbsterregung möglich.

In der folgenden Tabelle sind einige Beispiele von selbsterregungsfähigen Schwingern aufgeführt:

	System	Energiequelle	Schwinger	„Schalter"
1.	Klingel	Batterie (Netz)	Klöppel	Kontakt
2.	Uhr	gespannte Feder	Unruhe	Hemmung
3.	Violinsaite	bewegter Bogen	Saite	Festreibung mit fallender Kennlinie
4.	Flugzeug-Tragflügel	Luftstrom	elastischer Flügel	instationäre Luftkräfte am schwingenden Flügel
5.	Radiosender	elektrisches Netz	LC-Schwingkreis	Steuerwirkung des Gitters

Nicht immer ist in diesen Fällen das Erkennen der einzelnen Elemente des Schemas von Fig. 81 so leicht möglich, wie im Falle der Klingel oder der Uhr. Der Mechanismus der Energieentnahme bei der Violinsaite z. B. ist recht kompliziert und wird noch besprochen werden. Er ist zugleich gültig für eine ganze Klasse von selbsterregten Schwingungen, die im allgemeinen als Reibungsschwingungen bezeichnet werden. Zu ihnen gehören unter anderem auch die quietschenden Geräusche von Straßenbahnen in der Kurve, das Bremsenkreischen, das Knarren schlecht geölter Türangeln sowie das gefürchtete Rattern von Werkstück und Schneidstahl an Drehbänken. Das unter Nr. 4 aufgeführte Flattern eines Tragflügels ist ebenfalls nur ein typisches Beispiel für zahlreiche ähnliche strömungserregte Schwingungen. Hierher gehören unter anderem auch die vielfach zu beobachtenden Schwingungen an freihängenden Leitungsdrähten, ferner Schwingungen von Brücken und anderen Bauwerken im Windstrom. Auch die Tonbildung an Orgelpfeifen muß hier genannt werden.

In der Tabelle sind die ihrem Entstehungsmechanismus nach außerordentlich verschiedenartigen Schwingungen in Regelkreisen nicht aufgeführt worden. Außerdem sind Zitterschwingungen von Servomotoren, das Flattern (Shimmy) von Kraftwagenrädern in bestimmten Geschwindigkeitsbereichen sowie zahlreiche andere Erscheinungen ähnlicher Art unerwähnt geblieben.

Selbsterregungsfähige Systeme vom Speichertyp zeigen den in Fig. 83 skizzierten prinzipiellen Aufbau. An die Stelle des Schwingers tritt hier ein Speicher, durch den der Energiefluß des Systems hindurchgeht. Ein vom Speicher beeinflußter Schalter kann nun entweder auf den Zufluß oder auf den Abfluß der Energie aus dem Speicher – in Sonderfällen auch auf beides – einwirken.

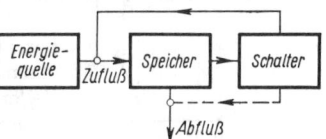

Ein besonders durchsichtiges mechanisches Beispiel ist in Fig. 84 dargestellt. Das an einem drehbar gelagerten Hebel befestigte Hohlgefäß ist im leeren Zustand leichter als das Gegengewicht am anderen Ende des Hebels, so daß die stark gezeichnete Stellung eingenommen wird. In dieser Stellung füllt sich das Gefäß mit Wasser, das in gleichmäßig laufendem Strahl herabfließt. Der Schwerpunkt des drehbaren Systems wird dadurch nach oben verschoben. Bei einer ganz bestimmten Füllhöhe schlägt der Hebel um, und das Gefäß wird entleert, so daß die Ausgangsstellung wieder eingenommen werden kann. Der Wechsel von Füllung und Leerung wiederholt sich periodisch. Man hat derartige Schwingungen als Kippschwingungen bezeichnet, auch wenn das Umkippen nicht in so drastischer Weise erfolgt wie im vorliegenden Fall.

Fig. 83. Blockschema eines selbsterregten Systems vom Speicher-Typ

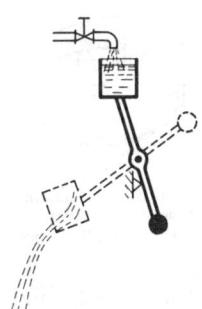

Fig. 84. Mechanischer Kippschwinger

Ein elektrisches Beispiel für einen Kippschwinger zeigt Fig. 85. Hier wird über einen Widerstand R ein Kondensator C durch den Ladestrom I_L aufgeladen. Der Kondensator ist durch eine Glimmentladungslampe G überbrückt. Diese Lampe zündet, wenn die Spannung am Kondensator den Wert der Zündspannung erreicht hat. Der Kondensator wird dann über die Glimmlampe entladen, bis die sogenannte Löschspannung erreicht und die Entladung damit unterbrochen wird. Danach kann die Wiederaufladung beginnen. Die Kippschwingungen sind möglich, weil Zündspannung und Löschspannung voneinander verschieden sind.

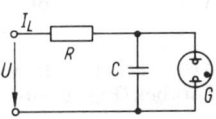

Fig. 85. Elektrischer Kippschwinger

Es mag erwähnt werden, daß eine völlig eindeutige Abgrenzung zwischen Schwingertyp und Speichertyp bei selbsterregungsfähigen Systemen nicht immer möglich ist. Es sind durchaus Systeme denkbar, die sowohl dem einen wie auch dem anderen Typ zugeteilt werden können. Das wird verständlich, wenn man bedenkt, daß ja auch ein Schwinger stets aus Speichern besteht, zwischen denen die Energie ausgetauscht wird. Wenn die Eigenschwingungen sehr stark gedämpft sind, dann muß bei jeder Schwingung ein großer Energiebetrag neu hinzugeführt werden. Man kann dann von einem durch die Speicher des Schwingers geleiteten Energiestrom sprechen, und der Schwingungscharakter kommt dann dem der Kippschwingungen sehr nahe. Wir werden in den Abschnitten 3.3 und 3.4 Beispiele dafür kennenlernen.

3.12 Energiehaushalt und Phasenporträt. Zum Verständnis der physikalischen Zusammenhänge bei selbsterregten Schwingungen ist ein Einblick in den Energiehaushalt dieser Schwingungen außerordentlich nützlich. Neben den für die

Erklärung von Eigenschwingungen maßgebenden Energieformen, der potentiellen und der kinetischen Energie, spielen bei den selbsterregten Schwingungen noch die durch Dämpfungskräfte vernichtete Energie E_D und die von außen zugeführte Energie E_Z eine Rolle. Wenn die Dämpfung des Schwingers gering ist, dann wechselt die Energie, genau wie bei Eigenschwingungen, zwischen der potentiellen und der kinetischen Form hin und her. Der Gesamtbetrag der hin und her pendelnden Energie hängt dabei auch von E_D und E_Z ab. Man braucht nun E_D und E_Z nicht für jeden beliebigen Zeitpunkt t zu kennen; für einen Überblick genügt es vollkommen, die während einer Vollschwingung durch Dämpfung vernichtete Energie ΔE_D und die während der gleichen Vollschwingung von außen zugeführte Energie ΔE_Z zu kennen. Ist $\Delta E_D - \Delta E_Z > 0$, dann wird dem Schwinger im Verlaufe einer Vollschwingung Energie entzogen, so daß die Schwingung gedämpft verläuft. Ist dagegen $\Delta E_D - \Delta E_Z < 0$, dann wächst der Energieinhalt des Schwingers, die Schwingung wird angefacht. Sowohl ΔE_D als auch ΔE_Z sind im allgemeinen Funktionen der Amplitude. Wenn beispielsweise die dämpfende Kraft proportional zur Geschwindigkeit ist $(K_D = - d\dot{x})$, und wenn die Schwingung durch $x = A \cos \omega t$ wiedergegeben werden kann, dann hat man

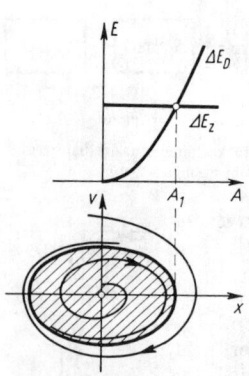

Fig. 86. Energiediagramm und Phasenporträt eines selbsterregten Schwingers

$$\Delta E_D = - \int_0^T K_D \dot{x}\,\mathrm{d}t = + d \int_0^T \dot{x}^2\,\mathrm{d}t = + dA^2\omega \int_0^{2\pi} \sin^2 \omega t\,\mathrm{d}(\omega t) = + dA^2\omega\pi. \tag{3.1}$$

ΔE_D wächst in diesem Falle quadratisch mit A an; die $\Delta E_D(A)$-Kurve ist eine Parabel (Fig. 86 oben).

Für $\Delta E_Z(A)$ sind je nach der Art des Erregermechanismus verschiedene Abhängigkeiten möglich. In Fig. 86 oben ist der Fall gezeichnet, daß ΔE_Z unabhängig von A ist. Die ΔE_D- und ΔE_Z-Kurven schneiden sich bei $A = A_1$. Für $A < A_1$ wird mehr Energie zugeführt als vernichtet, folglich wachsen die Amplituden an. Umgekehrt werden die Amplituden der Schwingungen im Bereich $A > A_1$ kleiner, da hier $\Delta E_D > \Delta E_Z$ ist. Der Verlauf dieser über eine volle Periode gemittelten Energiekurven erlaubt also weitgehende qualitative Aussagen über den Charakter der Schwingungen.

Zwischen dem Energiediagramm und dem Phasenporträt bestehen enge Zusammenhänge. Wenn für einen Schwinger $\Delta E_D = \Delta E_Z$ gilt – wie im Falle von Fig. 86 bei $A = A_1$ –, dann sind ungedämpfte Schwingungen möglich. Derartige rein periodische Bewegungen werden im Phasenporträt des Schwingers durch eine geschlossene Phasenkurve dargestellt, die die x-Achse bei dem Werte $x = A_1$ schneidet. Man bezeichnet diese Kurve auch als Grenzzykel, weil sie die Grenze darstellt, der sich die benachbarten Phasenkurven des Phasenporträts für $t \to \infty$ asymptotisch nähern. Da nämlich für alle im Innern des Grenzzykels verlaufenden Phasenkurven $A < A_1$ gilt, müssen die Amplituden wegen $\Delta E_D - \Delta E_Z < 0$ anwachsen. Die Phasenkurven können also nur die Form auseinandergehender Spiralen haben. Das gestrichelte Gebiet im Innern des Grenzzykels ist ein Anfachungsgebiet. Umgekehrt gilt für alle Phasenkurven außerhalb des Grenzzykels $A > A_1$ und damit $\Delta E_D - \Delta E_Z > 0$. Der Bereich außerhalb des Grenzzykels ist ein Dämpfungsgebiet. Die Phasenkurven sind hier ebenfalls Spiralen – jedoch nach innen gewunden. Grenzkurve für beide Arten von Spiralen ist der Grenzzykel selbst.

Fig. 86 zeigt einen besonders einfachen Fall. Es ist möglich, daß sich ΔE_D- und ΔE_Z-Kurven mehrfach schneiden. Beispielsweise setzt bei einer Pendeluhr die Energiezufuhr im allgemeinen erst ein, wenn ein gewisser Amplitudenwert überschritten wird. Dann aber steigt sie ziemlich rasch an, um bei größeren Amplituden fast konstant zu werden. Die ΔE_Z-Kurve hat dann das Aussehen, wie es im Energiediagramm Fig. 87 oben gezeigt ist. Mit einer parabelähnlichen ΔE_D-Kurve ergeben sich somit zwei Schnittpunkte bei den Amplitudenwerten A_1 und A_2.

Jedem dieser beiden Werte entspricht ein Grenzzykel im Phasenporträt (Fig. 87 unten). Der gestrichelte Bereich zwischen beiden Grenzzykeln ist jetzt Anfachungsgebiet, während das Innere des kleineren und das Äußere des großen Grenzzykels Dämpfungsgebiete sind. Aus dem Energiediagramm sieht man leicht, daß sich alle Phasenkurven im Innern des kleinen Grenzzykels als spiralige Kurven zum Nullpunkt zusammenziehen. Alle anderen Phasenkurven dagegen nähern sich im Laufe der Zeit dem größeren Grenzzykel.

Die beiden in den Fig. 86 und 87 gezeigten Phasenporträts lassen die Notwendigkeit erkennen, den bisher nur für die Umgebung von Gleichgewichtslagen definierten Begriff der Stabilität so zu erweitern, daß auch das Verhalten der Phasenkurven in der Umgebung der Grenzzykeln erfaßt werden kann. In völliger Analogie zu der Stabilitätsdefinition für Gleichgewichtslagen wird daher ein Grenzzykel – und damit auch die entsprechende periodische

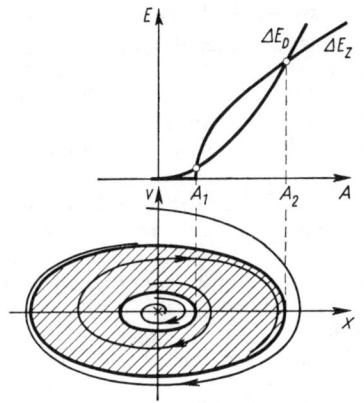

Fig. 87. Energiediagramm und Phasenporträt mit 2 Grenzzykeln

Bewegung – als stabil bezeichnet, wenn eine für $t = t_0$ in der Nachbarschaft des Grenzzykels beginnende Phasenkurve für alle $t > t_0$ dem Grenzzykel benachbart bleibt. Auf eine genauere mathematische Präzisierung der „Nachbarschaft" soll hier verzichtet werden.

Man nennt einen Grenzzykel instabil, wenn alle in einem Nachbargebiet beginnenden Phasenkurven im Laufe der Zeit die Nachbarschaft dieses Grenzzykels verlassen.

Nach diesen Definitionen müssen der Grenzzykel in Fig. 86 sowie der größere der beiden Grenzzykel in Fig. 87 als stabil bezeichnet werden. Ihnen nähern sich alle benachbarten Phasenkurven asymptotisch. Dagegen ist der kleine Grenzzykel in Fig. 87 instabil, weil alle Phasenkurven von ihm fortlaufen. Der singuläre Punkt im Ursprung der Phasenebene ist in Fig. 86 ein labiler Strudelpunkt, in Fig. 87 ein stabiler Strudelpunkt.

Für die Beschreibung des Verhaltens von selbsterregungsfähigen Schwingern sind noch die folgenden Begriffe von Bedeutung: Als stabil im Kleinen wird ein Schwinger bezeichnet, dessen Nullpunkt eine stabile Gleichgewichtslage bildet. Stets läßt sich in diesem Falle – wie z. B. in Fig. 87 – ein diese Gleichgewichtslage umschließendes Dämpfungsgebiet abgrenzen, in dem alle Phasenkurven spiralig nach innen laufen. Der in Fig. 86 gezeigte Schwinger ist dagegen im Kleinen instabil, weil der Nullpunkt in einem Anfachungsgebiet liegt. Umgekehrt sind die in den Fig. 86 und 87 dargestellten Schwinger im Großen stabil, weil das Äußere des größten vorkommenden Grenzzykels Dämpfungsgebiet ist. Einen Schwinger, bei dem das Äußere des größten Grenzzykels Anfachungsgebiet ist, nennt man im Großen instabil.

Ein Blick auf das Phasenporträt von Fig. 87 zeigt, daß diese Begriffe nicht alle Feinheiten im Verhalten eines Systems erfassen können: es wird dabei nichts über die Struktur des Phasenporträts zwischen „Kleinem" und „Großem" ausgesagt. Wenn dieser Zwischenbereich von Bedeutung ist, dann muß entweder das Energiediagramm zu Rate gezogen werden, oder es müssen andere, noch zu besprechende Eigenschaften untersucht werden.

Bei dem in Fig. 86 dargestellten Schwinger wird sich die dem Grenzzykel entsprechende stabile periodische Bewegung stets im Laufe der Zeit einstellen, wenn nur eine beliebig kleine Anfangsstörung vorhanden ist. Jede in der Nachbarschaft des Nullpunktes beginnende Phasenkurve bildet ja eine sich aufweitende Spirale. Man spricht in diesem Falle von weicher Erregung.

Dagegen repräsentiert das in Fig. 87 dargestellte Phasenporträt einen Schwinger mit harter Erregung. Um nämlich ein Einschaukeln in den äußeren stabilen Grenzzykel zu bekommen, muß die Anfangsstörung so beschaffen sein, daß der Beginn der Phasenkurve in den ringförmigen Anfachungsbereich hereinfällt. Bei zu kleinen Anfangsstörungen würde sich der Schwinger wieder beruhigen, da er stabil im Kleinen ist.

Auf einen sehr wesentlichen Unterschied zwischen den selbsterregten Schwingungen und den früher behandelten Eigenschwingungen soll noch hingewiesen werden: auch im Phasenporträt von Eigenschwingungen können geschlossene Kurven vorkommen, die den Nullpunkt umschließen. Das ist stets bei konservativen Systemen der Fall. Wenn aber ein System konservativ ist, dann sind periodische Schwingungen mit beliebigen Amplituden möglich, also besteht das Phasenporträt aus geschlossenen Kurven, die den Nullpunkt als Wirbelpunkt umschließen. Diese Kurven sind aber keine Grenzzykeln, da benachbarte Kurven nicht asymptotisch zueinander laufen. Im Phasenporträt konservativer Systeme gibt es weder Anfachungs- noch Dämpfungsgebiete. Dagegen läßt sich die Phasenebene selbsterregter Systeme stets in Anfachungs- und Dämpfungsgebiete einteilen, deren Begrenzungslinien die Grenzzykeln sind. Periodische Bewegungen selbsterregungsfähiger Systeme sind also nur bei ganz bestimmten Amplituden möglich, die durch die Schnittpunkte der Grenzzykeln mit der Abszisse charakterisiert sind.

3.2 Berechnungsverfahren

Die Bewegungsgleichungen selbsterregter Schwinger sind stets nichtlinear. Zu ihrer Lösung sind zahlreiche Verfahren entwickelt worden, die an dieser Stelle nicht im einzelnen besprochen werden können. Es sollen vielmehr nur einige

typische Methoden in ihren Grundzügen erklärt und auf einfache Beispiele angewendet werden, um eine Vorstellung von den Möglichkeiten und der Reichweite –
aber auch von den Schwierigkeiten der einzelnen Verfahren zu gewinnen. Auf
eine strengere mathematische Begründung muß dabei verzichtet werden; man
möge zu diesem Zweck ausführlichere Werke (z. B. [1, 5, 9, 12]) zu Rate ziehen.
Die Bewegungsgleichungen selbsterregter Schwingungen sind vom Typ:

$$\ddot{x} + f(x, \dot{x}) = 0. \tag{3.2}$$

Gleichungen dieser Art sollen in den Abschnitten 3.3 und 3.4 abgeleitet und
untersucht werden. Um jedoch ein Beispiel zur Verfügung zu haben, soll die
sogenannte Van der Polsche Gleichung

$$\ddot{x} - (\alpha - \beta x^2)\dot{x} + x = 0 \tag{3.3}$$

bereits hier erwähnt werden. Ihre Ableitung wird im Abschnitt 3.3 besprochen.
Durch diese Gleichung werden die Schwingungen gewisser Schwing-Generatoren
der Funktechnik beschrieben.

3.21 Allgemeine Verfahren. Bereits bei der Besprechung der gedämpften Eigenschwingungen wurde darauf hingewiesen, daß die allgemeine Gleichung (3.2)
stets auf eine Gleichung erster Ordnung für $\dot{x} = v$ von der Form

$$\frac{dv}{dx} = -\frac{f(x, v)}{v} \tag{3.4}$$

zurückgeführt werden kann. Sie ist besonders geeignet, die Lösungen in der
x, v-Ebene, also in der Phasenebene zu bestimmen, weil der links stehende
Differentialquotient die Neigung der Kurve für einen bestimmten Punkt x, v der
Phasenebene anzeigt. Es ist daher mit bekannten graphischen Methoden möglich, die Phasenkurven schrittweise zu konstruieren und sich auf diese Weise
einen sehr allgemeinen Überblick über das Phasenporträt, also über den Charakter der Schwingungen zu verschaffen.

Eine exakte analytische Lösung der Gleichung (3.2) wird nur in wenigen Fällen –
d. h. bei entsprechend einfachen Funktionen $f(x, v)$ – möglich sein. Um derartige
Fälle besser erkennen zu können, wird man vorteilhafterweise das schon bei der
Berechnung nichtlinearer Eigenschwingungen bewährte Verfahren verwenden
und das Energieintegral der Bewegungsgleichung aufzustellen suchen. Es erweist sich dabei als zweckmäßig, die allgemeine Funktion $f(x, v)$ in zwei Anteile
zu zerlegen, von denen der eine nur noch von x abhängt:

$$\begin{aligned} f(x, v) &= f(x, 0) + [f(x, v) - f(x, 0)] \\ &= f(x, 0) + g(x, v) \end{aligned} \tag{3.5}$$

mit $g(x, 0) = 0$. Nach Einsetzen in (3.2) wird gliedweise mit $\dot{x} = v$ multipliziert
und dann über die Zeit einmal integriert. Als Ergebnis folgt die Beziehung:

$$\frac{1}{2} v^2 + \int f(x, 0)\,dx + \int g(x, v)\,v\,dt = \text{const}, \tag{3.6}$$

die nach Multiplikation mit dem hier nicht weiter interessierenden Faktor m in
die Energiegleichung:

$$E_{\text{kin}} + E_{\text{pot}} + E_d = E_0$$

übergeht. Dabei muß beachtet werden, daß die Größe E_d jetzt nicht nur die durch Dämpfung vernichtete Energie repräsentiert, sondern gleichzeitig auch die von außen zugeführte Energie. E_d entspricht also der im vorigen Abschnitt verwendeten Differenz $E_D - E_Z$.

In allen Fällen, die eine explizite Ausrechnung des Integrals

$$E_d = m \int g(x, v) v \, \mathrm{d}t \tag{3.7}$$

gestatten, läßt sich das Problem der Schwingungsberechnung auf eine gewöhnliche Integration zurückführen. Wir finden dann aus (3.6) sofort die Gleichung des Phasenporträts

$$v = \sqrt{\frac{2}{m} (E_0 - E_d - E_{\text{pot}})} \tag{3.8}$$

und können auch den zeitlichen Verlauf durch Integration gewinnen:

$$t = \int \frac{\mathrm{d}x}{\sqrt{\frac{2}{m} (E_0 - E_d - E_{\text{pot}})}}. \tag{3.9}$$

Wenn die Funktion $g(x, v)$ ihrem Betrage nach erheblich kleiner als $f(x, 0)$ ist, dann kann man vielfach zu recht brauchbaren Näherungen kommen, indem man das Integral (3.7) mit einem vorgegebenen Näherungsansatz für x ausrechnet und diesen Wert dann in (3.8) bzw. (3.9) einsetzt.

3.22 Berechnungen mit linearisierten Ausgangsgleichungen. Von der Methode der kleinen Schwingungen wurde bereits im Abschnitt 2.136 Gebrauch gemacht. Wir können sie auch im vorliegenden Falle anwenden. Zu diesem Zwecke wird die Funktion $f(x, v)$ in eine Taylor-Reihe nach den beiden Variablen x und v und zwar für die Gleichgewichtslage $x = v = 0$ entwickelt:

$$f(x, v) = f(0, 0) + \left(\frac{\partial f}{\partial x}\right)_0 x + \left(\frac{\partial f}{\partial v}\right)_0 v + \dots$$

Da $x = v = 0$ Gleichgewichtslage sein soll, gilt $f(0,0) = 0$. Also wird nach Einsetzen in (3.2) und Fortlassen der Glieder höherer Ordnung die linearisierte Gleichung

$$\ddot{x} + \left(\frac{\partial f}{\partial v}\right)_0 \dot{x} + \left(\frac{\partial f}{\partial x}\right)_0 x = 0 \tag{3.10}$$

erhalten. Das ist eine Schwingungsgleichung mit konstanten Koeffizienten, wie sie im Abschnitt 2.22 gelöst wurde.

Die Methode der kleinen Schwingungen ist nur anwendbar, wenn die in (3.10) vorkommenden Ableitungen wirklich existieren, also $f(x, v)$ in eine Taylor-Reihe entwickelbar ist. An Unstetigkeitsstellen von f versagt das Verfahren. Wegen der Vernachlässigung der höheren Glieder der Taylor-Reihe wird man zufriedenstellende Ergebnisse im allgemeinen nur in der unmittelbaren Nachbarschaft der Gleichgewichtslage erwarten können. Die Methode kann das Verhalten eines Systems also nur „im Kleinen" klären.

Für die dimensionslose Dämpfungsgröße D nach (2.124) bekommt man aus Gl. (3.10):

$$D = \frac{\left(\dfrac{\partial f}{\partial v}\right)_0}{2\sqrt{\left(\dfrac{\partial f}{\partial x}\right)_0}}.$$

Ist $D = 0$, dann ist das System „im Kleinen" ungedämpft, also konservativ. Für $D > 0$ ist es gedämpft. Die Gleichgewichtslage ist dann ein stabiler Strudel- oder Knotenpunkt der Phasenebene. Aus der Lösung (2.127) ist zu entnehmen, daß für $D < 0$ aufschaukelnde Schwingungen zu erwarten sind. Die Gleichgewichtslage bildet dann einen labilen Strudel- oder Knotenpunkt. Dieser bei den reinen Eigenschwingungen nicht vorkommende Fall ist bei selbsterregten Schwingungen häufig anzutreffen. Jedoch kann die Methode der kleinen Schwingungen hier nur die Bedingungen liefern, unter denen eine Anfachung aus der Gleichgewichtslage heraus möglich ist. Ein weiteres Verfolgen der angefachten Schwingungen, also beispielsweise die Berechnung von Grenzzykeln, überschreitet ihre Möglichkeiten.

Eine Linearisierung völlig anderer Art liefert das schon kurz erwähnte (Abschnitt 2.136) Verfahren der harmonischen Balance, das im regelungstechnischen Schrifttum (siehe z. B. [11, 13]) auch als Verfahren der Beschreibungsfunktion bekannt geworden ist. Dieses Verfahren kann weit mehr Aussagen liefern als die Methode der kleinen Schwingungen. Es ist umfassender, da es nicht auf die Untersuchung kleiner Bewegung beschränkt ist. Die Beschränkung liegt vielmehr jetzt in der Form der Schwingungen. Für harmonische Schwingungen sind exakte Aussagen möglich; bei näherungsweise harmonischen Schwingungen dagegen gute Näherungen. Selbst bei stark von der Sinusform abweichenden Dreiecks- oder Rechtecksschwingungen lassen sich vielfach noch brauchbare Abschätzungen gewinnen.

Der Grundgedanke des Verfahrens besteht darin, die Form der Schwingungen als sinusförmig vorauszusetzen

$$x = A \cos \omega t \qquad (3.11)$$
$$\dot{x} = v = -A\omega \sin \omega t.$$

Diese Ausdrücke werden in $f(x, v)$ eingesetzt und die so entstehende periodische Funktion mit der Periode $T = \dfrac{2\pi}{\omega}$ in eine Fourier-Reihe entwickelt:

$$f(A \cos \omega t, -A\omega \sin \omega t) = a_0 + \sum_{\nu=1}^{\infty} (a_\nu \cos \nu\omega t + b_\nu \sin \nu\omega t). \qquad (3.12)$$

Wir wollen uns hier auf solche Funktionen beschränken, für die der Koeffizient

$$a_0 = \frac{1}{2\pi} \int f(A \cos \omega t, -A\omega \sin \omega t)\, \mathrm{d}(\omega t) \qquad (3.13)$$

verschwindet. Das ist stets der Fall, wenn $f(x, v)$ gewisse Symmetrieeigenschaften besitzt. Die etwas umständlichere Berechnung für den Fall unsymmetrischer Funktionen wollen wir hier übergehen. In der Reihenentwicklung (3.12) werden nun die Glieder mit $v > 1$, also die höheren Harmonischen, vernachlässigt. Als Näherung für die periodische Funktion f wird also nur die Grundschwingung verwendet, so daß gesetzt wird:

$$f(x, v) \approx a_1 \cos \omega t + b_1 \sin \omega t = \frac{a_1}{A} x - \frac{b_1}{A \omega} \dot{x}$$

$$f(x, v) \approx a^* x + b^* \dot{x} \qquad (3.14)$$

mit den Koeffizienten

$$a^* = \frac{1}{\pi A} \int\limits_0^{2\pi} f(A \cos \omega t, -A \omega \sin \omega t) \cos \omega t \, \mathrm{d}(\omega t)$$

$$b^* = - \frac{1}{\pi A \omega} \int\limits_0^{2\pi} f(A \cos \omega t, -A \omega \sin \omega t) \sin \omega t \, \mathrm{d}(\omega t). \qquad (3.15)$$

Setzt man den linearen Ersatzausdruck (3.14) in die Ausgangsgleichung (3.2) ein, so nimmt sie die linearisierte Gestalt an

$$\ddot{x} + b^* \dot{x} + a^* x = 0. \qquad (3.16)$$

Zum Unterschied von der ebenfalls linearisierten Gleichung (3.10) sind jedoch hier die Koeffizienten nicht konstant, sondern von der Amplitude A der Schwingungen abhängig. Gerade diese Amplitudenabhängigkeit ermöglicht weitgehende Aussagen über das Verhalten der Schwinger. Die charakteristische Dämpfungsgröße D wird nämlich jetzt ebenfalls eine Funktion der Amplitude, da sie aus (3.16) zu

$$D = \frac{b^*}{2 \sqrt{a^*}} \qquad (3.17)$$

berechnet werden kann.

Als Anwendungsbeispiel sei die Gleichung (3.3) betrachtet. Unter Berücksichtigung von (3.11) wird

$$f(x, v) = x - (\alpha - \beta x^2) v$$
$$= A \cos \omega t + (\alpha - \beta A^2 \cos^2 \omega t) A \omega \sin \omega t.$$

Das Einsetzen in (3.15) ergibt unter Berücksichtigung der Beziehungen

$$\int\limits_0^{2\pi} \sin^2 \omega t \, \mathrm{d}(\omega t) = \int\limits_0^{2\pi} \cos^2 \omega t \, \mathrm{d}(\omega t) = \pi,$$

$$\int\limits_0^{2\pi} \sin \omega t \cos \omega t \, \mathrm{d}(\omega t) = \int\limits_0^{2\pi} \sin \omega t \cos^3 \omega t \, \mathrm{d}(\omega t) = 0,$$

$$\int\limits_0^{2\pi} \cos^2 \omega t \sin^2 \omega t \, \mathrm{d}(\omega t) = \frac{\pi}{4}$$

die neuen Koeffizienten

$$a^* = 1$$

$$b^* = \frac{\beta}{4} A^2 - \alpha.$$

(3.18)

Damit bekommt man aus (3.16) eine Schwingungsgleichung, für die die im Abschnitt 2.22 ausgerechneten Lösungen übertragen werden können. Für Frequenz bzw. Dämpfungsgröße hat man

$$\omega = \sqrt{a^*(1 - D^2)} = \sqrt{1 - D^2}$$

$$D = \frac{b^*}{2\sqrt{a^*}} = \frac{1}{8}(\beta A^2 - 4\alpha).$$

(3.19)

Das Dämpfungs- bzw. Anfachungsverhalten läßt sich aus der in Fig. 88 aufgetragenen Abhängigkeit $D(A)$ ablesen. Die D-Kurve durchschneidet die A-Achse bei dem Werte

$$A_{st} = 2\sqrt{\frac{\alpha}{\beta}}.$$

(3.20)

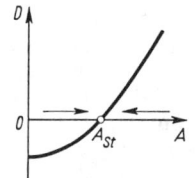

Fig. 88. Energiediagramm für die Van der Polsche Gleichung

Für $A < A_{st}$ ist $D < 0$, folglich sind die Schwingungen angefacht; für $A > A_{st}$ wird dagegen $D > 0$, so daß die Schwingungen in diesem Bereich gedämpft verlaufen. Die Amplituden ändern sich also im Sinne der in Fig. 88 eingezeichneten Pfeile und streben dem Wert $A = A_{st}$ zu. Der Schwinger kann periodische Schwingungen mit dieser Amplitude ausführen. Die Schwingungen sind stabil, weil jede Störung, die die Amplitude nach oben oder nach unten abweichen läßt, durch die geschilderte Tendenz der Amplitudenänderung wieder rückgängig gemacht wird.

Man erkennt an diesem einfachen Beispiel die gegenüber der Methode der kleinen Schwingungen erheblich größere Ergiebigkeit der Methode der harmonischen Balance.

3.23 Das Verfahren von Ritz und Galerkin. In der Elastomechanik – aber auch auf anderen Gebieten der technischen Wissenschaften – hat sich ein von Ritz angegebenes und von Galerkin erweitertes Verfahren zur Lösung von Randwertaufgaben außerordentlich bewährt. Das gleiche Verfahren ist auch als nützliches und weitreichendes Hilfsmittel in der Schwingungslehre anwendbar, insbesondere dann, wenn stationäre, d. h. periodische Schwingungen ausgerechnet werden sollen. Man kann zeigen, daß die Methode der harmonischen Balance als Sonderfall im Ritz-Galerkinschen Verfahren enthalten ist, so daß letzteres als eine Verallgemeinerung aufgefaßt werden kann. Der Vorteil des Verfahrens liegt in einer größeren Anpassungsfähigkeit sowie in der Möglichkeit, auch zu höheren Näherungen überzugehen, wenn Näherungen erster Ordnung nicht mehr ausreichen. Als ein gewisser Nachteil muß der wenig anschauliche, mathematisch formale Charakter des Verfahrens bezeichnet werden.

In ähnlicher Weise, wie eine periodische Funktion durch eine Fourier-Reihe, also durch Linearkombinationen der Funktionen $\sin \nu\omega t$ und $\cos \nu\omega t$ darstellbar ist, kann man auch Approximationen anderer Art versuchen, bei denen ein geeignetes System von Funktionen $\psi_\nu(t)$ verwendet wird. Man gelangt so zu einem Ritz-Ansatz von der Form

$$x = \sum_{\nu=1}^{\infty} A_\nu \psi_\nu(t). \tag{3.21}$$

Soll mit diesem Ansatz die Gl. (3.2) gelöst werden, so kann man nach einer von Galerkin angegebenen Vorschrift die unbekannten Amplitudenfaktoren A_ν aus der Bedingung ermitteln:

$$\int_0^T [\ddot{x} + f(x,v]\psi_\nu(t)\,\mathrm{d}t = 0 \qquad (\nu = 1, 2, \ldots) \tag{3.22}$$

Diese zunächst rein formale Rechenvorschrift kann wie folgt interpretiert werden: Bei der praktischen Verwendung des Ansatzes (3.21) lassen sich naturgemäß nur endlich viele Glieder berücksichtigen. Damit aber kann das erhaltene $x(t)$ nur als Annäherung gelten, für die die Ausgangsgleichung (3.2) nicht streng erfüllt ist. Man wird daher versuchen, die Gl. (3.2) wenigstens ,,im Mittel" – d. h. nach Integration über eine Periode – zu erfüllen. Die Vorschrift von Galerkin besagt nun, daß es zweckmäßig ist, nicht das einfache Mittel, sondern ein ,,gewogenes Mittel" mit den Gewichtsfunktionen $\psi_\nu(t)$ zu verwenden, um die Amplitudenfaktoren A_ν zu bestimmen. Auf diese Weise kommt man zur Bedingung (3.22).

Als Anwendungsbeispiel sei wieder die Van der Polsche Gleichung (3.3) betrachtet. Wir wollen eine besonders einfache Form für den Ansatz (3.21) wählen, bei der nur die Glieder erster Ordnung $\nu = 1$ berücksichtigt werden, und wollen als Approximationsfunktionen die trigonometrischen Funktionen $\sin \omega t$ und $\cos \omega t$ verwenden. Dann geht (3.21) über in

$$x = A_s \sin \omega t + A_c \cos \omega t = A \cos(\omega t - \varphi). \tag{3.23}$$

Durch Einsetzen dieses Ausdruckes in (3.22) kommt man zu den beiden Bestimmungsgleichungen

$$\int_0^T \{A(1-\omega^2)\cos(\omega t - \varphi) + A\omega[\alpha - \beta A^2 \cos^2(\omega t - \varphi)]\sin(\omega t - \varphi)\}\sin \omega t\,\mathrm{d}t = 0$$

$$\tag{3.24}$$

$$\int_0^T \{A(1-\omega^2)\cos(\omega t - \varphi) + A\omega[\alpha - \beta A^2 \cos^2(\omega t - \varphi)]\sin(\omega t - \varphi)\}\cos \omega t\,\mathrm{d}t = 0.$$

Die Ausführung der Integrationen führt nach einfachen trigonometrischen Umformungen zu

$$\pi A \left[\sin\varphi(1-\omega^2) + \omega\cos\varphi\left(\alpha - \frac{\beta}{4}A^2\right)\right] = 0$$

$$\pi A \left[\cos\varphi(1-\omega^2) - \omega\sin\varphi\left(\alpha - \frac{\beta}{4}A^2\right)\right] = 0.$$

Diese Gleichungen sind erfüllt für:

$$\omega^2 = 1$$

$$A = A_{st} = 2 \sqrt{\frac{\alpha}{\beta}} \, . \tag{3.25}$$

Die erste dieser Bedingungen sagt nichts Neues aus, sie läßt nur erkennen, daß die Ausgangsgleichung (3.3) bereits durch Bezug auf die Eigenzeit so normiert wurde, daß der bei x stehende Faktor gleich 1 wurde. Die zweite Bedingung (3.25) gibt den Wert der Amplitude an, für den stationäre Schwingungen möglich sind. Das Ergebnis stimmt vollkommen mit dem nach der Methode der harmonischen Balance erhaltenen (3.20) überein.

Ein Vorteil der Ritz-Galerkinschen Methode besteht darin, daß man in bestimmten Sonderfällen – z. B. bei den noch zu besprechenden Kippschwingungen – durch geeignete Wahl der Funktionen $\psi_\nu(t)$ zu besseren Annäherungen kommen kann, als sie mit harmonischen Funktionen möglich sind.

3.24 Die Methode der langsam veränderlichen Amplitude. Sowohl die Methode der harmonischen Balance als auch das Verfahren von Ritz-Galerkin geben zunächst nur Aussagen über mögliche periodische Zustände. Wenn es auch nach beiden Verfahren möglich ist, die nicht periodischen Einschwingvorgänge abzuschätzen, so ist für diesen Zweck doch ein anderes Verfahren günstiger. Es ist die von Van der Pol an der nach ihm benannten Gleichung (3.3) demonstrierte Methode der langsam veränderlichen Amplitude. Sie kann hier nur in ihren Grundzügen angedeutet und auf ein Beispiel angewendet werden.

Der harmonische Ansatz (3.11) gilt für den stationären Fall. Um ihn auch für Einschwingvorgänge anwenden zu können, kann man die Amplitude selbst als eine Funktion der Zeit auffassen

$$x = A(t) \cos \omega t$$

$$\dot{x} = \dot{A} \cos \omega t - A \omega \sin \omega t \tag{3.26}$$

$$\ddot{x} = \ddot{A} \cos \omega t - 2\dot{A}\omega \sin \omega t - A\omega^2 \cos \omega t.$$

Der Grundgedanke des Verfahrens besteht darin, daß $A(t)$ als eine langsam mit der Zeit veränderliche Funktion aufgefaßt wird, für die

$$\dot{A} \ll A\omega; \qquad \ddot{A} \ll A\omega^2$$

angenommen werden soll. Man kann daher in Gl. (3.26) die ersten Glieder bei $\dot{x}$ und $\ddot{x}$ als klein vernachlässigen. Approximiert man weiterhin die Funktion $f(x, v)$ durch die ersten beiden Glieder ihrer Fourier-Entwicklung:

$$f(x, v) \approx b_1 \sin \omega t + a_1 \cos \omega t, \tag{3.27}$$

so folgt nach Einsetzen in die Ausgangsgleichung (3.2):

$$\sin \omega t (-2\dot{A}\omega + b_1) + \cos \omega t (-A\omega^2 + a_1) = 0. \tag{3.28}$$

Wenn diese Beziehung für beliebige Zeiten t erfüllt sein soll, dann müssen die in

Klammern stehenden Ausdrücke verschwinden:

$$A\omega^2 = a_1$$
$$\dot{A} = \frac{b_1}{2\omega}.$$

(3.29)

Aus dieser Gleichung können Frequenz und Amplitude errechnet werden. Wir wollen als Beispiel wiederum die Gl. (3.3) heranziehen, bei der

$$f(x, v) = x - (\alpha - \beta x^2)\dot{x}$$

ist. Durch Einsetzen des harmonischen Ansatzes (3.26) bekommt man nach einfacher Umformung

$$f(x, v) = A\omega \left(\alpha - \frac{\beta}{4} A^2\right) \sin \omega t + A \cos \omega t - \frac{\beta}{4} A^3 \omega \sin 3\omega t.$$

Der Vergleich mit Gl. (3.27) zeigt, daß im vorliegenden Fall

$$b_1 = A\omega \left(\alpha - \frac{\beta}{4} A^2\right) \quad \text{und} \quad a_1 = A$$

(3.30)

ist. Man bekommt daher aus den Gln. (3.29) die Forderungen:

$$\omega^2 = 1$$
$$\dot{A} = \frac{A}{2} \left(\alpha - \frac{\beta}{4} A^2\right).$$

(3.31)

Die erste dieser Bedingungen stimmt mit der ersten Beziehung von Gl. (3.25) überein, die zweite bestimmt die Zeitabhängigkeit der Amplitude A. Man erkennt sofort, daß für

$$A = A_{st} = 2 \sqrt{\frac{\alpha}{\beta}}$$

(3.32)

die Amplitudenänderung $\dot{A} = 0$ wird, so daß auch hier wieder die schon früher ausgerechnete stationäre Amplitude erhalten wird. Zur Lösung der Differentialgleichung (3.31) multiplizieren wir zunächst mit A und führen dann $A^2 = y$ als neue Veränderliche ein. Das ergibt eine Differentialgleichung vom Abelschen Typ

$$\dot{y} = \frac{dy}{dt} = \alpha y - \frac{\beta}{4} y^2,$$

deren Lösung bekannt ist:

$$y = \frac{4\alpha}{\beta \left[1 - \left(1 - \frac{4\alpha}{\beta y_0}\right) e^{-\alpha t}\right]}.$$

Umgerechnet auf A hat man

$$A(t) = \frac{A_{st}}{\sqrt{1 - \left(1 - \frac{A_{st}^2}{A_0^2}\right) e^{-\alpha t}}}.$$

(3.33)

A_0 ist dabei der Anfangswert von A für $t = t_0$. Die Zeitabhängigkeit (3.33) ist in Fig. 89 aufgetragen. Bei $\alpha < 0$ nähert sich die Amplitude mit wachsendem t stets dem Werte $A = 0$; dagegen laufen die Amplitudenkurven für $\alpha > 0$ in jedem Fall asymptotisch gegen den stationären Wert A_{st}, unabhängig davon, ob A_0 größer oder kleiner als A_{st} ist.

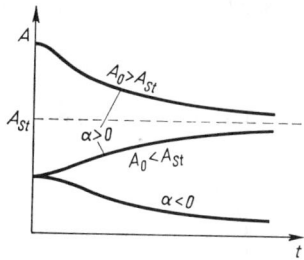

Fig. 89. Der Einschwingvorgang bei der Van der Polschen Gleichung

3.3 Beispiele von Schwingern mit Selbsterregung

3.31 Das Uhrpendel. Die Uhr dient der Zeitmessung. Die Tatsache, daß die Eigenschwingungen eines Schwerependels bei hinreichend kleinen Amplituden näherungsweise isochron sind, ihre Schwingungszeit also nicht von der Größe der Amplitude abhängt, läßt ein derartiges Pendel als Taktgeber einer Uhr geeignet erscheinen. Freilich muß dafür gesorgt werden, daß die einmal angestoßenen Schwingungen nicht abklingen. Durch einen geeigneten Antriebsmechanismus muß also die durch Dämpfung verlorengegangene Energie stets wieder ersetzt werden. Durch den Antriebsmechanismus aber wird die Uhr zu einem selbsterregten System. Je nach der Konstruktion des Antriebs und je nach der Natur der auf das Pendel wirkenden Dämpfungskräfte sind zahlreiche Möglichkeiten vorhanden, von denen hier drei kurz besprochen werden sollen.

3.311 Konstanter Antrieb und quadratische Dämpfung. Ein Pendel kann zu ungedämpften Schwingungen angeregt werden, wenn ein antreibendes Moment stets im Sinne der Pendelbewegung einwirkt. Das kann zum Beispiel so geschehen, wie es in Fig. 90 skizziert ist. Das Pendel sitzt hier fest auf der Achse eines Momentengebers (Motors), der ein Moment konstanter Größe ausübt. Das Vorzeichen dieses Momentes wird jedesmal im Augenblick der Bewegungsumkehr umgeschaltet. Das geschieht durch einen Kontakthebel, der mit leichter Reibung auf der Pendelachse sitzt. Auf diese Weise wird je nach der Bewegungsrichtung der eine oder der andere Kontakt geschlossen.

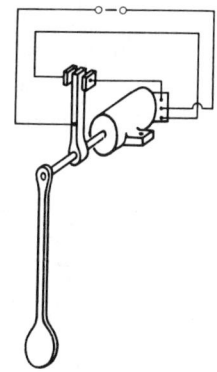

Nimmt man nun an, daß neben dem konstanten, aber sprungweise das Vorzeichen wechselnden Moment noch Dämpfungskräfte auf das Pendel wirken, die quadratisch von der Schwingungsgeschwindigkeit v abhängen, dann nimmt die Gleichung des Systems die folgende Form an:

$$\ddot{x} = p \operatorname{sgn} v - \frac{q}{2} v^2 \operatorname{sgn} v - \omega_0^2 \sin x. \qquad (3.34)$$

Fig. 90. Antriebsmechanismus eines Schwerependels

p ist dabei das auf das Pendelträgheitsmoment bezogene Antriebsmoment, $q/2$ ist der bezogene Faktor der quadratischen Dämpfung, und ω_0 ist die Kreisfrequenz der kleinen Schwingungen des ungedämpften Pendels.

Mit der bereits früher verwendeten Umformung

$$\ddot{x} = \frac{dv}{dt} = \frac{dv}{dx}\frac{dx}{dt} = v\frac{dv}{dx} = \frac{1}{2}\frac{d}{dx}(v^2)$$

wird (3.34) in die Form gebracht:

$$\frac{d}{dx}(v^2) + qv^2\operatorname{sgn}v = 2(p\operatorname{sgn}v - \omega_0^2\sin x). \qquad (3.35)$$

Berücksichtigt man nun, daß die rechts stehende Funktion in den Bereichen $v > 0$ bzw. $v < 0$ nur noch von x, nicht aber von v abhängt, dann kann man die Lösung von (3.35) sofort hinschreiben. Es ist

$$\begin{aligned}
\text{für}\quad v > 0\quad & v^2 = e^{-qx}[C_1 - F_1(x)]\\
\text{für}\quad v < 0\quad & v^2 = e^{+qx}[C_2 - F_2(x)]
\end{aligned} \qquad (3.36)$$

mit den Integrationskonstanten C_1 und C_2 sowie den Abkürzungen

$$F_1(x) = 2\int(\omega_0^2\sin x - p)e^{qx}dx = 2e^{qx}\left[\frac{\omega_0^2}{1+q^2}(q\sin x - \cos x) - \frac{p}{q}\right]$$
$$(3.37)$$
$$F_2(x) = 2\int(\omega_0^2\sin x + p)e^{-qx}dx = -2e^{-qx}\left[\frac{\omega_0^2}{1+q^2}(q\sin x + \cos x) + \frac{p}{q}\right].$$

Die Integrationskonstanten können aus den Umkehrbedingungen ermittelt werden. In den Umkehrpunkten ist $v = 0$; hat nun der erste Umkehrpunkt die Amplitude $x = x_1$, der zweite $x = x_2$, so wird $C_1 = F_1(x_1)$, $C_2 = F_2(x_2)$. Damit geht (3.36) über in

$$\begin{aligned}
\text{für}\quad v > 0\quad & v^2 = e^{-qx}[F_1(x_1) - F_1(x)]\\
\text{für}\quad v < 0\quad & v^2 = e^{+qx}[F_2(x_2) - F_2(x)].
\end{aligned} \qquad (3.38)$$

Mit Hilfe dieser Lösungen läßt sich die Folge der Umkehrpunkte zu beliebiger Anfangsamplitude x_1 leicht in derselben Weise bestimmen, wie es bereits früher bei der Besprechung der Eigenschwingungen mit quadratischer Dämpfung geschah. Beginnend mit einer Amplitude $x_1 < 0$ sucht man aus der Lösung für den Bereich $v > 0$ dasjenige $x = x_2 > 0$, für das $v = 0$ wird. Die Bestimmungsgleichung für x_2 ist also

$$F_1(x_1) = F_1(x_2).$$

Mit dem erhaltenen Wert von x_2 geht man nun in die Lösung für den Bereich $v < 0$ ein und erhält die Bestimmungsgleichung für $x_3 < 0$:

$$F_2(x_2) = F_2(x_3).$$

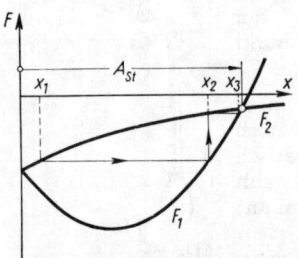

Fig. 91. Der Einschwingvorgang des selbsterregten Schwerependels

Dieses schrittweise Ausrechnen der Umkehrpunkte kann auch graphisch geschehen, wenn man die Funktionen $F_1(x)$ und $F_2(x)$ gemeinsam aufzeichnet (Fig. 91).

Wie man sich leicht überlegen kann, genügt es wegen $F_1(x) = F_2(-x)$, nur den für $x > 0$ geltenden Teil der Kurven zu zeichnen. Ausgehend von einem vorgegebenen x_1 läßt sich in der angegebenen Weise durch Einzeichnen eines treppenförmigen Streckenzuges die Folge der Umkehrpunkte finden. Die stationäre Amplitude A_{st} ist durch den Schnittpunkt der beiden F-Kurven gekennzeichnet.

Ist $x_1 > A_{st}$, dann nehmen die Amplituden der Umkehrpunkte ab. Man erkennt, daß die zweite Amplitude bereits kleiner sein muß als der Wert von x, für den $F_1(x) = 0$ wird.

3.312 Stoßerregung und lineare Dämpfung.

Ein Antriebssystem nach Fig. 90 ist für Präzisionsuhren nicht geeignet. Es hat sich herausgestellt, daß die freien, in ihrer Schwingungszeit genau definierten Eigenschwingungen des Pendels am wenigsten gestört werden, wenn die Antriebsenergie möglichst stoßartig in dem Augenblick zugeführt wird, in dem das Pendel seine tiefste Lage (Gleichgewichtslage) durchschwingt. Die Antriebsfunktion $f(x, v)$ eines derartigen Antriebes hat etwa die in Fig. 92 skizzierte Gestalt. $f(x, v)$ ist überall gleich Null, mit Ausnahme eines kleinen Bereiches $-\varepsilon \leqq x \leqq +\varepsilon$. Je nach dem Vorzeichen von v ist f hier entweder positiv oder negativ. Die ideale Stoßerregung hat man sich als einen Grenzfall $\varepsilon \to 0$ vorzustellen, für den das Integral

$$\int_{-\varepsilon}^{+\varepsilon} f(x, v)\, dx = E_Z \qquad (3.39)$$

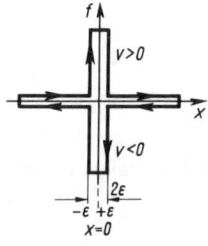

Fig.92. Die Antriebsfunktion des stoßerregten Uhrenpendels

einen endlichen Wert annimmt. E_Z ist ein Maß für die dem Schwinger durch den Stoß zugeführte Energie.

Die stoßweise Energiezufuhr wirkt sich in einer sprunghaften Änderung der Schwingungsgeschwindigkeit im Augenblick des Stoßes aus. Andererseits verliert das Pendel an Energie – und also an Geschwindigkeit – infolge der Dämpfungskräfte, die hier als linear angenommen werden sollen. Das Verhalten des Schwingers läßt sich jetzt sehr anschaulich in der Phasenebene darstellen (Fig. 93). In den Bereichen $v \neq 0$ ist kein Antrieb vorhanden, so daß die Schwingung (gemäß 2.127) durch

$$x = A\, e^{-D\tau} \cos \nu\tau \qquad (\nu = \sqrt{1 - D^2}\,) \qquad (3.40)$$

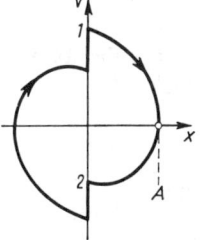

Fig. 93. Phasenkurve eines Uhrenpendels bei idealer Stoßerregung

wiedergegeben werden kann. Man erhält damit sowohl in der rechten als auch in der linken Halbebene je einen Spiralenbogen. Beide Spiralenbögen gehen jedoch nicht knickfrei ineinander über, weil die Geschwindigkeit beim Nulldurchgang ($x = 0$) springt. Wenn die Anfangsbedingungen richtig gewählt sind, dann ergibt sich gerade die in Fig. 93 skizzierte geschlossene Phasenkurve, also ein Grenzzyklel. Der Geschwindigkeitsverlust durch Dämpfung wird durch den Geschwindigkeitssprung infolge des Stoßes ausgeglichen.

Die stationäre Amplitude A_{st} läßt sich nun aus der Forderung, daß die Phasenkurve geschlossen, also ein Grenzzykel sein soll, ausrechnen. Aus (3.40) folgt $x = 0$ für

$$\tau = \tau_1 = -\frac{\pi}{2\nu} \quad \text{und} \quad \tau = \tau_2 = +\frac{\pi}{2\nu}.$$

Diesen beiden Zeiten sind die Punkte 1 bzw. 2 zugeordnet. Die Werte der Geschwindigkeit folgen aus (3.40) durch Differenzieren nach t und Einsetzen von τ_1 und τ_2:

$$v_1 = \omega_0 A \nu e^{-D\tau_1} \qquad v_2 = -\omega_0 A \nu e^{-D\tau_2}.$$

Der Verlust an kinetischer Energie, den der Schwinger während einer Halbschwingung erleidet, kann durch

$$\Delta E_{\text{kin}} = \frac{1}{2}(v_1^2 - v_2^2) = \frac{1}{2}\omega_0^2 A^2 \nu^2 \left(e^{\frac{\pi D}{\nu}} - e^{-\frac{\pi D}{\nu}}\right) \tag{3.41}$$

$$\Delta E_{\text{kin}} = \omega_0^2 A^2 \nu^2 \sinh \frac{\pi D}{\nu}$$

gekennzeichnet werden. E_{kin} ist hier die auf das Trägheitsmoment bezogene Energie. ΔE_{kin} muß gleich dem Energiegewinn ΔE_Z durch den Antrieb sein:

$$\Delta E_Z = \omega_0^2 A^2 \nu^2 \sinh \frac{\pi D}{\nu}.$$

Daraus folgt:

$$A = \frac{1}{\nu \omega_0}\sqrt{\frac{\Delta E_Z}{\sinh \dfrac{\pi D}{\nu}}} = \frac{1}{\omega_0}\sqrt{\frac{\Delta E_Z}{(1-D^2)\sinh \dfrac{\pi D}{\sqrt{1-D^2}}}}. \tag{3.42}$$

Diese Amplitude ist noch nicht die stationäre Amplitude des Schwingers, weil das Maximum von (3.40) nicht bei dem Werte $\tau = 0$, sondern wegen der Dämpfung bei

$$\tau = \tau_{\max} = -\frac{1}{\nu}\text{arc tan}\frac{D}{\nu} \tag{3.43}$$

liegt (siehe Abschnitt 2.223, Gl. 2.141). Setzt man diesen Wert in (3.40) ein, so folgt

$$A_{st} = x(\tau_{\max}) = A e^{-D\tau_{\max}} \cos \nu \tau_{\max}$$

$$A_{st} = \frac{1}{\omega_0}\sqrt{\frac{\Delta E_Z}{\sinh \dfrac{\pi D}{\sqrt{1-D^2}}}}\, e^{-D\tau_{\max}}. \tag{3.44}$$

Für den in der Praxis interessierenden Fall kleiner Dämpfung $(D \ll 1)$ läßt sich dieser Ausdruck noch vereinfachen; es wird dafür:

$$\nu \approx 1; \qquad \tau_{\max} \approx -D; \qquad e^{D^2} \approx 1; \qquad \sinh \frac{\pi D}{\nu} \approx \pi D,$$

so daß näherungsweise gilt

$$A_{st} \approx \frac{1}{\omega_0} \sqrt{\frac{\Delta E_Z}{\pi D}}. \tag{3.45}$$

Damit ist die Amplitude des Uhrenpendels errechnet. Die Frequenz – und damit auch die Schwingungszeit – ergeben sich aus der Frequenz der Eigenschwingung des Pendels. Das erkennt man am einfachsten aus Fig. 93. Zum Durchlaufen der beiden Spiralenbögen wird genau die halbe Schwingungszeit der Eigenschwingung benötigt; die Erhöhung der Geschwindigkeit durch den Stoß erfolgt momentan und liefert daher keinen Beitrag zur Schwingungszeit.

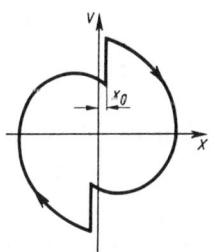

Diese Betrachtung gilt aber nur für den in Fig. 93 gezeichneten idealen Fall, daß der Stoß genau in der Nullage erfolgt. Bei geringfügigen Verschiebungen des Stoßes ergeben sich abgeänderte Schwingungszeiten, die zu Gangfehlern der Uhr führen können. Wir wollen das zeigen und betrachten zu diesem Zwecke den in Fig. 94 gezeichneten Grenzzykel, der sich von dem in Fig. 93 dadurch unterscheidet, daß der Geschwindigkeitssprung nicht bei

Fig. 94. Phasenkurve eines Uhrenpendels bei verzögerter Stoßerregung

$x = 0$, sondern bei $x = \pm x_0$ erfolgt. Wenn die Sprünge zu den Zeiten τ_1 bzw. τ_2 erfolgen, dann gilt

$$x(\tau_1) = x_0 = A e^{-D\tau_1} \cos \nu\tau_1$$
$$x(\tau_2) = -x_0 = A e^{-D\tau_2} \cos \nu\tau_2. \tag{3.46}$$

Die Zeitdifferenz $\tau_2 - \tau_1$ ist gleich der halben Schwingungszeit τ_s des Systems. Diese Zeit kann aus

$$x(\tau_1) + x(\tau_2) = A \left(e^{-D\tau_1} \cos \nu\,\tau_1 + e^{-D\tau_2} \cos \nu\,\tau_2 \right) = 0$$

errechnet werden.

Da die Versetzungen x_0 des Stoßes aus der Nullage im allgemeinen klein sein werden, genügt eine Näherungsrechnung, bei der die τ-Verschiebungen aus den x-Verschiebungen durch

$$\Delta\tau = \frac{\Delta x}{\left(\dfrac{dx}{dt}\right)_0} = \frac{x_0}{v_0}$$

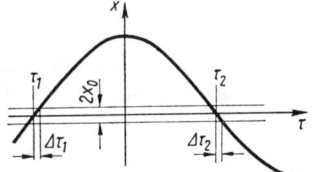

ausgedrückt werden (siehe Fig. 95). Für die Steigung der x, τ-Kurve wird darin der für die Nullage geltende Wert eingesetzt. Man bekommt dann

Fig. 95. Zur Berechnung der verzögerten Stoßerregung

$$\Delta\tau_1 = \frac{x_0}{A\nu e^{\tfrac{\pi D}{2\nu}}}; \qquad \Delta\tau_2 = \frac{x_0}{A\nu e^{-\tfrac{\pi D}{2\nu}}}.$$

Die Differenz dieser beiden Werte ist gleich der halben Veränderung der

Schwingungszeit:

$$\Delta\tau_s = 2(\Delta\tau_2 - \Delta\tau_1) = \frac{2x_0}{Av}\left(e^{+\frac{\pi D}{2v}} - e^{-\frac{\pi D}{2v}}\right),$$

$$\Delta\tau_s = \frac{4x_0}{Av}\sinh\frac{\pi D}{2v}.$$

Für die relative Veränderung der Schwingungszeit folgt daraus

$$\frac{\Delta\tau_s}{\tau_s} = \frac{2x_0}{\pi A}\sinh\frac{\pi D}{2\sqrt{1-D^2}}. \tag{3.47}$$

Auch dieser Ausdruck läßt sich für den Fall kleiner Dämpfung vereinfachen:

$$\frac{\Delta\tau_s}{\tau_s} \approx \frac{x_0 D}{A}. \tag{3.48}$$

Beispielsweise erhält man für $D = 0,01$ und $x_0/A = 0,01$ eine relative Änderung von 10^{-4}; das ergibt im Verlaufe eines Tages (86400 s) einen Fehler der Uhr von 8,64 s.

3.313 Stoßerregung und Festreibung. Wenn an Stelle der linearen Dämpfung Reibungskräfte mit konstantem Betrage (Festreibung) wirken, dann läßt sich unter Berücksichtigung der Überlegungen von Abschnitt 2.232 auch hier die stationäre Amplitude aus dem Phasenporträt errechnen. Der Grenzzykel (Fig. 96) setzt sich in diesem Fall aus Kreisbögen zusammen, deren Mittelpunkte auf der x-Achse im Abstande $\pm x_r$ vom Nullpunkt liegen. x_r ist dadurch gekennzeichnet, daß für $x = x_r$ das Rückführmoment des Pendels gerade gleich dem Reibungsmoment ist. Aus Fig. 96 lassen sich sofort die Geschwindigkeiten in den Punkten 1 und 2 (also den Nulldurchgängen) ablesen:

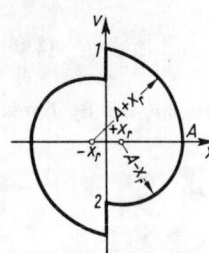

Fig. 96. Grenzzykel für ein Uhrenpendel mit Festreibung

$$v_1 = \sqrt{(A+x_r)^2 - x_r^2}$$

$$v_2 = \sqrt{(A-x_r)^2 - x_r^2}.$$

Also wird die auf das Pendelträgheitsmoment bezogene Differenz der kinetischen Energien zwischen zwei Nulldurchgängen:

$$\Delta E_{\text{kin}} = \frac{1}{2}\left(v_1^2 - v_2^2\right) = 2Ax_r.$$

Aus der Bedingung $\Delta E_{\text{kin}} = \Delta E_Z$ folgt somit die stationäre Amplitude des Schwingers zu

$$A_{st} = \frac{\Delta E_Z}{2x_r}. \tag{3.49}$$

Die Berechnung der Schwingungszeit wollen wir hier übergehen und auf die Aufgabe 26 (Abschnitt 3.5) verweisen. Man sieht jedoch aus Fig. 96 unmittelbar, daß in dem gezeichneten Fall eine Schwingungszeit herauskommen muß, die größer als die Schwingungszeit des Pendels ohne Reibung ist. Nur wenn die Energiezufuhr genau bei $x = -x_r$ für $v > 0$ bzw. $x = x_r$ für $v < 0$ erfolgt, wird die Schwingungszeit nicht verändert. Der Grenzzykel setzt sich dann aus 4 Viertelkreisen zusammen.

3.32 Der Röhren-Generator. Im Abschnitt 3.2 wurde bereits mehrfach die Van der Polsche Gleichung (3.3) als charakteristisches Beispiel der Gleichung eines selbsterregungsfähigen Systems erwähnt. Wir wollen nun zeigen, welcher physikalische Tatbestand durch diese Gleichung wiedergegeben wird, und betrachten zu diesem Zweck das Schaltbild eines Röhrengenerators (Fig. 97). Der Schwinger besteht aus einem RLC-Kreis. Die im Kreis auftretenden Verluste werden durch eine Zusatzspannung ausgeglichen, die über eine im Anodenkreis der Röhre liegende Koppelspule in der Spule des Schwingkreises induziert wird. Der Anstoß durch die Zusatzspannung erfolgt im Takte der Eigenschwingungen des Schwingkreises, weil die Gittervorspannung der Röhre durch die Kondensatorladung beeinflußt und auf diese Weise der Anodenstrom gesteuert wird.

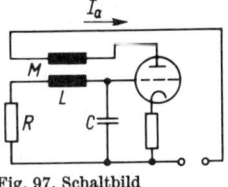

Fig. 97. Schaltbild eines Röhrengenerators

Die Bewegungsgleichung des Generators wird aus der Spannungsgleichung für den Schwingkreis erhalten. Diese unterscheidet sich von der schon früher für den einfachen Schwingkreis abgeleiteten Gl. (2.116) durch das Hinzutreten eines Gliedes für die Koppelspannung. Mit dem Anodenstrom I_a und dem Koppelfaktor $M > 0$ läßt sich die Koppelspannung wie folgt schreiben:

$$U_K = -M \frac{dI_a}{dt}.$$

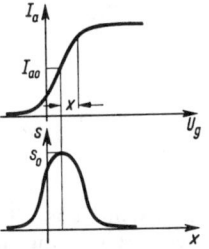

Fig. 98. Röhrenkennlinie und Steilheit

Das Vorzeichen wurde dabei so gewählt, daß dem Schwingkreis durch die Ankopplung Energie zugeführt wird. Damit erhält man die Spannungsgleichung:

$$L\ddot{Q} + R\dot{Q} + \frac{1}{C}Q - M\frac{dI_a}{dt} = 0. \tag{3.50}$$

Der Zusammenhang zwischen dem Anodenstrom I_a und der Gitterspannung U_g ist durch die Röhrenkennlinie (Fig. 98 oben) gegeben. Ausgehend von dem für den Arbeitspunkt des Systems geltenden mittleren Anodenstrom I_{a0} kann man schreiben:

$$I_a = I_{a0} + f(x) \tag{3.51}$$

$$\frac{dI_a}{dt} = \frac{dI_a}{dx}\dot{x} = \frac{df}{dx}\dot{x} = S(x)\dot{x},$$

wobei $S(x)$ die Steilheit der Röhrenkennlinie ist (Fig. 98 unten). Berücksichtigt man nun, daß für die Veränderung der Gittervorspannung

$$\Delta U_g = x = \frac{Q}{C}$$

gilt, dann geht (3.50) über in:

$$LC\ddot{x} + RC\dot{x} + x - MS(x)\dot{x} = 0. \qquad (3.52)$$

Diese Gleichung läßt sich mit

$$\tau = \frac{t}{\sqrt{LC}} \quad \text{und} \quad D_0 = \frac{R}{2}\sqrt{\frac{C}{L}}$$

in bekannter Weise in eine dimensionslose Form bringen:

$$x'' - \left[\frac{MS(x)}{\sqrt{LC}} - 2D_0\right]x' + x = 0. \qquad (3.53)$$

Die darin vorkommende Steilheit $S(x)$ ist näherungsweise eine gerade Funktion und kann daher durch:

$$S(x) = S_0 - S_2 x^2 + S_4 x^4 + \ldots$$

approximiert werden.

Berücksichtigt man davon nur die ersten beiden Glieder, so erhält man mit den Abkürzungen

$$\alpha = \frac{MS_0}{\sqrt{LC}} - 2D_0; \qquad \beta = \frac{MS_2}{\sqrt{LC}} \qquad (3.54)$$

aus (3.53) die Van der Polsche Gleichung (3.3):

$$x'' - (\alpha - \beta x^2)x' + x = 0. \qquad (3.55)$$

Man erkennt aus dieser Ableitung, daß Gl. (3.55) nur eine Näherung für die Generatorgleichung darstellt. Je nach der Form der Röhrenkennlinie und der Art der Approximation für die Steilheit lassen sich entsprechende Gleichungen mit andersartig aufgebauten Faktoren für das Glied mit x' finden.

Aus (3.54) und (3.55) ist ersichtlich, daß eine gewisse Mindestgröße für den Kopplungsfaktor M vorhanden sein muß, wenn der Generator schwingen soll: es muß $\alpha > 0$ sein, also wegen Gl. (3.54):

$$M > M_0 = \frac{2D_0\sqrt{LC}}{S_0} = \frac{RC}{S_0}. \qquad (3.56)$$

M_0 kennzeichnet die sogenannte **Pfeifgrenze**, bei der die selbsterregten Schwingungen des Generators einsetzen.

Die Berechnung des Einschwingvorganges und des stationären Zustandes für den schwingenden Röhrengenerator war bereits im Abschnitt (3.2) behandelt worden. Eine weiter reichende Untersuchung der Eigenschaften der Van der Polschen Gleichung findet man z. B. in den Büchern [3, 5, 12].

3.33 Reibungsschwingungen. Im Abschnitt 3.11 wurden bereits einige Beispiele aus der Klasse der **Reibungsschwingungen** erwähnt – die schwingende Violinsaite, die kreischenden Bremsen, das Quietschen von Schienenfahrzeugen in der Kurve, knarrende Türangeln und ratternde Schneidstähle an der Dreh-

bank. Trotz der Verschiedenartigkeit dieser Systeme ist der Entstehungsmechanismus der selbsterregten Reibungsschwingungen in allen Fällen der
gleiche. Wir wollen diesen Mechanismus an einem einfachen Beispiel untersuchen und wählen dazu das Reibungspendel (auch Froudesches Pendel) aus, das in
Fig. 99 skizziert ist.

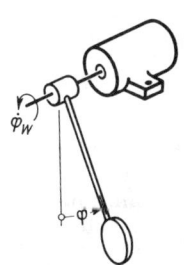

Das Pendel ist drehbar um eine Achse gelagert, die selbst
mit einer als konstant angenommenen Winkelgeschwindigkeit $\dot{\varphi}_w$ umläuft. Zwischen der Befestigungsmuffe des
Pendels und der rotierenden Achse werden Reibungsmomente übertragen, deren Betrag von der Größe der
Relativgeschwindigkeit zwischen Welle und Pendelmuffe
abhängt. Aus Versuchen ist der Zusammenhang zwischen
dem Reibungsmoment R und der relativen Winkelgeschwindigkeit $\dot{\varphi}_r$ bekannt; er kann etwa durch die in
Fig. 100 dargestellte Funktion beschrieben werden. Das
Reibungsmoment ist am größten, wenn die Relativgeschwindigkeit gleich Null ist (Ruh-Reibung). Mit wachsender Geschwindigkeit wird die Reibung kleiner und
nähert sich einem gewissen Grenzwert; es ist jedoch auch
möglich, daß der Betrag der Reibung bei größeren Geschwindigkeiten wieder anwächst.

Fig. 99.
Reibungspendel

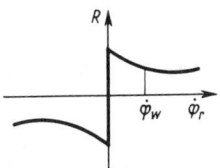

Fig. 100. Die Kennlinie
der trockenen Reibung

Der fallende Teil der Reibungskennlinie kann zu selbsterregten Schwingungen Anlaß geben. Das läßt sich bereits
durch eine einfache Energieüberlegung plausibel machen. Wenn die Schwingungsgeschwindigkeit des Pendels $\dot{\varphi}$ ist, so wird bei einem Reibungsmoment R die Arbeit

$$A = \int R\,\dot{\varphi}\,dt$$

geleistet. Wenn R eine konstante Größe wäre, dann würde diese Arbeit bei
symmetrischen Schwingungen je Vollschwingung gleich Null. Nun ist aber R
eine Funktion der Relativgeschwindigkeit $\dot{\varphi}_r = \dot{\varphi}_w - \dot{\varphi}$. Bei der in Fig. 100 angegebenen Form der Reibungskennlinie wird dabei für $\dot{\varphi} > 0$, also $\dot{\varphi}_r < \dot{\varphi}_w$ ein
größeres Moment ausgeübt als für $\dot{\varphi} < 0$, also $\dot{\varphi}_r > \dot{\varphi}_w$. Daher wird die Halbschwingung mit $\dot{\varphi} > 0$ durch das Moment mehr unterstützt, als die Halb-
schwingung mit $\dot{\varphi} < 0$ durch das Moment gebremst wird. Somit wird während
einer Vollschwingung Arbeit geleistet und dem Pendel Energie zugeführt. Ist
diese Energie groß genug, um die im System vorhandenen Dämpfungen zu überwinden, dann ist Selbsterregung möglich.

Wenn außer dem Reibungsmoment R noch eine der Schwingungsgeschwindigkeit proportionale Dämpfung auf das Pendel wirkt, dann erhält man die Bewegungsgleichung aus der Bedingung für das Gleichgewicht der Momente in der
Form:

$$\Theta\ddot{\varphi} + d\dot{\varphi} + mgs\sin\varphi = R(\dot{\varphi}_w - \dot{\varphi}). \qquad (3.57)$$

Durch Bezug auf das Pendelträgheitsmoment Θ und Einführen der Abkürzungen

$$\frac{d}{\Theta} = 2\delta; \qquad \frac{mgs}{\Theta} = \omega_0^2; \qquad \frac{R}{\Theta} = r$$

wird diese Gleichung in die Form gebracht

$$\ddot{\varphi} + 2\delta\dot{\varphi} + \omega_0^2 \sin\varphi = r(\dot{\varphi}_w - \dot{\varphi}). \tag{3.58}$$

Daraus wird in bekannter Weise die Gleichung für das Phasenporträt gewonnen

$$\frac{d\dot{\varphi}}{d\varphi} = \frac{1}{\dot{\varphi}} \left[r(\dot{\varphi}_w - \dot{\varphi}) - 2\delta\dot{\varphi} - \omega_0^2 \sin\varphi \right]. \tag{3.59}$$

Bei bekannter Reibungsfunktion kann das Phasenporträt konstruiert und so ein Überblick über die möglichen Bewegungen gewonnen werden. Wir wollen uns hier damit begnügen, einige charakteristische Eigenschaften des Phasenporträts zu betrachten. Weitergehende Ausführungen findet man z. B. bei Kauderer [5], Ziff. 59.

Zunächst erkennt man, daß ein singulärer Punkt – also eine Gleichgewichtslage – dann vorliegt, wenn

$$\dot{\varphi} = 0 \quad \text{und} \quad r(\dot{\varphi}_w) - \omega_0^2 \sin\varphi = 0$$

gilt. Diese Gleichgewichtslage liegt in der Phasenebene (Fig. 101) auf der φ-Achse im Abstand

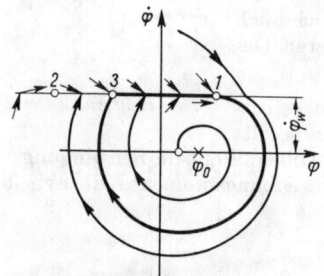

$$\varphi = \varphi_0 = \arcsin\frac{r(\dot{\varphi}_w)}{\omega_0^2} \tag{3.60}$$

vom Nullpunkt. Solange die Bewegungen des Pendels so klein bleiben, daß $\dot{\varphi} < \dot{\varphi}_w$, also $\dot{\varphi}_r = \dot{\varphi}_w - \dot{\varphi} > 0$ ist, haben die Phasenkurven die Gestalt von Spiralen, die sich entweder zur Gleichgewichtslage (3.60) zusammenziehen oder auch aufblähen können. Bei größeren Ausschlägen des Pendels kann es vorkommen, daß $\dot{\varphi} = \dot{\varphi}_w$, also $\dot{\varphi}_r = 0$ wird. Dann bewegen sich die antreibende Welle und das Pendel wie ein starrer Körper solange, bis Dämpfungs- und

Fig. 101. Das Phasenporträt für ein Reibungspendel

Rückführkraft die Größe der Ruh-Reibung erreicht haben. In diesem „Abreiß-punkt" löst sich das Pendel von der Achse. Wenn man den Wert der Ruh-Reibung durch $r(0) = r_0$ kennzeichnet, dann folgt der Abreißpunkt aus der Bedingung

$$\dot{\varphi} = \dot{\varphi}_w; \qquad r_0 - 2\delta\dot{\varphi}_w - \omega_0^2 \sin\varphi = 0$$

$$\varphi = \varphi_1 = \arcsin\frac{r_0 - 2\delta\dot{\varphi}_w}{\omega_0^2}. \tag{3.61}$$

Das entspricht dem Punkt 1 in Fig. 101. Der Abreißpunkt liegt auf der „Sprung-linie" $\dot{\varphi} = \dot{\varphi}_w$, an der wegen des unstetigen Sprunges der Reibungsfunktion alle durch diese Linie laufenden Phasenkurven einen Knick besitzen. Die Größe dieses Knicks kann aus (3.59) ausgerechnet werden. Es läßt sich nun zeigen, daß alle Phasenkurven, die die Sprunglinie zwischen den eingezeichneten Punkten 1 und 2 treffen, auf der Sprunglinie selbst im Sinne wachsender φ weiterlaufen, bis sie den Abreißpunkt 1 erreicht haben. Betrachtet man nämlich die Richtungen, unter denen die Phasenkurven die Strecke 1–2 der Sprunglinie treffen, so findet man, daß die Phasenkurven nur zur Sprunglinie hin laufen können. Die eingezeichneten Pfeile geben diese Richtungen an. Ist die Phasenkurve auf der Sprunglinie angekommen, dann stellt sich von selbst ein solcher Wert der Reibung ein, daß $\dfrac{d\dot\varphi}{d\varphi} = 0$ wird, also die Kurve horizontal weiterläuft. Die Reibung ist dann gerade so groß, daß sie für das Haften der Pendelmuffe auf der Antriebsachse sorgt.

Der Punkt 2 in Fig. 101, der die linke Grenze der Einlaufstrecke auf der Sprunglinie angibt, kann aus (3.61) erhalten werden, wenn dort das Vorzeichen von r_0 gewechselt wird. Der Punkt 2 hat also die Koordinaten

$$\dot\varphi = \dot\varphi_w; \qquad \varphi = \varphi_2 = \arcsin \frac{-r_0 - 2\,\delta\dot\varphi_w}{\omega_0^2}. \tag{3.62}$$

Alle Phasenkurven, die in die Strecke 1–2 einmünden, laufen zunächst bis zum Punkt 1 weiter und von dort aus spiralenförmig um die vorher ausgerechnete Gleichgewichtslage herum. Wenn die Eigendämpfung groß genug ist, zieht sich diese Spirale zum Nullpunkt hin zusammen und berührt die Sprunglinie nicht wieder. In diesem Falle gibt es keine selbsterregten Schwingungen, vielmehr werden alle Phasenkurven schließlich in den Nullpunkt hereinlaufen.

Bei geringer Eigendämpfung weitet sich die vom Punkt 1 ausgehende Spirale auf und trifft damit die Sprunglinie wieder (Punkt 3). Dieser Fall ist in Fig. 101 gezeichnet worden. Zusammen mit der Strecke 3–1 bildet der Spiralenbogen eine geschlossene Kurve, die den Grenzzykel des Systems darstellt. Alle Phasenkurven mit beliebigen Anfangsbedingungen münden letztlich in diesen Grenzzykel ein. Während man bei zahlreichen anderen selbsterregungsfähigen Systemen Grenzzykel meist sehr mühsam durch Probieren – also durch Variieren der Anfangsbedingungen – suchen muß, ergibt sich der Grenzzykel hier völlig zwangsläufig aus der Tatsache, daß eine Einlaufstrecke („Sammelstrecke") existiert, deren Ende in eine genau festgelegte Phasenkurve einmündet. Die Phasenkurven nähern sich bei dem hier betrachteten Beispiel nicht asymptotisch dem Grenzzykel, sondern fallen nach endlich vielen Umläufen exakt mit ihm zusammen.

Je nach den Beträgen von Dämpfung, Reibung und Umlaufgeschwindigkeit der Welle, vor allem auch in Abhängigkeit von dem Aussehen der Reibungsfunktion, sind zahlreiche Bewegungsformen möglich, die hier nicht im einzelnen diskutiert werden sollen. Es soll lediglich noch darauf hingewiesen werden, daß bei hinreichend großer Ruh-Reibung auch der Fall eintreten kann, daß kein Abreißpunkt existiert. Wie man aus (3.61) sieht, ist das der Fall für

$$r_0 \geqq \omega_0^2 + 2\,\delta\dot\varphi_w. \tag{3.63}$$

Das Argument der arc sin-Funktion in (3.61) wird dann größer als 1, so daß keine Lösung für φ existiert. In diesem Falle wird das Pendel einfach mit der Welle gleichförmig herumgeschleudert, als sei es starr mit ihr verbunden.

Schließlich sei noch die Stabilität der Gleichgewichtslage untersucht. Es genügt dazu, das Verhalten der Phasenkurven in der unmittelbaren Umgebung der Gleichgewichtslage – also von der Gleichgewichtslage aus gesehen „im Kleinen" –

zu betrachten. Wir setzen zu diesem Zweck $\varphi = \varphi_0 + \overline{\varphi}$ und wollen $\overline{\varphi}$ als so klein voraussetzen, daß $\sin \overline{\varphi} = \overline{\varphi}$ und $\cos \overline{\varphi} = 1$ gesetzt werden können. Dann ist

$$\sin \varphi = \sin(\varphi_0 + \overline{\varphi}) = \sin \varphi_0 + \overline{\varphi} \cos \varphi_0. \tag{3.64}$$

Die Reibungsfunktion $r(\dot{\varphi}_r)$ wird für die unmittelbare Umgebung des Arbeitspunktes $\dot{\varphi}_r = \dot{\varphi}_w$ in eine Taylor-Reihe entwickelt, wobei wegen $\dot{\varphi}_0 = 0$ hier $\dot{\varphi}_r = \dot{\varphi}_w - \dot{\varphi} = \dot{\varphi}_w - \dot{\overline{\varphi}}$ gesetzt werden kann:

$$r(\dot{\varphi}_r) = r(\dot{\varphi}_w) - \left(\frac{\mathrm{d}r}{\mathrm{d}\dot{\varphi}_r}\right)_0 \dot{\overline{\varphi}} + \cdots$$

Der Index „0" an der Ableitung bezieht sich dabei auf den Wert $\dot{\overline{\varphi}} = 0$. Bei Vernachlässigung der höheren Glieder in der Taylor-Reihe und bei Berücksichtigung der Gleichgewichtsbedingung (3.60) erhält man aus (3.58) die Bewegungsgleichung:

$$\ddot{\overline{\varphi}} + \left[2\,\delta + \left(\frac{\mathrm{d}r}{\mathrm{d}\dot{\varphi}_r}\right)_0\right] \dot{\overline{\varphi}} + \omega_0^2 \cos \varphi_0 \overline{\varphi} = 0. \tag{3.65}$$

Das Verhalten eines Schwingers, der einer derartigen linearen Differentialgleichung genügt, ist aus Kapitel 2 bekannt. Es ergeben sich Schwingungen, deren Dämpfungsverhalten durch den Faktor von $\dot{\overline{\varphi}}$ gekennzeichnet wird. Der in der eckigen Klammer vorkommende Differentialquotient ist negativ, wenn der Arbeitspunkt so gewählt wird, wie es in Fig. 100 eingezeichnet wurde. Ist

$$\left(\frac{\mathrm{d}r}{\mathrm{d}\dot{\varphi}_r}\right)_0 = -2\,\delta,$$

so wird der Faktor von $\dot{\overline{\varphi}}$ gleich Null; die Schwingungen verlaufen dann in der unmittelbaren Umgebung der Gleichgewichtslage ungedämpft. Für

$$\left(\frac{\mathrm{d}r}{\mathrm{d}\dot{\varphi}_r}\right)_0 > -2\,\delta$$

bekommt man gedämpfte Schwingungen, für

$$\left(\frac{\mathrm{d}r}{\mathrm{d}\dot{\varphi}_r}\right)_0 < -2\,\delta \tag{3.66}$$

aufgeschaukelte Schwingungen. Im letztgenannten Falle verläßt der auf der Phasenkurve entlanglaufende Bildpunkt, der den jeweiligen Zustand des Schwingers kennzeichnet, nach einiger Zeit die Umgebung der Gleichgewichtslage; er nähert sich damit dem zuvor besprochenen Grenzzykel. Gl. (3.66) ist also die Anregungsbedingung für das Reibungspendel.

3.4 Kippschwingungen

Wir hatten selbsterregte Schwingungen in Systemen vom Speichertyp als Kippschwingungen bezeichnet, gleichzeitig aber betont, daß eine strenge Abgrenzung gegenüber den bisher behandelten selbsterregten Schwingungen vom Schwingertyp nicht möglich ist. Man bezeichnet Kippschwingungen vielfach auch als

Relaxationsschwingungen, jedoch soll dieser Ausdruck hier vermieden werden, da er einerseits nicht besonders glücklich gewählt ist, andererseits aber Mißverständnisse wegen des andersartigen Gebrauchs des Begriffes „Relaxation" in der Physik möglich sind.

Schon in der Einleitung zum Kapitel 3 sind einige einfache Systeme erwähnt worden, in denen Kippschwingungen erregt werden können (Fig. 84 und 85). Auch das im Abschnitt 3.33 näher untersuchte Reibungspendel kann unter bestimmten Betriebsbedingungen Bewegungen ausführen, die als Kippschwingungen bezeichnet werden könnten. Im folgenden sollen zunächst einige andere, zum Teil leicht durchschaubare Kippschwing-Systeme qualitativ untersucht werden; anschließend soll das Verhalten von zwei typischen Systemen auch quantitativ analysiert werden.

3.41 Beispiele von Kippschwing-Systemen. Besonders einfach und in seiner Wirkungsweise sofort erkennbar ist das in Fig. 102 dargestellte hydraulische System: Ein Speichergefäß wird durch einen stetig fließenden Wasserstrahl gefüllt. Bei einer Höhe h_2 des Wasserstandes tritt ein im Gefäß angebrachter Heber in

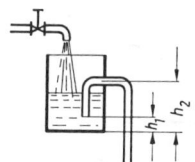

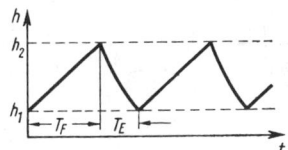

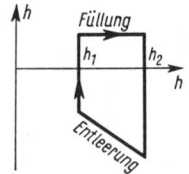

Fig. 102. Hydraulischer Kippschwinger

Fig. 103. Das Zeitverhalten des hydraulischen Kippschwingers

Fig. 104. Grenzzykel für den hydraulischen Kippschwinger

Tätigkeit und sorgt dafür, daß das Gefäß bis zu einer Höhe $h = h_1$ entleert wird. Durch die in den Heber eindringende Luft wird die Entleerung unterbrochen, wenn $h \leqq h_1$ wird. Anschließend beginnt die Füllung wieder. Der Bewegungsvorgang besteht aus einem stets sich wiederholenden Pendeln der Wasserhöhe h zwischen den beiden Grenzwerten h_1 und h_2, wobei sich die Schwingungszeit einfach als Summe von Füllzeit T_F und Entleerungszeit T_E ergibt.

Das Zeitverhalten ist in Fig. 103, der zum eingeschwungenen Zustand gehörende Grenzzykel des Phasenporträts in Fig. 104 dargestellt.

Ein selbstschwingendes System ähnlicher Art ist aus dem Alltag wohlbekannt: der tropfende Wasserhahn. Bei nicht vollständig zugedrehtem Ventil fließt ständig etwas Wasser nach und sammelt sich in dem meist kurzen Ausflußrohr. Am Ende dieses Rohres bildet das Wasser eine Grenzfläche, deren Gestalt durch Oberflächenspannung, Adhäsionskräfte sowie durch die Schwerkraft bestimmt wird. Infolge des ständig nachfließenden Wassers gewinnt die Schwerkraft an Einfluß, bis schließlich ein Abschnürvorgang einsetzt, der mit dem Herabfallen eines Tropfens endet. Die Oberflächenspannung verhindert die Bildung eines kontinuierlich ausfließenden Strahles. Es bildet sich nach dem Abfallen eines Tropfens stets wieder eine Grenzfläche, in der für eine gewisse Zeit das durch das Ventil nachfließende Wasser gespeichert wird.

Ein thermisch-hydraulisches Selbstschwingungssystem ist der Geysir, bei dem in periodischen Abständen heißes Wasser bis zu beträchtlichen Höhen herausgeschleudert werden kann. Ein vereinfachtes Modell davon ist in Fig. 105 skizziert: Das in einem Winkelrohr befindliche Wasser wird am Ende des leicht aufwärts gehenden Rohres erhitzt. Nach Erreichen der Verdampfungstemperatur treibt der sich bildende Wasserdampf die Wassersäule aus dem Heizbereich heraus. Dadurch wird der Verdampfungsprozeß unterbrochen und gleichzeitig das Wasser an den kälteren Wänden abgekühlt. Infolge der starken Temperaturunterschiede an der Grenze des beheizten Bereiches in Verbindung mit der Wärmeträgheit der Wassersäule kann nun eine Selbsterregung stattfinden, die zu einem periodischen Herausschleudern einer Wassersäule führt.

Als letztes Beispiel sei der Stoßheber („hydraulischer Widder") erwähnt. In diesem von Montgolfier im Jahre 1796 erfundenen System werden die Trägheitswirkungen bewegter Wassermassen in sehr geschickter Weise dazu ausgenützt, um Wasser aus einem niedrig gelegenen Speicher S_1 in einen höheren Speicher S_2 zu schaffen. Fig. 106 zeigt ein Schema des Stoßhebers. Seine Wirkungsweise ist folgende: Aus dem Sammelspeicher S_1 fließt Wasser durch eine Gefälleleitung in eine Kammer, aus der es entweder durch ein Ventil

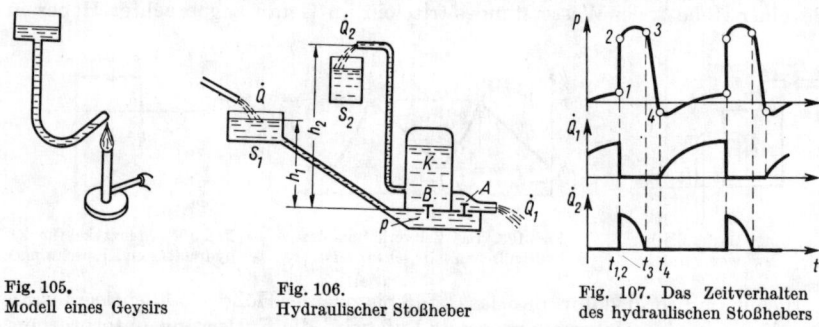

Fig. 105.
Modell eines Geysirs

Fig. 106.
Hydraulischer Stoßheber

Fig. 107. Das Zeitverhalten
des hydraulischen Stoßhebers

A ins Freie abfließen oder durch ein Überdruckventil B in einen Kessel K eintreten kann. Da eine Steigleitung an den Kessel angeschlossen ist, herrscht in ihm normalerweise ein höherer Druck als in der darunterliegenden Kammer. Das Ventil ist also im statischen Fall geschlossen. Wenn das Ventil A geöffnet ist, so wird die Druckverteilung in der Umgebung des Ventils durch das ausströmende Wasser so beeinflußt, daß das Ventil bei Erreichen einer gewissen Strömungsgeschwindigkeit durch Strömungssog plötzlich geschlossen wird. Dieses Schließen verursacht einen „Wasserschlag", d. h. ein ruckartiges Ansteigen des Druckes in der Kammer. Dadurch wird das Ventil B geöffnet, so daß ein Teil des Wassers aus der Kammer in den Kessel K eintreten kann. Dort treibt der Druckstoß das Wasser in die Steigleitung und damit in das hochliegende Sammelgefäß S_2. Das im Kessel befindliche Luftpolster dient zum Druckausgleich. Nach Absinken des Stoßdrucks schließt sich das Ventil B wieder. Eine die Gefälleleitung herauflaufende Druckwelle hat zur Folge, daß der Druck in der Kammer vorübergehend unter den Normalwert sinkt. Dadurch wird das Ventil A automatisch geöffnet, so daß sich der Vorgang in der beschriebenen Weise wiederholen kann.

Fig. 107 zeigt das Zeitverhalten des Systems für den Gesamtdruck p in der Kammer sowie für die beiden Ausflußmengen $\dot{Q}_1$ und $\dot{Q}_2$. Die eingetragenen Zustandspunkte bedeuten:

1. Schließen des Ventils A – Wasserschlag,
2. Öffnen des Ventils B (erfolgt fast gleichzeitig mit dem Schließen von A),
3. Schließen des Ventils B,
4. Öffnen des Ventils A.

Die zwischen 3 und 4 verlaufende Zeit hängt von der Zeit ab, in der die Druckwelle die Gefälleleitung durchläuft. Hierdurch sowie durch die Schnelligkeit des Druckaufbaus am Ventil A ist die Wiederholungszeit oder Schwingungszeit des Vorganges gegeben. Sie liegt bei ausgeführten Anlagen in der Größenordnung von 1 Sekunde.

Es sind Stoßheber gebaut worden, bei denen das Höhenverhältnis h_1/h_2 den Wert 1/20 erreicht. Die Ergiebigkeit (Fördermenge $\dot{Q}_2$) wird allerdings geringer, je höher die Steigleitung ist. Es sei bemerkt, daß das Anheben der Wassermenge Q_2 auf ein höheres Niveau dem Energiesatz nicht widerspricht, da ja gleichzeitig eine entsprechende Wassermenge Q_1 an Höhe verliert.

3.42 Schwingungen in einem Relaisregelkreis. Wir wollen das Verhalten einer Temperaturregelung betrachten und die in ihr möglichen Dauerschwingungen berechnen. Den prinzipiellen Aufbau einer derartigen Anlage, wie sie sich fast unverändert in Thermostaten, bei Raumheizungen, in Elektrobacköfen, Kühlschränken oder Klimaanlagen findet, zeigt Fig. 108. Der zu heizende Raum R werde durch einen Heizkörper H beheizt, wobei eine gewisse Temperatur x entsteht. Der zum Beispiel durch ein Thermoelement gemessene Wert x wird mit einem einstellbaren Sollwert x_s verglichen und die Differenz $x - x_s$ dem Eingang eines Verstärkers zugeführt. Am Ausgang des Verstärkers

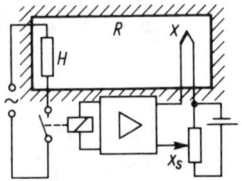

Fig.108. Ein Temperaturregler vom Relaistyp

liegt ein Relais, das die Spannung für den Heizkörper H einschaltet, wenn der gemessene Wert x kleiner als der Sollwert ist, bzw. ausschaltet, wenn x größer als der Sollwert wird. An Stelle des Ausschaltens kann auch ein Herunterschalten auf eine niedrigere Heizstufe stattfinden.

Um eine Gleichung für die Temperatur x zu bekommen, muß die Wärmebilanz des Systems betrachtet werden. Ist die durch Heizung je Sekunde zugeführte Wärmemenge $\dot{Q}_z$, die entsprechende durch Wärmeverluste abgeleitete Wärmemenge $\dot{Q}_a$ und die im Raum gespeicherte Wärmemenge $\dot{Q}_s$, so gilt:

$$\dot{Q}_z = \dot{Q}_a + \dot{Q}_s. \tag{3.67}$$

Die abgeführte Wärmemenge wird als proportional zur Temperatur angenommen:

$$\dot{Q}_a = kx.$$

Die zugeführte Wärmemenge soll konstant sein, so lange das Relais eine der beiden möglichen Schaltstellungen innehat. Für die im Raum gespeicherte Wärmemenge kann bei konstanter Wärmekapazität C geschrieben werden

$$\dot{Q}_s = C\dot{x}.$$

Durch Einsetzen in (3.67) folgt nun

$$C\dot{x} + kx = \dot{Q}_z.$$ 　　　　(3.68)

Zur Abkürzung wird gesetzt

$$\frac{C}{k} = T_z = \text{Zeitkonstante},$$

$$\frac{\dot{Q}_z}{k} = \begin{Bmatrix} x_0 \\ x_u \end{Bmatrix} = \text{Grenztemperaturen}.$$

x_0 ist der obere Grenzwert der Raumtemperatur, der sich im Laufe der Zeit einstellt, wenn die Heizung dauernd eingeschaltet ist; entsprechend ist x_u der untere Grenzwert, der bei abgeschalteter oder reduzierter Heizung nach entsprechend langer Zeit erhalten wird. Je nach der Schaltstellung des Relais ist einer der beiden Werte in die Gleichung des Systems einzusetzen. Somit folgt aus (3.68)

$$T_z\dot{x} + x = \begin{cases} x_0 & \text{I.} \\ x_u & \text{II.} \end{cases}$$ 　　　(3.69)

Die Lösungen dieser Differentialgleichungen erster Ordnung sind bekannt und haben für die Anfangsbedingung $x = x_a$ für $t = 0$ die Form

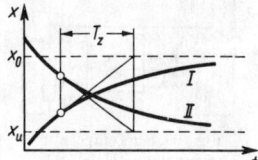

$$\text{I: } x = x_0 - (x_0 - x_{aI})\,\text{e}^{-\frac{t}{T_z}}$$

$$\text{II: } x = x_u + (x_{aII} - x_u)\,\text{e}^{-\frac{t}{T_z}}.$$ 　　(3.70)

Fig. 109.
Das Zeitverhalten der Teillösungen im Temperaturregelkreis

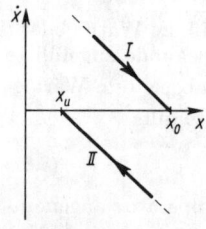

Fig. 110. Phasenkurven der Teillösungen im Temperaturregelkreis

Das Zeitverhalten dieser Lösungen zeigt Fig. 109, die Phasenkurven Fig. 110. Die wirkliche, dem Regelvorgang entsprechende Lösung muß nun aus den beiden Lösungen (3.70) zusammengesetzt werden. Die Zeitpunkte, an denen von der einen auf die andere Lösung umzuschalten ist, werden dabei durch die Funktion des Relais, also durch den Regler bestimmt. Die Regelung schafft einen Wirkungskreislauf (Regelkreis), weil einerseits der Regler durch das Ein- und Ausschalten der Heizung die Raumtemperatur verändert, andererseits aber diese Raumtemperatur über das als Meßgerät dienende Thermometer den Regler beeinflußt.

Bei ideal arbeitendem Relais kann die Wirkungsweise des Reglers durch eine Funktion $f(x)$ erfaßt werden, für die gilt:

　　I.　$x < x_s$　　$f(x) = x_0,$

　　II.　$x > x_s$　　$f(x) = x_u,$

oder zusammengefaßt

$$f(x) = \frac{1}{2}(x_0 + x_u) + \frac{1}{2}(x_0 - x_u)\,\text{sgn}\,(x_s - x).$$ 　(3.71)

Diese Funktion ist in Fig. 111 skizziert.

Der Regelvorgang verläuft nun folgendermaßen: Wenn die Anfangstemperatur des Raumes unter dem Sollwert liegt, dann schaltet der Regler die Heizung ein. Die Temperatur steigt nach (3.70)$_I$ bzw. nach der ansteigenden Kurve von Fig. 109 an, bis der eingestellte Sollwert erreicht ist. Bei der geringsten Überschreitung des Sollwertes schaltet der Regler die Heizung aus, so daß danach der abfallende Teil der Lösung (Bereich II) gilt. Die Temperatur sinkt ab und unterschreitet damit fast augenblicklich wieder den Sollwert. Folglich schaltet der Regler wieder auf den Bereich I zurück. Bei idealem Regler würde der Regelvorgang in einem dauernden, theoretisch unendlich rasch erfolgenden Umschalten des Relais zwischen den beiden Bereichen bestehen. Die Temperatur würde unmerklich um den Sollwert zittern. Man könnte sagen, daß der Regelvorgang aus einer Schwingung mit der Frequenz Unendlich und der Amplitude Null besteht.

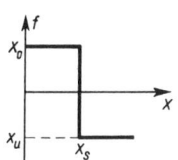

Fig. 111.
Kennlinie des idealen Relaisreglers

Reale Regler zeigen Abweichungen von dem hier betrachteten Verhalten, so daß die Regelschwingungen eine endliche Frequenz und nicht verschwindende Amplituden haben. Als Hauptursachen der Reglerschwingungen kommen in Frage:

1. Hysterese des Reglers bzw. des in ihm verwendeten Relais. In diesem Fall existiert um den Sollwert herum ein gewisser Totbereich oder eine Unempfindlichkeitszone, innerhalb der das Relais nicht anspricht. Die Kennlinie des Reglers hat dann die in Fig. 112 gezeigte Form. Das Schalten erfolgt nicht bei $x = x_s$, sondern bei den Werten x_1 bzw. x_2, die um den Betrag Δx über oder unter x_s liegen.

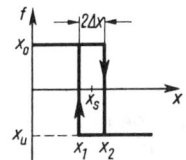

Fig. 112. Kennlinie des Relaisreglers mit Hysterese

2. Totzeit τ des Reglers. In diesem Falle braucht der Regler eine gewisse Zeit – die Totzeit oder Laufzeit τ – bis sich ein vom Meßgerät festgestelltes Schaltsignal am Ausgang des Reglers – also am Relais – auswirkt. In vielen Fällen kann die Totzeit als eine konstante Größe angenommen werden. Veränderliche Totzeiten können entstehen durch

3. Trägheit des Meßgerätes. In diesem Falle wird vom Meßgerät nicht die wirkliche Temperatur x angezeigt, sondern eine von x abhängige, aber wegen der Trägheit des Meßsystems nachhinkende Meßtemperatur x_m. Völlig analoge Erscheinungen entstehen auch dadurch, daß sich die Temperatur x im geheizten Raum nicht augenblicklich gleichmäßig verteilt. Dadurch hinkt die Temperatur am Meßort im allgemeinen hinter der unmittelbar am Heizkörper gemessenen her. Beide Effekte wirken sich in ähnlicher Weise aus.

Die unter 1. und 2. genannten Einflüsse sollen im folgenden näher untersucht werden.

3.421 Regler mit Hysterese. Wenn die Reglerkennlinie die Gestalt von Fig. 112 hat, dann stellen sich nach einer gewissen Einschwingzeit Dauerschwingungen ein, wie sie in Fig. 113 aufgezeichnet sind. Der ansteigende Ast entspricht dem

Bereich I von Gl. (3.70). Die Umschaltung auf den Bereich II erfolgt bei $x = x_2 = x_s + \Delta x$. Entsprechend wird bei $x = x_1 = x_s - \Delta x$ wieder auf den Bereich I zurückgeschaltet.

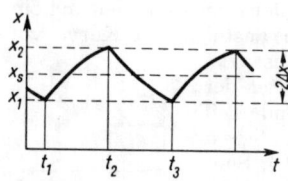

Die Temperatur schwankt also ständig zwischen den Werten x_1 und x_2 hin und her; es sind Schwingungen mit der allein schon durch die Reglerkennlinie vorgegebenen Amplitude

$$A = \frac{1}{2}(x_2 - x_1) = \Delta x$$

Fig. 113. Das Zeitverhalten des Relaisreglers bei Vorhandensein von Hysterese

vorhanden. Die Schwingungszeit

$$T = (t_2 - t_1) + (t_3 - t_2)$$

ergibt sich durch einfache Rechnung aus den beiden Lösungen (3.70) unter Berücksichtigung der Randbedingungen

Bereich I: $\begin{cases} x(t_1) = x_s - \Delta x \\ x(t_2) = x_s + \Delta x \end{cases}$

Bereich II: $\begin{cases} x(t_2) = x_s + \Delta x \\ x(t_3) = x_s - \Delta x. \end{cases}$

Man erhält daraus

$$t_2 - t_1 = T_z \ln \frac{x_0 - x_s + \Delta x}{x_0 - x_s - \Delta x}$$

$$t_3 - t_2 = T_z \ln \frac{x_s - x_u + \Delta x}{x_s - x_u - \Delta x}$$

und damit

$$T = T_z \ln \frac{(x_0 - x_s + \Delta x)(x_s - x_u + \Delta x)}{(x_0 - x_s - \Delta x)(x_s - x_u - \Delta x)}. \tag{3.72}$$

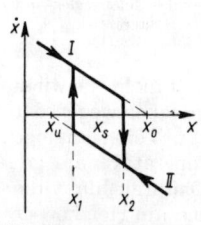

Fig. 114. Grenzzykel für den Relaisregelkreis von Fig. 108 bei Vorhandensein von Hysterese

Das Phasenporträt der Reglerschwingungen zeigt Fig. 114. Der den jeweiligen Zustand des Systems repräsentierende Bildpunkt springt periodisch zwischen den beiden für die Bereiche I bzw. II geltenden schräglaufenden Geraden hin und her und bildet dabei einen Grenzzyklus von Parallelogrammform. Jede beliebige, zu anderen Anfangsbedingungen gehörende Phasenkurve läuft längs der Kurven I oder II unmittelbar in diesen Grenzzyklus herein.

3.422 Regler mit Totzeit. Bei Vorhandensein einer Totzeit τ schaltet das Relais erst um den Betrag dieser Totzeit später, als es dem Durchlaufen des Sollwertes entspricht. Dadurch ergibt sich ein Überschreiten des Sollwertes nach oben bzw. nach unten um Beträge, die aus den Gleichungen (3.70) leicht ausgerechnet werden können. Mit den Bezeichnungen von Fig. 115 erhält man aus den Bedingungen

Bereich I: $\begin{cases} x(t_2) = x_s \\ x(t_3) = x(t_2 + \tau) = x_2 \end{cases}$

Bereich II: $\begin{cases} x(t_4) = x_s \\ x(t_5) = x(t_4 + \tau) = x_1 \end{cases}$

durch Einsetzen in (3.70) und Elimination der
Zeiten t_2 bzw. t_4 die Werte

$$x_2 = x_0 - (x_0 - x_s)\mathrm{e}^{-\frac{\tau}{T_z}} \qquad (3.73)$$

$$x_1 = x_u + (x_s - x_u)\mathrm{e}^{-\frac{\tau}{T_z}}.$$

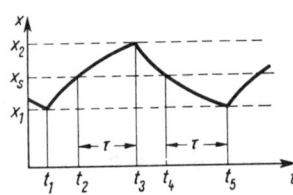

Fig. 115.
Das Zeitverhalten des Relaisreglers
bei Vorhandensein von Totzeit

Daraus folgt eine Amplitude der Schwingung von

$$A = \frac{1}{2}(x_2 - x_1) = \frac{1}{2}(x_0 - x_u)\left(1 - \mathrm{e}^{-\frac{\tau}{T_z}}\right). \qquad (3.74)$$

Hieraus lassen sich leicht die plausiblen Grenzwerte ablesen

$$\tau \to 0 \; : \; A \to 0$$

$$\tau \to \infty \; : \; A \to \frac{1}{2}(x_0 - x_u).$$

Die Sprungpunkte, an denen der Übergang vom Bereich I zum Bereich II und
zurück vor sich geht, können im Phasenbild Fig. 116 mit Hilfe einer einfachen
Konstruktion erhalten werden. Die Abszissen der Sprungpunkte sind durch (3.73) gegeben. Die Ordinaten folgen
aus (3.70), wenn dort differenziert und dann $x_a = x_s$, $t = \tau$
gesetzt wird:

$$\dot{x}_2 = \frac{1}{T_z}(x_0 - x_s)\mathrm{e}^{-\frac{\tau}{T_z}}$$

$$\dot{x}_1 = -\frac{1}{T_z}(x_s - x_u)\mathrm{e}^{-\frac{\tau}{T_z}}. \qquad (3.75)$$

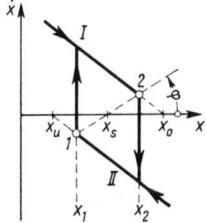

Fig. 116. Grenzzykel für
den Relaisregelkreis von
Fig. 108 bei Vorhandensein von Totzeit

Eliminiert man nun aus je zweien der Gleichungen (3.73)
und (3.75) die Größen x_0 und x_u, so folgen die beiden
für x_1 und x_2 vollkommen gleichlautenden Beziehungen

$$x_1 = x_s + \dot{x}_1 T_z\left(\mathrm{e}^{\frac{\tau}{T_z}} - 1\right)$$

$$x_2 = x_s + \dot{x}_2 T_z\left(\mathrm{e}^{\frac{\tau}{T_z}} - 1\right). \qquad (3.76)$$

Faßt man nun x_1 bzw. x_2 als variable Größen auf, so bilden die Beziehungen (3.76)
die Gleichung einer Geraden in der Phasenebene. Die Gerade geht durch den

Punkt $x = x_s$; $\dot{x} = 0$ und hat die Steigung

$$\frac{d\dot{x}}{dx} = \tan\varphi = \frac{1}{T_z\left(e^{\frac{\tau}{T_z}} - 1\right)}. \tag{3.77}$$

Diese, in Fig. 116 gestrichelt eingezeichnete Gerade ist ein geometrischer Ort für die gesuchten Sprungpunkte. Den zweiten geometrischen Ort bilden die für die Bereiche I bzw. II geltenden Geraden. Folglich sind die Sprungpunkte einfach die in Fig. 116 eingezeichneten Schnittpunkte 1 und 2. Mit Hilfe dieser Konstruktion ist es leicht, den Einfluß zu finden, den Veränderungen von x_s oder τ auf die Lage der Extremwerte x_1 bzw. x_2 ausüben. Insbesondere erkennt man unmittelbar, daß die Schwingungen stark unsymmetrisch werden, wenn der Sollwert x_s in die Nähe eines der Grenzwerte x_0 oder x_u rückt. Für die Schwingungszeit bekommt man im vorliegenden Fall die Beziehung

$$T = 2\tau + (t_2 - t_1) + (t_4 - t_3). \tag{3.78}$$

Aus den Randbedingungen

$$\text{Bereich I:} \begin{cases} x(t_1) = x_1 \\ x(t_2) = x_s \end{cases}$$

$$\text{Bereich II:} \begin{cases} x(t_3) = x_2 \\ x(t_4) = x_s \end{cases}$$

lassen sich mit (3.70) die in (3.78) eingehenden Zeitdifferenzen leicht ausrechnen

$$t_2 - t_1 = T_z \ln \frac{x_0 - x_1}{x_0 - x_s}$$

$$t_4 - t_3 = T_z \ln \frac{x_2 - x_u}{x_s - x_u}.$$

Damit folgt aus (3.78) eine Schwingungszeit von

$$T = 2\tau + T_z \ln \frac{(x_0 - x_1)(x_2 - x_u)}{(x_0 - x_s)(x_s - x_u)}. \tag{3.79}$$

Hierin gelten für x_1 und x_2 die Ausdrücke von Gl. (3.73).

3.43 Der RC-Generator. Neben dem bereits in Abschnitt 3.32 besprochenen Röhrengenerator mit RLC-Kreis kann auch ein RC-Generator zur Erzeugung elektrischer Schwingungen verwendet werden. Durch geschickte Verwendung zweier Speicher ist es hier möglich, die Schwingungsform weitgehend zu variieren und fast jede Zwischenstufe zwischen harmonischen Schwingungen und den stark von der Sinusform abweichenden Kippschwingungen zu erzeugen. Diese Eigenschaft hat dem RC-Generator ein weites Anwendungsgebiet erschlossen.

Den prinzipiellen Aufbau eines RC-Generators zeigt Fig. 117. Wesentliche Bauteile sind zwei RC-Glieder sowie ein in Fig. 117 lediglich als Block gezeichneter Verstärker. Die am Ausgang des Verstärkers vorhandene Spannung U_a wird über einen Kondensator C_1 und einen Ohmschen Widerstand R_1 auf den Eingang des

Verstärkers zurückgeführt. Parallel zum Eingang liegen ein weiterer Kondensator C_2 sowie ein zweiter Ohmscher Widerstand R_2. Induktivitäten sind nicht vorhanden. Von dem Verstärker wird verlangt, daß er einen funktionellen Zusammenhang zwischen der Eingangsspannung U_e und der Ausgangsspannung U_a von geeigneter Form $U_a = U_a(U_e)$ herstellt. Die in Fig. 117 nicht eingezeichnete Speisebatterie des Verstärkers bildet die Energiequelle des selbstschwingenden Systems.

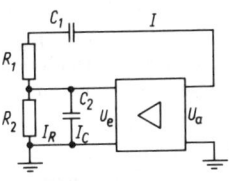

Fig. 117. Schaltbild eines RC-Generators

Die Wirkungsweise der Schaltung läßt sich wie folgt erkennen: Bei hinreichend großem Eingangswiderstand des Verstärkers gilt für die in Fig. 117 eingezeichneten Ströme:

$$I = I_R + I_C. \tag{3.80}$$

Wegen der Parallelschaltung von Kondensator und Widerstand am Eingang des Verstärkers gilt

$$U_e = \frac{1}{C_2} \int I_C \, dt = R_2 I_R. \tag{3.81}$$

Schließlich kann die Ausgangsspannung als Summe von drei Spannungen dargestellt werden:

$$U_a = \frac{1}{C_1} \int I \, dt + R_1 I + R_2 I_R. \tag{3.82}$$

Als kennzeichnende Zustandsgröße soll jetzt die Eingangsspannung $U_e = x$ gewählt werden. Durch Elimination der Ströme läßt sich (3.82) in die Form bringen

$$R_1 R_2 C_1 C_2 \ddot{x} + (R_1 C_1 + R_2 C_2 + R_2 C_1) x + \int x \, dt = U_a C_1 R_2. \tag{3.83}$$

Durch Differenzieren nach der Zeit t unter Berücksichtigung der Beziehung

$$\frac{dU_a}{dt} = \frac{dU_a}{dx} \frac{dx}{dt} = S(x) \dot{x}$$

mit der Steilheit $S(x)$ der Verstärkerkennlinie kann Gl. (3.83) in die Gestalt gebracht werden:

$$\ddot{x} + 2\delta \dot{x} + \omega_0^2 x = 0. \tag{3.84}$$

Darin ist

$$\delta = \frac{R_1 C_1 + R_2 C_2 + R_2 C_1 - R_2 C_1 S(x)}{2 R_1 R_2 C_1 C_2} \tag{3.85}$$

eine noch von x abhängige Dämpfungskonstante und

$$\omega_0 = \frac{1}{\sqrt{R_1 R_2 C_1 C_2}}$$

die Kreisfrequenz für die ungedämpfte Schwingung. Die Lösungen von (3.84) ergeben aufschaukelnde Schwingungen, wenn $\delta < 0$ wird. Aus (3.85) folgt somit die **Anregungsbedingung** für den RC-Generator:

$$S(x) > \frac{R_1 C_1 + R_2 C_2 + R_2 C_1}{R_2 C_1}. \tag{3.86}$$

Erfüllt die Steilheit der Verstärkerkennlinie am gewählten Arbeitspunkt diese Bedingung, dann sind selbsterregte Schwingungen möglich. Da jede Verstärkerkennlinie Sättigungseffekte zeigt, also die Steilheit bei größeren Amplituden abfällt, werden die entstehenden Schwingungen bei einer bestimmten Grenzamplitude aufgefangen. Ihre Berechnung kann nach den im Abschnitt 3.2 behandelten Methoden vorgenommen werden und verläuft vollkommen analog zu den entsprechenden Berechnungen am Röhrengenerator.

Aus (3.84) sieht man, daß ein an der Anregungsgrenze arbeitender RC-Generator ($\delta \approx 0$) fast sinusförmige Schwingungen ausführt. Durch stetige Veränderung der Parameter, zum Beispiel durch Verkleinern der Kapazität des Kondensators C_2, lassen sich aber auch Schwingungen mit ausgesprochenem Kippcharakter herstellen. Zum Beweis wollen wir hier den Grenzfall $C_2 \to 0$ betrachten.

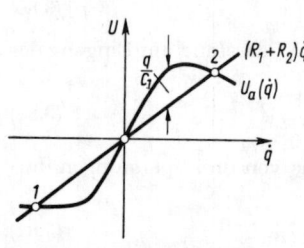

Da für diesen Fall die bisherige Variable $x = U_e$ aus später noch ersichtlichen Gründen nicht zweckmäßig ist, gehen wir auf die Ausgangsgleichung (3.82) zurück und wählen die Ladung am Kondensator C_1

$$q = \int I \, dt; \quad \dot{q} = I$$

Fig. 118. Zur Konstruktion des Phasenbildes für den RC-Generator

als kennzeichnende Zustandsgröße. Wegen $I_C = 0$ und $I_R = I$ geht jetzt (3.82) über in:

$$\frac{1}{C_1} \int I \, dt + (R_1 + R_2) I = U_a$$

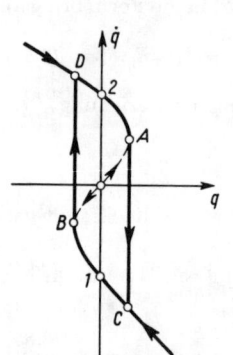

oder

$$C_1 (R_1 + R_2) \dot{q} + q = C_1 U_a. \tag{3.87}$$

Nun ist U_a eine Funktion der Eingangsspannung des Verstärkers, die ihrerseits gleich $R_2 I$ ist. Wegen $I = \dot{q}$ wird also $U_a = U_a(\dot{q})$. Berücksichtigt man das, so läßt sich aus (3.87) unmittelbar die Gleichung des Phasenporträts ausrechnen:

$$q = C_1 [U_a(\dot{q}) - (R_1 + R_2) \dot{q}] = F(\dot{q}). \tag{3.88}$$

Ist die Verstärkerkennlinie $U_a(\dot{q})$ gegeben, dann kann nach der in Fig. 118 gezeigten Konstruktion zu jedem Wert von $\dot{q}$ der zugehörige Wert von q bestimmt werden. Die gezeichnete Verstärkerkennlinie entspricht

Fig. 119. Grenzzykel im Phasenbild des RC-Generators

etwa der eines Röhrenverstärkers, bei der der Arbeitspunkt in den Koordinatennullpunkt verschoben wurde.

Die Verstärkerkennlinie und die Gerade $(R_1 + R_2) \dot{q}$, die den Spannungsabfall über den beiden Widerständen R_1 und R_2 wiedergibt, schneiden sich außer im Nullpunkt noch in den Punkten 1 und 2. Für diese Punkte gilt wegen (3.88) $q = 0$. Sie entsprechen den Schnittpunkten 1 und 2 der Phasenkurve des Systems (Fig. 119) mit der Ordinate. Die Phasenkurve selbst hat das in Fig. 119 gezeigte Z-förmige Aussehen; sie ist durch die Punktfolge D–A–Nullpunkt–B–C gegeben. Da jedoch Phasenkurven in der oberen Halbebene nur im Sinne wachsender q-Werte, in der unteren Halbebene nur im Sinne abnehmender

q-Werte durchlaufen werden können, ergibt sich der durch die Pfeile angedeutete Durchlaufungssinn. Der Nullpunkt ist instabil, weil der auf der Phasenkurve wandernde Zustandspunkt (Bildpunkt, der den q, $\dot{q}$-Zustand des Systems kennzeichnet) nur vom Nullpunkt fortlaufen kann. Den Punkten A bzw. B kann sich der Zustandspunkt von oben oder von unten her nähern. Jedoch können A bzw. B keine Gleichgewichtslagen sein, da für sie $\dot{q} \neq 0$ gilt. Die Bewegung verläuft daher so, daß der Bildpunkt von A aus zum Punkte C bzw. von B aus zum Punkte D springt. Es folgt damit ein Grenzzykel $A\,C\,B\,D\,A$, der große Ähnlichkeit mit den parallelogrammförmigen Grenzzykeln|anderer Kippschwingungen (z. B. Fig. 114 u. 116) besitzt.

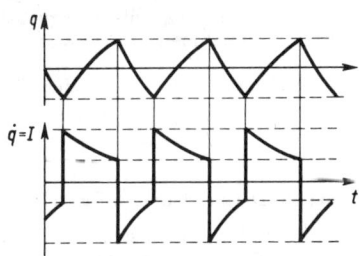

Fig. 120. Zeitverlauf für Ladung q und Strom I beim RC-Generator

Entsprechend der Ähnlichkeit der Phasenporträts sind auch die Zeitdiagramme der Schwingung denen anderer Kippschwingungserscheinungen ähnlich. Fig. 120 zeigt oben den zeitlichen Verlauf für die Ladung q, darunter den entsprechenden Verlauf für den Strom I, der gleichzeitig ein Maß für die Eingangsspannung des Verstärkers ist. Man erkennt daraus, daß I zur Beschreibung des Vorganges nicht gut geeignet ist. Wegen der Stromsprünge nimmt die Ableitung an den Sprungstellen beliebig große Werte an, so daß ein Phasenporträt für I als Zustandsgröße schlecht gezeichnet werden kann.

3.5 Aufgaben

20. Man gebe die lineare Ersatzgleichung nach Gl. (3.16) für die nichtlineare Rayleighsche Differentialgleichung

$$\ddot{x} - (\alpha - \beta \dot{x}^2)\dot{x} + \omega_0^2\, x = 0$$

an und berechne daraus Näherungswerte für Frequenz ω und Amplitude A der stationären Schwingungen. (Durch die Rayleighsche Gleichung werden die Schwingungen eines Röhrengenerators mit gegenüber Fig. 97 geänderter Schaltung beschrieben.)

21. Man berechne die Amplitude der in Aufgabe 20 erwähnten Schwingungen unter der Annahme $x \approx A \cos \omega_0 t$ aus der Bedingung, daß bei stationären Schwingungen im Verlaufe einer Vollschwingung weder Energie zugeführt wird, noch verloren geht.

22. Man berechne die lineare Ersatzgleichung für die Differentialgleichung

$$\ddot{x} - (\alpha - \beta\, |\, x\, |)\, |\, \dot{x}\, |\, \dot{x} + \omega_0^2(x + \gamma x^3) = 0$$

und gebe Näherungswerte für Frequenz und Amplitude der stationären Schwingungen an.

23. Ein selbsterregungsfähiger Schwinger genüge der Differentialgleichung

$$x'' + 2D x' + x = a\ \text{sgn}\ x'.$$

Man berechne die Amplitude der stationären Schwingungen a) durch Anstückeln der bereichsweisen Lösungen ohne weitere Vernachlässigungen und b) durch Näherung nach der Methode der harmonischen Balance.

24. Ein Schwinger genüge der linearen Differentialgleichung

$$x'' + 2Dx' + x = ax_v,$$

wobei $x_v(\tau) = x(\tau + \tau_0)$ eine um die Totzeit τ_0 zeitlich gegenüber x verschobene Funktion ist. Man berechne die Anregungsbedingung aus der Energiebeziehung $\Delta E_D = \Delta E_Z$ unter der Annahme $x \approx A \cos \nu\tau$.

25. Die Schlagschwingungen eines Tragflügels mögen der Differentialgleichung

$$\ddot{x} + \omega_0^2 x = f(\dot{x}, \varphi) = av^2 \left(\varphi - \frac{\dot{x}}{v}\right)$$

genügen. Die durch den Auftrieb bestimmte Funktion f ist dem Anstellwinkel $\alpha = \varphi - \dfrac{\dot{x}}{v}$ proportional und wächst mit dem Quadrat der Fluggeschwindigkeit v. Mit der Schlagschwingung $x \approx A \cos \omega_0 t$ verbunden ist eine um den Phasenwinkel ψ voreilende Verdrehung des Flügels $\varphi \approx bA \cos(\omega_0 t - \psi)$. Man berechne aus der Energiebilanz die kritische Fluggeschwindigkeit, bei deren Überschreiten Flatterschwingungen zu befürchten sind.

26. Man berechne die Schwingungszeit T eines Uhrpendels, dessen durch Festreibung verursachte Amplitudenverluste durch Stöße $s(t)$ im Augenblick des Nulldurchganges ausgeglichen werden (siehe Fig. 96). Die zugehörige Differentialgleichung sei

$$\ddot{x} + \omega_0^2 x = -p \operatorname{sgn} \dot{x} + s(t).$$

Um wieviele Sekunden geht die Uhr infolge Reibung im Laufe eines Tages nach, wenn $x_r = \dfrac{p}{\omega_0^2} = 0{,}01\,A$ ist?

27. Wie groß ist die Schwingungszeit des Uhrpendels von Aufgabe 26, wenn die Stöße in den Umkehrpunkten ($\dot{x} = 0$) erfolgen   a) für Stöße zur Gleichgewichtslage hin, b) für Stöße von der Gleichgewichtslage fort?

Um wieviele Sekunden geht die Uhr infolge Reibung im Laufe eines Tages vor (Fall a) bzw. nach (Fall b), wenn $x_r = 0{,}01\,A$ ist?

28. Ein Nachführ-Regler genüge der Differentialgleichung

$$\dot{x} = h_0 - h \operatorname{sgn} x_v,$$

wobei $x_v(t) = x(t - t_0)$ eine um die Totzeit t_0 gegenüber $x(t)$ verzögerte Funktion der Zeit ist. Man berechne die Schwingungszeit T, die Amplitude A und die Mittellage x_m der Schwingungen, die für $h > h_0$ erregt werden.

29. Für einen RC-Generator nach Fig. 117 gelte $R_1 = R_2$, $C_1 = C_2$. Außerdem möge die Verstärkerkennlinie näherungsweise durch $U_a(x) \approx \alpha x - \beta x^3$ ausgedrückt werden. Man berechne die Nullpunktssteilheit α_0 für die Anregungsgrenze und gebe im Falle $\alpha > \alpha_0$ Näherungsausdrücke für Frequenz und Amplitude der entstehenden Schwingungen an.

30. Für einen RC-Generator mit $C_2 = 0$, $C_1 = C$, $R_1 = R_2$ sei die Verstärkerkennlinie durch $U_a(\dot{q}) \approx \alpha \dot{q} - \beta \dot{q}^3$ approximiert. Man berechne aus der Gleichung (3.88) für das Phasenporträt (siehe auch Fig. 119) die Nullpunktssteilheit α_0, die mindestens vorhanden sein muß, damit Schwingungen entstehen. Man berechne für $\alpha > \alpha_0$ die Amplitude A der Schwingungen unmittelbar aus Gl. (3.88).

4 Parametererregte Schwingungen

In der einleitenden Übersicht (Abschn. 1.6) wurden solche Schwingungen als parametererregt bezeichnet, bei denen die Erregung als Folge der Zeitabhängigkeit irgendwelcher Parameter des schwingenden Systems zustande kommt. Es interessiert dabei vor allem eine periodische Abhängigkeit von der Zeit. Da die Periode der Parameteränderung durch äußere Einwirkungen vorgeschrieben ist, liegt eine Fremderregung vor. In Sonderfällen kann jedoch auch eine Parameteränderung mit einer von der Eigenfrequenz des Schwingers beeinflußten Periode vorkommen. Die Parameter ändern sich dann im Takte der Eigenfrequenz, so daß der Schwinger gewisse Kennzeichen eines Systems mit Selbsterregung besitzt. Man kann ihn sinngemäß als parameter-selbsterregt bezeichnen. Das bekannteste Beispiel dieser Art – die Schaukel – soll noch ausführlich behandelt werden.

Kennzeichnend für parametererregte Schwingungen ist die Tatsache, daß sich die Erregung nicht auswirken kann, wenn der Schwinger in seiner Gleichgewichtslage verharrt. Jedoch kann diese Gleichgewichtslage unter bestimmten Bedingungen, insbesondere bei gewissen Verhältnissen der Eigenfrequenz zur Erregerfrequenz instabil werden, so daß eine beliebig kleine Störung die Aufschaukelung parametererregter Schwingungen auslösen kann. Die Notwendigkeit des Vorhandenseins einer Störung bildet den wesentlichen Unterschied gegenüber den später (Kap. 5) zu besprechenden erzwungenen Schwingungen. Bei diesen kann das Aufschaukeln aus der Ruhelage heraus erfolgen, denn die erregenden Kräfte der erzwungenen Schwingungen sind auch dann wirksam, wenn der Schwinger ruht.

Man hat parametererregte Schwingungen auch rheonome Schwingungen genannt, entsprechend den in der theoretischen Mechanik üblichen Bezeichnungen für Systeme mit zeitveränderlichen Zwangsbedingungen. Nach der Gestalt der beschreibenden Differentialgleichungen des Schwingers spricht man von rheo-linearen bzw. rheo-nichtlinearen Schwingungen.

4.1 Beispiele von Schwingern mit Parametererregung

4.11 Das Schwerependel mit periodisch bewegtem Aufhängepunkt. Wir betrachten ein um eine horizontale Achse A drehbar aufgehängtes Schwerependel (Fig. 121), dessen Bewegungen durch den Winkel φ beschrieben werden. Der Aufhängepunkt A möge nach einem gewissen Zeitgesetz in vertikaler Richtung bewegt werden. Diese Bewegung sei durch $a = a(t)$ gegeben. Wird nun die Gleichung des Pendels in einem mit dem Aufhängepunkt bewegten Bezugssystem aufgestellt, dann muß zu dem auch im ruhenden System vorhandenen Schweremoment $M_s = -mgs \sin\varphi$ noch das Reaktionsmoment der Beschleunigungskraft $M_b = -m\ddot{a}s \sin\varphi$ hinzugefügt werden. Die Bewegungsgleichung des Pendels wird damit:

$$J\ddot{\varphi} = M_s + M_b = -m(g + \ddot{a})s \sin\varphi$$

oder

$$\ddot{\varphi} + \frac{ms}{J}(g + \ddot{a}) \sin\varphi = 0. \qquad (4.1)$$

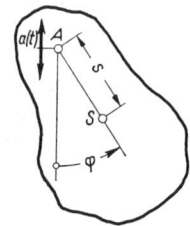

Fig. 121.
Schwerependel mit
vertikal bewegtem
Aufhängepunkt

Ist nun $a(t)$ eine periodische Funktion der Zeit, dann ist es auch der als Faktor von sin φ in diese Gleichung eingehende Koeffizient, so daß Gl. (4.1) eine nichtlineare Gleichung mit periodischem Koeffizienten wird.

4.12 Schwingungen im Kupplungsstangen-Antrieb von Lokomotiven. Im Antriebssystem elektrischer Lokomotiven sind Schwingungen beobachtet worden, deren Ursache in der periodischen Veränderlichkeit eines Systemparameters – hier der Federungs-Steifigkeit – zu suchen ist. Den prinzipiellen Aufbau des Antriebs zeigt Fig. 122. Das mit nahezu konstanter Geschwindigkeit auf der Schiene

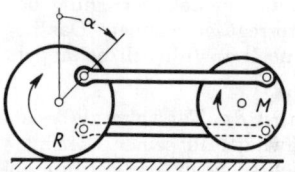

Fig. 122. Kupplungsstangen-Antrieb

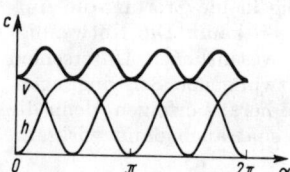

Fig. 123. Die Winkelabhängigkeit der Steifigkeit eines Kupplungsstangen-Antriebes

rollende Treibrad R der Lokomotive ist im allgemeinen über zwei Kupplungsstangen mit dem Motor M verbunden. Die mit dem Motor drehenden Massen können als ein elastisch an das Treibrad gekoppeltes Drehschwingungssystem aufgefaßt werden. Die Federsteifigkeit dieses Schwingers hängt aber von der Stellung des Rades, also von dem Winkel α ab. Ist $\alpha = 90°$, so befindet sich die vordere Kupplungsstange in einer Totlage und liefert fast keinen Beitrag zur Steifigkeit. Hingegen ist der Federungsanteil der um 90° versetzten hinteren Kupplungsstange in dieser Lage ein Maximum. Die Veränderung der Steifigkeit in Abhängigkeit vom Winkel α ist in Fig. 123 schematisch skizziert. Durch Addition der für die vordere (v) und hintere (h) Kupplungsstange geltenden Werte ergibt sich eine Gesamtsteifigkeit, wie sie in Fig. 123 stark ausgezogen gezeichnet ist. Die Steifigkeit ist demnach eine periodische Funktion der Zeit, die im Verlauf einer Radumdrehung 4 Perioden durchläuft.

Bezeichnet man den Relativwinkel zwischen Rad und Motor mit φ, dann kann man für den Drehschwinger unter der Voraussetzung $\varphi \ll 1$ die Bewegungsgleichung

$$J\ddot{\varphi} + c(t)\,\varphi = 0 \tag{4.2}$$

erhalten. Das ist eine Schwingungsgleichung mit periodisch veränderlichem Koeffizienten.

4.13 Der elektrische Schwingkreis mit periodischen Parametern. Für einen aus Kondensator (Kapazität C) und Spule (Induktivität L) zusammengesetzten elektrischen Schwingungskreis wurde im Kap. 2 die Differentialgleichung (2.16)

$$\ddot{Q} + \frac{1}{LC}\,Q = 0 \tag{4.3}$$

abgeleitet. Ist darin die Kapazität $C = C(t)$ eine periodische Funktion der Zeit, dann wird (4.3) zu einer Gleichung mit periodischen Koeffizienten, und das System kann parametererregte Schwingungen ausführen.

Die periodische Abhängigkeit der Parameter kann eine unerwünschte Nebenerscheinung sein. Dann wird man das System so abstimmen, daß keine Parametererregung entstehen kann. Jedoch läßt sich die Fähigkeit eines Systems zu parametererregten Schwingungen auch zur Konstruktion von Generatoren nutzbringend verwenden. So haben Mandelstam und Papalexi einen elektrischen Wechselstromgenerator gebaut und erprobt, bei dem die Kapazität des Kondensators eines geeignet abgestimmten Schwingkreises in periodischer Weise dadurch verändert wurde, daß ein rotierendes Zahnrad einen Teil der Kondensatorfläche bildete.

4.14 Die schwingende Saite mit veränderlicher Spannkraft. Von Melde wurde ein Versuch angegeben, durch den parametererregte Schwingungen an einer gespannten Saite erzeugt werden können. Wenn nach Fig.
124 eine Saite zwischen einem festen Punkt und einer Stimmgabel ausgespannt wird, dann führt das Anschlagen der Stimmgabel bei der Anordnung von Fig. 124 zu einer von der Schwingung der Stimmgabel abhängigen, also periodisch veränderlichen Spannung der Saite. Wenn die Eigenfrequenz der Stimmgabel doppelt so groß ist wie die Frequenz der Grundschwingung der Saite, dann kann diese Grundschwingung stark angeregt werden.

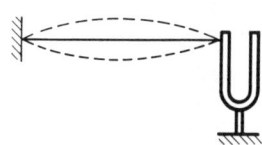

Fig. 124. Saite mit periodisch veränderlicher Spannkraft

Das Verhalten der Querschwingungen einer Saite wird nach Abschn. 2.116 (Gl. 2.46) durch die eindimensionale Wellengleichung

$$\ddot{\xi} = c^2 \xi'' = \frac{S}{\mu} \xi'' \tag{4.4}$$

beschrieben. Diese Gleichung kann durch einen Separationsansatz

$$\xi = F(t)\,G(x)$$

gelöst werden. Man erhält durch Einsetzen in (4.4)

$$\frac{\mu}{S}\,\frac{\ddot{F}}{F} = \frac{G''}{G} = -\frac{\omega_0^2\,\mu}{S_0}. \tag{4.5}$$

Zum Unterschied von dem früheren Vorgehen (Gl. 2.48) muß jetzt der von der Zeit abhängige Faktor S auf die linke Seite gebracht werden, damit links eine nur von der Zeit, rechts eine nur vom Ort abhängige Funktion steht. Die Gleichung (4.5) kann nur dann gültig sein, wenn die darin vorkommenden Ausdrücke weder von der Zeit noch vom Ort abhängen; sie müssen demnach einer Konstanten gleich sein, für die hier $-\dfrac{\omega_0^2\,\mu}{S_0}$ gesetzt wurde. Für das Zeitverhalten der Lösungen bekommt man somit aus (4.5) die Differentialgleichung:

$$\ddot{F} + \omega_0^2\,\frac{S(t)}{S_0}\,F = 0. \tag{4.6}$$

Das ist wiederum eine Gleichung mit periodisch veränderlichem Koeffizienten.

Wenn anstelle der hier betrachteten Saite ein Stab und anstelle der veränderlichen Zugkraft eine pulsierende Druckkraft genommen werden, dann sind ebenfalls parametererregte Schwingungen möglich. Derartige Querschwingungen eines Druckstabes unter dem Einfluß periodisch schwankender Längsbelastungen sind vor allem von Mettler (Mitt. Forsch.-Anst. Gutehoffn. Nürnberg Bd. 8, 1940, S. 1–15) untersucht worden.

4.15 Nachbarbewegungen stationärer Schwingungen. Bei der Untersuchung der Stabilität von stationären Schwingungen in nichtlinearen Systemen wird man stets auf Differentialgleichungen geführt, die periodische Koeffizienten haben. Daher besteht ein enger Zusammenhang zwischen den Eigenschwingungen nichtlinearer Systeme und den parametererregten Schwingungen.

Es sei $x = x_s(t)$ eine stationäre (d. h. periodische) Lösung der nichtlinearen Schwingungsgleichung

$$\ddot{x} + f(x) = 0. \tag{4.7}$$

Um die Stabilität des Schwingers beurteilen zu können, interessiert man sich nun für Nachbarbewegungen, die nur wenig von der stationären Bewegung x_s verschieden sind. Mit

$$x = x_s + \xi; \qquad \ddot{x} = \ddot{x}_s + \ddot{\xi}$$

kann man entwickeln

$$f(x) = f(x_s) + \left(\frac{\partial f}{\partial x}\right)_{x = x_s} \xi + \dots$$

Bei hinreichend klein angenommener „Störung" ξ begnügt man sich mit den beiden angegebenen Gliedern der Taylor-Reihe und bekommt so nach Einsetzen in (4.7)

$$\ddot{x}_s + \ddot{\xi} + f(x_s) + \left(\frac{\partial f}{\partial x}\right)_{x = x_s} \xi = 0.$$

Berücksichtigt man nun, daß x_s selbst eine Lösung der Ausgangsgleichung (4.7) ist, dann bleibt als Bestimmungsgleichung für die Störung ξ:

$$\ddot{\xi} + \left(\frac{\partial f}{\partial x}\right)_{x = x_s} \xi = 0. \tag{4.8}$$

In nichtlinearen Systemen ist die Ableitung $\dfrac{\partial f}{\partial x}$ selbst noch von x abhängig. Da nun x_s als periodische Funktion vorausgesetzt wurde, ist somit der Faktor von ξ in (4.8) eine periodische Funktion der Zeit.

4.16 Das Fadenpendel mit veränderlicher Pendellänge. Als letztes Beispiel soll ein Fadenpendel erwähnt werden, bei dem die Länge des Fadens $L = L(t)$ eine periodische Funktion der Zeit ist.

Zur Ableitung der Bewegungsgleichung kann der Drallsatz verwendet werden, der besagt, daß die zeitliche Änderung des Dralls gleich dem resultierenden äußeren Moment ist. Der Drall des Pendels bezüglich des Aufhängepunktes A ist gleich $mL^2\dot{\varphi}$; das Moment der Schwerkraft ist $M_s = -mgL\sin\varphi$. Also gilt:

oder

$$\frac{d}{dt}(mL^2\dot{\varphi}) = 2mL\dot{L}\dot{\varphi} + mL^2\ddot{\varphi} = -mgL\sin\varphi$$

$$\ddot{\varphi} + \frac{2\dot{L}}{L}\dot{\varphi} + \frac{g}{L}\sin\varphi = 0. \tag{4.9}$$

Diese Gleichung unterscheidet sich von den bisher abgeleiteten durch das Auftreten eines Gliedes mit dem Faktor $\dot{\varphi}$. Dennoch ist auch (4.9) eine Gleichung für parametererregte Schwingungen. Gerade das Beispiel des Fadenpendels mit veränderlicher Pendellänge läßt die bei Parametererregung typischen Erscheinungen besonders anschaulich erkennen. Wir wollen deshalb im folgenden Abschnitt das Verhalten eines derartigen Pendels für den Fall einer speziellen Funktion $L = L(t)$ ausführlicher untersuchen.

4.2 Berechnung eines Schaukelschwingers

Die Schaukel kann als Musterbeispiel eines parameter-selbsterregten Systems angesehen werden. Das Ingangbringen einer Schaukel geschieht bekanntlich durch rhythmisches Neigen und Wiederaufrichten des Körpers (bzw. durch periodisches Knie-Beugen und -Strecken) derart, daß der Schwerpunkt während des Durchgangs der Schaukel durch ihre tiefste Lage gehoben und in den Bereichen der Größtausschläge wieder entsprechend gesenkt wird. Man wird mit recht guter Annäherung die Schaukel mit dem Schaukelnden als ein Fadenpendel ansehen dürfen, wobei die in der Richtung des Fadens erfolgenden Schwerpunktsverschiebungen als periodische Veränderungen der Fadenlänge aufgefaßt werden können. Damit entspricht die Schaukel genau dem im Abschn. 4.16 behandelten Beispiel.

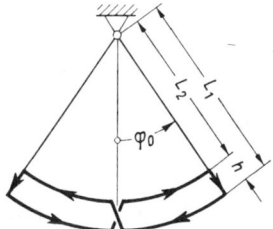

Besonders durchsichtig werden die Verhältnisse, wenn man sich das Heben und Senken des Schwerpunktes als zeitlich konzentrierte, also momentan erfolgende Vorgänge vorstellt. Man kommt so zu einem Gedankenmodell, wie es in Fig. 125 dargestellt ist. Das Pendel kann die beiden Fadenlängen L_1

Fig. 125. Zur Berechnung des Schaukelschwingers

und L_2 annehmen, wobei der größere Wert L_1 für die Bewegungen von den Maximalausschlägen bis zum Erreichen des tiefsten Punktes – also für die Abstiegsphase – gilt, während der kleinere Wert L_2 entsprechend – für die Aufstiegsphase einzusetzen ist. Der Weg des Schwerpunktes bildet dann die in Fig. 125 eingezeichnete Schleifenkurve.

Es sei bemerkt, daß die Schaukel auch zu den Schwingern mit reiner Selbsterregung gezählt werden kann, da sich die Fadenlänge eindeutig als Funktion von φ und $\dot{\varphi}$ ausdrücken läßt. Für den in Fig. 125 dargestellten Fall bekommt man z. B.:

$$L = L(\varphi, \dot{\varphi}) = \frac{1}{2}(L_1 + L_2) - \frac{1}{2}(L_1 - L_2)\,\text{sgn}\,\varphi\,\text{sgn}\,\dot{\varphi}.$$

Diesen Ausdruck in die Gl. (4.9) einzusetzen, ist jedoch nicht zweckmäßig, da dort die zeitliche Ableitung der Sprungfunktion zu bilden ist. Es ist einfacher und durchsichtiger, Energiebetrachtungen anzustellen, weil sich damit nicht nur die Gesetzmäßigkeiten des Aufschaukelns, sondern auch die Auswirkungen von Dämpfungs- bzw. Reibungskräften auf den Bewegungsverlauf erkennen lassen.

4.21 Das Anwachsen der Amplituden. Für die zwischen Heben und Senken liegenden Viertelschwingungen der Schaukel gelten die bereits im Kap. 2 (Abschn. 2.132) abgeleiteten Beziehungen. Insbesondere gilt bei Abwesenheit von Dämpfungskräften der Energiesatz

$$\frac{1}{2} m v^2 + m g L (1 - \cos \varphi) = m g L (1 - \cos \varphi_0). \tag{4.10}$$

Wegen $v = L \dot{\varphi}$ kann daraus sofort die Winkelgeschwindigkeit $\dot{\varphi}$ im tiefsten Punkt ($\varphi = 0$), also am Ende der Abstiegsphase berechnet werden:

$$\dot{\varphi}_1^2 = \frac{2g}{L_1} (1 - \cos \varphi_{01}). \tag{4.11}$$

Der Winkel φ_{01} bezeichnet die Anfangsauslenkung, aus der das Pendel freigelassen wurde. Eine ganz entsprechende Beziehung gilt auch zwischen der Winkelgeschwindigkeit $\dot{\varphi}_2$ am Anfang und dem Maximalausschlag φ_{02} am Ende der Aufstiegsphase, denn auch für diese Viertelschwingung gilt der Energiesatz:

$$\dot{\varphi}_2^2 = \frac{2g}{L_2} (1 - \cos \varphi_{02}). \tag{4.12}$$

Zwischen Abstiegs- und Aufstiegsphase liegt das momentane Heben des Schwerpunktes. Es erfolgt durch Kräfte, die in der Richtung des Fadens liegen, also kein Moment bezüglich des Aufhängepunktes haben. Folglich bleibt der Drall des Pendels während des plötzlichen Anhebevorganges unverändert:

$$m L_1^2 \dot{\varphi}_1 = m L_2^2 \dot{\varphi}_2. \tag{4.13}$$

Diese Beziehung zwischen den beiden Geschwindigkeiten $\dot{\varphi}_1$ und $\dot{\varphi}_2$ ermöglicht es, den Zusammenhang zwischen den aufeinanderfolgenden Maximalausschlägen φ_{01} und φ_{02} zu finden. Durch Quadrieren von (4.13) und Einsetzen der Werte von (4.11) und (4.12) folgt nämlich:

$$L_1^3 (1 - \cos \varphi_{01}) = L_2^3 (1 - \cos \varphi_{02}). \tag{4.14}$$

Entsprechendes gilt auch für alle folgenden Halbschwingungen, so daß die Größtausschläge durch Iteration leicht ausgerechnet werden können:

$$L_1^3 (1 - \cos \varphi_{0n}) = L_2^3 [1 - \cos \varphi_{0(n+1)}]. \tag{4.15}$$

Die Auswertung dieser Formel kann in besonders anschaulicher Weise graphisch geschehen, wenn man die beiden Funktionen

$$L_1^3 (1 - \cos \varphi_0) \qquad \text{und} \qquad L_2^3 (1 - \cos \varphi_0)$$

als Kurven aufträgt (s. Fig. 126). Beginnt man mit einer Anfangsamplitude φ_{01}, so findet man die nachfolgenden Amplitudenwerte in einer aus der Abbildung unmittelbar verständlichen Weise dadurch, daß man von φ_{01} ausgehend die Treppenkurve zwischen den beiden gezeichneten Kurven aufwärts steigt. Die Abszissen der Sprungstellen sind dann die jeweiligen Umkehramplituden.

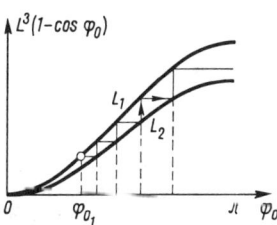

Fig. 126. Die Amplitudenzunahme beim Schaukelschwinger

Nicht nur für die Größtausschläge, sondern auch für die im Schwinger vorhandene Energie läßt sich eine einfache und für das hier untersuchte Modell völlig exakte Beziehung finden. Änderungen der im System vorhandenen Energie kommen nur beim Heben bzw. Senken vor; für eine Energiebilanz genügt es also, diese Vorgänge zu betrachten. Bei dem Hubvorgang ändert sich die dem System innewohnende Energie um den Betrag

$$E_H = mgh + \frac{1}{2} m \left(v_2^2 - v_1^2\right). \tag{4.16}$$

Der erste Anteil gibt den Gewinn an potentieller Energie, der zweite den Zuwachs an kinetischer Energie an. $h = L_1 - L_2$ ist die Hubhöhe. Unter Berücksichtigung von (4.11), (4.12), (4.14) und $v = L\dot{\varphi}$ kann (4.16) so umgeformt werden, daß E_H als Funktion der Anfangsamplitude φ_{01} erscheint:

$$E_H = mg \left\{ h + L_1 (1 - \cos\varphi_{01}) \left[\left(\frac{L_1}{L_2}\right)^2 - 1 \right] \right\}. \tag{4.17}$$

Dem Energiezuwachs beim Hubvorgang steht ein Verlust an potentieller Energie beim Senken, also in den Umkehrpunkten gegenüber:

$$E_S = mgh \cos\varphi_{02}. \tag{4.18}$$

Für eine Halbschwingung mit je einem Hub- und Senk-Vorgang bekommt man demnach einen Energiegewinn von der Größe

$$\Delta E = E_H - E_S$$

$$\Delta E = mg \left\{ h(1 - \cos\varphi_{02}) + L_1 \left[\left(\frac{L_1}{L_2}\right)^2 - 1 \right] (1 - \cos\varphi_{01}) \right\}.$$

Dieser Ausdruck läßt sich unter Berücksichtigung von (4.14) umformen in

$$\Delta E = \frac{h \left(L_1^2 + L_1 L_2 + L_2^2\right)}{L_2^3} mgL_1 (1 - \cos\varphi_{01}) = kE_{01}. \tag{4.19}$$

Darin ist E_{01} die anfängliche (potentielle) Energie im Schwinger und k ein nur noch von den geometrischen Verhältnissen des Pendels abhängiger konstanter Faktor. Die Energie am Ende der ersten Halbschwingung ist nun:

$$E_{02} = E_{01} + \Delta E = E_{01}(1 + k). \tag{4.20}$$

Da Entsprechendes für alle folgenden Halbschwingungen gilt, kann der Wert der Energie nach $n - 1$ Halbschwingungen explizit angegeben werden:

$$E_{0n} = E_{01}(1 + k)^{n-1}. \tag{4.21}$$

Die Energie wächst demnach in geometrischer Progression, also wie ein Kapital, das zu einem Zinsfaktor $1 + k$ angelegt wurde.

4.22 Der Einfluß von Dämpfung und Reibung. Um den Einfluß von Bewegungswiderständen abzuschätzen, wollen wir jetzt eine Näherungsbetrachtung für den Fall kleiner Amplituden des Pendels durchführen. Wir setzen $\varphi_0 \ll 1$ voraus und können daher $1 - \cos \varphi_0 \approx \frac{1}{2} \varphi_0^2$ setzen. Damit geht (4.19) in die Form über:

$$\Delta E = \frac{mghL_1\left(L_1^2 + L_1L_2 + L_2^2\right)}{2L_2^3}\varphi_0^2 = k_1\varphi_0^2. \tag{4.22}$$

Dieser Energiegewinn muß mit den Energieverlusten verglichen werden, die als Folge der Bewegungswiderstände auftreten. Wir wollen hier zwei Fälle untersuchen: eine der Bewegungsgeschwindigkeit proportionale Dämpfungskraft von der Größe

$$K_D = - dv = - dL\dot{\varphi} \tag{4.23}$$

sowie eine von der Geschwindigkeit unabhängige Reibungskraft

$$K_R = \begin{cases} + r & \text{für} \quad v < 0 \\ - r & \text{für} \quad v > 0. \end{cases} \tag{4.24}$$

Die von diesen Kräften geleistete Arbeit

$$E = \int K\,\mathrm{d}s = \int Kv\,\mathrm{d}t = \int KL\dot{\varphi}\,\mathrm{d}t \tag{4.25}$$

geht der Gesamtenergie des Schwingers verloren.

Für die Dämpfungskraft (4.23) erhält man den Energieverlust:

$$E_D = \int dL^2\dot{\varphi}^2\,\mathrm{d}t = dL^2\int \dot{\varphi}^2\,\mathrm{d}t. \tag{4.26}$$

Wenn die Schwingungsform $\varphi = \varphi(t)$ bekannt ist, dann kann $\dot{\varphi}$ bestimmt und damit E_D ausgerechnet werden. Da E_D normalerweise klein gegenüber der Gesamtenergie ist, kann der Schwingungsverlauf für eine näherungsweise Berechnung von E_D als sinusförmig angenommen werden:

$$\varphi \approx \varphi_0 \cos \omega t; \qquad \dot{\varphi} \approx -\varphi_0\omega \sin \omega t; \qquad \omega^2 = \frac{g}{L}. \tag{4.27}$$

Diese Annahme ist insbesondere dann gerechtfertigt, wenn man den Amplitudenbereich untersuchen will, in dem sich Energiezufuhr durch Parametererregung und Energieverlust durch Dämpfung etwa ausgleichen. Unter Berücksichtigung von (4.27) folgt nun für eine Halbschwingung aus (4.26) die Energiedifferenz:

$$\Delta E_D = dL_1^2 \varphi_0^2 \omega_1 \int\limits_0^{\frac{\pi}{2}} \sin^2 \omega_1 t \, \mathrm{d}(\omega_1 t) + dL_2^2 \varphi_0^2 \omega_2 \int\limits_{\frac{\pi}{2}}^{\pi} \sin^2 \omega_2 t \, \mathrm{d}(\omega_2 t)$$

$$\Delta E_D = \frac{1}{4} \pi d \sqrt{g} \left(\sqrt{L_1^3} + \sqrt{L_2^3} \right) \varphi_0^2 = k_2 \varphi_0^2. \tag{4.28}$$

Man wird angefachte Schwingungen erhalten, wenn ΔE (4.22) größer als ΔE_D (4.28) ist; für $\Delta E < \Delta E_D$ sind gedämpfte Schwingungen zu erwarten. Da beide Ausdrücke in gleicher Weise von φ_0 abhängen, hat man also

$$\text{Anfachung für} \quad k_1 > k_2,$$
$$\text{Dämpfung für} \quad k_1 < k_2.$$

Der Grenzfall $k_1 = k_2$ entspricht stationären Schwingungen, die in diesem Sonderfall bei beliebigen Werten der Amplitude φ_0 – freilich unter der Voraussetzung $\varphi_0 \ll 1$ – möglich sind.

Eine entsprechende Rechnung für den Fall einer konstanten Reibungskraft (4.24) gibt den Energieverlust

$$E_R = - \int K_R \, \mathrm{d}s = - \int K_{R,} v \, \mathrm{d}t = r L \int |\dot\varphi| \, \mathrm{d}t.$$

Für eine Halbschwingung folgt:

$$\Delta E_R = r L_1 \varphi_0 \int\limits_0^{\frac{\pi}{2}} \sin \omega_1 t \, \mathrm{d}(\omega_1 t) + r L_2 \varphi_0 \int\limits_{\frac{\pi}{2}}^{\pi} \sin \omega_2 t \, \mathrm{d}(\omega_2 t)$$

$$\Delta E_R = r(L_1 + L_2) \varphi_0. \tag{4.29}$$

Trägt man sich diesen Reibungsverlust zusammen mit dem Energiegewinn (4.22) als Funktion der Amplitude φ_0 auf, so kommt man zu dem Diagramm von Fig. 127. Beide Energiekurven schneiden sich bei dem Amplitudenwert

$$\varphi_0^* = \frac{r(L_1 + L_2)}{k_1}. \tag{4.30}$$

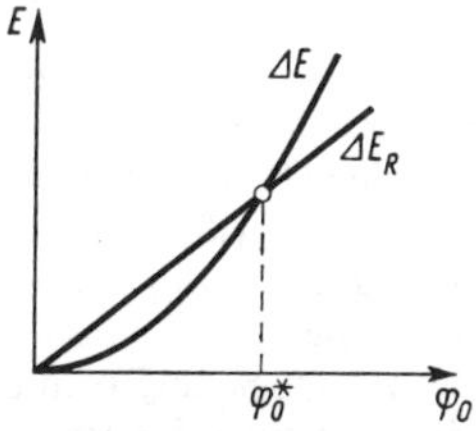

Für kleinere Amplituden ist $\Delta E_R > \Delta E$, es wird also mehr Energie entzogen als zugeführt, so daß die Schwingungen gedämpft verlaufen; umgekehrt werden Schwingungen mit Amplituden, die größer als der Grenzwert (4.30) sind, aufgeschaukelt. Es liegt also ein Schwinger vor, der im Kleinen stabil, im Großen dagegen instabil ist. Soll der Schwinger zu parameter-

Fig. 127. Energiediagramm für einen Schaukelschwinger mit Festreibung

erregten Schwingungen veranlaßt werden, dann ist dazu eine Anfangsstörung von solcher Größe notwendig, daß die kritische Amplitudengrenze $\varphi_0 = \varphi_0^*$ überschritten wird.

4.3 Parametererregte Schwingungen in linearen Systemen

4.31 Allgemeine mathematische Zusammenhänge. Wir wollen uns hier auf die Betrachtung von Systemen mit einem Freiheitsgrad beschränken, die durch Differentialgleichungen zweiter Ordnung beschrieben werden. Bereits an diesen Schwingern können die für parametererregte Schwingungen typischen Erscheinungen beobachtet werden. Bezüglich der Verhältnisse bei Systemen mit mehreren Freiheitsgraden sei auf das Schrifttum, insbesondere auf das Buch von Malkin ([8], Kap. VB) verwiesen.

Die Differentialgleichung für einen linearen Schwinger von einem Freiheitsgrad mit zeitabhängigen Parametern kann in die Form

$$\ddot{x} + p_1(t)\dot{x} + p_2(t)x = 0 \qquad (4.31)$$

gebracht werden. Sie entsteht z. B. aus der im Abschn. 2.221 Gl. (2.119) angegebenen Gleichung, wenn mit $m(t)$ durchdividiert wird. Schon damals wurde gezeigt, daß die Gleichung durch Einführung einer neuen Veränderlichen vereinfacht werden kann. Setzt man nämlich

$$x = y\mathrm{e}^{-\frac{1}{2}\int p_1(t)\,\mathrm{d}t}, \qquad (4.32)$$

so geht (4.31) über in

$$\ddot{y} + P(t)y = 0 \qquad (4.33)$$

mit

$$P(t) = p_2(t) - \frac{1}{2}\frac{\mathrm{d}}{\mathrm{d}t}[p_1(t)] - \frac{1}{4}p_1^2(t). \qquad (4.34)$$

Wenn die Parameter p_1 und p_2 periodische Funktionen der Zeit mit der Periode T_p sind, dann gilt das gleiche auch für $P(t)$:

$$P(t + T_p) = P(t). \qquad (4.35)$$

Gl. (4.33) ist eine sogenannte Hillsche Differentialgleichung, die in den praktisch interessierenden Fällen Lösungen von der Form

$$y(t) = C_1\mathrm{e}^{\mu_1 t}y_1(t) + C_2\mathrm{e}^{\mu_2 t}y_2(t) \qquad (4.36)$$

besitzt. y_1 und y_2 sind dabei periodische Funktionen der Zeit, C_1 und C_2 sind Konstanten, μ_1 und μ_2 sind die sogenannten charakteristischen Exponenten der Gleichung (4.33). Diese Exponenten, die nur von den in die Ausgangsgleichung (4.33) eingehenden Größen, nicht aber von den jeweiligen Anfangsbedingungen abhängen, bestimmen das Stabilitätsverhalten der Lösung (4.36). Hat einer der beiden charakteristischen Exponenten einen positiven Realteil, dann wächst die Lösung (4.36) mit $t \to \infty$ unbeschränkt an, sie wird also instabil. Sind dagegen die Realteile beider Exponenten negativ, dann geht y mit $t \to \infty$ asymptotisch gegen Null. Die Lösung ist dann (asymptotisch) stabil. Im Grenzfall kann natürlich auch der Realteil eines (oder beider) Exponenten verschwinden. Dann bleibt y beschränkt, ohne sich asymptotisch der Nullage zu nähern; y kann in diesem Fall periodisch sein. In der Schwingungslehre interessieren vor allem reelle Exponenten μ. Dann werden die Bereiche stabiler Lösungen von den instabilen stets durch Grenzen voneinander getrennt, auf denen rein periodische

Lösungen existieren. Daher läuft das Aufsuchen instabiler Bereiche letzten Endes auf ein Ermitteln der Bedingungen hinaus, unter denen die Exponenten μ verschwinden, also rein periodische Lösungen möglich sind.

Für einige spezielle Formen der periodischen Funktion $P(t)$ sind die Lösungen von (4.33) systematisch untersucht worden, z. B. für

$$P(t) = P_0 + \Delta P \cos \Omega t \qquad (4.37)$$

$$P(t) = P_0 + \Delta P \operatorname{sgn} \cos \Omega t. \qquad (4.38)$$

Im erstgenannten Fall schwankt der Parameter nach einem harmonischen Gesetz, im zweiten Fall erfolgen die Änderungen sprunghaft, so daß $P(t)$ eine Mäanderfunktion bildet. Mit (4.37) geht die Hillsche Differentialgleichung in eine Mathieusche über, mit (4.38) in eine sog. Meißnersche.

Da eine Differentialgleichung vom Mathieuschen Typ im Abschnitt 4.32, eine der Meißnerschen ähnliche Gleichung im Abschnitt 4.4 untersucht werden sollen, wollen wir beide Gleichungen noch in die übliche und mathematisch leichter zu handhabende Normalform überführen. Zu diesem Zweck führen wir die dimensionslose Zeit

$$\tau = \Omega t \qquad (4.39)$$

ein und kommen dann mit den Abkürzungen

$$\lambda = \frac{P_0}{\Omega^2}; \qquad \gamma = \frac{\Delta P}{\Omega^2} \qquad (4.40)$$

zu der Normalform der **Mathieuschen Differentialgleichung**

$$y'' + (\lambda + \gamma \cos \tau)y = 0. \qquad (4.41)$$

Die Striche bedeuten dabei Ableitungen nach der dimensionslosen Zeit τ.

Mit denselben Abkürzungen (4.39) und (4.40) geht die Meißnersche Gleichung über in

$$y'' + [\lambda + \gamma \operatorname{sgn} (\cos \tau)]y = 0. \qquad (4.42)$$

Das ist gleichbedeutend mit

$$y'' + (\lambda + \gamma)y = 0 \quad \text{für} \quad -\frac{\pi}{2} < \tau < +\frac{\pi}{2}$$

$$y'' + (\lambda - \gamma)y = 0 \quad \text{für} \quad \frac{\pi}{2} < \tau < \frac{3\pi}{2}. \qquad (4.43)$$

4.32 Das Verhalten von Schwingern, die einer Mathieuschen Differentialgleichung genügen. Die für das Stabilitätsverhalten – d. h. für Beschränktheit bzw. Unbeschränktheit der Lösungen – maßgebenden charakteristischen Exponenten μ der Mathieuschen Gleichung (4.41) hängen ausschließlich von den beiden Größen λ und γ ab, nicht aber von den Anfangsbedingungen. Zu jedem Wertepaar λ, γ läßt sich daher angeben, ob die zugehörigen Lösungen stabil oder instabil sind. In einer λ, γ-Ebene können die Bereiche stabiler bzw. instabiler

Lösungen aufgetragen werden. Eine derartige, von Ince und Strutt ausgerechnete Stabilitätskarte zeigt Fig. 128. Die instabilen Bereiche sind schraffiert, die stabilen unschraffiert wiedergegeben. Die verschiedenen Bereiche werden durch Grenzlinien voneinander getrennt, auf denen die Lösungen periodisch sind. Die Stabilitätskarte ist zur λ-Achse symmetrisch, so daß es genügt, die obere Halbebene zu zeichnen.

Welche Aussagen läßt die Stabilitätskarte Fig. 128 zu? Es werde zunächst der Fall $\gamma = 0$ betrachtet, für den (4.41) in die einfache Schwingungsgleichung

$$y'' + \lambda y = 0 \qquad (4.44)$$

übergeht. Die Lösungen dieser Gleichung sind für $\lambda > 0$ bekanntlich rein periodische Sinus- bzw. Cosinus-Funktionen mit der Kreisfrequenz $\omega = \sqrt{\lambda}$. Diese Schwingungen können als stabil bezeichnet werden; in der Stabilitätskarte entspricht ihnen die positive λ-Achse. Für $\lambda < 0$ ergeben sich keine Schwingungen, sondern Exponentialfunktionen mit dem reellen Exponenten $\sqrt{|\lambda|} \, \tau$. Diese Lösungen sind instabil – wie es auch der linke Ast der λ-Achse in der Stabilitätskarte zeigt.

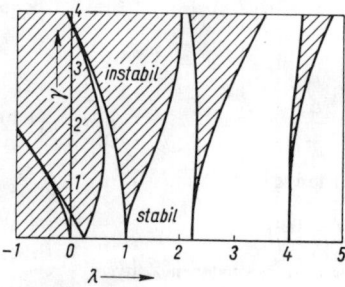

Fig. 128. Stabilitätskarte für die Mathieu-sche Differentialgleichung

Wenn wir nun einen Schwinger mit konstantem, nicht verschwindendem γ betrachten, so wird sich der Bildpunkt dieses Schwingers in der Stabilitätskarte bei Veränderungen von λ längs einer Parallelen zur λ-Achse bewegen.

Dabei können für $\lambda > 0$ instabile Bereiche durchschritten werden. Praktisch bedeutet das, daß der bei $\gamma = 0$ stabile Schwinger für $\gamma \neq 0$ bei bestimmten Werten von λ instabil werden kann. Das Schwankungsglied kann also eine stabilitätsmindernde Wirkung haben. Andererseits aber ist es möglich, daß für $\lambda < 0$ – also in dem Bereich, für den ein Schwinger mit nicht schwankendem Parameter stets instabile Lösungen ergab – stabiles Verhalten vorhanden ist. In diesem Falle wirkt sich die Parameterschwankung stabilisierend aus.

Die Spitzen der instabilen Bereiche berühren die Abszisse (λ-Achse) bei den Werten

$$\lambda = \left(\frac{n}{2}\right)^2 \qquad (n = 1, 2, \ldots). \qquad (4.45)$$

Die Breite der Bereiche – und damit auch ihre praktische Bedeutung – nimmt mit wachsendem n ab. Das ist vor allem auf Dämpfungseinflüsse zurückzuführen, die zwar bei den vorliegenden Betrachtungen nicht berücksichtigt wurden, bei realen Schwingern aber stets vorhanden sind. Sie führen zu einer Verringerung der instabilen Bereiche (s. hierzu z. B. Klotter [6], S. 368ff.).

In vielen Fällen interessiert nur die unmittelbare Umgebung des Nullpunktes $\lambda = \gamma = 0$ der Stabilitätskarte. Hier lassen sich die Grenzlinien der Bereiche mit einer im allgemeinen ausreichenden Genauigkeit durch einfache Funktionen $\lambda = \lambda(\gamma)$ ausdrücken. Diese seien hier ohne Beweis für die ersten 5 Grenzlinien (von links gerechnet) angegeben:

$$\left.\begin{aligned}
\lambda_1 &= -\frac{1}{2}\gamma^2 \\[2mm]
\lambda_2 &= \frac{1}{4} - \frac{\gamma}{2} \\[2mm]
\lambda_3 &= \frac{1}{4} + \frac{\gamma}{2} \\[2mm]
\lambda_4 &= 1 - \frac{1}{12}\gamma^2 \\[2mm]
\lambda_5 &= 1 + \frac{5}{12}\gamma^2
\end{aligned}\right\} \quad (\gamma \ll 1). \qquad (4.46)$$

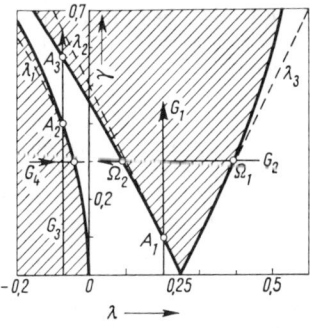

Fig. 129. Zur Stabilität des Pendels mit bewegtem Aufhängepunkt

In dem in Fig. 129 gezeichneten vergrößerten Ausschnitt der Stabilitätskarte sind die aus diesen Näherungen folgenden Grenzlinien gestrichelt eingetragen.

An einem der im Abschn. 4.1 aufgeführten Beispiele soll nun die Handhabung der Stabilitätskarte erläutert werden: es seien die kleinen Schwingungen eines Schwerependels betrachtet, dessen Aufhängepunkt in vertikaler Richtung periodisch bewegt wird. Für diesen Schwinger gilt Gl. (4.1), wobei wegen der Beschränkung auf kleine Amplituden noch $\sin\varphi \approx \varphi$ gesetzt werden kann. Wird der Aufhängepunkt harmonisch bewegt, dann kann

$$a = -A \cos \Omega t$$

gesetzt werden. Gl. (4.1) geht damit über in

$$\ddot{\varphi} + \frac{ms}{J}(g + A\Omega^2 \cos \Omega t)\varphi = 0. \qquad (4.47)$$

Mit

$$\tau = \Omega t; \qquad \lambda = \frac{msg}{J\Omega^2} = \frac{g}{L_r \Omega^2} = \left(\frac{\omega_0}{\Omega}\right)^2 \qquad (4.48)$$

$$\gamma = \frac{msA}{J} = \frac{A}{L_r},$$

$L_r = \dfrac{J}{ms} = $ reduzierte Pendellänge,

$\omega_0 = \sqrt{\dfrac{g}{L_r}} = $ Kreisfrequenz der Eigenschwingungen bei ruhendem Aufhängepunkt,

geht (4.47) in die Normalform (4.41) der Mathieuschen Gleichung über.

Es sei nun zunächst das **hängende** Pendel betrachtet, bei dem der Schwerpunkt unter dem Aufhängepunkt liegt ($\lambda > 0$). Der Aufhängepunkt des Pendels werde mit der konstanten Kreisfrequenz Ω bewegt, die näherungsweise gleich dem doppelten Wert der Kreisfrequenz ω_0 sein möge ($\Omega \approx 2\omega_0$). Wird die

Amplitude A der Bewegung des Aufhängepunktes von Null beginnend immer mehr gesteigert, so wächst nach Gl. (4.48) γ proportional zu A an, während λ konstant bleibt. Folglich wandert der das System repräsentierende Bildpunkt in der Stabilitätskarte längs einer vertikalen Geraden, z. B. längs der Geraden G_1. Diese Gerade beginnt in einem stabilen Bereich, sie schneidet eine Grenzkurve bei dem Amplitudenwert $A = A_1$. Für $0 \leq A \leq A_1$ bleibt die Bewegung stabil, dagegen wird sie für $A > A_1$ instabil. Dieses Beispiel für die stabilitätsaufhebende Wirkung von Parameterschwankungen entspricht übrigens dem in Abschn. 4.2 berechneten Schaukeleffekt, nur war dort die Parameterfrequenz genau gleich der doppelten Eigenfrequenz angenommen worden. Das würde in Fig. 129 einer zu G_1 parallelen Geraden entsprechen, die durch den Punkt $\lambda = 0{,}25$ geht. Dann wird $A_1 = 0$, also ist das Aufschaukeln schon bei beliebig kleinen Schwankungsamplituden des Aufhängepunktes möglich.

Wird andererseits die Amplitude A festgehalten, aber die Frequenz Ω von Null beginnend immer weiter gesteigert, so wandert der zugehörige Bildpunkt (wie man aus dem Ausdruck für λ Gl. 4.48 erkennt) längs einer horizontalen Geraden (G_2) von großen Werten von λ kommend gegen die Ordinate (γ-Achse). Dabei werden mehrere Instabilitätsbereiche durchlaufen (von denen in Fig. 129 nur einer, in Fig. 128 dagegen mehrere zu erkennen sind). Instabilität herrscht insbesondere in dem letzten dieser Bereiche für

$$\Omega_1 < \Omega < \Omega_2 \, .$$

Dieser Bereich entspricht wieder dem Aufschaukelbereich eines Schaukelpendels. Bei dem für die Gerade G_2 gewählten γ-Wert wird das Pendel für $\Omega > \Omega_2$ bis zu beliebig großen Frequenzen Ω stabil bleiben.

Es sei nun das **aufrecht stehende Pendel** betrachtet. Ein derartiges Pendel befindet sich im instabilen Gleichgewicht, weil der Schwerpunkt über dem Unterstützungspunkt liegt. Bemerkenswert ist, daß die bei ruhendem Aufhängepunkt stets instabile obere Gleichgewichtslage des Pendels durch geeignete Schwingungen des Aufhängepunktes stabilisiert werden kann. Das bedeutet, daß das Pendel bei kleinen Auslenkungen aus dieser Gleichgewichtslage nicht umfällt, sondern stabile Schwingungen um die obere Gleichgewichtslage ausführen kann. Wird beispielsweise die Frequenz Ω festgehalten und die Amplitude der Aufhängepunktsschwankung variiert, dann bewegt sich der zugehörige Bildpunkt längs der in Fig. 129 eingezeichneten vertikalen Geraden G_3. Sie verläuft für $0 < A < A_2$ im instabilen Bereich, für $A_2 < A < A_3$ jedoch in einem stabilen.

Wir wollen untersuchen, welche Beziehungen erfüllt sein müssen, damit dieser Stabilisierungseffekt eintritt. Es sei beispielsweise $\lambda = -\,0{,}01$ angenommen; das bedeutet nach Gl. (4.48), daß die Frequenz Ω zehnmal größer ist als die Frequenz ω_0, mit der das Pendel um seine untere stabile Gleichgewichtslage schwingen würde. Nach Gl. (4.46) errechnet sich nun der zugehörige Wert von γ für einen Punkt auf der Stabilitätskurve zu $\gamma \approx \sqrt{-\,2\lambda} = 0{,}141$. Nach Gl. (4.48) bedeutet dies, daß die Amplitude der Aufhängepunktschwankung mindestens $14^0/_0$ der reduzierten Pendellänge betragen muß, damit der Stabilisierungseffekt einsetzt. Will man bei kleineren Amplituden A stabilisieren, dann muß die Frequenz Ω entsprechend gesteigert werden. So braucht A nur noch $1{,}4^0/_0$ der reduzierten Pendellänge zu betragen, wenn $\lambda = -\,10^{-4}$ ist, d. h. wenn der Aufhängepunkt mit $\Omega = 100\,\omega_0$ rasch vibrierend erschüttert wird.

Man kann auch jetzt die Amplitude A festhalten und die Frequenz Ω von Null beginnend steigern. Dann bewegt sich der Bildpunkt in der Stabilitätskarte längs der horizontalen Geraden G_4 von links nach rechts. Bei den im allgemeinen realisierbaren Amplituden (also γ-Werten) wird die obere Gleichgewichtslage von einer bestimmten Grenzfrequenz Ω an stabil und bleibt dann bei weiterer Steigerung von Ω stabil.

Das Zustandekommen dieses merkwürdigen Stabilisierungseffektes läßt sich auch physikalisch erklären. Wenn der Aufhängepunkt des Pendels (siehe Fig. 130) in vertikaler Richtung zwischen den Punkten 1 und 2 periodisch bewegt wird, dann führt das Pendel eine Zwangsbewegung aus, die aus den beiden eingezeichneten Grenzlagen erkennbar ist. Die Reaktionskraft der Zwangsbeschleunigung des Pendels infolge der Bewegung des Aufhängepunktes greift im Schwerpunkt an und erzeugt ein Moment, das das Pendel um den Aufhängepunkt zu drehen sucht. Dieses Moment schwankt infolge der periodischen Bewegung des Aufhängepunktes ebenfalls periodisch; sein Mittelwert ist jedoch nicht gleich Null, da bei einer nach unten gerichteten Beschleunigung des Aufhängepunktes (Weg 0–1–0) und entsprechend einer nach oben gerichteten Reaktionskraft im Schwerpunkt des Pendels der Winkel φ einen im Mittel größeren Wert einnimmt als bei der Bewegungsphase mit nach oben gerichteter Beschleunigung des Aufhängepunktes (Weg 0–2–0). Es bleibt also ein gewisses Restmoment übrig, das die Tendenz hat, das Pendel in die obere Gleichgewichtslage

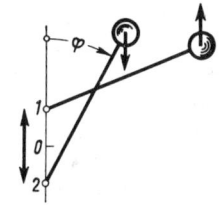

Fig. 130. Zur Deutung des Stabilisierungseffektes am Pendel mit erschüttertem Aufhängepunkt

hereinzuziehen. Man kann dieses Moment als ein **Rüttelrichtmoment** bezeichnen. Ist dieses Moment größer als das umwerfende Moment der Schwerkraft, dann kann das Pendel stabil in der oberen Lage verharren und wird auch durch kleine Störungen nicht aus dieser Gleichgewichtslage herausgeworfen.

Der Stabilisierungseffekt läßt sich auch an Magnetnadeln beobachten, wenn diese nicht nur dem magnetischen Erdfeld, sondern zusätzlich noch einem schwachen magnetischen Wechselfeld ausgesetzt sind, wie es vielfach in der Nähe von wechselstromdurchflossenen Maschinen der Fall ist. Es kann dabei vorkommen, daß die normalerweise instabile Lage, bei der der Nordpol der Nadel nach Süden zeigt, infolge der Wechselkomponente des Magnetfeldes stabilisiert wird.

Bei schwingend gelagerten Anzeigegeräten können Rüttelrichtmomente in den Momentenhaushalt des Systems eingreifen und damit zu Fehlanzeigen der Geräte führen (siehe z. B. Klotter [6] § 107).

4.33 Methoden zur näherungsweisen Berechnung. Wenn auch für die Mathieusche Gleichung sowie für einige andere Differentialgleichungen vom Hillschen Typ Stabilitätskarten vorhanden sind, so ist es doch häufig notwendig, für noch nicht systematisch untersuchte Gleichungen, insbesondere aber für Systeme von Gleichungen die Stabilitätsbereiche näherungsweise zu berechnen. Ohne auf Einzelheiten einzugehen, sollen hier Wege angedeutet werden, die zum Ziele führen können.

Wenn die Schwankungen der Parameter klein gegenüber ihrem Normalwert bleiben, wenn z. B. bei der Mathieuschen Gleichung $\gamma \ll \lambda$ ist, dann kann eine **Störungsrechnung** zweckmäßig sein, bei der die Lösung als Potenzreihe der kleinen Schwankungsgröße γ angesetzt wird:

$$y = \sum_{n=0}^{\infty} \gamma^n y_n. \tag{4.49}$$

Mit diesem Ansatz geht man in die Differentialgleichung ein und ordnet nach Potenzen von γ. Die in den Ansatz (4.49) eingehenden Funktionen y_n können schrittweise bestimmt werden, wenn die Faktoren der entsprechenden Potenzen von γ gleich Null gesetzt werden. Das System zur Bestimmung der y_n läßt sich manchmal einfach lösen, wenn man sich darauf beschränkt, periodische Lösungen – also die Grenzen zwischen den stabilen und den instabilen Bereichen – zu bestimmen. Nähere Einzelheiten hierzu siehe z. B. bei Stoker ([12], Kap. VI, 5) oder Malkin ([8], Kap. V, 62).

Wenn die Schwankungsanteile nicht klein sind – also ein Störungsansatz voraussichtlich schlecht oder gar nicht konvergieren würde –, können die Grenzen der stabilen Bereiche durch Aufsuchen der periodischen Lösungen mit Hilfe eines Fourier-Ansatzes bestimmt werden:

$$y = \frac{a_0}{2} + \sum_{n=1}^{\infty} (a_n \cos n\omega t + b_n \sin n\omega t). \tag{4.50}$$

Die Frequenz ω dieses Ansatzes kann dabei als durch die Frequenz Ω der Parameteränderung vorgegeben betrachtet werden. Sie ist ihr entweder unmittelbar gleich oder steht in einem rationalen Verhältnis zu ihr. Nach Einsetzen von (4.50) in die Ausgangsgleichungen kann nach Sinus- bzw. Cosinus-Gliedern der einzelnen Harmonischen geordnet werden. Die Ausgangsgleichung ist erfüllt, wenn die Faktoren aller dieser Glieder für sich verschwinden. Diese Bedingung führt auf Systeme von unendlich vielen Gleichungen zur Bestimmung der Amplitudenfaktoren a_n und b_n. Nach bekannten Verfahren der praktischen Analysis können diese Gleichungssysteme iterativ gelöst werden.

4.4 Das Schwerependel mit Parametererregung

4.41 Problemstellung und bereichsweise Lösung. Die Auswirkung einer Nichtlinearität der Kennlinie auf das Verhalten eines parametererregten Schwingers soll am Beispiel des Schwerependels mit periodisch veränderlicher Fadenlänge untersucht werden. Die Gleichung dieses Schwingers war bereits im Abschnitt 4.16 Gl. (4.9) abgeleitet worden und lautet

$$\ddot{\varphi} + \frac{2\dot{L}}{L}\dot{\varphi} + \frac{g}{L}\sin\varphi = 0. \tag{4.51}$$

Durch einfache Energiebetrachtungen war es im Abschnitt 4.2 gelungen, die Gesetzmäßigkeiten des Aufschaukelns zu erkennen, wenn die Längenänderungen des Pendels sprunghaft jeweils in den Umkehrpunkten sowie im Augenblick des Nulldurchganges erfolgen. Es wurde bereits damals erwähnt, daß ein solcher Schaukelschwinger zu den selbsterregten Systemen gezählt werden kann, da sich die Fadenlänge als Funktion von φ und $\dot{\varphi}$ darstellen läßt. In diesem Abschnitt soll nun gezeigt werden, daß Aufschaukelungen auch bei reiner Parametererregung möglich sind.

Wir betrachten ein Fadenpendel nach Gl. (4.51) und wollen eine sprunghaft veränderliche Pendellänge nach dem Gesetz

$$L = L_0(1 + \varepsilon \, \text{sgn} \sin \Omega t) \qquad (4.52)$$

voraussetzen (s. Fig. 131). Zum Unterschied von dem Schaukelschwinger erfolgen die Sprünge nicht in Abhängigkeit von dem Schwingungszustand des Pendels, sondern nach einem vorgegebenen festen Rhythmus mit der Wiederholungszeit $T_p = \dfrac{2\pi}{\Omega}$.

Für die gewählte Zeitfunktion der Pendellänge Gl. (4.52) läßt sich eine exakte Lösung des Problems finden. Innerhalb der beiden Bereiche, die durch die Indizes 1 bzw. 2 gekennzeichnet werden sollen, ist nämlich $\dot{L} = 0$. Das mittlere Glied von Gl. (4.51) verschwindet, so daß für die Zeit zwischen den Sprüngen die bekannte Gleichung der freien Schwingungen des Schwerependels gilt:

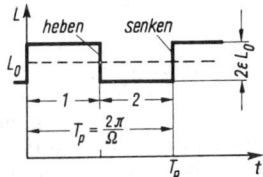

Fig. 131.
Die Fadenlänge $L = L(t)$ beim parametererregten Schwerependel

$$\ddot{\varphi} + \omega^2 \sin \varphi = 0. \qquad (4.53)$$

Hier ist $\omega = \sqrt{\dfrac{g}{L}}$ als Abkürzung für die Kreisfrequenz der kleinen Schwingungen des Pendels eingeführt worden. Gl. (4.53) wurde im Abschnitt 2.132 untersucht und ergab die Lösung Gl. (2.81):

$$\sin \frac{\varphi}{2} = \sin \frac{\varphi_0}{2} \, \text{sn} \, [k; \, \omega(t - t_0)]. \qquad (4.54)$$

φ_0 ist dabei der Maximalausschlag, $k = \sin \varphi_0/2$ der Modul der elliptischen Funktion sn; die hier hinzugefügte Konstante t_0 gestattet eine zweckmäßige Wahl des Zeitnullpunktes. Da im folgenden die zeitliche Änderung des Pendelwinkels gebraucht wird, soll auch diese angegeben werden; nach den Regeln für die Differentiation der elliptischen Funktionen bekommt man aus (4.54)

$$\dot{\varphi} = 2\omega \sin \frac{\varphi_0}{2} \, \text{cn} \, [k; \, \omega(t - t_0)]. \qquad (4.55)$$

Die allgemeinen Lösungen (4.54) bzw. (4.55) werden nun in den beiden Bereichen durch entsprechende Indizes gekennzeichnet. So gilt im Bereich 1:

$$L = L_1 = L_0(1 + \varepsilon); \qquad \varphi = \varphi_1; \qquad \varphi_0 = \varphi_{10}; \qquad k = k_1 = \sin \frac{\varphi_{10}}{2} \qquad (4.56)$$

$$\omega = \omega_1 = \sqrt{\frac{g}{L_1}} = \omega_0 \sqrt{\frac{1}{1 + \varepsilon}},$$

mit

$$\omega_0 = \sqrt{\frac{g}{L_0}}.$$

Entsprechend gilt im Bereich 2:

$$L = L_2 = L_0 \, (1 - \varepsilon); \qquad \varphi = \varphi_2; \qquad \varphi_0 = \varphi_{20}; \qquad k = k_2 = \sin \frac{\varphi_{20}}{2} \qquad (4.57)$$

$$\omega = \omega_2 = \sqrt{\frac{g}{L_2}} = \omega_0 \sqrt{\frac{1}{1 - \varepsilon}} \, .$$

Weiterhin soll eingeführt werden:

$$\varkappa = \frac{\omega_2}{\omega_1} = \sqrt{\frac{1 + \varepsilon}{1 - \varepsilon}} \, . \qquad (4.58)$$

Die bereichsweisen Lösungen müssen an den Übergangsstellen von einem Bereich zum anderen aneinandergeheftet werden. Der Übergang erfolgt bezüglich der Koordinate φ stetig, nicht aber bezüglich $\dot{\varphi}$. Man erkennt das am einfachsten aus dem Drallsatz: während der als verschwindend gering angenommenen Zeit des Hebens bzw. Senkens der Pendelmasse können die äußeren Kräfte – also die Gewichtskraft und die Fadenkraft – keine merkliche Änderung des Dralls bezüglich des Aufhängepunktes des Pendels hervorbringen. Folglich bleibt der Drall unverändert:

$$m L_1^2 \dot{\varphi}_1 = m L_2^2 \dot{\varphi}_2$$

$$\dot{\varphi}_2 = \left(\frac{L_1}{L_2}\right)^2 \dot{\varphi}_1 = \left(\frac{1 + \varepsilon}{1 - \varepsilon}\right)^2 \dot{\varphi}_1 \, .$$

Unter Berücksichtigung von Gl. (4.58) können demnach die Übergangsbedingungen in der Form geschrieben werden:

$$\varphi_2 = \varphi_1, \qquad (4.59)$$

$$\dot{\varphi}_2 = \varkappa^4 \dot{\varphi}_1 \, .$$

4.42 Periodische Lösungen. Um die Grenzen zwischen den zu erwartenden stabilen und instabilen Lösungsgebieten zu finden, sollen die rein periodischen Lösungen gesucht werden. Ganz allgemein aufgefaßt ist dies ein ziemlich schwieriges mathematisches Problem; jedoch lassen sich einige der besonders interessierenden periodischen Lösungen auch durch physikalische Überlegungen finden. Wenn ein Bewegungszustand periodisch ist, dann muß auch die im Schwinger enthaltene Energie stets nach Zeitpunkten, die um eine volle Periodendauer auseinanderliegen, denselben Wert annehmen. Da andererseits die Teilbewegungen in den beiden Bereichen 1 bzw. 2 für sich konservativ – also energieerhaltend – sind, kann eine Änderung der Energie nur an den Sprungstellen erfolgen. Diese Energieänderung ist:

$$\Delta E = mg \, (L_1 - L_2) \cos \varphi + \frac{1}{2} \, m \, \left(L_2^2 \dot{\varphi}_2^2 - L_1^2 \dot{\varphi}_1^2 \right) . \qquad (4.60)$$

Der erste Anteil entspricht der Änderung der potentiellen Energie, der zweite der Änderung der kinetischen Energie. ΔE ist positiv einzusetzen, wenn die Fadenlänge verkürzt wird – also beim Heben –, es ist negativ beim Senken. Periodische

Lösungen sind möglich, wenn in einer Periode

$$\Delta E_{\text{Heben}} + \Delta E_{\text{Senken}} = 0 \qquad (4.61)$$

ist. Diese Bedingung ist sicher erfüllt, wenn gilt

$$|\varphi_H| = |\varphi_S|; \qquad |\dot{\varphi}_{1H}| = |\dot{\varphi}_{1S}|; \qquad |\dot{\varphi}_{2H}| = |\dot{\varphi}_{2S}|,$$

wenn also das Heben bzw. Senken zu Zeitpunkten geschieht, die durch gleiche Beträge von Winkellage φ und Winkelgeschwindigkeit $\dot{\varphi}$ gekennzeichnet sind.

Anders ausgedrückt: die Phasenkurven der Bewegung müssen gewisse Symmetrieeigenschaften besitzen. Zwei der möglichen Fälle sind in Fig. 132 skizziert worden.

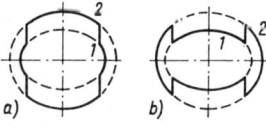

Fig. 132. Phasenkurven möglicher periodischer Bewegungen für das parametererregte Schwerependel

Wie man leicht erkennt, lassen sich beliebig viele periodische Bewegungsformen angeben, bei denen entweder eine gerade Anzahl von Sprüngen im Verlaufe einer Periode vorhanden ist, oder bei denen zwischen je zwei Sprüngen noch ein oder mehrere volle Umläufe hinzugefügt werden. Wir wollen jedoch hier das Problem nicht in voller Allgemeinheit behandeln, sondern uns darauf beschränken, den Anschluß an die früheren Überlegungen zum Schaukelschwinger zu gewinnen. Diesem Fall entsprechen aber gerade die beiden Bewegungsformen von Fig. 132. Nur sie sollen daher näher untersucht werden.

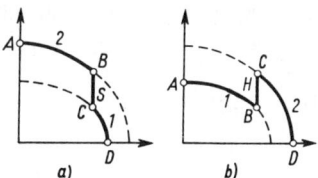

Fig. 133.
Vergrößerte Ausschnitte von Fig. 132

Wegen der Symmetrie der Phasenkurven genügt es, den Verlauf in einem der Quadranten – z. B. im ersten – zu untersuchen. Wie die vergrößerte Skizze von Fig. 133 zeigt, sind die Phasenkurven hier aus je zwei Teilkurven zusammengesetzt, die jeweils in der Zeit $\frac{1}{4} T_p$ durchlaufen werden. Zwischen beiden Teilkurven liegt im Falle a) ein Sprung, der durch das Senken der Pendelmasse bewirkt wird, im Falle b) ein durch das Heben verursachter Sprung. Beide Sprünge sollen nach Voraussetzung momentan erfolgen – vorsichtiger ausgedrückt: in einer gegenüber der Parameterzeit T_p vernachlässigbar kleinen Zeit. Aus der Forderung, daß durch Zusammenflicken der beiden Teilbögen mit je einem Sprung, der den Übergangsbedingungen Gl. (4.59) genügen muß, eine den Quadranten gerade ausfüllende Kurve entstehen soll, läßt sich nun das Amplituden-Frequenz-Diagramm für den betrachteten Bewegungstyp berechnen.

4.43 Berechnung des Amplituden-Frequenz-Diagramms für periodische Lösungen mit $\Omega \approx 2\omega_0$. Bei den folgenden Berechnungen sollen außer den bereits eingeführten Abkürzungen (4.56) und (4.57) noch die Größen

$$\alpha_1 = \frac{\omega_1 T_p}{4}; \qquad \alpha_2 = \frac{\omega_2 T_p}{4} \qquad (4.62)$$

verwendet werden.

Fall a), Fig. 133: Die Phasenkurve beginnt im Punkte A bei $\varphi = 0$ mit einem Teilstück im Bereich 2. Wird die Zeit vom Punkte A aus gezählt, dann ist in der allgemeinen Lösung Gl. (4.54) $t_0 = 0$ zu setzen:

$$\sin \frac{\varphi_2}{2} = k_2 \operatorname{sn}(k_2; \omega_2 t). \tag{4.63}$$

Für das zweite Teilstück $C - D$ wählt man die Zeitzählung am besten so, daß der Punkt D dem Zeitnullpunkt $t = 0$ entspricht. Dann hat man

$$t_0 = - \frac{\mathsf{K}(k_1)}{\omega_1}$$

zu setzen, so daß die Gleichung für dieses Teilstück der Phasenkurve in der Form

$$\sin \frac{\varphi_1}{2} = k_1 \operatorname{sn}\{k_1; \ [\omega_1 t + \mathsf{K}(k_1)]\} \tag{4.64}$$

geschrieben werden kann. $\mathsf{K}(k_1)$ ist dabei das zum Modul k_1 gehörende vollständige elliptische Integrale erster Gattung.

Setzt man nun in Gl. (4.63) $t = \frac{1}{4} T_p$ ein, so erhält man den Wert von φ_2 für den Sprungpunkt B; entsprechend bekommt man aus Gl. (4.64) durch Einsetzen von $t = - \frac{1}{4} T_p$ die Koordinate φ_1 für den Sprungpunkt C. Unter Berücksichtigung des Ausdrucks Gl. (4.55) für die Winkelgeschwindigkeit $\dot{\varphi}$ folgen so aus den Übergangsbedingungen Gl. (4.59) die beiden Gleichungen

$$\begin{aligned}
k_1 \operatorname{sn}\{k_1; \ [\mathsf{K}(k_1) - \alpha_1]\} &= k_2 \operatorname{sn}(k_2; \alpha_2)\\
\varkappa^3 k_1 \operatorname{cn}\{k_1; \ [\mathsf{K}(k_1) - \alpha_1]\} &= k_2 \operatorname{cn}(k_2; \alpha_2).
\end{aligned} \tag{4.65}$$

Diese Gleichungen lassen sich noch vereinfachen, wenn man die Verschiebungssätze aus der Theorie der elliptischen Funktionen verwendet. In etwas vereinfachter Schreibweise lauten sie:

$$\begin{aligned}
\operatorname{sn}(\mathsf{K} - \alpha) &= \frac{\operatorname{cn}\alpha}{\operatorname{dn}\alpha}\\
\operatorname{cn}(\mathsf{K} - \alpha) &= \sqrt{1 - k^2} \, \frac{\operatorname{sn}\alpha}{\operatorname{dn}\alpha}.
\end{aligned} \tag{4.66}$$

dn (delta amplitudinis) ist die dritte der Jacobischen elliptischen Funktionen. Damit folgt aus Gl. (4.65)

$$k_1 \frac{\operatorname{cn}(k_1; \alpha_1)}{\operatorname{dn}(k_1; \alpha_1)} = k_2 \operatorname{sn}(k_2; \alpha_2),$$

$$\varkappa^3 k_1 \sqrt{1 - k_1^2} \, \frac{\operatorname{sn}(k_1; \alpha_1)}{\operatorname{dn}(k_1; \alpha_1)} = k_2 \operatorname{cn}(k_2; \alpha_2). \tag{4.67}$$

Diese beiden Gleichungen verknüpfen zusammen mit der aus den Gln. (4.62) und (4.58) folgenden Beziehung

$$\alpha_2 = \varkappa \alpha_1 \tag{4.68}$$

die vier Größen $k_1, k_2, \alpha_1, \alpha_2$ miteinander. Wird eine dieser Größen – z. B. k_1 – vorgegeben, dann können die anderen drei Größen errechnet werden. Da nun durch die k die Amplituden und durch die α die Parameterzeit T_p bestimmt werden, so läßt sich durch Lösen des Gleichungssystems zu jedem vorgegebenen Wert der Amplitude diejenige Parameterzeit T_p ausrechnen, für die eine periodische Lösung des hier untersuchten Typs möglich ist.

Auf die nicht ganz einfache Auflösung des Systems der 3 Gleichungen (4.67) und (4.68) soll hier nicht eingegangen werden. Sie kann nach bekannten Methoden der praktischen Analysis erfolgen, wobei sich insbesondere Iterationsverfahren anbieten. Auf leichter zu behandelnde Näherungslösungen soll im Abschnitt 4.44 kurz hingewiesen werden.

Fall b), Fig. 133: Völlig analoge Überlegungen, wie sie für den Fall a) angestellt wurden, lassen auch im Fall b) aus den Gleichungen für die Teilbögen $A-B$ bzw. $C-D$ der Phasenkurve – unter Berücksichtigung der Übergangsbedingungen Gl. (4.59) – Bestimmungsgleichungen für die gesuchten Größen gewinnen. Man bekommt jetzt an Stelle der beiden Gln. (4.67) die folgenden:

$$k_1 \operatorname{sn}(k_1; \alpha_1) = k_2 \frac{\operatorname{cn}(k_2; \alpha_2)}{\operatorname{dn}(k_2; \alpha_2)}$$

$$\varkappa^3 k_1 \operatorname{cn}(k_1; \alpha_1) = k_2 \sqrt{1-k_2^2} \frac{\operatorname{sn}(k_2; \alpha_2)}{\operatorname{dn}(k_2; \alpha_2)}. \tag{4.69}$$

Da außerdem die Beziehung (4.68) gültig bleibt, hat man wieder drei Gleichungen zur Verfügung, aus denen drei der Unbekannten errechnet werden können.

Das Ergebnis einer Auswertung der Gleichungssysteme für eine vorgegebene Größe der Änderung der relativen Pendellänge ($\varepsilon = 0,095$) ist in Fig. 134 aufgetragen worden. Dieses Amplituden-Frequenz-Diagramm läßt wichtige Schlüsse auf das Verhalten des Schwingers zu. Im Falle a) erhält man die gestrichelt gezeichnete, für den Fall b) die ausgezogene Kurve. Beide Kurven geben den geometrischen Ort aller der Paare von Zustandsgrößen (Amplitude φ_0 und relative Parameterfrequenz Ω/ω_0) an, für die periodische Lösungen des hier betrachteten Typs möglich sind. Nach den früheren Überlegungen bilden diese Kurven zugleich die Grenzlinien zwischen den stabilen und den instabilen Bereichen. Man kann sich leicht überlegen, daß im vorliegenden Fall der schraffierte Bereich zwischen den beiden Kurven instabilen Bewegungen entsprechen muß. Zu diesem Bereich gehört nämlich auch der Punkt $\varphi_0 = 0$; $\Omega/\omega_0 = 2$, der gerade die Anfangsbewegung des früher untersuchten

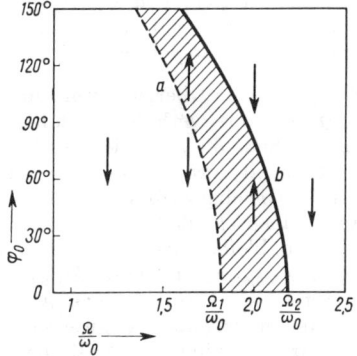

Fig. 134. Teil der Stabilitätskarte für ein Schwerependel mit Parametererregung

und als instabil erkannten Schaukelschwingers charakterisiert.

Die Amplituden φ_0 von Schwingungen, deren Bildpunkte im instabilen Bereich liegen, wachsen an; folglich wandern die Bildpunkte im Sinne der eingezeichneten Pfeile. Umgekehrt nehmen die Amplituden in den stabilen Bereichen ab. Man kann aus dem durch die Pfeilrichtungen angedeuteten Amplitudenverhalten unmittelbar auch das Stabilitätsverhalten der periodischen Lösungen beurteilen. So müssen die auf dem gestrichelten Ast a) möglichen periodischen

Lösungen als instabil bezeichnet werden, da die geringste Störung der Amplitude zur Folge hat, daß sich der Bildpunkt von dieser Grenzlinie entfernt und die Schwingungen entweder zur Ruhe kommen oder aber sich bis zu dem Ast b) aufschaukeln. Die periodischen Bewegungen auf dem Ast b) sind stabil, da der Bildpunkt nach geringen Störungen wieder zu diesem Ast zurückkehrt.

Aus diesen Überlegungen erkennt man auch, daß die Gleichgewichtslage $\varphi = 0$, die ebenfalls eine Lösung der Ausgangsgleichung darstellt, je nach der Größe der Frequenz stabil oder instabil sein kann. Wenn die Grenzfrequenzen, bei denen die beiden Äste a) und b) auf der Abszisse aufsetzen, mit Ω_1 bzw. Ω_2 bezeichnet werden, dann kann die Gleichgewichtslage stabil sein für $\Omega < \Omega_1$ und $\Omega > \Omega_2$, sie ist instabil für $\Omega_1 < \Omega < \Omega_2$. Dabei muß freilich bedacht werden, daß auch noch weitere Bereiche auf der Abszisse instabil sein können; sie gehören jedoch zu anderen Typen periodischer Bewegungen und müßten gesondert berechnet werden.

Ein Unterschied gegenüber den linearen Systemen liegt in der Tatsache, daß das stabile bzw. instabile Verhalten des Schwingers auch noch von der Amplitude abhängt. So gilt die Aussage über die Stabilität der Gleichgewichtslage für $\Omega < \Omega_1$ nur bei hinreichend kleinen Amplituden, also „im Kleinen". Mit den Daten von Fig. 134 würde der Schwinger bei $\Omega = 1{,}7\ \omega_0$ nur für $\varphi_0 < 75°$ stabil sein; im Bereich $75° < \varphi_0 < 137°$ ist er instabil; für noch größere Amplituden verlaufen die Bewegungen wieder gedämpft. Bei der angegebenen Frequenz sind also zwei stabile stationäre Bewegungsformen möglich: Verharren in der Gleichgewichtslage $\varphi = 0$ oder periodische Schwingungen mit einer Amplitude von $\varphi_0 = 137°$. Welche von diesen beiden Möglichkeiten sich einstellt, hängt von den Anfangsbedingungen ab. Der instabile Ast a) gibt zugleich die Grenze für die Anfangsbedingungen an, die zu einer der beiden Bewegungsformen führen.

Entsprechende Überlegungen gelten auch im instabilen Bereich. Ein parametererregtes Pendel verhält sich daher bei einer Parameterfrequenz $\Omega = 2\,\omega_0$ anders als eine Schaukel, für die dasselbe Frequenzverhältnis gilt. Für $\varphi_0 \ll 1$ ist kein Unterschied vorhanden; beide Schwinger können durch die geringste Störung aus der Gleichgewichtslage aufgeschaukelt werden. Während jedoch die Amplituden der Schaukel in geometrischer Progression bis zum Überschlagen anwachsen, bleiben die Amplituden des parametererregten Pendels beschränkt (in Fig. 134 $\varphi_{max} \approx 80°$). Diese Amplitudenbeschränkung ist typisch für nichtlineare Systeme; sie kann als eine Art Verstimmungseffekt gedeutet werden. Aufschaukelungen entstehen, wenn das Verhältnis zwischen Parameterfrequenz und Eigenfrequenz in einem kritischen Bereich liegt. Bei linearen Systemen ist diese Bedingung für alle Amplituden erfüllt, wenn sie für kleine Amplituden gilt. Daher gibt es bei linearen Systemen keine Amplitudenbeschränkungen. Bei einem nichtlinearen System ist die Eigenfrequenz eine Funktion der Amplitude. Mit dem Anwachsen der Amplitude verändert sich also auch das Verhältnis von Parameterfrequenz und Eigenfrequenz. Wird dadurch die Grenze des kritischen Bereiches für das Frequenzverhältnis erreicht, dann geht der Schwinger im allgemeinen asymptotisch in eine periodische Bewegungsform über.

Es sei beiläufig bemerkt, daß die Neigung des schraffierten Bereiches von Fig. 134 von der Art der Rückführkennlinie des Schwingers abhängt. Fig. 134 ist für ein Schwerependel berechnet worden, bei dem die Schwingungszeit mit wachsender Amplitude größer wird. Hat man eine Kennlinie, bei der die Schwingungszeit mit wachsender Amplitude fällt, dann neigt sich der instabile Bereich nach der anderen Seite, also zu größeren Frequenzen hin. Ein analoges Verhalten ist auch bei erzwungenen Schwingungen nichtlinearer Systeme festzustellen.

4.44 Näherungen für die Fälle $\varphi_0 \ll 1$ bzw. $\varepsilon \ll 1$. Die Berechnungen der vorhergehenden Abschnitte lassen sich erheblich vereinfachen, wenn eine Beschränkung auf kleine Amplituden $\varphi_0 \ll 1$ vorgenommen wird. Derartige Näherungen können sehr aufschlußreich sein, wenn sie auch manche Einzelheiten des Bewegungsverhaltens – z. B. die Einflüsse der nichtlinearen Kennlinie – nicht zu erkennen gestatten.

Für $\varphi_{10} \ll 1$ bzw. $\varphi_{20} \ll 1$ werden nach (4.57) bzw. (4.58) die Moduln

$$k_1 \approx \frac{1}{2}\varphi_{10} \ll 1; \qquad k_2 \approx \frac{1}{2}\varphi_{20} \ll 1.$$

Damit aber gehen die Jacobischen elliptischen Funktionen in die entsprechenden trigonometrischen Funktionen über:

$$\text{sn} \to \sin; \qquad \text{cn} \to \cos; \qquad \text{dn} \to 1; \qquad K(k) \to \frac{\pi}{2}.$$

Man kann daher im Falle a) die Bestimmungsgleichungen (4.67) in der Form schreiben

$$\frac{1}{2}\varphi_{10}\cos\alpha_1 = \frac{1}{2}\varphi_{20}\sin\alpha_2$$

$$\varkappa^3 \frac{1}{2}\varphi_{10}\sin\alpha_1 = \frac{1}{2}\varphi_{20}\cos\alpha_2. \tag{4.70}$$

Hieraus lassen sich die Amplituden φ_{10} und φ_{20} völlig eliminieren. Bildet man die Quotienten der linken und rechten Seiten, so kommt man unter Berücksichtigung der früher eingeführten Abkürzungen (4.62) bzw. (4.56) bis (4.58) und unter Verwendung von $T_p = 2\pi/\Omega$ zu einer Bestimmungsgleichung für das gesuchte Frequenzverhältnis Ω/ω_0

$$\tan\frac{\pi\omega_0}{2\sqrt{1+\varepsilon}\,\Omega}\tan\frac{\pi\omega_0}{2\sqrt{1-\varepsilon}\,\Omega} = \left(\frac{1-\varepsilon}{1+\varepsilon}\right)^{\frac{3}{2}}. \tag{4.71}$$

Ganz entsprechend erhält man im Falle b) aus den Gln. (4.69)

$$\frac{1}{2}\varphi_{10}\sin\alpha_1 = \frac{1}{2}\varphi_{20}\cos\alpha_2$$

$$\varkappa^3 \frac{1}{2}\varphi_{10}\cos\alpha_1 = \frac{1}{2}\varphi_{20}\sin\alpha_2 \tag{4.72}$$

und nach Elimination der Amplituden

$$\tan\frac{\pi\omega_0}{2\sqrt{1+\varepsilon}\,\Omega}\tan\frac{\pi\omega_0}{2\sqrt{1-\varepsilon}\,\Omega} = \left(\frac{1+\varepsilon}{1-\varepsilon}\right)^{\frac{3}{2}}. \tag{4.73}$$

Aus den beiden Beziehungen (4.71) und (4.73) können nun zu jedem vorgegebenen Wert von ε zwei Grenzwerte für das Frequenzverhältnis Ω/ω_0 ausgerechnet werden. Damit aber läßt sich eine Stabilitätskarte für den hier untersuchten Schwingungstyp ausrechnen, die der früher besprochenen Ince-Struttschen Karte vollkommen analog ist.

Diese Näherungen gelten für beliebig große Parameteränderungen ε. Weitere Vereinfachungen lassen sich erreichen, wenn auch noch $\varepsilon \ll 1$ angenommen werden kann. Zunächst sieht man aus (4.71) und (4.73), daß im Grenzfall $\varepsilon \to 0$ in beiden Fällen $\Omega/\omega_0 \to 2$ herauskommt. Je größer nun der Betrag von ε wird, um so mehr weichen die beiden Grenzfrequenzwerte voneinander ab – um so breiter also wird der zwischen ihnen liegende instabile Bereich. Durch eine Entwicklung der Ausdrücke (4.71) und (4.73) nach Potenzen von ε und Abbrechen nach dem ersten Glied findet man leicht die Beziehung

$$\tan \frac{\pi \omega_0}{2\Omega} \approx 1 \pm \frac{3\varepsilon}{2} \qquad (\varepsilon \ll 1) \tag{4.74}$$

oder

$$\Omega_1 \approx \frac{\pi \omega_0}{2 \arctan\left(1 + \dfrac{3\varepsilon}{2}\right)},$$

$$\Omega_2 \approx \frac{\pi \omega_0}{2 \arctan\left(1 - \dfrac{3\varepsilon}{2}\right)}. \tag{4.75}$$

Instabilität ist zu erwarten im Bereich

$$\Omega_1 < \Omega < \Omega_2. \tag{4.76}$$

4.5 Aufgaben

31. Der im Abschnitt 4.2 berechnete Schaukelschwinger sei einer dämpfenden Kraft unterworfen, die dem Quadrat der Geschwindigkeit proportional ist ($K_D = -q \mid v \mid v$). Unter der Voraussetzung $\varphi_0 \ll 1$ berechne man den Energieverlust ΔE_D für eine Halbschwingung und ermittle daraus die Amplitude φ_0^* der stationären Schwingung. Ist diese Schwingung stabil?

32. Der Aufhängepunkt eines hängenden Pendels mit der Eigenfrequenz ω_0 werde periodisch mit $x = A \cos \Omega t$ in vertikaler Richtung bewegt, wobei der Betrag von A $10^0/_0$ des Wertes der reduzierten Pendellänge L_r betragen soll. Man gebe unter Verwendung der Näherungsformel (4.46) die oberen beiden Frequenzbereiche an, in denen aufschaukelnde Schwingungen zu erwarten sind.

33. Wie groß muß die Frequenz Ω der Vertikalschwingungen des Aufhängepunktes für das Pendel von Aufgabe 32 mindestens sein, wenn die obere Gleichgewichtslage stabilisiert werden soll?

34. Man bringe die Gl. (4.2) für die Schwingungen im Kupplungsstangenantrieb mit $c(t) = c_0 + \Delta c \cos 4\Omega t$ auf die Normalform (4.41) und gebe die zugehörigen Werte für λ und γ an. Beachte, daß die Umdrehungsfrequenz des Rades $\Omega = v/R$ ist (v = Fahrgeschwindigkeit, R = Radradius).
Man gebe unter Verwendung der Näherungsformeln (4.46) explizite Ausdrücke für die Grenzen v_1 und v_2 des obersten kritischen Bereiches der Fahrgeschwindigkeit an, in dem Schwingungen zu erwarten sind.

35. Man zeige, daß aus der Mathieuschen Gl. (4.41) mit dem Fourier-Ansatz (4.50) mit $\omega t = \tau/2$ bei Vernachlässigung höherer Glieder der Entwicklung die Näherungslösung (4.46) für λ_2 und λ_3 erhalten wird.

5 Erzwungene Schwingungen

Kennzeichen erzwungener Schwinger ist das Vorhandensein einer äußeren Erregung, durch die das Zeitgesetz der Bewegungen des Schwingers bestimmt wird. Erzwungene Schwingungen sind fremderregt, da die Erregung von außen kommt. Die erregenden Kräfte sind auch dann wirksam, wenn sich der Schwinger selbst nicht bewegt. Darin unterscheiden sich die erzwungenen Schwingungen von den zuvor behandelten selbsterregten oder parametererregten Schwingungen. So sind die schwingungserregenden Kräfte eines Verbrennungsmotors auch dann vorhanden, wenn das Fundament, auf dem der Motor steht, durch irgendwelche Maßnahmen festgehalten, also am Schwingen gehindert wird.

In den Bewegungsgleichungen erzwungener Schwingungen gibt es stets ein zeitabhängiges Erregerglied $f(t)$, das von der schwingenden Zustandsgröße x unabhängig ist. Die Bewegungsgleichungen haben daher die allgemeine Form $D(x) = f(t)$, wobei $D(x)$ irgendein Differentialausdruck in x ist. Freilich beschränkt man sich bei der Untersuchung erzwungener Schwingungen im allgemeinen auf einfache Fälle, bei denen entweder die linke oder die rechte Seite der Gleichung – oder auch beide – spezielle Formen annehmen. So interessieren vor allem Gleichungen, bei denen die linke Seite zu einem linearen Differentialausdruck

$$D(x) \rightarrow L(x) = a_n \frac{\mathrm{d}^n x}{\mathrm{d}t^n} + a_{n-1} \frac{\mathrm{d}^{n-1} x}{\mathrm{d}t^{n-1}} + \cdots + a_1 \frac{\mathrm{d}x}{\mathrm{d}t} + a_0 x \qquad (5.1)$$

wird. Für einen Schwinger mit nur einem Freiheitsgrad gilt $n = 2$. Die Bewegungsgleichung des Schwingers wird mit Gl. (5.1) zu einer linearen, inhomogenen Differentialgleichung, für deren Lösung die mathematische Theorie der Differentialgleichungen eine Reihe von Methoden zur Verfügung stellt. Es läßt sich zeigen, daß die allgemeine Lösung der vollständigen (inhomogenen) Gleichung $L(x) = f(t)$ aus der allgemeinen Lösung der zugehörigen homogenen Gleichung $L(x) = 0$ und einer partikulären Lösung der inhomogenen Gleichung zusammengesetzt werden kann. Da die Lösung der homogenen Gleichung den Eigenschwingungen des betrachteten Systems entspricht, so folgt, daß sich die allgemeine Bewegung eines durch äußere Erregungen in Gang gesetzten Schwingers durch eine Überlagerung von freien und erzwungenen Schwingungen ergibt.

Bei den Erregerfunktionen interessieren in der Schwingungspraxis vor allem periodische $f(t)$, die in vielen Fällen sogar durch ein harmonisches Zeitgesetz wiedergegeben werden können. Darüber hinaus aber hat es sich gezeigt, daß auch Sprung- und Stoß-Funktionen von Interesse sind, da sie nicht nur als Prüffunktionen zum Erkennen der Eigenschaften eines Schwingers verwendet werden können, sondern auch geeignet sind, die Lösungen für den allgemeinsten Fall beliebiger Erregerfunktionen aufzubauen.

Entsprechend den genannten Vereinfachungen sollen in diesem Kapitel zunächst die linearen Schwinger behandelt werden; danach bleiben die charakteristischen Einwirkungen von Nichtlinearitäten auf das Schwingungsverhalten zu untersuchen. Daneben soll das Zeitgesetz der Erregerfunktionen variiert werden, um so die bei erzwungenen Schwingungen vorkommenden und praktisch interessierenden Erscheinungen zu beleuchten.

5.1 Die Reaktion linearer Systeme auf nichtperiodische äußere Erregungen

5.11 Übergangsfunktionen bei Erregung durch eine Sprungfunktion. Es soll zunächst das Verhalten eines Schwingers mit einem Freiheitsgrad betrachtet werden. Dazu greifen wir auf die früher schon behandelte Gleichung (2.115) zurück und ergänzen sie durch Hinzufügen einer äußeren Erregerfunktion $f(t)$:

$$m\ddot{x} + d\dot{x} + cx = f(t). \tag{5.2}$$

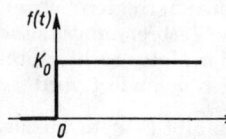

Fig. 135. Die Sprungfunktion

$f(t)$ sei eine Sprungfunktion, wie sie in Fig. 135 dargestellt ist:

$$f(t) = \begin{cases} 0 & \text{für } t < 0 \\ K_0 & \text{für } t \geqq 0. \end{cases} \tag{5.3}$$

Man erkennt aus Gl. (5.2), daß die stückweise konstante Erregung $f(t)$ zu einer Verlagerung der Gleichgewichtslage des Schwingers führt:

$$x_{Gl} = \begin{cases} 0 & \text{für } t < 0 \\ \dfrac{K_0}{c} = x_0 & \text{für } t \geqq 0. \end{cases}$$

Die Bewegung des Schwingers besteht aus Eigenschwingungen, die um die sich sprunghaft ändernde Gleichgewichtslage herum erfolgen. Zur Ausrechnung bringen wir die Bewegungsgleichung (5.2) in die schon im Kap. 2 verwendete dimensionslose Form

$$x'' + 2Dx' + x = \begin{cases} 0 & \text{für } t < 0 \\ x_0 & \text{für } t \geqq 0. \end{cases} \tag{5.4}$$

Wir wollen uns darauf beschränken, das Verhalten für $t \geqq 0$ zu untersuchen und können – wie bereits erwähnt – die allgemeine Lösung als Summe einer partikulären Lösung der inhomogenen Gleichung und der allgemeinen Lösung der homogenen Gleichung aufbauen. Die partikuläre Lösung ist einfach $x = x_0$, die Lösung der homogenen Gleichung (Eigenschwingungen) ist aus Gl. (2.127) bekannt. Folglich hat die allgemeine Lösung von Gl. (5.4) für $t \geqq 0$ die Gestalt:

$$x = x_0 + C e^{-D\tau} \cos\left(\sqrt{1 - D^2}\, \tau - \varphi\right), \quad (D < 1). \tag{5.5}$$

Nehmen wir nun an, daß der Schwinger für $t < 0$ in Ruhe war, dann ist als Anfangsbedingung einzusetzen

$$t = 0: x = 0, \qquad x' = 0.$$

Die Bestimmung der Konstanten C und φ aus diesen Anfangsbedingungen führt nach einfacher Rechnung (s. Gl. 2.129) zu

$$C = -\frac{x_0}{\sqrt{1 - D^2}},$$

$$\tan\varphi = \frac{D}{\sqrt{1 - D^2}} = \tan\delta = \tan\sqrt{1 - D^2}\,\tau_0.$$

δ bzw. τ_0 sind dabei Größen, die die Verschiebung des Maximums der gedämpften Eigenschwingung charakterisieren (s. Gl. 2.141). Gl. (5.5) geht nun über in:

$$x_{\ddot{u}} = \frac{x(\tau)}{x_0} = 1 - \frac{e^{-D\tau}}{\sqrt{1 - D^2}} \cos\sqrt{1 - D^2}(\tau - \tau_0), \quad (D < 1). \tag{5.6}$$

Durch diese Beziehung wird der Übergang des Schwingers aus der alten Gleichgewichtslage in die neue beschrieben. Den bezogenen Wert $x_{\ddot{u}}$, der die Reaktion auf einen Einheitssprung darstellt, bezeichnet man als Übergangsfunktion des Schwingers.

Gl. (5.6) gilt für $D < 1$. Es bereitet keine Schwierigkeiten, die entsprechenden Übergangsfunktionen auch für die anderen beiden Fälle $D = 1$ und $D > 1$ anzugeben. Ohne auf die Ausrechnung einzugehen, seien hier nur die Ergebnisse angeführt:

$$x_{\ddot{u}} = \frac{x}{x_0} = 1 - (1 + \tau)e^{-\tau}, \quad (D = 1), \tag{5.7}$$

$$x_{\ddot{u}} = \frac{x}{x_0} = 1 - \frac{D + k}{2k} e^{-(D-k)\tau} + \frac{D - k}{2k} e^{-(D + k)\tau}, \quad (D > 1) \tag{5.8}$$

mit der Abkürzung $k = \sqrt{D^2 - 1}$.

Der Verlauf der Übergangsfunktionen ist aus Fig. 136 für verschiedene Werte von D zu ersehen.

Die hier angestellten Überlegungen lassen sich sinngemäß auch auf Schwinger mit mehreren Freiheitsgraden übertragen. Man kann die Übergangsfunktion, d. h. die Reaktion eines Schwingers auf eine sprunghafte Einheitsstörung geradezu als Visitenkarte des Schwingers betrachten – und man macht von dieser Möglichkeit in der Regelungstechnik ausgiebigen und sehr erfolgreichen Gebrauch. Es ist dabei üblich, das einfache Schema von Fig. 18 zugrunde zu legen, bei dem der Schwinger – unabhängig von seinem inneren Aufbau – als ein Kästchen dargestellt wird, in das eine Eingangsgröße x_e (Erregergröße) hereingeführt und eine Ausgangsgröße x_a (z. B. der Schwingungsausschlag) herausgeführt

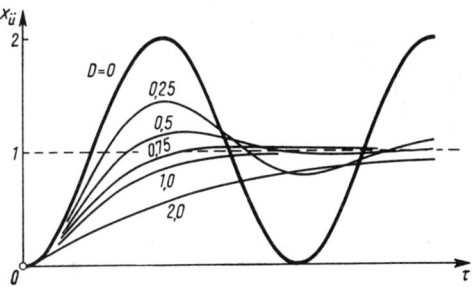

Fig. 136. Sprung-Übergangsfunktionen für verschiedene Werte der Dämpfung

wird. Ist $x_e(t)$ eine Sprungfunktion, speziell ein Einheitssprung, dann wird $x_a(t) = x_{\ddot{u}}$ die zum Schwinger gehörende Übergangsfunktion. Gelegentlich spricht man präziser von einer Sprung-Übergangsfunktion, um auch den Charakter der Eingangsfunktion anzudeuten und um Verwechslungen mit den im folgenden Abschnitt zu behandelnden Stoß-Übergangsfunktionen zu vermeiden.

5.12 Übergangsfunktionen bei Erregung durch eine Stoßfunktion. Es sei jetzt $f(t)$ eine Stoßfunktion (Dirac-Funktion), wie sie in Fig. 137 skizziert ist. Für sie gilt fast überall $f(t) = 0$, mit Ausnahme eines sehr kleinen Zeitintervalles

$-\varepsilon \leqq t \leqq +\varepsilon$ in der Umgebung des Nullpunktes. In diesem Intervall wird die Funktion meist so normiert, daß

$$\int_{-\varepsilon}^{+\varepsilon} f(t)\,\mathrm{d}t = 1$$

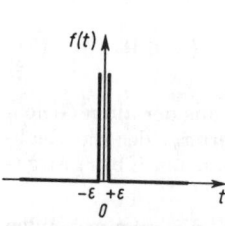

Fig. 137. Die Stoßfunktion

ist („Einheits-Stoß"). Durch eine derartige Funktion läßt sich ein auf den Schwinger wirkender Stoß wiedergeben. Unmittelbare Folge des Stoßes ist eine Änderung des Geschwindigkeitszustandes des Schwingers. War der Schwinger vor dem Stoß in Ruhe, dann kann die Bewegung nach dem Stoß durch Anpassen der allgemeinen Lösung (5.5) an die Anfangsbedingungen

$$\tau = 0; \qquad x = 0; \qquad x' = v_0 \neq 0$$

errechnet werden. Die Ausrechnung führt bei den verschiedenen Bereichen von D zum Ergebnis:

$$x_i = \frac{v_0\,\mathrm{e}^{-D\tau}}{\sqrt{1 - D^2}} \sin \sqrt{1 - D^2}\,\tau, \qquad (D < 1), \tag{5.9}$$

$$x_i = v_0 \tau \mathrm{e}^{-\tau}, \qquad (D = 1), \tag{5.10}$$

$$x_i = \frac{v_0}{2\,k}\left[\mathrm{e}^{-(D-k)\tau} - \mathrm{e}^{-(D+k)\tau}\right], \qquad (D > 1). \tag{5.11}$$

Den Verlauf dieser **Impuls-Übergangsfunktion** oder **Stoß-Übergangsfunktion** zeigt Fig. 138 für einige Werte der Dämpfungsgröße D. Die absolute Größe des Stoßes, d. h. der Wert von v_0, hat keinen Einfluß auf den Charakter der Übergangsfunktion, so daß man sich – bei linearen Systemen – darauf beschränken kann, den Fall $v_0 = 1$ zu betrachten.

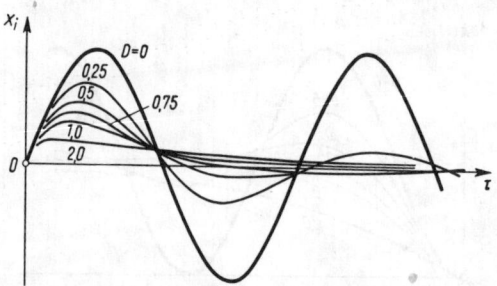

Fig. 138. Stoß-Übergangsfunktionen für verschiedene Werte der Dämpfung

Auch die Impuls-Übergangsfunktion läßt sich allgemein für Schwinger mit mehreren Freiheitsgraden definieren: bei stoßartigem Verlauf einer Eingangsgröße x_e erhält man als Ausgangsgröße die Impuls-Übergangsfunktion, die – wie auch die Sprung-Übergangsfunktion – zur Kennzeichnung eines Schwingers verwendet werden kann.

5.13 Die Wahl optimaler Gerätedaten. Überall dort, wo Schwinger in Physik und Technik verwendet werden, entsteht die Frage nach den günstigsten Daten, d. h. nach einer solchen Abstimmung des Schwingers, daß bestimmte Eigenschaften erreicht oder so gut wie möglich angenähert werden. Dieses Problem, das in der Regelungstechnik unter dem Stichwort Optimierung große Bedeutung erlangte, kann niemals losgelöst von den spezifischen Gegebenheiten jedes einzelnen Falles behandelt werden. Dazu sind die Anforderungen an die Geräte und vor allem die Auffassungen darüber, was als Optimum betrachtet werden soll, zu verschieden. Wir wollen uns hier darauf beschränken, am Beispiel eines einfachen Schwingers mit einem Freiheitsgrad gewisse, für die Lösung von Optimierungsfragen charakteristische Methoden zu beleuchten.

Bei einem elektrischen Meßgerät (Strommesser, Spannungsmesser o. ä.) bildet das Zeigersystem einen Schwinger mit den charakteristischen Kennzeichen: Trägheit, Federung und Dämpfung. Das Gerät dient zum Messen von zeitabhängigen Größen, und es muß gefordert werden, daß die Anzeige (Ausgangsgröße) möglichst gut den Verlauf der zu messenden Zustandsgröße (Eingangsgröße) wiedergibt. Ist die Eingangsgröße eine Sprungfunktion (Einschalten eines Stromkreises), dann soll die Ausgangsgröße weder unzulässig weit über den Gleichgewichtswert hinausschwingen, noch soll sie zu langsam in die neue Gleichgewichtslage hereinkriechen. Man kann dabei zwischen den in Fig. 136 skizzierten Übergangsfunktionen wählen und den „günstigsten" Wert der dimensionslosen Dämpfungsgröße D suchen. Es leuchtet ein, daß sowohl sehr kleine als auch sehr große Werte von D gleichermaßen ungünstig sind. Dazwischen muß irgendwo ein Optimum liegen. Was aber soll als Kriterium für dieses Optimum verwendet werden?

Man könnte diejenige Übergangsfunktion als optimal bezeichnen, für die die Zeitkonstante des Abklingens den kleinsten Wert besitzt. Wie man aus den Gln. (5.6) bis (5.8) sieht, ist das der Fall für $D = 1$; hier wird die Zeitkonstante des Abklingens $\tau_z = 1$. Für $D < 1$ hingegen wird $\tau_z = 1/D > 1$; im Falle $D > 1$ existieren zwei verschiedene Abklingkonstanten

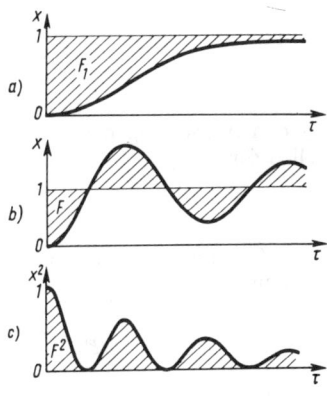

$$\tau_{z1} = \frac{1}{D + \sqrt{D^2 - 1}} < 1;$$

$$\tau_{z2} = \frac{1}{D - \sqrt{D^2 - 1}} > 1.$$

Wenn auch in diesem Falle für ganz spezielle Anfangsbedingungen, bei denen der Bewegungsanteil mit der Zeitkonstanten τ_{z2} nicht zur Auswirkung kommt, ein schnelles Einschwingen mit der kleinen Zeitkonstante τ_{z1} möglich ist, so wird man doch nur eine solche Abstimmung als optimal bezeichnen können, die bei beliebigen Anfangsbedingungen ein möglichst schnelles

Fig. 139. Geometrische Deutung der Integralkriterien (5.12), (5.13) und (5.17)

Einschwingen ergibt. Die Forderung nach einer möglichst kleinen Einschwingzeitkonstante führt damit zu dem „optimalen" Wert $D = 1$.

Zur Charakterisierung der Einschwinggeschwindigkeit kann man außer der Abklingzeitkonstanten auch die Fläche heranziehen, die in einem x, τ-Diagramm zwischen der Übergangsfunktion und der Gleichgewichtsgeraden $x = 1$ eingeschlossen wird. In Fig. 139a und 139b ist diese Fläche für zwei verschiedene

Werte von D skizziert. Man kann nun denjenigen Wert von D als optimal bezeichnen, für den

$$F_1 = \int\limits_0^\infty [1 - x_{\ddot{u}}(\tau)]\, d\tau = \text{Minimum} \tag{5.12}$$

wird. Rechnet man das Integral für die Übergangsfunktionen (5.6), (5.7) und (5.8) aus, so bekommt man in allen drei Fällen den Wert $F_1 = 2D$. Nun muß berücksichtigt werden, daß das Kriterium (5.12) vernünftigerweise nur für monotone Vorgänge – also für $D \geq 1$ – verwendet werden kann. Für $D < 1$ wird es unbrauchbar, weil bei der Integration die über bzw. unter der neuen Gleichgewichtslage liegenden Flächen von Fig. 139b mit verschiedenem Vorzeichen gezählt werden, so daß sie sich zum Teil gegenseitig aufheben. Für monotone Vorgänge ergibt demnach das Kriterium (5.12) als günstigsten Wert $D = 1$.

Durch eine geringfügige Änderung läßt sich das Kriterium aber auch für $D < 1$ verwendbar machen. Man hat dazu nur den Integranden in Absolutstriche zu setzen:

$$F_2 = \int\limits_0^\infty |x_{\ddot{u}}(\tau) - 1|\, d\tau = \text{Minimum}. \tag{5.13}$$

Dann werden die Flächen von Fig. 139b stets positiv gezählt. Für einen einfachen Schwinger läßt sich das Integral (5.13) explizit auswerten. Setzt man Gl. (5.6) in (5.13) ein, so folgt:

$$F_2 = \frac{e^{-D\tau_0}}{\nu} \int\limits_{-\tau_0}^\infty |e^{-Dz} \cos \nu z|\, dz$$

mit den Abkürzungen $\nu = \sqrt{1 - D^2}$ und $z = \tau - \tau_0$. Der Integrand hat Nullstellen für

$$z_n = \frac{(2n + 1)\pi}{2\nu}\, ; \qquad n = 0, 1, 2, \ldots \tag{5.14}$$

Nach Zerlegung des Integrals in Teilintegrale zwischen den Nullstellen des Integranden folgt:

$$F_2 = \frac{e^{-D\tau_0}}{\nu} \left[\int\limits_{-\tau_0}^{z_0} + \int\limits_{z_0}^{z_1} + \int\limits_{z_1}^{z_2} + \ldots \right]. \tag{5.15}$$

Die Teilintegrale lassen sich auswerten und ergeben

$$\int e^{-Dz} \cos \nu z\, dz = -e^{-Dz}\, (D \cos \nu z - \nu \sin \nu z). \tag{5.16}$$

Nun gilt wegen Gl. (5.14):

$$\sin \nu z_n = (-1)^n,$$
$$\cos \nu z_n = 0,$$

sowie wegen Gl. (2.141) für $\tau = \tau_0$:

$$\sin \nu\tau_0 = D,$$
$$\cos \nu\tau_0 = \nu.$$

Damit folgt aus Gl. (5.15) unter Berücksichtigung der Absolutstriche im Integranden:

$$F_2 = 2 \left[D + e^{-D\tau_0} \sum_{n=0}^{\infty} e^{-Dz_n} \right]. \tag{5.17}$$

Wegen Gl. (5.14) läßt sich umformen:

$$\sum_{n=0}^{\infty} e^{-Dz_n} = e^{-\frac{D\pi}{2\nu}} \sum_{n=0}^{\infty} \left(e^{-\frac{D\pi}{\nu}} \right)^n = \frac{e^{-\frac{D\pi}{2\nu}}}{1 - e^{-\frac{D\pi}{\nu}}} \tag{5.18}$$

$$F_2 = 2 \left[D + \frac{e^{-D\left(\tau_0 + \frac{\pi}{2\nu}\right)}}{1 - e^{-\frac{D\pi}{\nu}}} \right]. \tag{5.19}$$

Wegen

$$\nu = \sqrt{1 - D^2} \quad \text{und} \quad \tau_0 = \frac{\arcsin D}{\nu}$$

ist somit F_2 nur noch eine Funktion der Dämpfungsgröße D. Diese Funktion hat ein Minimum bei dem Wert $D = 0{,}663$, der demnach bezüglich des Kriteriums (5.13) als optimal bezeichnet werden muß.

Die bei der Berechnung von F_2 notwendige Zerlegung des Gesamtintegrales in Teilintegrale läßt sich umgehen, wenn man als Kriterium

$$F_3 = \int_0^{\infty} [x_{\ddot{u}}(\tau) - 1]^2 \, d\tau = \text{Minimum} \tag{5.20}$$

verwendet (siehe Fig. 139c). Man erhält nach Einsetzen der Übergangsfunktion Gl. (5.6) – also für einen Schwinger von einem Freiheitsgrad:

$$F_3 = \frac{1 + 4D^2}{4D}. \tag{5.21}$$

Diese Funktion hat ein Minimum bei dem Werte $D = 0{,}5$.

Die hier erwähnten Beispiele zeigen bereits die Problematik in der Auswahl der Optimierungs-Kriterien. Bedenkt man zudem, daß diese Überlegungen nur für eine Sprung-Übergangsfunktion gelten, daß aber in der technischen Schwingungslehre auch viele andere Arten von Erregerfunktionen von Bedeutung sind, dann erkennt man, daß ein für alle interessierenden Fälle gleichmäßig brauchbares Kriterium schwerlich gefunden werden kann.

In der Technik der einfachen Schwinger hat es sich als praktisch herausgestellt, einen Wert der Dämpfungsgröße in der Nähe von $D = \sqrt{0{,}5} \approx 0{,}7$ zu verwenden. Dieser Wert ist auch noch aus anderen, im Abschnitt 5.212 zu besprechenden Gründen günstig.

5.14 Allgemeine Erregerfunktionen. Eine beliebige zeitabhängige Erregerfunktion $f(t)$ kann – wie dies in Fig. 140 gezeigt ist – stets durch eine Folge von Sprungfunktionen approximiert werden. Die Höhe des zur Zeit $t = t^*$ erfolgenden Sprunges ist:

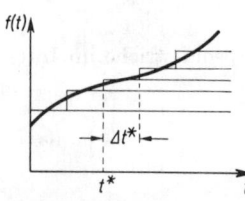

$$\Delta x_0(t^*) = \left[\frac{\mathrm{d}f(t)}{\mathrm{d}t}\right]_{t = t'} \Delta t^*. \tag{5.22}$$

Dabei ist Δt^* die Zeitdifferenz zwischen zwei benachbarten Sprüngen und t' ein geeignet gewählter Wert im Intervall $t^* \leqq t' \leqq t^* + \Delta t^*$. Der Einzelsprung zur Zeit $t = t^*$ liefert für die Ausgangsfunktion den Beitrag:

Fig. 140. Aufbau einer Erregerfunktion $f(t)$ aus Sprungfunktionen

$$\Delta x(t) = \begin{cases} 0 & \text{für } t < t^* \\ \Delta x_0(t^*) x_{\ddot{u}}(t - t^*) & \text{für } t \geqq t^*. \end{cases} \tag{5.23}$$

Da der Schwinger als linear vorausgesetzt werden soll, kann die Ausgangsgröße durch Überlagerung der von den Einzelsprüngen herrührenden Beiträge erhalten werden:

$$x(t) = \sum \Delta x(t).$$

Geht man nun zur Grenze $\Delta t^* \to 0$ über, so folgt:

$$x(t) = \int\limits_0^t \frac{\mathrm{d}f(t^*)}{\mathrm{d}t^*}\, x_{\ddot{u}}(t - t^*)\, \mathrm{d}t^*. \tag{5.24}$$

Aus diesem von Duhamel angegebenen und nach ihm benannten Integral kann die Reaktion eines linearen Schwingers bei Erregung durch beliebige Zeitfunktionen $f(t)$ berechnet werden. Die Lösung (5.24) gilt für dieselben Anfangsbedingungen, für die die Übergangsfunktion $x_{\ddot{u}}(t)$ ausgerechnet wurde, also für ein zur Zeit $t \leqq 0$ in Ruhe befindliches System. Fügt man zu Gl. (5.24) noch den Ausdruck für die Eigenschwingungen hinzu, dann erhält man die allgemeinste Lösung, die beliebigen Anfangsbedingungen angepaßt werden kann.

Man überzeugt sich leicht, daß aus (5.24) wieder die Übergangsfunktion selbst erhalten wird, wenn $f(t)$ eine Einheitssprungfunktion ist. Dann ist nämlich überall $\mathrm{d}f/\mathrm{d}t = 0$ mit Ausnahme des Zeitpunktes $t = 0$. Hier gilt $(\mathrm{d}f/\mathrm{d}t^*)\mathrm{d}t^*|_0 = 1$, so daß Gl. (5.24) einfach $x(t) = x_{\ddot{u}}(t)$ ergibt.

Wendet man das Duhamelsche Integral auf Schwinger von einem Freiheitsgrad an, so erhält man mit Gl. (5.6) und bei Hinzufügen des Ausdruckes für die Eigenschwingungen

$$x(\tau) = \int\limits_0^\tau \frac{\mathrm{d}f(\tau^*)}{\mathrm{d}\tau^*} \left[1 - \frac{\mathrm{e}^{-D(\tau - \tau^*)}}{\nu} \cos\nu\,(\tau - \tau^* - \tau_0)\right] \mathrm{d}\tau^* + C\,\mathrm{e}^{-D\tau}\cos\,(\nu\tau - \varphi). \tag{5.25}$$

Diesen Ausdruck kann man beispielsweise auf den Fall anwenden, daß $f(t)$ eine Stoßfunktion nach Fig. 137 ist. Dann muß $x(t)$ gleich der Stoß-Übergangsfunktion $x_i(t)$ werden. Ersetzt man die Stoßfunktion durch zwei Sprünge von der Höhe H, die zu den Zeiten $\tau^* = -\varepsilon$ und $\tau^* = +\varepsilon$ erfolgen, dann kann das

Duhamelsche Integral durch die beiden Ausdrücke ersetzt werden:

$$x(\tau) = H\left[1 - \frac{e^{-D(\tau+\varepsilon)}}{\nu}\cos\nu(\tau-\tau_0+\varepsilon)\right] - H\left[1 - \frac{e^{-D(\tau-\varepsilon)}}{\nu}\cos\nu(\tau-\tau_0-\varepsilon)\right].$$

Für $\varepsilon \ll 1$ kann durch Entwicklung vereinfacht werden:

$$x(\tau) = \frac{2H\varepsilon}{\nu}\,e^{-D\tau}\,[\nu\sin\nu(\tau-\tau_0) + D\cos\nu(\tau-\tau_0)].$$

Berücksichtigt man, daß $D = \sin\nu\tau_0$ und $\nu = \sqrt{1-D^2} = \cos\nu\tau_0$ ist, dann wird

$$x(\tau) = \frac{2H\varepsilon}{\nu}\,e^{-D\tau}\sin\nu\tau.$$

Beim Grenzübergang $\varepsilon \to 0$ muß gleichzeitig $H \to \infty$ gewählt werden, so daß das Produkt $H\varepsilon$ einen endlichen Wert bekommt. Setzt man $2H\varepsilon = v_0$, dann erhält man genau die Stoß-Übergangsfunktion von Gl. (5.9).

Eine beliebige Erregerfunktion $f(t)$ kann aber auch durch eine Folge von Einzelimpulsen approximiert werden, wie dies in Fig. 141 angedeutet ist. Entsprechend kann die Reaktion linearer Systeme auch durch Überlagerung von Stoß-Übergangsfunktionen $x_i(t)$ berechnet werden. Der Anteil des zur Zeit $t = t^*$ erfolgenden Teilstoßes ist

$$\Delta x(t) = \begin{cases} 0 & \text{für } t < t^*, \\ f(t^*)\Delta t^* x_i(t-t^*) & \text{für } t \geqq t^*. \end{cases}$$

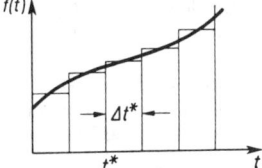

Fig. 141. Aufbau einer Erregerfunktion $f(t)$ aus Stoßfunktionen

Als Maß für die Stärke eines Teilstoßes tritt hier das Produkt $f(t^*)\Delta t^*$, also die Fläche eines der vertikalen Streifen in Fig. 141 auf. Durch Summation und Grenzübergang $\Delta t^* \to dt^*$ bekommt man schließlich

$$x(t) = \int_0^t f(t^*)x_i(t-t^*)\,dt^*. \tag{5.26}$$

Auch dieses Integral kann – wie das Duhamelsche Gl. (5.24) – zur Berechnung der Reaktion linearer Schwinger bei beliebigen Erregerfunktionen verwendet werden. Die Ausrechnung von (5.26) ergibt die Lösung für ein zur Zeit $t < 0$ in Ruhe befindliches System. Andere Anfangsbedingungen lassen sich durch Hinzufügen der Lösung für die homogene Gleichung (Eigenschwingungen) erfüllen.

Für Schwinger von einem Freiheitsgrad bekommt man unter Berücksichtigung von Gl. (5.9) und unter Hinzufügen des Ausdrucks für die Eigenschwingungen die Lösung:

$$x(\tau) = \frac{v_0\,e^{-D\tau}}{\nu}\int_0^\tau f(\tau^*)e^{D\tau^*}\sin\nu(\tau-\tau^*)\,d\tau^* + C\,e^{-D\tau}\cos(\nu\tau-\varphi). \tag{5.27}$$

Setzt man darin $f(\tau)$ als eine Sprungfunktion an, dann erhält man wieder die Übergangsfunktion (5.6). Mit $f(\tau) = 1$ und der Abkürzung $\tau - \tau^* = z$ wird nämlich:

$$x(\tau) = -\frac{1}{\nu} \int_{\tau}^{0} e^{-Dz} \sin \nu z \, dz$$

$$x(\tau) = -\frac{1}{\nu} \left[e^{-D\tau} (D \sin \nu\tau + \nu \cos \nu\tau) - \nu \right],$$

woraus unter Berücksichtigung von $\sin \nu\tau_0 = D$ und $\cos \nu\tau_0 = \sqrt{1 - D^2} = \nu$ die Sprung-Übergangsfunktion (5.6) folgt.

5.2 Periodische Erregungen in linearen Systemen

Wenn auch im vorhergehenden Abschnitt die Lösung einer linearen Schwingungsgleichung für ganz beliebige Erregerfunktionen $f(t)$ in Integralform angegeben werden konnte, so kann es doch in Sonderfällen zweckmäßiger und einfacher sein, andere Lösungswege einzuschlagen. Das gilt insbesondere für periodische Erregerfunktionen, die in der Schwingungstechnik eine große Rolle spielen. Bei ihnen läßt sich verhältnismäßig einfach eine partikuläre Lösung der vollständigen, inhomogenen Schwingungsgleichung finden.

Jede periodische Funktion $f(t)$ kann nach Fourier als Grenzwert einer Summe von harmonischen Funktionen – also durch eine Fourier-Reihe – dargestellt werden. Genau so wie dabei die harmonische Funktion den Baustein einer allgemeinen periodischen Funktion bildet, läßt sich nun in linearen Systemen auch die Gesamtreaktion eines Schwingers aus der Summe aller Einzelreaktionen zusammensetzen, die durch die harmonischen Erregeranteile hervorgerufen werden. Es liegt daher nahe, zunächst rein harmonische Erregerfunktionen zu betrachten.

5.21 Harmonische Erregerfunktionen

5.211 Die Bewegungsgleichungen von Schwingern mit harmonischer Erregung.
Im Abschnitt 2.11 sind verschiedene einfache Schwinger besprochen und ihre Bewegungsdifferentialgleichungen abgeleitet worden. Bei allen diesen Schwingern können durch äußere Einwirkungen auf verschiedene Art harmonische Erregungen auftreten. Die Zahl der möglichen Fälle ist so groß, daß wir uns hier damit begnügen wollen, einige charakteristische Erscheinungen am Beispiel des einfachen Feder-Masse-Schwingers zu untersuchen. Ähnlich, wie es früher gelungen war, das Verhalten verschiedenartiger Schwinger durch dieselbe Differentialgleichung zu beschreiben, so kann auch das Problem der Erregung durch harmonische Funktionen auf wenige Grundtypen der Bewegungsgleichungen zurückgeführt werden.

Es seien drei verschiedene Arten der Erregung bei einem aus Feder, Masse und Dämpfer bestehenden mechanischen Schwinger betrachtet.

A) Erregung durch periodisch bewegten Aufhängepunkt der Feder, Fig. 142.

B) Erregung durch ein schwingendes Dämpfungsgehäuse, Fig. 143.

C) Erregung durch Bewegung des Gestells, an dem Feder und Dämpfungsgehäuse befestigt sind, Fig. 144. Zu C) soll außerdem der in Fig. 145 dargestellte Fall einer Erregung durch rotierende Unwuchten gezählt werden, da beide Systeme Bewegungsgleichungen des gleichen Typs ergeben.

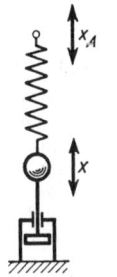 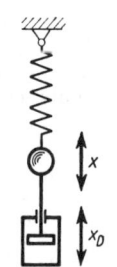 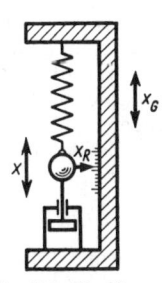 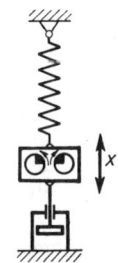

Fig. 142. Ein-Massen-Schwinger, Erregung über die Feder

Fig. 143. Ein-Massen-Schwinger, Erregung über den Dämpfer

Fig. 144. Ein-Massen-Schwinger, Erregung durch Trägheitskräfte

Fig. 145. Ein-Massen-Schwinger, Erregung durch rotierende Unwuchten

Fall A: Wenn der Aufhängepunkt der Feder nach dem Gesetz

$$x_A = x_0 \cos \Omega t \tag{5.28}$$

bewegt wird, so erleidet die Feder Verlängerungen oder Verkürzungen, die durch $x - x_A$ gegeben sind. Die Federkraft ist dieser Differenz proportional, so daß die Bewegungsgleichung in der Form

$$m\ddot{x} = -d\dot{x} - c(x - x_A)$$

geschrieben werden kann. Setzt man die Erregerfunktion (5.28) ein und macht die Gleichung in der früher besprochenen Weise dimensionslos, so folgt:

$$x'' + 2Dx' + x = x_0 \cos \eta \tau. \tag{5.29}$$

$\eta = \dfrac{\Omega}{\omega_0} = \Omega \sqrt{\dfrac{m}{c}}$ ist dabei das dimensionslose Verhältnis der Erreger-frequenz zur Eigenfrequenz des ungedämpften Systems. Neben dem Dämpfungs-maß D bildet dieses Frequenzverhältnis η einen wichtigen Parameter des Schwingers, dessen Einfluß auf den Charakter der erzwungenen Schwingungen ausführlich zu untersuchen sein wird.

Fall B: Die dämpfenden Kräfte des Schwingers von Fig. 143 sollen wieder der Relativgeschwindigkeit zwischen Kolben und Dämpfungsgehäuse proportional sein. Dann kann die Bewegungsgleichung wie folgt angesetzt werden:

$$m\ddot{x} = -d(\dot{x} - \dot{x}_D) - cx,$$

woraus mit $x_D = x_0 \sin \Omega t$ und den früheren Abkürzungen die dimensionslose Gleichung

$$x'' + 2Dx' + x = 2D\eta x_0 \cos \eta \tau \tag{5.30}$$

abgeleitet werden kann.

Fall C: Dieser Fall stellt eine Kombination der beiden schon betrachteten Fälle dar, so daß sich als Bewegungsgleichung ergibt:

$$m\ddot{x} = -d(\dot{x} - \dot{x}_G) - c(x - x_G). \tag{5.31}$$

Mit $x_G = x_0 \cos \Omega t$ nimmt die dimensionslos gemachte Gleichung die Form

$$x'' + 2Dx' + x = x_0 \cos \eta\tau - 2D\eta x_0 \sin \eta\tau \tag{5.32}$$

an. Die Koordinate x gibt dabei – wie in allen vorher untersuchten Fällen – die gegenüber einem Inertialsystem gemessene Auslenkung der Masse m an. Sie ist oft nur schwer zu messen und interessiert in vielen Fällen auch gar nicht. Wenn sich nämlich der Schwinger auf einem bewegten Fahrzeug befindet, dann macht das Gestell die Bewegungen des Fahrzeuges mit. Ein im Fahrzeug sitzender Beobachter kann dann nur die Relativbewegung x_R der Masse m gegenüber dem Gestell feststellen. Für diese gilt $x_R = x - x_G$. Damit aber läßt sich Gl. (5.31) umformen in:

$$m(\ddot{x}_R + \ddot{x}_G) = -d\dot{x}_R - cx_R,$$

oder in dimensionsloser Form

$$x''_R + 2Dx'_R + x_R = x_0 \eta^2 \cos \eta\tau. \tag{5.33}$$

Eine Differentialgleichung derselben Form wird auch bei der Erregung eines Schwingers durch rotierende Unwuchten erhalten, ein Fall, der in der Schwingungstechnik außerordentlich häufig vorkommt. Wie in Fig. 145 angedeutet ist, verwendet man dabei zwei gegenläufig rotierende Unwuchtmassen gleicher Größe, die zusammengenommen eine Trägheitskraft nur in der x-Richtung erzeugen, während sich die Komponenten senkrecht zur x-Richtung gegenseitig aufheben. Bezeichnet man die gesamte Unwuchtmasse mit m_u und die Koordinate ihres Schwerpunktes relativ zum Gehäuse mit x_u, so wird durch die Unwuchten eine Trägheitskraft von der Größe

$$K_t = -m_u(\ddot{x} - \ddot{x}_u)$$

erzeugt. Damit bekommt man als Bewegungsgleichung

$$(m + m_u)\ddot{x} = -d\dot{x} - cx + m_u\ddot{x}_u.$$

Bei gleichförmig umlaufenden Unwuchtmassen kann $x_u = x_0 \cos \Omega t$ gesetzt werden. Macht man die Bewegungsgleichung nun unter Verwendung der Gesamtmasse $m + m_u$ des Schwingers dimensionslos, dann folgt

mit $\varkappa = \dfrac{m_u}{m + m_u}$: $\varkappa'' + 2Dx' + x = -\varkappa \eta^2 x_0 \cos \eta\tau. \tag{5.34}$

Die in den betrachteten drei Fällen A, B, C erhaltenen dimensionslosen Bewegungsgleichungen (5.29), (5.30), (5.33) und (5.34) unterscheiden sich nur noch durch den Faktor, der auf den rechten Seiten vor der Kosinusfunktion steht. Man kann daher allgemein schreiben:

$$x'' + 2Dx' + x = x_0 E \cos \eta\tau \tag{5.35}$$

Darin ist:

Fall A, Gl. (5.29): $E = 1$;   Fall B, Gl. (5.30): $E = 2D\eta$;
Fall C, Gl. (5.33): $E = \eta^2$,   Gl. (5.34): $E = -\varkappa\eta^2$. $\left.\begin{matrix}\\\\\end{matrix}\right\}$ (5.36)

Da die Faktoren E von der dimensionslosen Zeit τ unabhängig sind, können die Bewegungsgleichungen für alle drei Fälle gemeinsam gelöst werden. Erst bei der Untersuchung der Abhängigkeit von den Parametern sind die verschiedenen Fälle getrennt zu untersuchen.

5.212 Vergrößerungsfunktion und Phasenverlauf. Wenn ein Schwinger durch eine periodische äußere Erregung von der Frequenz Ω beeinflußt wird, dann ist zu vermuten, daß sich die Frequenz Ω auch in den erzwungenen Bewegungen des Schwingers auswirkt. Tatsächlich kann man eine partikuläre Lösung für die Bewegungsgleichung (5.35) durch einen Ansatz von der Form

$$x = x_0 \, V \cos{(\eta \tau - \psi)} \qquad (5.37)$$

erhalten. Physikalisch bedeutet dieser Ansatz eine um den Phasenwinkel ψ gegenüber der Erregung nachhinkende harmonische Schwingung mit der Amplitude $x_0 V$. Dabei ist x_0 ein Maß für die Stärke der Erregung; die Größe V gibt an, um wieviel die Schwingungsamplitude gegenüber der Erregeramplitude x_0 vergrößert ist; man nennt daher V die **Vergrößerungsfunktion** (oder den **Vergrößerungsfaktor**).

Aus Vergrößerungsfunktion und Phasenverlauf lassen sich die wesentlichsten Eigenschaften der erzwungenen Schwingungen ablesen. V und ψ müssen so gewählt werden, daß der Ansatz (5.37) die Bewegungsgleichung (5.35) erfüllt. Durch Einsetzen in (5.35) und Ordnen der Glieder findet man leicht

$$\cos{\eta\tau} \, [x_0 V (1 - \eta^2) \cos{\psi} + 2 D \eta x_0 V \sin{\psi} - x_0 E] \, + $$
$$+ \, \sin{\eta\tau} \, [x_0 V (1 - \eta^2) \sin{\psi} - 2 D \eta x_0 V \cos{\psi}] = 0.$$

Diese Beziehung ist bei beliebigen Werten von τ nur erfüllt, wenn die Ausdrücke in den eckigen Klammern für sich verschwinden. Das ergibt

$$\tan{\psi} = \frac{2 D \eta}{1 - \eta^2}, \qquad (5.38)$$

$$V = \frac{E}{(1 - \eta^2) \cos{\psi} + 2 D \eta \sin{\psi}}. \qquad (5.39)$$

Die Phasenfunktion nach Gl. (5.38) ist unabhängig von E und deshalb für die drei hier betrachteten Fälle gleichzeitig gültig. Man beachte jedoch, daß ψ im Falle B der Phasenwinkel zwischen der Auslenkung x und der Geschwindigkeit $\dot{x}$ ist. Die Vergrößerungsfunktionen kann man unter Berücksichtigung von (5.38) und (5.36) wie folgt umformen:

A) $\quad V_A = \dfrac{1}{\sqrt{(1 - \eta^2)^2 + 4 D^2 \eta^2}}, \qquad (5.40)$

B) $\quad V_B = \dfrac{2 D \eta}{\sqrt{(1 - \eta^2)^2 + 4 D^2 \eta^2}}, \qquad (5.41)$

C) $\quad V_C = \dfrac{\eta^2}{\sqrt{(1 - \eta^2)^2 + 4 D^2 \eta^2}}. \qquad (5.42)$

11*

Diese drei Vergrößerungsfaktoren sind zusammen mit dem Phasenwinkel ψ Gl. (5.38) als Funktionen des Frequenzverhältnisses in den Fig. 146 bis 149 für verschiedene Werte der Dämpfungsgröße D aufgetragen. Einige charakteristische Werte dieser Funktionen sind in der folgenden Tabelle zusammengestellt:

η	ψ	V_A	V_B	V_C
0	0	1	0	0
1	$\dfrac{\pi}{2}$	$\dfrac{1}{2D}$	1	$\dfrac{1}{2D}$
∞	π	0	0	1
$(\eta_{\max})$	————	$\dfrac{1}{2D\sqrt{1-D^2}}$	1	$\dfrac{1}{2D\sqrt{1-D^2}}$

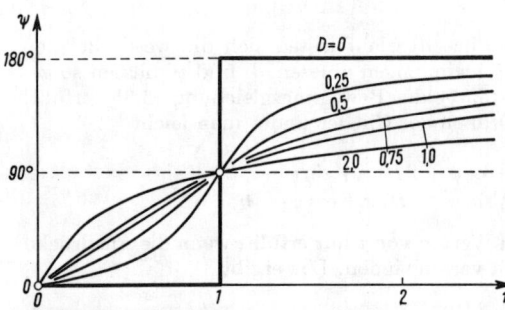

Fig.146. Phasenfunktionen für verschiedene Werte der Dämpfung

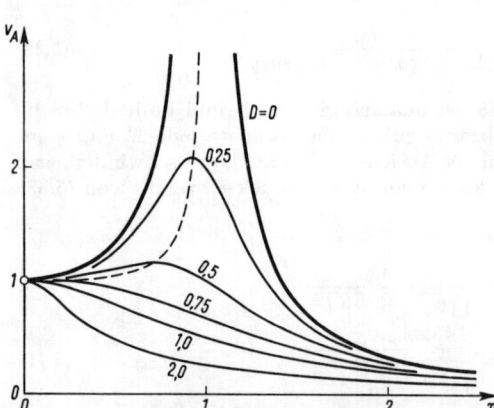

Fig. 147. Vergrößerungsfunktionen nach Gl. (5.40) für verschiedene Werte der Dämpfung

$\eta_{\max}$ ist dabei derjenige Wert von η, für den die Vergrößerungsfunktionen ihren Maximalwert annehmen. Er ist in den drei Fällen verschieden

A) $\eta_{\max} = \sqrt{1-2D^2}$

B) $\eta_{\max} = 1$

C) $\eta_{\max} = \dfrac{1}{\sqrt{1-2D^2}}$

Es ist bemerkenswert, daß das Maximum der Vergrößerungsfunktionen, die auch als Resonanzfunktionen bezeichnet werden, in keinem der drei Fälle wirklich bei „Resonanz", also bei Übereinstimmung von Eigenfrequenz $\omega = \omega_0\sqrt{1-D^2}$ und Erregerfrequenz Ω, also bei dem Werte $\eta = \sqrt{1-D^2}$ auftritt.

Der geometrische Ort der Maxima läßt sich aus den angegebenen Werten leicht berechnen. Durch Elimination von D findet man

A) $V_{\max} = \dfrac{1}{\sqrt{1-\eta_{\max}^4}}$, (5.43)

C) $V_{\text{max}} = \dfrac{\eta_{\text{max}}^2}{\sqrt{\eta_{\text{max}}^4 - 1}}$ (5.44)

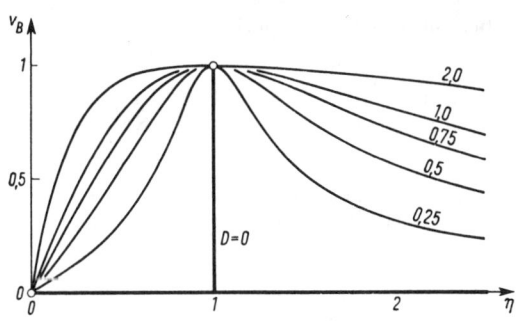

Fig. 148. Vergrößerungsfunktionen nach Gl. (5.41) für verschiedene Werte der Dämpfung

In den Fig. 147 und 149 sind die geometrischen Örter als gestrichelte Kurven eingetragen. Aus den Ausdrücken für η_{max} läßt sich weiter entnehmen, daß Maxima in den Fällen A und C nur existieren, wenn $D \leqq \sqrt{0,5} = 0,7071$ ist. Für $D > \sqrt{0,5}$ verlaufen die V, η-Kurven monoton.

Es muß hier ausdrücklich darauf hingewiesen werden, daß in allen drei Fällen die Koordinate x des Schwingers, also der Schwingungsausschlag, ausgerechnet und die für diesen geltenden Vergrößerungsfunktionen aufgetragen wurden. Vielfach interessieren daneben auch die Schwingungsgeschwindigkeit $\dot{x}$ oder die Beschleunigung $\ddot{x}$. Beide Größen lassen sich leicht durch Differenzieren von x gewinnen. Bei jeder dieser Differentiationen tritt der Faktor η zur Vergrößerungsfunktion hinzu, so daß die Vergrößerungsfunktionen für $\dot{x}$ und $\ddot{x}$ eine andere η-Abhängigkeit bekommen, als sie für den Ausschlag x hier diskutiert wurde. Zum Beispiel kann Gl. (5.42) bzw. Fig. 149 als Vergrößerungsfunktion der

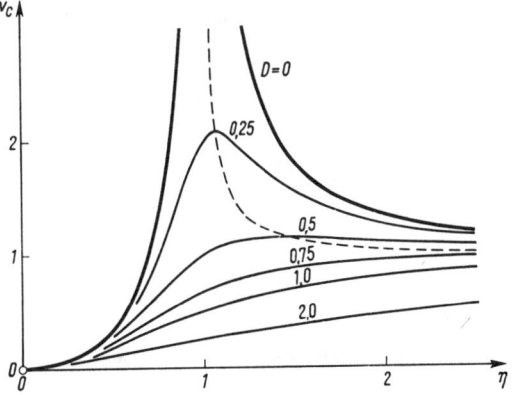

Fig. 149. Vergrößerungsfunktionen nach Gl. (5.42) für verschiedene Werte der Dämpfung

Beschleunigung im Fall A aufgefaßt werden. Während also der Ausschlag x für $\eta \to \infty$ gegen Null geht (Fig. 147), strebt die Beschleunigung einem von Null verschiedenen, konstanten Wert zu. Diese Zusammenhänge müssen insbesondere bei der Auswertung von Schwingungsmessungen sehr sorgfältig beachtet werden.

5.213 Leistung und Arbeit bei erzwungenen Schwingungen. Bei einem mechanischen Schwinger wird die Leistung L als skalares Produkt von Kraftvektor $\overline{K}$ und Geschwindigkeitsvektor $\dot{\overline{x}}$ berechnet

$$L = \overline{K}\,\dot{\overline{x}}. \qquad (5.45)$$

Wenn Kraftrichtung und Geschwindigkeitsrichtung zusammenfallen, kann dafür das gewöhnliche Produkt $K\dot{x}$ gesetzt werden; ist das nicht der Fall, dann darf nur die in die Geschwindigkeitsrichtung fallende Komponente der Kraft eingesetzt werden.

Bei periodischer Erregerkraft gilt:

$$K = K_0 \cos \Omega t.$$

Bezeichnet man die Amplitude der erzwungenen Schwingung allgemein mit A, dann wird durch die periodische Kraft eine Bewegung

$$x = A \cos (\Omega t - \psi)$$

ausgelöst, wie dies im vorhergehenden Abschnitt gezeigt wurde. Damit bekommt man aus Gl. (5.45) nach leichten trigonometrischen Umformungen eine Schwingungsleistung von der Größe

$$L = K\dot{x} = \frac{K_0 A \Omega}{2} [\sin \psi - \sin (2\Omega t - \psi)] = L_m - L_s. \tag{5.46}$$

Die Gesamtleistung kann in einen konstanten Anteil, die mittlere Leistung L_m, sowie in einen periodisch schwankenden Anteil L_s zerlegt werden. L_s hat die doppelte Frequenz der Erregerkraft. Entsprechend den in der Elektrotechnik üblichen Bezeichnungen kann man L_m Wirkleistung und L_s Blindleistung nennen.

Durch Einsetzen der jeweiligen Werte für K_0 und A kann man aus der noch allgemein gültigen Beziehung (5.46) leicht für alle Sonderfälle die entsprechenden Ausdrücke für die Leistung erhalten. So folgt für den Fall A von Abschnitt 5.212 unter der Voraussetzung, daß an der Masse m eine Kraft $K(t) = K_0 \cos \Omega t = c x_0 \cos \Omega t$ angreift:

$$A = x_0 V_A = \frac{x_0}{\sqrt{(1 - \eta^2)^2 + 4 D^2 \eta^2}},$$

$$\sin \psi = \frac{2 D \eta}{\sqrt{(1 - \eta^2)^2 + 4 D^2 \eta^2}},$$

und damit unter Berücksichtigung von $\Omega = \omega_0 \eta$:

$$L_m = c x_0^2 \omega_0 \frac{D \eta^2}{(1 - \eta^2)^2 + 4 D^2 \eta^2} = c x_0^2 \omega_0 V_m,$$

$$L_s = c x_0^2 \omega_0 \frac{\eta}{2 \sqrt{(1 - \eta^2)^2 + 4 D^2 \eta^2}} \sin (2\Omega t - \psi), \tag{5.47}$$

$$= c x_0^2 \omega_0 V_s \sin (2\Omega t - \psi).$$

Der Faktor $c x_0^2 \omega_0$ hat die Dimension einer Leistung; die Abkürzungen V_m bzw. V_s können als dimensionslose Vergrößerungsfaktoren für die Leistung aufgefaßt werden. Diese Funktionen geben den Einfluß von Dämpfung D und Frequenzverhältnis η wieder. Ganz entsprechend, wie dies bei den Vergrößerungsfunktionen für den Schwingungsausschlag x geschah, können nun auch für die Leistung „Resonanzkurven" gezeichnet werden. Man sieht aus (5.47) leicht, daß sowohl V_m als auch V_s verschwinden, wenn entweder $\eta = 0$ ist oder aber $\eta \to \infty$ geht. Dazwischen haben beide Kurvenscharen unabhängig von der Größe von D Maxima bei dem Wert $\eta = 1$. Es ist

$$(V_m)_{\max} = (V_s)_{\max} = \frac{1}{4 D}.$$

Das bedeutet, daß bei der Erregerfrequenz $\Omega = \omega_0$ die mittlere Leistung (Wirkleistung) gleich dem Maximalwert der wechselnden Leistung (Blindleistung) ist. Um eine bestimmte Nutzleistung in einen Schwinger hereinzustecken, muß eine Blindleistung aufgebracht werden, deren Maximalbetrag dieselbe Größe wie die Wirkleistung hat. Erfolgt die Erregung nicht mit $\Omega = \omega_0$, so wird das Verhältnis von Wirk- und Blindleistung kleiner. Man findet aus (5.47) leicht:

$$\frac{L_m}{(L_s)_{\max}} = \frac{V_m}{V_s} = \frac{2D\eta}{\sqrt{(1-\eta^2)^2 + 4D^2\eta^2}}. \tag{5.48}$$

Dieser Ausdruck entspricht aber genau dem schon früher ausgerechneten Wert für V_B von Gl. (5.41), dessen Abhängigkeit von η und D aus Fig. 148 zu ersehen ist. Man erkennt daraus unmittelbar, daß es günstig ist, zum Resonanzantrieb überzugehen, wenn man einen Schwinger mit möglichst geringer Blindleistung betreiben möchte.

Ohne die Berechnung im einzelnen durchzuführen, seien hier noch die Wirk- und Blindleistungen für die beiden anderen Fälle B und C (siehe Abschnitt 5.212) angegeben:

Fall B:

$$L_m = dx_0^2\,\omega_0^2\,\frac{2D^2\eta^4}{(1-\eta^2)^2 + 4D^2\eta^2}$$

$$L_s = dx_0^2\,\omega_0^2\,\frac{D\eta^3}{\sqrt{(1-\eta^2)^2 + 4D^2\eta^2}}\sin(2\,\Omega t - \psi) \tag{5.49}$$

Fall C:

$$L_m = m_u x_0^2\,\omega_0^3\,\frac{D\eta^6}{(1-\eta^2)^2 + 4D^2\eta^2}$$

$$L_s = m_u x_0^2\,\omega_0^3\,\frac{\eta^5}{2\sqrt{(1-\eta^2)^2 + 4D^2\eta^2}}\sin(2\Omega t - \psi). \tag{5.50}$$

Bemerkenswert ist dabei, daß das Verhältnis von Wirkleistung und maximaler Blindleistung in beiden Fällen genau denselben Wert besitzt, wie er schon im Falle A ausgerechnet wurde (Gl. 5.48). Die dort gezogenen Folgerungen behalten also auch für die Fälle B und C Gültigkeit.

Die Vergrößerungsfunktionen der Leistung zeigen einen teilweise völlig anderen Verlauf, als er in den Fig. 147 bis 149 für den Schwingungsausschlag gezeigt wurde. Fig. 150 zeigt als Beispiel die Funktion V_m für den Fall C. Man kann sich aus Gl. (5.50) leicht davon überzeugen, daß

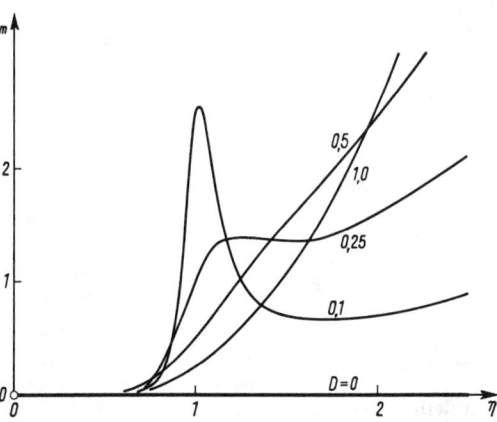

Fig. 150. Vergrößerungsfunktionen der Leistung nach Gl. (5.50)

das Resonanzmaximum bereits bei ziemlich geringen Dämpfungen völlig verschwindet. Die Kurven verlaufen für $D > 0{,}259$ monoton, so daß also dann um so mehr Leistung aufzubringen ist, je höher die Frequenz der Erregung wird.

Aus der Leistung läßt sich die zu leistende Arbeit durch Integration ermitteln. Unter Berücksichtigung von Gl. (5.46) bekommt man für die Arbeit E_e der äußeren Erregerkraft:

$$E_e = \int L\,\mathrm{d}t = \frac{1}{2} K_0 A \Omega t \sin\psi + \frac{1}{4} K_0 A \cos(2\Omega t - \psi). \qquad (5.51)$$

Auch hier ist eine Aufteilung in eine Wirkarbeit und eine Blindarbeit möglich. Die Wirkarbeit wächst linear mit der Zeit an, während die Blindarbeit eine periodische Funktion der Zeit ist. Bei den Anwendungen interessiert vor allem die im Verlaufe einer Vollschwingung geleistete Arbeit E^*:

$$E_e^* = E_e\left(t = \frac{2\pi}{\Omega}\right) - E_e(t = 0) = \pi K_0 A \sin\psi. \qquad (5.52)$$

Neben der äußeren Erregerkraft leisten aber auch die inneren Kräfte des Schwingers Arbeit. Man erhält für die Arbeit der

$$\text{Trägheitskraft:}\quad E_T = \int m\ddot{x}\dot{x}\,\mathrm{d}t = \frac{1}{2} m\dot{x}^2,$$

$$\text{Dämpfungskraft:}\quad E_D = \int d\dot{x}\dot{x}\,\mathrm{d}t,$$

$$\text{Rückführkraft:}\quad E_R = \int cx\dot{x}\,\mathrm{d}t = \frac{1}{2} cx^2.$$

Die Arbeit der Trägheitskraft ist gleich der kinetischen Energie der Schwingermasse, die Arbeit der Rückführkraft ist gleich der potentiellen Energie der gespannten Feder. Bei periodischen Bewegungen sind diese beiden Arbeiten periodisch und fallen heraus, wenn man ihre Größe für eine Vollschwingung berechnet; beide Arbeiten sind also Blindarbeiten. Dagegen fällt die für eine volle Periode gebildete Arbeit der Dämpfungskräfte nicht heraus. Mit $\dot{x} = -\Omega A \sin(\Omega t - \psi)$ bekommt man:

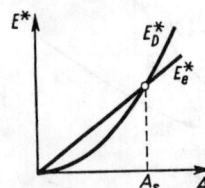

Fig. 151.
Energiediagramm erzwungener Schwingungen

$$E_D^* = d\Omega A^2 \int_0^{2\pi} \sin^2(\Omega t - \psi)\,\mathrm{d}(\Omega t) = \pi d A^2 \Omega. \qquad (5.53)$$

Ein Vergleich der von der äußeren Kraft in den Schwinger hereingesteckten Energie (5.52) mit der im Schwinger durch Dämpfung verbrauchten Energie (5.53) gewährt einen Einblick in die Entstehung der erzwungenen Schwingungen. E_e^* ist eine lineare Funktion der Schwingungsamplitude A, während E_D^* quadratisch von A abhängt. Man kann sich diese Abhängigkeiten für irgendeinen festgehaltenen Wert von Ω bzw. η auftragen und bekommt dann das Diagramm von Fig. 151. Die E_e^*-Gerade schneidet die E_D^*-Parabel bei dem Ordinatenwert $A = A_s$, dem stationären Wert für die Amplitude. Ist $A < A_s$, dann wird mehr Energie in den Schwinger hereingepumpt, als durch Dämpfung verbraucht wird; folglich wächst die Amplitude an. Umgekehrt wird für $A > A_s$

mehr Energie durch Dämpfung verbraucht, als die äußere Kraft leisten kann; die Folge ist ein Absinken der Amplitude. Für $A = A_s$ herrscht Gleichgewicht der beiden Arbeiten

$$E_e^* = \pi K_0 A_s \sin \psi = E_D^* = \pi d A_s^2 \Omega,$$

woraus die stationäre Amplitude selbst berechnet werden kann:

$$A_s = \frac{K_0 \sin \psi}{d\Omega}. \tag{5.54}$$

5.214 Übertragungsfunktion, Frequenzgang und Ortskurven.

Bereits in der Einleitung (Abschnitt 1.5) wurde gezeigt, welche verschiedenen Darstellungsarten für Schwingungen verwendet werden. Wenn die Schwingungen durch harmonische Erregerkräfte erzwungen sind, kann man neben den schon besprochenen Vergrößerungsfunktionen und Phasenkurven auch noch die Übertragungsfunktionen, den Frequenzgang und die verschiedenen Ortskurven zur Beschreibung der Schwingungserscheinungen heranziehen. Ohne auf die Einzelheiten einzugehen, soll hier nur auf den engen Zusammenhang zwischen diesen Darstellungen hingewiesen werden, und es soll gezeigt werden, daß man durch geeignete Auswahl unter ihnen nicht nur viel Rechenarbeit sparen, sondern auch eine bessere Durchschaubarkeit der Ergebnisse erreichen kann.

Als Beispiel betrachten wir wieder den einfachen linearen Schwinger, für den die Bewegungsgleichung (5.29) gilt. Die auf der rechten Seite dieser Gleichung stehende Erregerfunktion kann als eine harmonische „Eingangsfunktion"

$$x_e = x_0 \cos \eta\tau$$

aufgefaßt werden, auf die der Schwinger mit einer ebenfalls harmonischen Schwingung, der „Ausgangsfunktion"

$$x_a = x = x_0 V \cos(\eta\tau - \psi)$$

antwortet. Sowohl x_e als auch x_a lassen sich nach Fig. 152 als Projektionen von rotierenden Vektoren darstellen. An Stelle der Projektionen kann man jedoch auch mit den Vektoren selbst rechnen. Denkt man sich die Zeichenebene von Fig. 152 als komplexe Ebene, dann werden die Vektoren durch

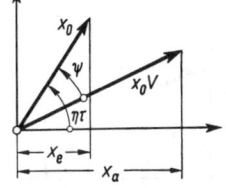

$$x_e = x_0 e^{i\eta\tau}$$
$$x_a = x_0 V e^{i(\eta\tau - \psi)} \tag{5.55}$$

Fig. 152. Eingangsschwingung x_e und Ausgangsschwingung x_a als Projektionen rotierender Vektoren

ausgedrückt. Durch Einsetzen dieser Größen kann man leicht feststellen, daß x_a wirklich eine Lösung der Bewegungsgleichung (5.29) ist, und daß die Größen V und ψ genau dieselben Werte annehmen, wie sie bereits früher in den Gl. (5.38) und (5.40) ausgerechnet wurden.

Die komplexe Darstellung (5.55) erweist sich als besonders zweckmäßig bei der Bildung des Übertragungsfaktors F bzw. der Übertragungsfunktion

$$F = \frac{x_a}{x_e} = V e^{-i\psi}. \tag{5.56}$$

F ist der Faktor, mit dem die Eingangsgröße x_e multipliziert werden muß, um die Ausgangsgröße x_a zu erhalten. Aus F läßt sich demnach ablesen, wie eine Eingangsstörung auf den Ausgang übertragen wird, d. h. welches Schicksal die Eingangsstörung beim Durchlaufen des Schwingers erleidet. Ein reelles F zeigt eine „statische" (vergrößerte oder verkleinerte) Übertragung der Eingangsgröße auf den Ausgang an. Das Komplexwerden von F deutet auf eine Phasenverschiebung hin. In der Darstellung von (5.56) ist die Aufspaltung des Übertragungsfaktors in einen Modul $V = |F|$ und das Argument ψ zu erkennen.

Sowohl F als auch V und ψ hängen von der Frequenz bzw. von dem Frequenzverhältnis η ab. Man nennt

$F(\eta)$ den (komplexen) Frequenzgang des Schwingers,
$V(\eta)$ den Amplituden-Frequenzgang,
$\psi(\eta)$ den Phasen-Frequenzgang.

Der Amplituden-Frequenzgang – manchmal auch Amplituden-Frequenz-Charakteristik genannt – ist mit der Vergrößerungsfunktion identisch.

V und ψ können als Polarkoordinaten eines Punktes aufgefaßt werden. Jedem Werte von η wird damit ein Punkt in der komplexen Ebene zugeordnet; die Gesamtheit aller dieser Punkte bildet eine Kurve, die als Ortskurve des Schwingers bezeichnet wird. Man nennt sie auch Amplituden-Phasen-Charakteristik. Betrachten wir wieder den früheren Fall A, so läßt sich wegen:

$$V = \frac{1}{\sqrt{(1-\eta^2)^2 + 4D^2\eta^2}} \; ; \qquad \tan\psi = \frac{2D\eta}{1-\eta^2} \qquad (5.57)$$

die Ortskurve ohne Schwierigkeiten zeichnen. Man trägt jedoch im vorliegenden Fall einfacher nicht die Ortskurve selbst, sondern die inverse Ortskurve auf, die sich als Darstellung der reziproken Übertragungsfunktion

$$\frac{1}{F} = \frac{1}{V}\,e^{i\psi} \qquad (5.58)$$

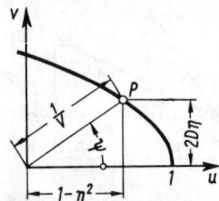

in der komplexen Ebene ergibt. Zu diesem Zweck trägt man

$$\begin{aligned} u &= 1-\eta^2 \\ v &= 2D\eta \end{aligned} \qquad (5.59)$$

Fig. 153. Konstruktion der Ortskurve

auf, wie dies in Fig. 153 gezeichnet ist. Der Radiusvektor vom Koordinatennullpunkt zu einem Punkte P der gezeichneten Ortskurve ist dann tatsächlich durch den Modul $1/V$ und das Argument ψ bestimmt, wie es nach (5.58) verlangt wird. (5.59) ist also die Parameterdarstellung der inversen Ortskurve mit η als Parameter. Durch Elimination von η findet man leicht

$$u = 1 - \frac{v^2}{4D^2} \; . \qquad (5.60)$$

Die inversen Ortskurven sind also Parabeln, deren Scheitelpunkt die Koordinaten $(1,0)$ besitzt. Man bezeichnet diese Kurven auch als Runge-Parabeln, weil C. Runge diese Art der Darstellung in der Schwingungslehre verwendet hat. Zu jedem Wert der Dämpfung gehört eine Parabel. Eine zu verschiedenen Werten von D gehörende Parabelschar, wie sie in Fig. 154 gezeichnet ist, hat dieselbe Aussagekraft wie die Diagramme von Fig. 146 und 147 zusammengenommen. Denn auch aus Fig. 154 kann zu jedem Wert des Frequenzverhältnisses η Vergrößerungsfunktion und Phase abgelesen werden. Wenn man will, kann man Fig. 154 noch durch Einzeichnen der Kurven $\eta = $ const ergänzen; diese Kurven sind – wie man aus (5.59) sehen kann – Parallelen zur v-Achse. Alle Parabeln beginnen mit $\eta = 0$ auf der u-Achse, sie durchschneiden die v-Achse bei dem Werte $\eta = 1$ und laufen mit weiter anwachsenden Werten von η in den zweiten Quadranten herein zu immer größeren negativen Werten von u.

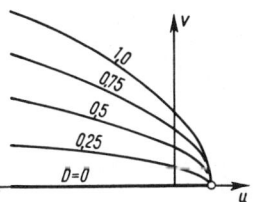

Fig. 154. Ortskurven für verschiedene Werte der Dämpfung

Man kann aus der inversen Ortskurve leicht den Maximalwert für die Amplitude bestimmen und das Frequenzverhältnis, bei dem es auftritt, ausrechnen. Dem Maximum von V entspricht das Minimum von $1/V$; dieses kann aber gefunden werden, wenn vom Koordinatenursprung aus das Lot auf die Parabel gefällt wird (Fig. 155). Da das Lot senkrecht auf der Kurve steht, gilt für den Fußpunkt des Lotes

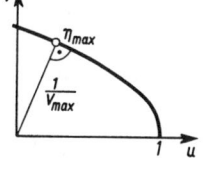

Fig. 155. Bestimmung des Resonanzmaximums aus der Ortskurve

$$\frac{dv}{du} = -\frac{u}{v}.$$

Berechnet man den Differentialquotienten aus (5.60) und setzt dann die Werte von (5.59) ein, so folgt eine Bestimmungsgleichung für das Frequenzverhältnis η mit der Lösung:

$$\eta_{max} = \sqrt{1 - 2D^2}.$$

Das stimmt mit dem früheren Ergebnis überein. Setzt man schließlich diesen Wert in

$$V_{max} = \frac{1}{\sqrt{u^2 + v^2}} \qquad (5.61)$$

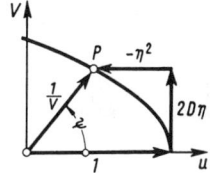

Fig. 156. Aufbau der Ortskurve aus Teilvektoren

unter Berücksichtigung von (5.59) ein, so erhält man wieder den früher schon auf anderem Wege ausgerechneten Wert für das Maximum der Vergrößerungsfunktion.

Den Aufbau der inversen Ortskurve kann man im vorliegenden Beispiel noch besonders durchsichtig machen, wenn man die komplexen Werte (5.55) in die Bewegungsgleichung einsetzt. Diese kann dann in die Form gebracht werden

$$x_0 V e^{i(\eta\tau - \psi)} \left[-\eta^2 + i(2D\eta) + 1 - \frac{1}{V} e^{i\psi} \right] = 0. \qquad (5.62)$$

Damit die Gleichung erfüllt ist, muß der in eckigen Klammern stehende Ausdruck für sich verschwinden. Jedes der Glieder in der Klammer kann aber als ein Vektor in der komplexen Ebene gedeutet werden. Alle vier Vektoren zusammen müssen ein geschlossenes Vektorpolygon ergeben, wie es in Fig. 156 gezeichnet ist. Der Punkt P der inversen Ortskurve kann als der Endpunkt eines aus den ersten drei Gliedern gebildeten

Vektorpolygons gefunden werden. Jedem Vektor entspricht dabei ein Glied der Differentialgleichung, und jede Ableitung nach τ macht sich als eine Drehung des zugeordneten Vektors um $90°$ bemerkbar.

Man kann sich nach dem Gesagten leicht vorstellen, wie die inverse Ortskurve eines Schwingers aufzubauen ist, dessen Bewegungsgleichung eine Differentialgleichung n-ter Ordnung ist. Wir wollen jedoch auf diese naheliegenden Verallgemeinerungen hier nicht eingehen und nur bemerken, daß von dieser Art der Darstellung besonders in der Regelungstechnik Gebrauch gemacht wird.

5.215 Einschwingvorgänge. Die in den vorhergehenden Abschnitten diskutierte Lösung (5.37) ist nicht die allgemeine, sondern nur eine partikuläre Lösung der Bewegungsgleichung (5.35). Nach dem früher Gesagten läßt sich aber die allgemeine Lösung durch Hinzufügen des Ausdruckes für die freien Schwingungen (allgemeine Lösung der homogenen Gleichung) gewinnen; sie hat also die Form

$$x = x_0 V \cos(\eta\tau - \psi) + C e^{-D\tau} \cos(\sqrt{1 - D^2}\,\tau - \varphi). \tag{5.63}$$

Durch entsprechende Wahl der beiden noch verfügbaren Konstanten C und φ läßt sich diese Lösung den jeweiligen Anfangsbedingungen anpassen. Je nach den Werten von Eigenfrequenz und Zwangsfrequenz und je nach der Art der Anfangsbedingungen sind außerordentlich viele Schwingungstypen möglich. Zwei zu den Anfangsbedingungen $t = 0 : x = x' = 0$ gehörende x, τ-Kurven sind in den Fig. 157 und 158 skizziert worden.

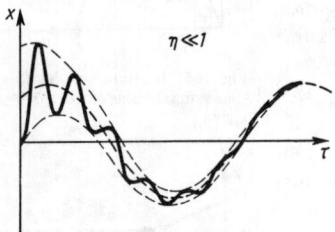

Fig. 157. Überlagerung von freier und erzwungener Schwingung im Fall $\eta \ll 1$

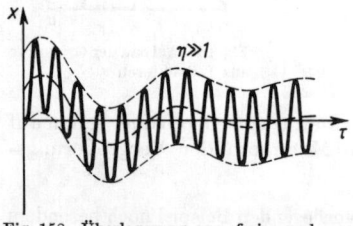

Fig. 158. Überlagerung von freier und erzwungener Schwingung im Fall $\eta \gg 1$

Von Interesse ist das Verhalten des Schwingers, wenn Eigenfrequenz und Zwangsfrequenz nahe beieinander liegen. Beschränken wir uns hier auf eine Betrachtung des ungedämpften Falles ($D = 0$), so geht (5.63) unter Berücksichtigung von (5.38) und (5.40) über in

$$x = x_0 \frac{1}{1 - \eta^2} \cos \eta\tau + C \cos(\tau - \varphi). \tag{5.64}$$

Bestimmt man die Konstanten zu den Anfangsbedingungen $t = 0 : x = x' = 0$, so findet man

$$C = -\frac{x_0}{1 - \eta^2}; \qquad \varphi = 0.$$

Damit geht (5.64) über in

$$x = \frac{x_0}{1 - \eta^2}(\cos \eta\tau - \cos \tau).$$

Dieser Ausdruck kann durch trigonometrische Umformung überführt werden in:

$$x = -\frac{2x_0}{1 - \eta^2} \sin\frac{\eta - 1}{2}\,\tau \sin\frac{\eta + 1}{2}\,\tau. \tag{5.65}$$

Dieser zunächst noch allgemein gültige Ausdruck läßt eine besonders anschauliche Deutung zu, wenn $\eta \approx 1$ ist, also Eigenfrequenz und Zwangsfrequenz benachbart sind. In diesem Fall gilt nämlich $\eta - 1 \ll \eta + 1$. Folglich wird sich das Argument der ersten Sinusfunktion nur langsam ändern, verglichen mit den Änderungen des Argumentes der zweiten Sinusfunktion. Daher kann man die Bewegung als eine Schwingung mit der Frequenz $\dfrac{\eta + 1}{2} \approx 1$ auffassen, deren Amplitude $A(t)$ langsam nach einem Sinusgesetz verändert wird

$$A(t) - -\frac{2x_0}{1 - \eta^2} \sin \frac{\eta - 1}{2} \tau .$$

Das zugehörige x, τ-Bild dieser Schwingungen ist in Fig. 159 gezeichnet. Der Schwinger vollführt Schwebungen, wobei der Zeitabstand zweier Minima der Amplitude zu

$$\tau_s = \frac{2\pi}{\eta - 1} \qquad (5.66)$$

ausgerechnet werden kann.

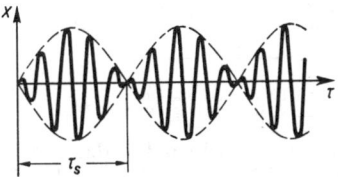

Fig. 159.
Überlagerung von freier und erzwungener Schwingung im Fall $\eta \approx 1$ für $D = 0$

Mit Hilfe der Formel (5.65) läßt sich auch der Sonderfall des Einschwingens bei Resonanz in befriedigender Weise klären. Die Betrachtung der partikulären Lösung allein ergibt für diesen Fall ein praktisch wertloses Ergebnis, weil die Vergrößerungsfunktion für $\eta = 1$ im Falle $D = 0$ unendlich wird. Man kann jedoch (5.65) unter Berücksichtigung von $\eta \approx 1$ wie folgt umformen:

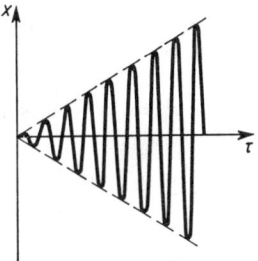

$$x = -\frac{2x_0}{(1 + \eta)(1 - \eta)} \frac{\eta - 1}{2} \tau \sin \frac{\eta + 1}{2} \tau .$$

Im Grenzübergang $\eta \to 1$ folgt daraus:

$$x = \frac{x_0}{2} \tau \sin \tau . \qquad (5.67)$$

Das ist eine Schwingung mit linear anwachsender Amplitude, wie sie in Fig. 160 dargestellt ist. Man kann sich übrigens leicht überlegen, daß Fig. 160 aus Fig. 159 mit $\tau_s \to \infty$ entsteht, wenn also das erste Minimum der Schwingungskurve immer weiter nach rechts rückt. Tatsächlich sieht man aus Gl. (5.66), daß die Schwebungszeit τ_s für $\eta \to 1$ unbegrenzt anwächst.

Fig. 160. Einschwingen im Resonanzfall $\eta = 1$ für $D = 0$

5.22 Allgemein periodische Erregung; Lösung mit Hilfe der Fourier-Zerlegung. Ist die auf einen Schwinger einwirkende Erregung periodisch, dann kann sie durch eine Fourier-Reihe dargestellt werden. Man kann dann für die Eingangsfunktion schreiben:

$$x_e = f(t) = \sum_{n=1}^{N} k_n \cos(n \eta \tau - \chi_n) = \sum_{n=1}^{N} f_n(t) . \qquad (5.68)$$

Bei Schwingern, deren Bewegungsgleichungen linear sind, kann man wegen der Gültigkeit des Superpositionsprinzips die Lösung als Summe der Teilreaktionen des Schwingers auf die verschiedenen Anteile der Erregung finden. Das ist leicht einzusehen: Ist allgemein $L(x)$ ein linearer Differentialausdruck von x, dann läßt sich die Gleichung für einen linearen Schwinger durch

$$L(x_a) = x_e \qquad (5.69)$$

ausdrücken. Ist nun $x_e = \sum f_n(t)$, so kann man entsprechend $x_a = \sum x_{an}$ ansetzen. Wegen der Linearität gilt dann

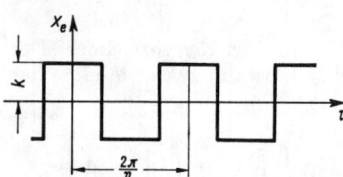

$$L(x_a) = L\left(\sum x_{an}\right) = \sum L(x_{an}).$$

Folglich läßt sich die Ausgangsgleichung in die Form bringen

$$\sum_{n=1}^{N} [L(x_{an}) - f_n(t)] = 0.$$

Fig. 161. Mäanderfunktion

Wählt man nun die x_{an} so, daß jedes Glied der Summe, also jede der eckigen Klammern für sich verschwindet, dann ist die Gleichung erfüllt, und die Gesamtlösung x_a ergibt sich aus der Summe der Teillösungen.

Wir wählen als Beispiel wieder die Bewegungsgleichung

$$x'' + 2Dx' + x = x_e, \qquad (5.70)$$

wobei x_e eine Mäanderfunktion nach Fig. 161 sein soll. Die Fourier-Zerlegung für diese Funktion lautet:

$$x_e(\tau) = \frac{4k}{\pi} \left[\cos \eta\tau - \frac{\cos 3\eta\tau}{3} + \frac{\cos 5\eta\tau}{5} - \cdots \right],$$

$$= \frac{4k}{\pi} \sum_{n=0}^{\infty} \frac{(-1)^n \cos(2n+1)\eta\tau}{2n+1}. \qquad (5.71)$$

Mit den früheren Ergebnissen für Vergrößerungsfunktion Gl. (5.40) und Phase Gl. (5.38) läßt sich nun leicht jede Teillösung finden, so daß die Gesamtlösung die folgende Gestalt annimmt:

$$x_a = x = \frac{4k}{\pi} \sum_{n=0}^{\infty} \frac{(-1)^n \cos[(2n+1)\eta\tau - \psi_n]}{(2n+1)\sqrt{[1-(2n+1)^2\eta^2]^2 + 4D^2(2n+1)^2\eta^2}} +$$
$$+ Ce^{-D\tau} \cos[\sqrt{1-D^2}\,\tau - \varphi] \qquad (5.72)$$

mit

$$\tan\psi_n = \frac{2D(2n+1)\eta}{1-(2n+1)^2\eta^2}.$$

Die praktische Ausrechnung dieser Reihe ist naturgemäß recht mühsam, wenngleich (5.72) wegen des starken Abklingens der Vergrößerungsfunktion erheblich rascher konvergiert als die Reihe für die Erregerfunktion (5.71). Wir werden im Abschnitt 5.24 sehen, daß für das vorliegende Beispiel eine viel bequemere, leicht auszuwertende exakte Lösung auf gänzlich anderem Wege gefunden werden kann.

5.23 Statistisch verteilte Erregungen. Das im vorigen Abschnitt verwendete Verfahren kann auch auf nichtperiodische Erregerfunktionen angewendet werden. Beispielsweise liegt eine nicht periodische Funktion bereits dann vor, wenn die Erregung zwei harmonische Anteile besitzt, deren Frequenzen kein rationales Verhältnis haben (inkommensurable Frequenzen). Noch wichtiger sind in der Schwingungspraxis jedoch solche Erregungen, bei denen die Frequenzen mehr oder weniger stetig verteilt sind, bei denen also ein ganzes Frequenzspektrum existiert. Man kann in diesem Fall die Erregung als Grenzwert einer Summe von Einzelerregungen – also als ein Integral – darstellen:

$$x_e = \int_0^\infty k_e(\eta) \cos\left[\eta\tau - \chi(\eta)\right] \mathrm{d}\eta. \tag{5.73}$$

$k_e(\eta)$ wird als das **Frequenzspektrum** der Erregung bezeichnet. Durch den Phasenwinkel $\chi(\eta)$ wird die zeitliche Verschiebung der Teilschwingungen gegeneinander charakterisiert.

Jede Teilerregung in (5.73) erzeugt nun eine Teilbewegung des Schwingers, die in der bisher schon betrachteten Art durch Multiplikation der Amplitude mit der Vergrößerungsfunktion $V(\eta)$, sowie durch eine Verschiebung der Phase um den Betrag $\psi(\eta)$ erhalten werden kann. Als Gesamtlösung folgt demnach

$$x = x_a = \int_0^\infty k_e(\eta) V(\eta) \cos\left[\eta\tau - \chi(\eta) - \psi(\eta)\right] \mathrm{d}\eta. \tag{5.74}$$

Man erkennt daraus, daß das Frequenzspektrum für die Ausgangsfunktion durch Multiplikation des Frequenzspektrums der Eingangsfunktion mit der Vergrößerungsfunktion erhalten wird:

$$k_a(\eta) = k_e(\eta) V(\eta). \tag{5.75}$$

Handelt es sich bei den Erregerfunktionen um statistisch verteilte, sogenannte Zufallsfunktionen, dann charakterisiert man sie vielfach nicht durch das Frequenzspektrum, sondern durch die **Spektraldichte** $S(\eta)$, die aus dem Frequenzspektrum $k(\eta)$ durch einen Grenzprozeß gewonnen werden kann. Ohne auf die Definition der Spektraldichte näher einzugehen, können wir für das Folgende vereinfachend

$$S(\eta) = \mathrm{const}\, [k(\eta)]^2 \tag{5.76}$$

setzen. Die Verwendung der Spektraldichte ist vorteilhaft, weil sie einerseits unmittelbar aus gemessenen Kurven $x_e(\tau)$ bestimmt werden kann, und weil andererseits die **mittlere quadratische Abweichung** $\overline{x^2}$, die in der Fehlertheorie zur Charakterisierung von Abweichungen verwendet wird, aus

$$\overline{x^2} = \frac{1}{\pi} \int_0^\infty S(\eta)\, \mathrm{d}\eta \tag{5.77}$$

berechnet werden kann. Wegen der näheren Einzelheiten muß jedoch hier auf das Schrifttum zur mathematischen Statistik verwiesen werden.

Wenn die Zufallsfunktionen stationär sind, wenn also ihre Spektraldichte bzw. ihr Frequenzspektrum unabhängig von der Zeit sind, dann kann man bei bekannter Spektraldichte $S_e(\eta)$ der Eingangsfunktion, also der Erregung, die Spektraldichte $S_a(\eta)$ für die Ausgangsfunktion berechnen. Durch Quadrieren von Gl. (5.75) und Einsetzen in die Beziehung (5.76), die sowohl für die Eingangs- als auch für die Ausgangsfunktionen gilt, folgt unmittelbar der wichtige Zusammenhang zwischen den Spektraldichten von Eingangs- und Ausgangsfunktion:

$$S_a(\eta) = S_e(\eta)[V(\eta)]^2. \tag{5.78}$$

Zur Veranschaulichung wollen wir Gl. (5.78) auf das Problem der Kraftwagenfederung anwenden, für das eine Bewegungsgleichung von der Form (5.70) verwendet werden kann. Die Eingangserregung x_e ist dann durch die zufälligen Unebenheiten der Straße bedingt. Für einen bestimmten Straßentyp läßt sich zu jeder Fahrgeschwindigkeit die Spektraldichte $S_e(\eta)$ durch Versuche ermitteln. Gefragt wird nun nach dem günstigsten Wert für die Dämpfungsgröße D, derart, daß die mittlere quadratische Abweichung $\bar{x}_a^2$, also die mittlere Amplitude der Wagenschwingungen möglichst klein ist.

Zunächst kann man aus (5.78) unter Berücksichtigung des Wertes für $V(\eta)$ die Spektraldichte $S_a(\eta)$ ausrechnen. Durch Einsetzen in Gl. (5.77) folgt daraus sofort die gesuchte mittlere quadratische Abweichung

$$\bar{x}_a^2 = \frac{1}{\pi} \int\limits_0^\infty S_e(\eta)\,[V(\eta)]^2 \mathrm{d}\eta. \tag{5.79}$$

Da über die Frequenz integriert wird, ist das Ergebnis nur noch eine Funktion der Dämpfungsgröße D. Bei bekanntem $S_e(\eta)$ kann die Integration durchgeführt werden, so daß sich aus der Funktion $\bar{x}_a(D)$ der optimale Wert von D ermitteln läßt.

5.24 Allgemein periodische Erregung; Lösung nach dem Anstückelverfahren.

Nach dem im Abschnitt 5.22 angegebenen Lösungsverfahren lassen sich zwar im Prinzip die erzwungenen Schwingungen bei allgemeinen periodischen Erregungsfunktionen errechnen, jedoch kann die praktische Auswertung sehr mühsam sein. Es soll nun an einem einfachen Beispiel gezeigt werden, daß man stets dann mit elementaren Mitteln zu einer partikulären Lösung kommen kann, wenn die Erregerfunktion stückweise konstant ist. Als Beispiel wählen wir die Erregerfunktion:

$$x_e(\tau) = k \operatorname{sgn} \sin \eta\tau. \tag{5.80}$$

Diese Funktion entspricht der Mäanderfunktion von Fig. 161, nur ist der Zeitnullpunkt in einen Sprungpunkt verlegt worden. Die halbe Periode der Erregerfunktion soll mit τ_1 bezeichnet werden. Wegen der stückweisen Konstanz von x_e kann nun die Bewegungsgleichung

$$x'' + 2Dx' + x = x_e = k \operatorname{sgn} \sin \eta\tau \tag{5.81}$$

in den Bereichen zwischen je zwei Sprüngen der Erregerfunktion gelöst werden. Die Lösung (s. 5.5) ist eine gedämpfte Schwingung um die Gleichgewichtslage ± k:

$$x = \pm\, k + C\,\mathrm{e}^{-D\tau}\cos\left(\nu\tau - \varphi\right) \tag{5.82}$$

mit $\nu = \sqrt{1 - D^2}$. Im Bereich $0 < \tau < \tau_1$ gilt das Pluszeichen vor k, im Bereich $\tau_1 < \tau < 2\tau_1$ ist das Minuszeichen zu nehmen. Die noch verfügbaren Konstanten C und φ der Lösung sollen nun so bestimmt werden, daß eine mit $2\tau_1$ periodische Gesamtlösung herauskommt. Dazu muß nicht nur ein stetiger und knickfreier Übergang der Schwingungskurven an den Sprungstellen der Erregung gefordert werden, sondern es muß auch nach einer vollen Periode $\tau = 2\tau_1$ wieder derselbe Schwingungszustand erreicht werden wie für $\tau = 0$. Die Aufgabe besteht also darin, in die mäanderförmig verlaufende Kurve für die Gleichgewichtslage jeweils solche Teilstücke der freien gedämpften Schwingung hereinzulegen, daß ein stetiger, knickfreier und mit $2\tau_1$ periodischer Kurvenzug entsteht. Das ist in Fig. 162 für drei verschiedene Frequenzbereiche angedeutet. Wegen der Symmetrie der Erregerfunktion genügt es im vorliegenden Falle, den Verlauf im Bereich $0 \leqq \tau \leqq \tau_1$ zu untersuchen. Die Randbedingungen lauten hierfür:

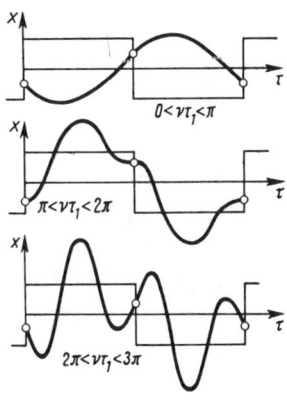

Fig. 162. Periodische Lösungen bei Erregung durch eine Mäanderfunktion

$$x(\tau_1) = -x(0),$$
$$x'(\tau_1) = -x'(0). \tag{5.83}$$

Aus diesen Bedingungsgleichungen können die beiden Konstanten bestimmt werden. Nach Einsetzen von (5.82) in (5.83) und Auflösen folgt:

$$C = -\frac{2k}{\cos\varphi + \mathrm{e}^{-D\tau_1}\cos\left(\nu\tau_1 - \varphi\right)},$$

$$\tan\varphi = \frac{D + \mathrm{e}^{-D\tau_1}\left(D\cos\nu\tau_1 + \nu\sin\nu\tau_1\right)}{\nu + \mathrm{e}^{-D\tau_1}\left(\nu\cos\nu\tau_1 - D\sin\nu\tau_1\right)}. \tag{5.84}$$

Da $\tau_1 = \dfrac{\pi}{\eta}$ ist, sind somit C und φ als Funktionen der bezogenen Erregerfrequenz bekannt.

Will man aus der nunmehr bekannten Lösung (5.82) die Resonanzkurve, d. h. den jeweiligen Maximalausschlag als Funktion der Frequenz ausrechnen, dann müssen zunächst die Maxima relativ zur verschobenen Gleichgewichtslage bestimmt werden. Diese Maxima liegen bei dem Werte $\tau = \tau_m$, der durch

$$\tan\left(\nu\tau_m - \varphi\right) = -\frac{D}{\nu}$$

definiert ist. Durch Einsetzen von τ_m in (5.82) werden die Maxima selbst erhalten. Die Schwingungskurve kann innerhalb eines Bereiches mehrere Extremwerte besitzen. Von diesen muß derjenige bestimmt werden, der ein bezüglich der Gleichgewichtslage $x = 0$ absolutes Maximum darstellt.

Als Ergebnis der Auswertung zeigt Fig. 163 ein Resonanzrelief, aus dem der Einfluß von Frequenz und Dämpfung abgelesen werden kann. Zum Unterschied von den sonst gewohnten Resonanzkurven, bei denen auf der Abszisse die Frequenz bzw. das Frequenzverhältnis η aufgetragen wird, ist in Fig. 163 die halbe Periodendauer $\tau_1 = \pi/\eta$ verwendet worden. Das ist geschehen, um die Maxima des Reliefs besser zu trennen; sie wären bei der üblichen Auftragung im Bereich $0 \leqq \eta \leqq 1$ zusammengedrängt worden.

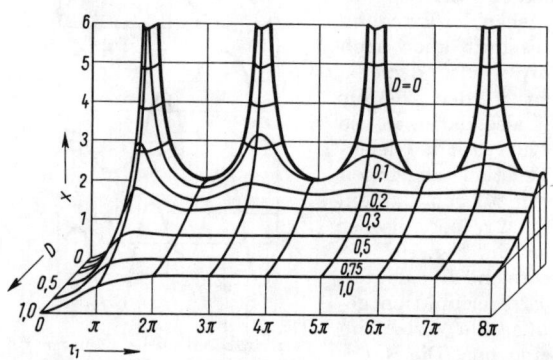

Fig. 163. Resonanz-Relief bei Erregung durch eine Mäanderfunktion

Im Sonderfall verschwindender Dämpfung $(D = 0)$ lassen sich übrigens explizite Formeln für die Schwingungskoordinate x sowie für die Maxima angeben. Mit $D = 0$ wird $\nu = 1$; damit vereinfachen sich die Formeln (5.84)

$$\tan\varphi = \frac{\sin\tau_1}{1 + \cos\tau_1} = \tan\frac{\tau_1}{2},$$

$$\varphi = \frac{\tau_1}{2},$$

$$C = -\frac{k}{\cos\dfrac{\tau_1}{2}}.$$

Aus (5.82) folgt damit:

$$x = k\left[1 - \frac{\cos\left(\tau - \dfrac{\tau_1}{2}\right)}{\cos\dfrac{\tau_1}{2}}\right].$$

Man sieht daraus, daß die Schwingungskurven die Abszisse stets an den Sprungstellen der Erregerfunktion schneiden, denn es gilt $x = 0$ für $\tau = 0$ und $\tau = \tau_1$. Die Maxima der Schwingungskurven liegen jeweils in der Mitte zwischen den

Sprungstellen. Für die absoluten Maxima gilt

$$\text{im Bereich} \quad 0 < \tau_1 < \pi, \quad x_{max} = k \left[1 - \frac{1}{\cos \frac{\tau_1}{2}} \right]$$

$$\text{in den Bereichen} \quad \tau_1 > \pi, \quad x_{max} = k \left[1 + \frac{1}{\cos \frac{\tau_1}{2}} \right].$$

Nähere Einzelheiten zu dem hier behandelten Problem können einer Veröffentlichung (Z. angew. Math. u. Mech. 31 (1951), 324–329) entnommen werden.

5.3 Anwendungen der Resonanztheorie

5.31 Schwingungsmeßgeräte. Zum Messen, d. h. zum Anzeigen oder Registrieren von Bewegungen können Schwinger in vielseitiger Weise verwendet werden. Von den zahlreichen Möglichkeiten sollen hier nur wenige Beispiele herausgegriffen werden, um an ihnen die typischen Problemstellungen zu erklären.

Eines der bekanntesten Schwingungsmeßgeräte ist die Oszillographenschleife, deren prinzipiellen Aufbau Fig. 164 zeigt: die beiden parallelen Schenkel eines zu einer Schleife gebogenen leitenden Bandes befinden sich im Felde eines Magneten; das an der Umlenkrolle durch eine Feder gespannte Band ist über zwei Stege geführt und trägt in der Mitte zwischen den beiden Stegen einen kleinen Spiegel. Wird das Band vom Strom durchflossen, so wirken auf die beiden im Magnetfeld verlaufenden Teile Kräfte in entgegengesetzten Richtungen; diese führen zu einer Verdrehung des Spiegels, so daß die Auslenkung eines vom Spiegel reflektierten Lichtstrahls ein Maß für die Größe des durch das Band geschickten Stromes ist. Band und Spiegel bilden einen Schwinger, dessen Bewegungsgleichung in die bekannte Form gebracht werden kann:

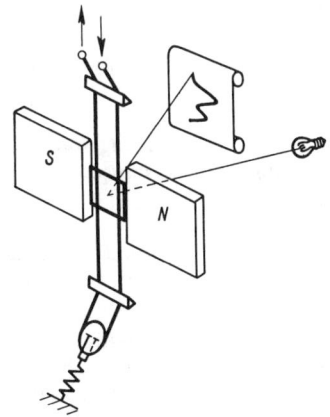

Fig. 164. Oszillographenschleife

$$x'' + 2Dx' + x = x_e. \quad (5.85)$$

x ist dabei z. B. die Auslenkung des Lichtstrahls auf dem Registrierpapier, x_e kann als ein Maß für die Stärke des Stromes betrachtet werden. Die Dämpfung wird dadurch erreicht, daß sich der Schleifenschwinger in Öl bewegt.

Das Gerät soll zur Messung des durch die Schleife geschickten Stromes, also der Größe x_e verwendet werden. Der Ausschlag des Spiegels – bzw. des Lichtzeigers – ist aber der Größe x proportional, die mit der Eingangsgröße x_e über die Gl. (5.85) zusammenhängt. Nur bei stationären, also zeitunabhängigen Werten von x_e wird auch x nach einiger Zeit, wenn Einschwingvorgänge abgeklungen sind, einen stationären Wert annehmen; nur dann ist nach Gl. (5.85) wirklich $x = x_e$.

Bei allen zeitlich veränderlichen Werten von x_e weicht dagegen die gemessene Größe x mehr oder weniger von der zu messenden Größe x_e ab. Aus dieser Erkenntnis erwachsen zwei Fragestellungen:

1. Wie kann im allgemeinen Fall aus x die gesuchte Größe x_e bestimmt werden,
2. unter welchen Bedingungen kann x als eine brauchbare Annäherung für x_e angesehen werden.

Die erste der genannten Fragen ist im Prinzip leicht beantwortet: man kann die Größe x_e bekommen, wenn man die gemessene Größe x zweimal differenziert und dann aus x und seinen beiden zeitlichen Ableitungen den in Gl. (5.85) auf der linken Seite stehenden Ausdruck bildet. Da jedoch die Bildung der Ableitungen von gemessenen Kurven recht unsicher ist und im allgemeinen ziemlich große Fehler mit sich bringt, ist das Verfahren nur sinnvoll, wenn die Zusatzglieder mit den zeitlichen Ableitungen lediglich als kleine Korrekturen aufgefaßt werden können, die zu dem Hauptglied x hinzukommen.

Die zweite Frage kennzeichnet das Grundproblem der Schwingungsmeßtechnik. Man kann es allgemein für ganz beliebige Eingangsfunktionen $x_e(\tau)$ nicht lösen, wohl aber lassen sich wichtige Aussagen für solche Funktionen x_e gewinnen, die entweder selbst periodisch sind oder durch periodische Funktionen approximiert werden können. Wegen der Gültigkeit des Superpositionsprinzips genügt es dabei zunächst, eine rein harmonische Eingangsfunktion

$$x_e(\tau) = x_0 \cos \eta\tau \qquad (5.86)$$

zu betrachten. Wie bekannt, folgt damit aus Gl. (5.85) die partikuläre Lösung

$$x(\tau) = x_0 V(\eta) \cos(\eta\tau - \psi) \qquad (5.87)$$

mit der Vergrößerungsfunktion (5.40). Die Ausgangsgröße x stimmt mit der Eingangsgröße x_e überein, wenn

$$V(\eta) = 1; \qquad \psi(\eta) = 0 \qquad (5.88)$$

gilt. Ein Blick auf die Fig. 146 und 147 zeigt, daß diese Bedingung nur für $\eta = 0$, also für $\Omega = 0$ erfüllt werden kann. Das entspricht einer „unendlich langsamen" Schwingung, also einem „stationären" Vorgang.

Wenn sich auch die Bedingungen (5.88) für Schwingungen mit $\eta \neq 0$ nicht streng erfüllen lassen, so kann man sie doch mit einer für praktische Zwecke meist ausreichenden Genauigkeit näherungsweise erfüllen, wenn $\eta \ll 1$ gewählt wird. Das ist gleichbedeutend mit $\Omega \ll \omega_0$; die Eigenfrequenz des Gerätes muß also hinreichend weit über den Frequenzen liegen, die man zu messen wünscht. Man spricht dann von quasistatischer oder auch unterkritischer Messung, weil die Meßfrequenzen Ω unter der kritischen Eigenfrequenz ω_0 liegen.

Wie groß soll nun die Dämpfungsgröße D des Meßschwingers gewählt werden? Aus Fig. 147 sieht man, daß $V(\eta) = 1$ mit $D \approx 0,6$ für einen Frequenzbereich von etwa $0 \leqq \eta < 1$ recht gut erfüllt wird. Allerdings läßt sich die Bedingung $\psi = 0$ nicht gleichzeitig erfüllen. Diese würde vielmehr als günstigsten Wert $D = 0$ ergeben (s. Fig. 146), ein Wert, der weder realisiert werden kann noch erwünscht ist, weil ungedämpfte Eigenschwingungen die Messung stören würden. Man gibt daher dem Schwinger stets eine ausreichende Dämpfung und sorgt zugleich dafür, daß die entstehenden Meßfehler oder Verzerrungen möglichst klein bleiben. Um das verständlich zu machen, seien die möglichen Verzerrungen näher betrachtet.

Verzerrungen bei der Messung einer aus mehreren harmonischen Schwingungen zusammengesetzten Kurve können entstehen erstens durch Änderungen der Amplitudenverhältnisse der Teilschwingungen (Amplitudenverzerrung), zweitens durch Phasenverschiebungen, die nicht der jeweiligen Frequenz der Teilschwingungen proportional sind (Phasenverzerrungen). Amplitudenverzerrungen können – wie gezeigt wurde – klein gehalten werden, wenn bei $D \approx 0,6$ die Frequenzen Ω_n aller Teilschwingungen kleiner als die Eigenfrequenz ω_0 des Meßgerätes sind. Die Phasenverschiebungen für die Teilschwingungen sind – wie aus Fig. 146 zu ersehen ist – bei nicht verschwindender Dämpfung stets verschieden. Für die Verzerrung sind jedoch nicht die Phasenverschiebungswinkel ψ selbst, sondern die dadurch hervorgerufenen Zeitverschiebungen $\Delta\tau$ maßgebend. Es gilt

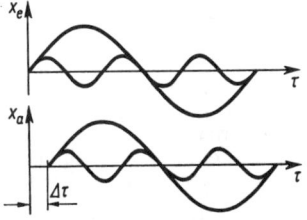

$$\psi : 2\pi = \Delta\tau : \frac{2\pi}{\eta}\,; \qquad \Delta\tau = \frac{\psi}{\eta}\,. \qquad (5.89)$$

Fig. 165. Zeitverschiebung $\Delta\tau$ durch Phasennacheilung

Wenn die Zeitverschiebungen für alle Teilschwingungen gleich groß sind, dann behalten die Kurven der Teilschwingungen ihre relative Lage bei (Fig. 165), so daß bei Addition aller Teilschwingungen genau wieder die Eingangskurve, allerdings mit einer zeitlichen Verschiebung um den Betrag $\Delta\tau$, herauskommt. Die Bedingung für verschwindende Phasenverzerrung kann somit wegen (5.89)

$$\psi = \text{const } \eta \qquad \text{oder} \qquad \frac{\mathrm{d}\psi}{\mathrm{d}\eta} = \text{const}$$

geschrieben werden. Aus Gl. (5.38) findet man damit leicht

$$\frac{\mathrm{d}\psi}{\mathrm{d}\eta} = \frac{2D(1+\eta^2)}{(1-\eta^2)^2 + 4D^2\eta^2} = \text{const}. \qquad (5.90)$$

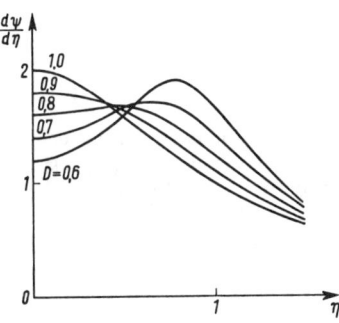

Fig. 166.
Zur Berechnung der Phasenverzerrung

Dieser Ausdruck ist in Fig. 166 in Abhängigkeit von η aufgetragen. Man erkennt aus diesen Kurven, daß die geforderte Konstanz bei einem Wert von $D \approx 0,8$ über einen größeren η-Bereich erreicht werden kann. Wenngleich dieser Wert nicht ganz mit dem übereinstimmt, der mit Rücksicht auf geringe Amplitudenverzerrungen als optimal erkannt wurde, so kann man doch bei Dämpfungswerten im Bereich $0,7 < D < 0,8$ sowohl Amplituden- als auch Phasenverzerrungen klein halten, insbesondere dann, wenn $\eta < \sim 0,3$ gewählt wird.

Als zweites Beispiel für ein Schwingungsmeßgerät betrachten wir einen Erschütterungsmesser, wie er in Fig. 144 dargestellt ist. Wenn dieses Gerät auf einem bewegten Fahrzeug angebracht wird, dann macht sein Gestell dessen Bewegungen $x_G(\tau)$ mit. Für den vom Gerät gemessenen Relativausschlag x_R gilt nach den früheren Überlegungen eine Lösung von der Form (5.87) mit der Vergrößerungsfunktion (5.42) und der Phasenverschiebung (5.38). Die grundlegenden Bedingungen $V = 1$ und $\psi = 0$ können jetzt – wie am einfachsten aus den Fig. 149 und 146 zu ersehen ist – auch nicht näherungsweise für einen größeren η-Bereich verwirklicht werden; folglich kann $x_R \approx x_e = x_G$ nicht erreicht werden. Allerdings kann $x_R \approx -x_e$ verwirklicht werden, wenn $\eta \gg 1$ gewählt wird. In diesem Fall werden die Phasen aller Teilschwingungen um $\psi \approx \pi$ verschoben, was einem Vorzeichenwechsel gleichkommt. $\eta \gg 1$ bedeutet $\Omega \gg \omega_0$, das Gerät muß überkritisch abgestimmt werden. Ist diese Bedingung erfüllt, dann gibt die Relativbewegung x_R (Fig. 144) die Gestellbewegung x_G spiegelbildlich wieder. Das ist auch physikalisch sofort einzusehen: wenn der Schwinger eine niedere Eigenfrequenz hat, dann bleibt die Masse näherungsweise in Ruhe, während das Gestell die Bewegung des Fahrzeugs mitmacht. Es muß also $x = x_R + x_G \approx 0$ und damit $x_R \approx -x_G$ gelten.

Dieses Meßprinzip kann verwendet werden, wenn Schwingungswege gemessen werden sollen; es findet z. B. Anwendung bei Seismographen zur Messung von Erschütterungen der Erdoberfläche. Die Verwirklichung der notwendigen tiefen Abstimmung, sowie die Herstellung einer dabei noch hinreichend wirksamen Dämpfung verursachen beträchtliche konstruktive Schwierigkeiten.

Geräte der beschriebenen Art (Fig. 144) können aber auch mit unterkritischer Abstimmung, d. h. bei $\eta \ll 1$, verwendet werden. Sie messen dann allerdings nicht den Schwingweg, sondern die Schwingbeschleunigung des Gestells. Man sieht das am einfachsten aus der Bewegungsgleichung des Schwingers, die nach dem im Abschnitt 5.211 Gesagten in die Form gebracht werden kann:

$$x_R'' + 2Dx_R' + x_R = -x_G''. \tag{5.91}$$

Das entspricht genau der Gleichung (5.85), sofern man die negativ genommene Gestellbeschleunigung x_G'' als Eingangsgröße x_e auffaßt. Bei unterkritischer Abstimmung arbeitet demnach der Erschütterungsmesser als Beschleunigungsmesser. Das läßt sich auch anschaulich leicht einsehen: bei hoher Abstimmung des Gerätes von Fig. 144 macht die Masse die Bewegungen des Gestells „quasistatisch" mit, und die dabei auftretenden Beschleunigungskräfte der Masse werden von der als Kraftmesser wirkenden Feder mit kleinem Federweg gemessen.

Außer den beiden hier erwähnten Abstimmungsarten, der überkritischen ($\eta > 1$) und der unterkritischen ($\eta < 1$), verwendet man bei bestimmten Geräten auch Abstimmungen in der Nähe der Eigenfrequenz ($\eta \approx 1$). Das geschieht bei Schwingungsmessern, die nach dem Resonanzprinzip arbeiten und die im allgemeinen nur der Feststellung von Frequenzen dienen. Bei ihnen wird die Tatsache ausgenutzt, daß die Resonanzmaxima bei geringer Dämpfung ($D \ll 1$) sehr groß werden können. Das Meßgerät sieht dann aus dem ihm angebotenen Gemisch von Schwingungen diejenige Teilschwingung heraus, deren Frequenz mit seiner Eigenfrequenz übereinstimmt.

Mechanische Geräte dieses Typs sind die Zungenfrequenzmesser, elektrische die sogenannten Wellenmesser der Funktechnik.

5.32 Schwingungsisolierungen von Maschinen und Geräten.
Bei der Schwingungsisolierung sind zwei grundsätzlich verschiedene Aufgaben zu unterscheiden: erstens die aktive Entstörung, die dazu dient, Maschinen so aufzu-

stellen, daß die von ihnen erzeugten Rüttelkräfte nicht in das Fundament bzw. das Gebäude abgestrahlt werden; zweitens die **passive Entstörung**, die angewendet wird, um empfindliche Meßgeräte gegen mögliche Erschütterungen der Unterlage abzuschirmen. Beide Aufgaben können durch eine elastische, also schwingungsfähige Lagerung der Maschinen bzw. Geräte gelöst werden.

Zur **aktiven Entstörung** von Maschinen werden diese auf federndes und dämpfendes Material (z. B. Gummi oder Kork) gestellt, wobei vielfach die Masse der Maschine noch durch geeignet bemessene Zusatzgewichte vergrößert wird. Das Schema einer solchen Aufstellung zeigt Fig. 167. Die fast immer vorhandenen Massenkräfte der Maschine (Unwuchten) wirken als Erregerkräfte und wachsen

Fig. 167. Maschine auf elastischer Lagerung

mit dem Quadrat der Kreisfrequenz Ω an. Bei gleichmäßig umlaufender Maschine kann die Unwuchtkraft durch

$$K_u = m_u \ddot{x}_u = - m_u x_0 \Omega^2 \cos \Omega t \tag{5.92}$$

gekennzeichnet werden. Die für diese Erregerkraft geltende Schwingungsgleichung wurde bereits früher (Gl. 5.34) aufgestellt. Sie hat die partikuläre Lösung

$$x = - \varkappa x_0 V_C \cos (\eta \tau - \psi) = - \varkappa x_0 V_C \cos (\Omega t - \psi) \tag{5.93}$$

mit der Vergrößerungsfunktion V_C von Gl. (5.42).

Es interessiert nun die Kraft K_f, die von der rüttelnden Maschine auf das Fundament übertragen wird. Die Kraftübertragung geschieht über Federung und Dämpfung gleichermaßen, so daß gilt

$$K_f = c x + d \dot{x} = - c \varkappa x_0 V_C \cos (\Omega t - \psi) + d \varkappa x_0 V_C \Omega \sin (\Omega t - \psi)$$

$$= - \varkappa x_0 V_C \sqrt{c^2 + d^2 \Omega^2} \cos (\Omega t - \psi + \vartheta) \tag{5.94}$$

mit

$$\tan \vartheta = \frac{\Omega d}{c} = 2 D \eta.$$

Ziel der Schwingungsisolierung ist, möglichst wenig von den rüttelnden Unwuchtkräften K_u in den Boden zu leiten. Als geeignetes Maß für die Güte der Isolierung kann daher das Verhältnis der Maximalwerte

$$\frac{K_{f\,max}}{K_{u\,max}} = \frac{\varkappa x_0 V_C \sqrt{c^2 + d^2 \Omega^2}}{m_u x_0 \Omega^2}$$

gewählt werden. Unter Berücksichtigung der verwendeten Abkürzungen kann dieses Verhältnis in die Form gebracht werden:

$$\frac{K_{f\,max}}{K_{u\,max}} = \sqrt{\frac{1 + 4 D^2 \eta^2}{(1 - \eta^2)^2 + 4 D^2 \eta^2}}. \tag{5.95}$$

Dieser Wert ist in Fig. 168 als Funktion von η aufgetragen. Unabhängig von der Größe der Dämpfung gehen alle Kurven durch den Fixpunkt

$$\eta = \sqrt{2}\,; \qquad \frac{K_{f\,max}}{K_{u\,max}} = 1,$$

wovon man sich durch Einsetzen in (5.95) leicht überzeugen kann. Gewünscht wird ein möglichst kleiner Wert des Verhältnisses (5.95), der – wie man aus Fig. 168 sieht – durch einen möglichst großen Wert von η und einen möglichst kleinen Wert von D erzielt werden kann. Zu kleine Werte von D können allerdings beim Durchlaufen der Resonanzstelle ($\eta \approx 1$) zu Schwierigkeiten führen. Es muß daher ein Kompromiß gesucht werden, sofern man nicht eine einstellbare Dämpfung anbringen kann, die nach Durchlaufen des kritischen Bereiches abgeschaltet wird.

Sinngemäß lassen sich diese Überlegungen auch auf den häufig vorkommenden Fall übertragen, daß die Maschine ein Gemisch von Schwingungen verschiedener Frequenzen erzeugt. Man muß dann darauf achten, daß die Eigenfrequenzen der elastisch gelagerten Maschine etwa dreimal kleiner sind als die niedrigste Erregerfrequenz.

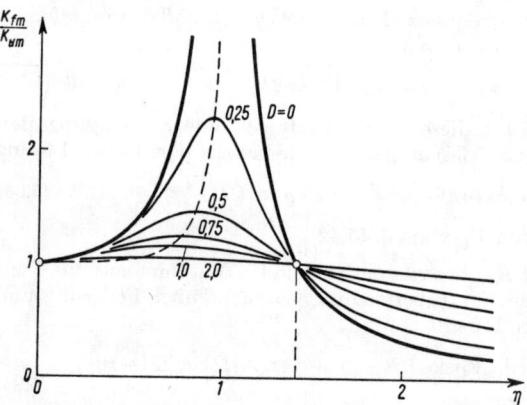

Fig. 168. Zur Beurteilung der Wirksamkeit einer elastischen Lagerung

Es darf nicht verschwiegen werden, daß die hier durchgeführten Überlegungen zwar Wesentliches erkennen lassen, aber in praktischen Fällen fast immer ergänzt werden müssen. So gehorchen die meist verwendeten isolierenden Materialien im allgemeinen nicht den einfachen, hier angenommenen Gesetzen; außerdem darf das Fundament vielfach nicht als ein starrer Körper betrachtet werden. Insbesondere müssen die Überlegungen ergänzt werden, wenn an Stelle der stetigen Erregerkräfte unstetige Stoßkräfte einwirken können. Doch muß bezüglich dieser Probleme auf das reichhaltige Spezialschrifttum hingewiesen werden (siehe z. B. [7]).

Bei der passiven Schwingungsentstörung muß man zwischen zwei verschiedenen Arten unterscheiden, je nachdem ob die Dämpfung relativ – d. h. gegenüber der schwingenden Unterlage – oder absolut – d. h. gegenüber dem Raum – wirkt. Als Schema einer elastischen Lagerung mit Relativdämpfung kann Fig. 167 genommen werden, nur hat man sich an Stelle der Maschine jetzt ein Meßgerät vorzustellen, das vor den Erschütterungen der Unterlage geschützt werden soll. Für die Bewegungen des Schwingers gilt dann die schon früher abgeleitete Gleichung (5.31), wobei $x_G(\tau)$ die Erschütterungsbewegung der Unterlage wiedergibt. Wird diese als harmonisch angenommen, dann gilt

Gl. (5.32), die mit $\tan \vartheta = 2D\eta$ wie folgt geschrieben werden kann:

$$x'' + 2Dx' + x = x_0 \sqrt{1 + 4D^2\eta^2} \cos(\eta\tau + \vartheta). \tag{5.96}$$

Diese Gleichung entspricht dem früher behandelten Fall A, nur ist der Faktor auf der rechten Seite etwas geändert. Ihre Lösung ist

$$x = x_0 \sqrt{\frac{1 + 4D^2\eta^2}{(1 - \eta^2)^2 + 4D^2\eta^2}} \cos(\eta\tau + \vartheta - \psi). \tag{5.97}$$

Die hier auftretende Vergrößerungsfunktion ist dem in Gl. (5.95) ausgerechneten Kräfteverhältnis gleich, das in Fig. 168 dargestellt ist. Die Forderung, daß die Erschütterungen der Unterlage durch die elastische Lagerung möglichst ausgeschaltet werden sollen, führt demnach zu den schon bekannten Bedingungen für die Abstimmung der elastischen Lagerung: es muß D möglichst klein gewählt werden, während gleichzeitig η möglichst groß sein soll. Das bedeutet wieder ein möglichst tiefes Abstimmen der elastischen Lagerung, also ein kleines ω_0. Da ω_0 mit dem Durchgang f_0 des elastisch gelagerten Gerätes unter Eigengewicht wegen

$$\omega_0 = \sqrt{\frac{g}{f_0}} \tag{5.98}$$

zusammenhängt (s. Gl. 2.68), so kann die praktische Verwirklichung zu unangenehm großen Werten von f_0 führen.

Bei elastischen Lagerungen mit Absolutdämpfung läßt sich die zugehörige Bewegungsgleichung in der Form

$$x'' + 2Dx' + x = x_G$$

schreiben, deren partikuläre Lösung

$$x = x_0 V_A \cos(\eta\tau - \psi)$$

ist. Die Vergrößerungsfunktion V_A ist in Fig. 147 dargestellt. Man erkennt, daß auch in diesem Fall eine weiche Lagerung (kleines ω_0, großes η) günstig ist. Zum Unterschied von den Verhältnissen bei Relativdämpfung ist aber jetzt eine möglichst starke Dämpfung (großes D) erwünscht. Das ist verständlich, da ja eine Absolutdämpfung die Erschütterungen der Unterlage nicht an das Gerät weitergeben kann.

Auch zum Auffangen von Stößen verwendet man elastische Lagerungen. Wenn die zu schützenden Geräte ortsfest eingebaut sind, so läßt sich eine wirksame Abschirmung meist durch entsprechend weiche Lagerung erreichen. Dagegen können die Anforderungen für die elastischen Lagerungen von empfindlichen Geräten in Fahrzeugen so weit gehen, daß es nicht immer möglich ist, sie zu erfüllen. Hierzu sei eine einfache Überlegung angestellt.

Wie schon gezeigt wurde, gilt für die Relativbewegung eines in einem Fahrzeug befestigten Schwingers die Bewegungsgleichung (5.91), wobei wir jetzt unter x_G'' die Beschleunigung (bzw. die Verzögerung) des Fahrzeuges verstehen können, sofern die Bewegungsrichtung des Schwingers mit der Fahrtrichtung zusammenfällt. Wir nehmen an, daß das Fahrzeug stoßartig gebremst wird, wofür der in

186   5 Erzwungene Schwingungen

Fig. 169 skizzierte Verzögerungs-Zeit-Verlauf angenommen werden soll. Da dieser Verlauf als Summe zweier zeitlich um den Betrag τ_0 versetzter Sprünge aufgefaßt werden kann, läßt sich die Reaktion des Schwingers als Summe zweier Übergangsfunktionen (s. Abschnitt 5.11) darstellen:

$$x = x''_{G0}\,[x_{\ddot{u}}(\tau) - x_{\ddot{u}}(\tau - \tau_s)]. \qquad (5.99)$$

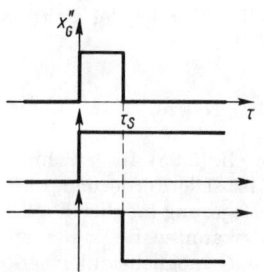

Fig. 169. Vereinfacht angenommener Verzögerungs-Zeit-Verlauf

Für einen beliebigen Verzögerungs-Zeit-Verlauf kann selbstverständlich die Reaktion des Schwingers durch ein Duhamel-Integral (5.24) ausgedrückt werden. Bei stoßartigen Beanspruchungen ist die Stoßzeit τ_s im allgemeinen sehr kurz, so daß $\tau_s = \omega_0 t_s \ll 2\pi$ angenommen werden kann. Wir wollen außerdem für unsere Näherungsbetrachtung $D = 0$ setzen. Dann ist nach Gl. (5.6):

$$x_{\ddot{u}}(\tau) = 1 - \cos\tau,$$

so daß aus (5.99) folgt:

$$x = x''_{G0}\,[\cos(\tau - \tau_s) - \cos\tau] = 2x''_{G0}\sin\frac{\tau_s}{2}\sin\frac{2\tau - \tau_s}{2}.$$

Wegen $\tau_s \ll 2\pi$ kann dafür angenähert geschrieben werden

$$x \approx x''_{G0}\,\tau_s \sin\left(\tau - \frac{\tau_s}{2}\right). \qquad (5.100)$$

Für die Beurteilung der elastischen Lagerung interessiert nun die maximale Auslenkung $x_{\max}$ sowie die maximale Beschleunigung $\ddot{x}_{\max}$. Man erhält dafür aus Gl. (5.100):

$$x_{\max} = x''_{G0}\,\tau_s = \frac{\ddot{x}_{G0}}{\omega_0^2}\,\omega_0 t_s = \frac{\ddot{x}_{G0}}{\omega_0}\,t_s,$$

$$\ddot{x}_{\max} = x_{\max}\,\omega_0^2 = \ddot{x}_{G0}\,t_s\,\omega_0. \qquad (5.101)$$

Berücksichtigt man nun, daß $\ddot{x}_{G0}t_s = \Delta v$ gleich der Geschwindigkeitsänderung des Fahrzeugs ist und daß zwischen ω_0 und dem statischen Durchhang unter Eigengewicht f_0 die Gl. (5.98) gilt, dann kann man schreiben:

$$x_{\max} = \Delta v\,\sqrt{\frac{f_0}{g}},$$

$$\ddot{x}_{\max} = \Delta v\,\sqrt{\frac{g}{f_0}}. \qquad (5.102)$$

Ein Zahlenbeispiel soll diese wichtigen Beziehungen veranschaulichen: Das Gerät sei in einen Kasten so eingebaut, daß der statische Durchhang in der Bewegungsrichtung des Schwingers $f_0 = 1$ cm beträgt. Der Kasten werde aus einer Höhe von 1 m frei fallen gelassen, wobei er nach den Fallgesetzen eine Geschwindigkeit von $v = 4{,}47$ m/s erreicht. Durch Aufschlag werde diese Geschwindigkeit innerhalb einer sicher kurzen Stoßzeit auf Null abgebremst. Dann ergeben die Beziehungen (5.102) die Werte $x_{\max} = 14{,}3$ cm und $\ddot{x}_{max} = 140 \ \mathrm{m/s^2} = 14,3$-fache Erdbeschleunigung! Obwohl also die elastische Lagerung den langen Federweg von 14 cm zulassen muß, wirkt immer noch eine Beschleunigung vom 14-fachen Betrag der Erdbeschleunigung auf das Gerät.

Es mag noch betont werden, daß die Hinzunahme von Dämpfung an diesem Ergebnis qualitativ nichts ändert. Auch ein anderer Verlauf der Beschleunigungs-Zeit-Kurve hat keinen Einfluß, da ja nicht die Beschleunigung, sondern die durch sie bewirkte Geschwindigkeitsänderung maßgebend ist. Es ist also für das Gerät ziemlich gleichgültig, ob der Kasten hart aufschlägt oder ob der Aufschlag durch eine weiche Unterlage etwas gemildert wird.

5.33 Abstimmung, Trennschärfe und Verzerrung in der Funktechnik. Schwinger mit schwacher Dämpfung besitzen Siebeigenschaft, denn sie können aus einem Gemisch von Schwingungen verschiedener Frequenz diejenige heraussieben, die mit der Eigenfrequenz des Schwingers übereinstimmt. Diese Tatsache wird bei den schon erwähnten Zungenfrequenzmessern zur Messung von Frequenzen ausgenutzt. Ähnlichen Gebrauch macht die Funktechnik davon, um aus der Vielzahl der von einer Antenne aufgefangenen Schwingungen verschiedener Frequenzen die Schwingungen eines gewünschten Senders herauszufiltern. Das dazu verwendete prinzipielle Schema zeigt Fig. 170. Als Eingangsgröße kann die in der Antenne vorhandene Spannung, als Ausgangsgröße die an das Steuergitter der Röhre weitergeleitete Gitterspannung aufgefaßt werden. Das Ausgangsspektrum entsteht aus dem Eingangsspektrum durch Multiplikation mit der

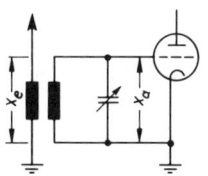

Fig. 170. Schema des Abstimmkreises eines Funkempfängers

Vergrößerungsfunktion (s. Gl. 5.75). Bei geringer Dämpfung besitzt diese ein stark ausgeprägtes Maximum bei der Eigenfrequenz des Abstimmkreises, so daß die dieser Frequenz entsprechende Schwingung des Antennenkreises bevorzugt weitergegeben, also ausgesiebt wird.

Es interessiert nun die Größe der Dämpfung, die man anstreben muß, um einerseits eine hinreichende Trennschärfe zwischen frequenzmäßig benachbarten Sendern und andererseits eine möglichst unverzerrte Wiedergabe der Schwingungen des gewünschten Senders zu erreichen. Beide Forderungen führen zu verschiedenartigen Bedingungen für die Dämpfungsgröße D.

Wir betrachten die Vergrößerungsfunktion

$$V_A = \frac{1}{\sqrt{(1-\eta^2)^2 + 4D^2\eta^2}}$$

und können hier $D \ll 1$ voraussetzen. Dann hat die Resonanzkurve (Fig. 171) ein Maximum an der Stelle $\eta \approx 1$ vom Betrage

$$V_{A\,max} = \frac{1}{2D} = Q. \tag{5.103}$$

Statt der Dämpfungsgröße D wird in der Funktechnik im allgemeinen mit der ebenfalls dimensionslosen Güte Q des Abstimmkreises gerechnet, die nach Gl. (5.103) der Größe D umgekehrt proportional ist. Ein Empfänger ist trennscharf, wenn bei Abstimmung auf den gewünschten Sender ($\Omega_0 = \omega_0, \ \eta = 1$) die benachbarten Sender solche Frequenzen besitzen, daß die ihnen entsprechenden Punkte auf der Resonanzkurve von Fig. 171 hinreichend tief liegen. Wird eine Reduktion der Amplituden für die Nachbarsender auf den n-ten Teil des Maximalwertes Q als ausreichend angesehen, dann lassen sich mit dem Schwingkreis noch Sender trennen, deren relativer Frequenzabstand gleich dem eingezeichneten Wert $\Delta\eta$ ist. Es muß gelten

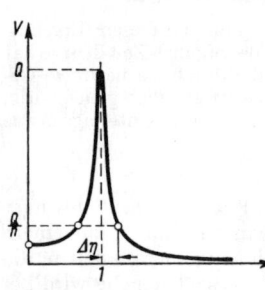

Fig. 171.
Zur Berechnung der Trennschärfe

$$V_A(1 + \Delta\eta) = \frac{Q}{n} = \frac{1}{2Dn} = \frac{1}{\sqrt{(1-\eta^2)^2 + 4D^2\eta^2}},$$

woraus die in η^2 quadratische Gleichung folgt:

$$\eta^4 - 2(1 - 2D^2)\eta^2 + 1 - 4n^2D^2 = 0,$$

mit den Lösungen

$$\eta_{1,2} = \sqrt{1 - 2D^2 \pm 2D\sqrt{n^2 - 1 + D^2}}. \qquad (5.104)$$

Wegen $D \ll 1$ kann angenähert geschrieben werden

$$\eta_{1,2} \approx \sqrt{1 \pm 2D\sqrt{n^2 - 1}}$$

oder

$$\Delta\eta = |1 - \eta_{1,2}| \approx D\sqrt{n^2 - 1}. \qquad (5.105)$$

Haben die Nachbarsender einen relativen Frequenzabstand $(\Delta\eta)_s$ vom eingestellten Sender, dann ist zur Erzielung einer ausreichenden Trennschärfe notwendig

$$D \leq \frac{(\Delta\eta)_s}{\sqrt{n^2 - 1}}. \qquad (5.106)$$

Ist beispielsweise $(\Delta\eta)_s = 5\%_0 = 0,05$ und wird $n > 5$ verlangt, dann muß gelten $D < 0,01$, bzw. $Q > 50$. Derartige Werte lassen sich in elektrischen Schwingkreisen noch ohne besondere Schwierigkeiten verwirklichen.

Je kleiner die Dämpfung ist, um so besser wird die Trennschärfe. Der Verkleinerung der Dämpfung stehen aber nicht nur materialbedingte Schwierigkeiten (Ohmscher Widerstand im Abstimmkreis) entgegen; auch aus prinzipiellen Gründen darf D nicht zu klein werden. Ein zu kleines D kann nämlich Verzerrungen für den Empfang des gewünschten Senders verursachen. Der Sender sendet ja keine reine Sinusschwingung aus, sondern eine fast sinusförmig verlaufende **Trägerfrequenz** Ω_0, deren Amplitude (bei Amplitudenmodulation) noch mit einer **Modulationsfrequenz** Ω_m (bzw. einem Gemisch von Schwingungen verschiedener Frequenzen) moduliert ist. Die Eingangsgröße x_e kann dann wie folgt geschrieben werden:

$$x_e = x_0(1 - k\cos\Omega_m t)\cos\Omega_0 t, \qquad (5.107)$$

$k < 1$ ist der sogenannte **Modulationsgrad**. Nach bekannten trigonometrischen Formeln läßt sich nun umformen:

$$x_e = x_0\cos\Omega_0 t - \frac{x_0 k}{2}[\cos(\Omega_0 + \Omega_m)t + \cos(\Omega_0 - \Omega_m)t]. \qquad (5.108)$$

Das Spektrum des Eingangssignals x_e enthält nicht nur die Trägerfrequenz Ω_0, sondern auch noch die beiden Seitenfrequenzen $\Omega_0 - \Omega_m$ und $\Omega_0 + \Omega_m$, es hat also das Aussehen von Fig. 172.

Die bei einer normalen Funkübertragung recht zahlreichen Seitenfrequenzen müssen in die Spitze der Resonanzkurve hereinfallen, wenn die Wiedergabe nicht verzerrt sein soll. Man kann daher bei der Berechnung ähnlich wie zuvor bei der Bestimmung der Trennschärfe vorgehen, mit dem Unterschied freilich, daß jetzt nicht eine hinreichend starke, sondern im Gegenteil eine hinreichend kleine Amplitudenabschwächung für die Seitenfrequenzen gefordert wird. Nennen wir den Verminderungsfaktor jetzt m (an Stelle des früheren n), so folgt an Stelle von Gl. (5.106) die Bedingung

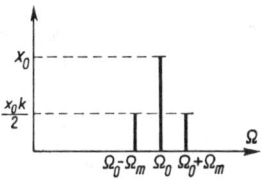

Fig. 172. Spektrum einer modulierten Schwingung

$$D \geqq \frac{(\Delta\eta)_m}{\sqrt{m^2 - 1}}. \qquad (5.109)$$

$(\Delta\eta)_m$ ist dabei der relative Frequenzabstand des Seitenspektrums.

Als Zahlenbeispiel wählen wir eine Trägerfrequenz von 1 MHz (Mittelwelle). Für normale Funkübertragung ist eine Modulationsfrequenz (Tonfrequenz) bis etwa 10 kHz ausreichend. Das ergibt $(\Delta\eta)_m = 0,01$. Verlangt man nun $m = 1,2$, so folgt aus (5.109) $D > 0,015$.

Die beiden zahlenmäßig ausgerechneten Beispiele zeigen, daß im allgemeinen ein Kompromiß zwischen Trennschärfe und Verzerrungsfreiheit gesucht werden muß. Jedoch muß darauf hingewiesen werden, daß in der funktechnischen Praxis an Stelle des einfachen Abstimmkreises von Fig. 170 mehrgliedrige gekoppelte Schwinger (Filter) verwendet werden, die eine größere Anpassungsfähigkeit besitzen.

5.4 Erzwungene Schwingungen von nichtlinearen Schwingern

Die Berechnung der Bewegungen von nichtlinearen Schwingern, die äußeren Erregungen ausgesetzt sind, ist eine recht schwierige und bisher nur in wenigen Sonderfällen exakt gelöste Aufgabe. Die Schwierigkeit ist wesentlich durch die Tatsache bedingt, daß das Superpositionsprinzip für nichtlineare Systeme nicht gilt, so daß die bei linearen Schwingern so bequeme Zusammensetzung der Gesamtlösung aus einzelnen Teillösungen nicht mehr möglich ist. Daher darf auch die allgemeine Lösung nicht einfach als Überlagerung von Eigenbewegung (Lösung der homogenen Gleichung) und erzwungener Bewegung (partikuläre Lösung der inhomogenen Gleichung) angesetzt werden.

Auch die Übergangsfunktionen verlieren bei nichtlinearen Systemen an Bedeutung, da sie nicht mehr als Bausteine für allgemeinere Lösungen betrachtet werden können. Außerdem kann eine Übergangsfunktion jetzt nicht so allgemein definiert werden, wie das bei linearen Systemen der Fall war.

Die Höhe des Eingangssprunges war dort ohne jeden Einfluß auf den prinzipiellen Verlauf der Übergangsfunktion. Diese Eigenschaft geht bei nichtlinearen Systemen verloren, so daß zu jeder Größe der Eingangsamplitude eine andere Übergangsfunktion gehört.

Demgegenüber bleibt jedoch das auch schon bei linearen Systemen vorhandene Interesse am Aufsuchen periodischer Lösungen bestehen. Das liegt nicht nur an der Tatsache, daß diese Lösungen einer mathematischen Analyse leichter zugänglich sind, sondern vorwiegend an der zweifellos großen technischen Bedeutung, die derartigen Bewegungsformen zukommt.

Näherungsweise Berechnungen können mit den schon bei früheren Gelegenheiten verwendeten Hilfsmitteln in Angriff genommen werden, so daß wir diese Verfahren hier nur kurz zu streifen brauchen. Jedoch soll an einem auch exakt lösbaren Beispiel die Brauchbarkeit der Näherungsmethoden demonstriert werden. An weiteren Beispielen soll dann ein allgemeinerer Überblick über die bei nichtlinearen Systemen möglichen Erscheinungen gegeben werden. Es zeigt sich nämlich, daß neben den schon von den linearen Systemen her bekannten Tatsachen hier zahlreiche neuartige und zum Teil auch technisch wichtige nichtlineare Effekte auftreten können. Hierzu gehören u. a. das Instabilwerden von Bewegungsformen, Sprünge in Amplitude und Phase, Oberschwingungen, Untertonerregung, Kombinationsfrequenzen, Gleichrichterwirkungen und Zieherscheinungen. Wir können diese Dinge hier nur andeuten und müssen bezüglich der näheren Einzelheiten wieder auf das speziellere Schrifttum verweisen (s. z. B. [5, 9, 12]).

5.41 Problemstellung und Lösungsmöglichkeiten. Die Bewegungsgleichung eines nichtlinearen Schwingers von einem Freiheitsgrad wurde früher schon mehrfach angegeben – z. B. Gl. (3.2). Wir brauchen sie für die jetzigen Zwecke nur noch durch die Hinzunahme eines zeitabhängigen Erregergliedes auf der rechten Seite zu ergänzen:

$$\ddot{x} + f(x, \dot{x}) = x_e(t). \tag{5.110}$$

Eine Untersuchung der Lösungskurven dieser Gleichung in der Phasenebene, wie sie z. B. im Falle der selbsterregten Schwingungen (Abschn. 3.21) zweckmäßig war, ist jetzt zwar möglich, aber weniger ergiebig und schwieriger, da die Zeit explizit im Erregerglied vorkommt.

Auch die Energiebetrachtungen verlieren etwas von ihrer früheren Bedeutung. Sie können allerdings für das Auffinden von Näherungen wichtig sein, so daß wir sie hier erwähnen müssen: wenn die Funktion $f(x, \dot{x})$ nach dem Vorbild von Abschnitt 3.21 Gl. (3.5) zerlegt wird:

$$f(x, \dot{x}) = f(x, 0) + [f(x, \dot{x}) - f(x, 0)] = f(x, 0) + g(x, \dot{x}),$$

dann kann aus Gl. (5.110) nach Multiplikation mit $\dot{x}$ und gliedweiser Integration nach der Zeit die Energiebeziehung gefunden werden:

$$\frac{\dot{x}^2}{2} + \int\limits_0^x f(x, 0)\,\mathrm{d}x + \int\limits_0^t g(x, \dot{x})\dot{x}\,\mathrm{d}t = \int\limits_0^t x_e(t)\dot{x}\,\mathrm{d}t + E_0 \tag{5.111}$$

oder

$$E_{\text{kin}} + E_{\text{pot}} + E_D = E_e + E_0.$$

Außer der kinetischen und der potentiellen Energie sowie der Energiekonstanten E_0 treten hier noch die durch Dämpfung vernichtete Energie E_D und die durch die Erregung zugeführte Energie E_e auf. Da diese noch von der Zeit abhängen, kann die Schwingungsbewegung in diesem Falle nicht – wie bei der Berechnung nichtlinearer konservativer Eigenschwingungen im Abschnitt 2.131 – allein aus (5.111) berechnet werden. Wohl aber kann man über rein periodische Lösungen etwas aussagen. Integriert man nämlich über eine volle Periode, dann fallen die ersten beiden Glieder von (5.111) sowie die Konstante E_0 heraus, so daß die Beziehung übrigbleibt:

$$E_D^* = \int_0^T g(x, \dot{x})\dot{x}\,\mathrm{d}t = \int_0^T x_e(t)\dot{x}\,\mathrm{d}t = E_e^*. \tag{5.112}$$

Das ist die mathematische Formulierung der Energiebilanz zwischen zugeführter und vernichteter Energie. Wenn die Schwingungsform bekannt ist, kann man diese Beziehung zur Berechnung der Amplitude verwenden. Die Schwingungsform, also das Zeitgesetz für $x(t)$, soll aber erst durch Lösung der Bewegungsgleichung ermittelt werden. Dennoch kann die Energiebilanz (5.112) wertvolle Aussagen liefern, sofern für $x(t)$ ein plausibler Ansatz – z. B. als harmonische Schwingung – möglich ist. Letzten Endes läuft das hier angedeutete Näherungsverfahren auf eine Befriedigung der Bewegungsgleichung „im Mittel" hinaus, wovon bereits im Abschnitt 3.23 gesprochen wurde.

Wenn die nichtlineare Funktion $f(x, \dot{x})$ quasilinear ist, also die Abhängigkeit von den beiden Variablen x und $\dot{x}$ fast linearen Charakter trägt, dann kann die Zerlegung in eine Taylor-Reihe von Vorteil sein. Gl. (5.110) geht dann mit $f(0,0) = 0$ über in:

$$\ddot{x} + \left(\frac{\partial f}{\partial \dot{x}}\right)_0 \dot{x} + \left(\frac{\partial f}{\partial x}\right)_0 x = x_e(t) - R\,[f(x, \dot{x})]\,, \tag{5.113}$$

worin $R\,[f(x, \dot{x})]$ das Restglied der Taylor-Entwicklung ist. Bei quasilinearen Funktionen bleibt dieses Restglied klein, so daß man es als ein Störungsglied auffassen kann. Gl. (5.113) läßt sich dann durch Iteration lösen, wobei im ersten Schritt das Störungsglied vernachlässigt wird. Man kann aber auch einen Störungsansatz von der Form:

$$x = \sum_{n=0}^{\infty} \varepsilon^n x_n \tag{5.114}$$

verwenden, wobei ε ein „kleiner Parameter" ist, der die gleiche Größenordnung wie das Restglied R in (5.113) hat. Nach Einsetzen von (5.114) in (5.113) läßt sich die Bewegungsgleichung in ein System von Gleichungen zur schrittweisen Bestimmung der x_n aufspalten. In günstig gelagerten Fällen kann eine ausreichend genaue Lösung schon durch Berechnung weniger Glieder des Ansatzes (5.114) erhalten werden. Die Klärung der Konvergenzfrage ist jedoch im allgemeinen recht mühsam.

Besonders häufig werden auch bei erzwungenen Schwingungen nichtlinearer Systeme Verfahren angewendet, die der schon mehrfach verwendeten Methode der harmonischen Balance im Prinzip äquivalent sind. Dabei wird die nichtlineare Funktion $f(x, \dot{x})$ durch einen in x und $\dot{x}$ linearen Ausdruck

$$f(x, \dot{x}) \rightarrow a^* x + b^* \dot{x} \tag{5.115}$$

ersetzt, wobei die Koeffizienten a^* und b^* durch eine Integraltransformation (siehe Abschnitt 3.22 Gl. 3.15) gewonnen werden. Die Ausgangsgleichung (5.110) geht damit in die lineare Ersatzgleichung:

$$\ddot{x} + b^*\dot{x} + a^*x = x_e(t) \tag{5.116}$$

über, deren Lösung im vorhergehenden Abschnitt untersucht worden ist. Der Unterschied gegenüber einem linearen Schwinger liegt in der Tatsache, daß die Koeffizienten a^* und b^* Funktionen der Schwingungsamplitude sind. Kann diese als konstant oder als angenähert konstant angesehen werden, dann gibt das Verfahren im allgemeinen außerordentlich gute Ergebnisse.

5.42 Harmonische Erregung eines ungedämpften Schwingers mit unstetiger Kennlinie.

Im Abschnitt 2.135 sind die Eigenschwingungen eines nichtlinearen Schwingers mit der Rückführfunktion $f(x) = h \operatorname{sgn} x$ untersucht worden. Wir wollen nun für denselben Schwinger die durch harmonische Erregerkräfte erzwungenen Schwingungen betrachten. Bei Abwesenheit von Dämpfungswirkungen hat man die Bewegungsgleichung

$$\ddot{x} + h \operatorname{sgn} x = x_0 \cos \Omega t. \tag{5.117}$$

5.421 Exakte Lösungen für gleichperiodische Schwingungen.

Da die Rückführfunktion bereichsweise konstant ist, kann Gl. (5.117) integriert werden; man erhält mit den beiden Integrationskonstanten C_1 und C_2

$$\dot{x} = C_1 \mp ht + \frac{x_0}{\Omega} \sin \Omega t, \tag{5.118}$$

$$x = C_2 + C_1 t \mp \frac{1}{2} ht^2 - \frac{x_0}{\Omega^2} \cos \Omega t. \tag{5.119}$$

Das Minuszeichen gilt für $x > 0$, das Pluszeichen für $x < 0$. Wir werden erwarten, daß periodische Lösungen mit der Periode der Erregung möglich sind, bei denen die Schwingung in den Bereichen $x > 0$ und $x < 0$ spiegelbildlich verläuft. Sind t_0 und t_1 die Nullstellen von $x(t)$, die den Bereich $x > 0$ begrenzen, dann können periodische Lösungen der erwähnten Art durch die Bedingungen

$$x(t_0) = x(t_1) = 0 \tag{5.120}$$

$$\dot{x}(t_0) = -\dot{x}(t_1) \tag{5.121}$$

gesucht werden. Das sind drei Gleichungen zur Bestimmung der drei Unbekannten C_1, C_2 und t_0. Wegen der Voraussetzung, daß die Periode von $x(t)$ gleich der Periode der Erregung sein soll, wird $t_1 = t_0 + \frac{T}{2} = t_0 + \frac{\pi}{\Omega}$. Durch Einsetzen der Lösung (5.119) in die Bedingungen (5.120) und (5.121) findet man nach einfacher Rechnung, daß t_0 der Bedingung $\cos \Omega t_0 = 0$ genügen muß, so daß also

$$t_0 = \frac{\pi}{2\Omega}, \quad \frac{3\pi}{2\Omega}, \quad \frac{5\pi}{2\Omega}, \cdots \tag{5.122}$$

sein kann. Verwenden wir von diesen Werten zunächst den ersten, dann folgt für die Integrationskonstanten:

$$C_1 = \frac{h\pi}{\Omega}; \qquad C_2 = -\frac{3\pi^2 h}{8\Omega^2}.$$

Man erhält damit die den Periodizitätsbedingungen (5.120) und (5.121) genügende
Lösung:

$$x(t) = -\frac{3\pi^2 h}{8\Omega^2} + \frac{h\pi}{\Omega}\,t - \frac{h}{2}\,t^2 - \frac{x_0}{\Omega^2}\cos\Omega t, \tag{5.123}$$

die – wie man durch Einsetzen von $t = t_0 + \Delta t$ leicht feststellt – im Bereich
$t_0 < t < t_1$ zu $x > 0$ führt. Aus diesem Grunde ist von dem Doppelvorzeichen der
allgemeinen Lösung (5.119) hier nur das für $x > 0$ geltende Minuszeichen gesetzt worden.

Es interessiert nun die Abhängigkeit des Maximalausschlages von der Erregerfrequenz. Die Lage des Maximums wird aus der Bedingung

$$\dot{x} = \frac{h\pi}{\Omega} - ht + \frac{x_0}{\Omega}\sin\Omega t = 0$$

bestimmt. Man erkennt leicht, daß eine im betrachteten Bereich liegende Lösung
dieser Gleichung durch $t = t^* = \pi/\Omega$ gegeben ist. Für den Maximalausschlag
selbst findet man damit

$$x_{\max} = A = \frac{1}{\Omega^2}\left(\frac{\pi^2 h}{8} + x_0\right). \tag{5.124}$$

Damit ist die Amplitude der Schwingung bekannt. Die Phase ergibt sich leicht
aus der Überlegung, daß die Erregerfunktion $\cos\Omega t$ in dem hier betrachteten
Bereich $\Omega t_0 = \dfrac{\pi}{2} < \Omega t < \Omega t_1 = \dfrac{3\pi}{2}$ negative Werte hat. Da $x > 0$ gilt, hat also
die Schwingung gegenüber der Erregung die Phasenverschiebung $\psi = \pi = 180°$,
sie ist **gegenphasig**.

Eine entsprechende, aber **gleichphasige** Schwingung wird erhalten, wenn man
von dem zweiten Wert für t_0 von (5.122), also $t_0 = \dfrac{3\pi}{2\Omega}$ ausgeht. Man bekommt
in diesem Fall die Konstanten

$$C_1 = \frac{2\pi h}{\Omega}; \qquad C_2 = -\frac{15\pi^2 h}{8\Omega^2}$$

und damit die Lösung:

$$x(t) = -\frac{15\pi^2 h}{8\Omega^2} + \frac{2\pi h}{\Omega}\,t - \frac{h}{2}\,t^2 - \frac{x_0}{\Omega^2}\cos\Omega t. \tag{5.125}$$

Auch hier ist von der allgemeinen Lösung (5.119) das Minuszeichen genommen
worden. Zum Unterschied von dem zuvor betrachteten Fall muß allerdings
jetzt noch eine Zusatzbedingung erfüllt werden. Man findet durch Einsetzen von
$t = t_0 + \Delta t$

$$x(t_0 + \Delta t) = \Delta t\left(\frac{h\pi}{2\Omega} - \frac{x_0}{\Omega}\right).$$

Soll nun $x > 0$ gelten, so darf die Erregung nicht zu groß werden:

$$x_0 < \frac{\pi h}{2}. \tag{5.126}$$

Wird diese Bedingung als erfüllt angenommen, dann erhalten wir ein Maximum des Ausschlages bei $t = t^* = 2\pi/\Omega$ und das Maximum selbst

$$x_{max} = A = \frac{1}{\Omega^2}\left(\frac{\pi^2 h}{8} - x_0\right). \qquad (5.127)$$

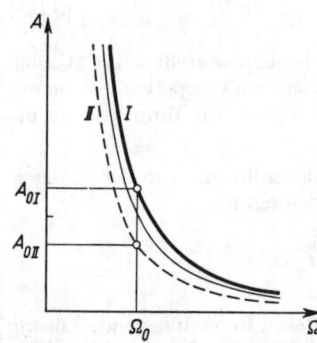

Die in beiden Fällen erhaltenen Ergebnisse lassen sich zusammenfassen:

$$A = \frac{1}{\Omega^2}\left(\frac{\pi^2 h}{8} \mp x_0\right), \qquad (5.128)$$

wobei das obere Vorzeichen für die gleichphasige, das untere für die gegenphasige Bewegung gilt. Die aus (5.128) folgende „Resonanzkurve" ist in Fig. 173 gezeichnet. Der gestrichelte Ast gehört zur gleichphasigen, der ausgezogene zur gegenphasigen Schwingungsform. Wir werden später sehen, daß nur der gegenphasige Ast einer stabilen periodischen Bewegung entspricht.

Fig. 173. Resonanzkurve eines nichtlinearen Schwingers mit unstetiger Rückführfunktion

Es sei noch bemerkt, daß für $x_0 \to 0$ die dünn gezeichnete, zwischen beiden Ästen liegende Hyperbel erhalten wird. Sie gibt gerade die Abhängigkeit zwischen Amplitude und Frequenz für die Eigenschwingungen wieder. Aus Gl. (2.100) folgt nämlich mit $m = 1$

$$A = \frac{T^2 h}{4^2 2} = \frac{4\pi^2 h}{32\Omega^2} = \frac{\pi^2 h}{8\Omega^2}. \qquad (5.129)$$

5.422 Vergleich mit der Näherungslösung. Die Bewegungsgleichung (5.117) soll nun auch noch näherungsweise nach dem Verfahren der harmonischen Balance gelöst werden. Dazu wird zunächst die nichtlineare Funktion $f(x) = h\,\mathrm{sgn}\,x$ nach der Vorschrift von Gl. (3.15) in einen linearen Ersatzausdruck $f(x) \to a^* x$ verwandelt. Man findet

$$a^* = \frac{1}{\pi A}\int\limits_0^{2\pi} h\,\mathrm{sgn}\,(A\cos\Omega t)\cos\Omega t\,\mathrm{d}(\Omega t) = \frac{4h}{\pi A}. \qquad (5.130)$$

Damit kann die Bewegungsgleichung (5.117) durch die Näherungsgleichung

$$\ddot{x} + a^* x = \ddot{x} + \omega^2 x = x_0 \cos\Omega t \qquad (5.131)$$

ersetzt werden. Der amplitudenabhängige Koeffizient a^* ist gleich dem Quadrat der Eigenfrequenz ω des Schwingers, die ja ebenfalls von der Amplitude abhängt. Es mag daran erinnert werden, daß die näherungsweise ausgerechnete Eigenfrequenz nach den früher erhaltenen Ergebnissen nur etwa 1,6% von der exakt ausgerechneten Eigenfrequenz abweicht (siehe Gl. 2.100 und 2.112).

Zum Aufsuchen periodischer Lösungen von Gl. (5.131) wählen wir den Ansatz $x = \pm A\cos\Omega t$, wobei das Pluszeichen einer gleichphasigen, das Minuszeichen einer gegenphasigen Schwingung entspricht. Einsetzen in (5.131) ergibt die Bedingung

$$\cos\Omega t[\pm A(\omega^2 - \Omega^2) - x_0] = 0.$$

Sie ist für beliebige Zeiten t nur erfüllt, wenn

$$A = \frac{\pm x_0}{\omega^2 - \Omega^2}$$

gilt. Da aber ω^2 selbst noch eine Funktion der Amplitude A ist, folgt

$$A(\omega^2 - \Omega^2) = A\left(\frac{4h}{\pi A} - \Omega^2\right) = \frac{4h}{\pi} - A\Omega^2 = \pm x_0 \qquad (5.132)$$

oder

$$A = \frac{1}{\Omega^2}\left(\frac{4h}{\pi} \mp x_0\right). \qquad (5.133)$$

Diese Näherungslösung unterscheidet sich von der exakten Lösung (5.128) nur im Zahlenfaktor $4/\pi$ an Stelle von $\pi^2/8$. Beide Faktoren weichen um $3,4^0/_0$ voneinander ab. Da im vorliegenden Fall der exakte Wert für die Eigenfrequenz bekannt ist $\left(\text{aus Gl. 2.100 folgt } \omega^2 = \frac{\pi^2 h}{8A}\right)$, könnte man sogar diesen Wert bei der Ausrechnung der Amplitude in Gl. (5.132) einsetzen und erhielte dann die exakt richtige Lösung. Dieses Ergebnis ist um so bemerkenswerter, als die Rückführfunktion des hier untersuchten Schwingers stark vom Linearen abweicht.

5.423 Die Stabilität der periodischen Lösungen. Die Stabilität der erzwungenen Schwingungen eines linearen Schwingers konnte im Abschnitt 5.213 durch eine Energiebetrachtung nachgewiesen werden. Durch einen Vergleich der von der Erregung geleisteten Arbeit mit der im Schwinger vernichteten Arbeit (siehe Fig. 151) konnte gezeigt werden, daß bei einer bestimmten stationären Amplitude A_s Gleichgewicht zwischen zugeführter und vernichteter Energie herrscht. Bei Störungen des Gleichgewichts wird eine solche Bewegung des Schwingers ausgelöst, daß die Störung rückgängig gemacht, also der Gleichgewichtszustand wieder angestrebt wird. Dieses Verhalten kennzeichnet die Stabilität des betrachteten Gleichgewichtszustandes.

In ganz entsprechender Weise läßt sich nun auch bei den erzwungenen Schwingungen nichtlinearer Schwinger das Verhalten nach einer Störung des Gleichgewichtszustandes untersuchen. Wir gehen dabei von der Beziehung (5.112) aus, die einen Ausdruck für die Energiebilanz darstellt. Da im vorliegenden Fall keine dämpfenden Kräfte vorhanden sind, ist $g(x, \dot{x}) = 0$, so daß lediglich die rechte Seite von Gl. (5.112) zu untersuchen bleibt. Mit der Erregerfunktion

$$x_e(t) = x_0 \cos \Omega t$$

und der Lösung (5.118) kann jetzt die dem Schwinger durch die Erregung zugeführte Energie wie folgt ausgedrückt werden

$$E_e = x_0 \int \cos \Omega t \left[C_1 \mp ht + \frac{x_0}{\Omega} \sin \Omega t\right] dt$$

$$= \frac{x_0}{\Omega}\left[C_1 \sin \Omega t \mp \frac{h}{\Omega}(\Omega t \sin \Omega t + \cos \Omega t) + \frac{x_0}{4\Omega}(1 - \cos 2\Omega t)\right]. \qquad (5.134)$$

Da die hier untersuchten Schwingungen im positiven und negativen Schwingungsbogen spiegelbildlich verlaufen, genügt es, z. B. den positiven Bereich allein zu untersuchen. Dann sind für das Integral die Grenzen t_0 und t_1 einzusetzen, und es ist vor dem zweiten Term in der Klammer das Minuszeichen zu nehmen. Man stellt durch Einsetzen der entsprechenden Werte:

gegenphasige Schwingung: $\quad C_1 = \dfrac{\pi h}{\Omega}\,; \qquad t_0 = \dfrac{\pi}{2\Omega}\,; \qquad t_1 = \dfrac{3\pi}{2\Omega}$

gleichphasige Schwingung: $\quad C_1 = \dfrac{2\pi h}{\Omega}\,; \qquad t_0 = \dfrac{3\pi}{2\Omega}\,; \qquad t_1 = \dfrac{5\pi}{2\Omega}$

leicht fest, daß für beide Schwingungsformen die Energiebilanz erfüllt ist, also $E_e^* = 2\,[E_e(t_1) - E_e(t_0)] = 0$ gilt.

Wir betrachten nun die Energiebilanz für eine gestörte Bewegung, die der stationären benachbart ist, und setzen mit einer kleinen Störung ε für die Integrationskonstante an

$$C_1^* = C_1 + \varepsilon. \tag{5.135}$$

Dann werden zwar die Periodizitätsbedingungen (5.120) und (5.121) nicht mehr erfüllt sein, jedoch wird die Bewegungsgleichung (5.117) befriedigt. Die Veränderung der Konstanten C_1 führt nun dazu, daß auch die Grenzen des positiven Bereiches $x > 0$ etwas verschoben werden. Es gilt:

$$t_0^* = t_0 + (\Delta t)_0\,; \qquad t_1^* = t_1 + (\Delta t)_1. \tag{5.136}$$

Die Änderung des Energieintegrals E_e^* gegenüber dem für die stationäre Bewegung geltenden Wert (5.134) wird hervorgerufen erstens durch die Veränderung der Geschwindigkeit $\dot{x}$ wegen (5.135) und zweitens durch die Verschiebung der Integrationsgrenzen nach (5.136). Betrachtet man die Störung ε und damit auch die Verschiebungen $(\Delta t)_0$ und $(\Delta t)_1$ als klein, so heben sich die durch die Verschiebung der Integrationsgrenzen bedingten Einflüsse gerade wieder auf. Es bleibt nach Ausrechnen übrig:

$$E_e^* = 2\left[E_e\left(t_1^*\right) - E_e\left(t_0^*\right)\right],$$

$$= -\frac{4\varepsilon x_0}{\Omega} \quad \text{für die gegenphasige Schwingung,} \tag{5.137}$$

$$= +\frac{4\varepsilon x_0}{\Omega} \quad \text{für die gleichphasige Schwingung.} \tag{5.138}$$

Jetzt muß noch die Auswirkung der Störung ε auf die Amplitude der Schwingungen betrachtet werden. Zunächst kann festgestellt werden, daß eine kleine Verlagerung des Maximums von $x(t)$ auftreten wird, so daß $t_{\max}^* = t_{\max} + (\Delta t)_{\max}$ gesetzt werden kann. Wie zu erwarten, zeigt sich auch in diesem Fall, daß die kleine Verschiebung ohne Einfluß auf die Größe des Maximums ist, so daß $(\Delta t)_{\max}$ nicht ausgerechnet zu werden braucht. Für die gestörte gegenphasige Schwingung folgt nun aus (5.123) unter Berücksichtigung der Störung (5.135)

$$x_{\max}^* = -\frac{3\pi^2 h}{8\Omega^2} + \left(\frac{\pi h}{\Omega} + \varepsilon\right) t_{\max}^* - \frac{h}{2}\, t_{\max}^{*2} - \frac{x_0}{\Omega^2} \cos \Omega t_{\max}^* \,.$$

Wegen

$$t^*_{max} = t_{max} + (\Delta t)_{max} = \frac{\pi}{\Omega} + (\Delta t)_{max}$$

folgt daraus mit $\Omega(\Delta t)_{max} \ll 1$:

$$x^*_{max} = x_{max} + \frac{\pi \varepsilon}{\Omega}. \tag{5.139}$$

Entsprechend erhält man für die gestörte gleichphasige Schwingung aus (5.125)

$$x^*_{max} = -\frac{15\pi^2 h}{8\Omega^2} + \left(\frac{2\pi h}{\Omega} + \varepsilon\right) t^*_{max} - \frac{h}{2} t^{*2}_{max} - \frac{x_0}{\Omega^2} \cos\Omega t^*_{max},$$

und mit

$$t^*_{max} = t_{max} + (\Delta t)_{max} = \frac{2\pi}{\Omega} + (\Delta t)_{max}$$

$$x^*_{max} = x_{max} + \frac{2\pi\varepsilon}{\Omega}. \tag{5.140}$$

Ein positives ε führt somit bei beiden Schwingungsformen zu einer Vergrößerung der Amplitude. Da nun für die gegenphasige Schwingung E^*_e nach (5.137) negativ ist, also Energie entzogen wird, wird die Amplitude kleiner. Die Schwingung strebt also nach einer Störung wieder dem Gleichgewichtszustand zu, sie ist stabil. Umgekehrt verhält sich die gestörte gleichphasige Schwingung. Bei ihr wird nach einer Störung, die an sich schon zu einer Vergrößerung der Amplitude führt, durch die Erregung noch mehr Energie zugeführt. Die Amplitude wächst dadurch an, so daß sich die Schwingung noch weiter vom Gleichgewichtszustand entfernt. Entsprechendes gilt für $\varepsilon < 0$; auch dabei ist eine Tendenz zum Verlassen des Gleichgewichtszustandes festzustellen. Die gleichphasige Schwingungsform muß demnach als instabil bezeichnet werden.

5.43 Harmonische Erregung von gedämpften nichtlinearen Schwingern.

5.431 Lineare Dämpfung und kubische Rückstellkraft. In der Ausgangsgleichung (5.110) setzen wir jetzt

$$x_e(t) = \omega_0^2 x_0 \cos\Omega t,$$

$$f(x, \dot{x}) = d\dot{x} + \omega_0^2(x + \alpha x^3).$$

Durch Bezug auf die dimensionslose Zeit $\tau = \omega_0 t$ läßt sich die Bewegungsgleichung dann in der früher gezeigten Weise überführen in:

$$x'' + 2Dx' + x + \alpha x^3 = x_0 \cos\eta\tau. \tag{5.141}$$

Wir wollen diese Gleichung näherungsweise lösen und ersetzen zu diesem Zweck das nichtlineare Glied αx^3 nach dem Verfahren der harmonischen Balance durch einen linearen Ausdruck mit ausschlagabhängigem Koeffizienten:

$$\alpha x^3 \rightarrow a^* x$$

mit

$$a^* = \frac{\alpha}{\pi A} \int\limits_0^{2\pi} A^3 \cos^4\eta\tau \, d(\eta\tau) = \frac{3\alpha A^2}{4}. \tag{5.142}$$

Verwendet man nun noch für die bezogene, ebenfalls ausschlagabhängige Eigenfrequenz η_A des Schwingers die Abkürzung

$$1 + a^* = 1 + \frac{3 \alpha A^2}{4} = \eta_A^2, \tag{5.143}$$

dann geht Gl. (5.141) über in

$$x'' + 2Dx' + \eta_A^2 x = x_0 \cos \eta \tau. \tag{5.144}$$

Die periodische Lösung dieser linearen Ersatzgleichung ist

$$x = A \cos (\eta \tau - \psi)$$

mit

$$A = x_0 V_A = \frac{x_0}{\sqrt{(\eta_A^2 - \eta^2)^2 + 4D^2 \eta^2}}, \tag{5.145}$$

$$\tan \psi = \frac{2D\eta}{\eta_A^2 - \eta^2}. \tag{5.146}$$

Zum Unterschied von früher ist aber jetzt η_A selbst noch von der Amplitude A abhängig, so daß Gl. (5.145) als Bestimmungsgleichung für A aufgefaßt werden muß:

$$A^2 \left[(\eta_A^2 - \eta^2)^2 + 4D^2 \eta^2 \right] = x_0^2. \tag{5.147}$$

Da η_A^2 nach (5.143) quadratisch von A abhängt, ist diese Bestimmungsgleichung vom dritten Grade in A^2. Ihre Lösung würde A als Funktion der bezogenen Erregerfrequenz η ergeben. Es ist jedoch zweckmäßiger, in diesem Falle $\eta = \eta(A)$ auszurechnen, da (5.147) bezüglich η^2 nur quadratisch ist, also elementar gelöst werden kann. Nach Einsetzen von (5.143) geht (5.147) über in

$$\eta^4 - \eta^2 \, 2 \left(1 + \frac{3 \alpha A^2}{4} - 2D^2 \right) + \left[\left(1 + \frac{3 \alpha A^2}{4} \right)^2 - \frac{x_0^2}{A^2} \right] = 0$$

mit den Lösungen

$$\eta_{1,2}^2 = \left(1 + \frac{3 \alpha A^2}{4} - 2D^2 \right) \pm \sqrt{\frac{x_0^2}{A^2} - 4D^2 \left(1 + \frac{3 \alpha A^2}{4} - D^2 \right)}. \tag{5.148}$$

Daraus kann zu jedem A der zugeordnete Wert von η berechnet werden. Je nach den Werten der vorkommenden Parameter können zwei, eine oder auch keine reelle Lösungen für η existieren. Wir wollen jedoch auf die Diskussion der Lösungsmöglichkeiten hier nicht ausführlicher eingehen und nur bemerken, daß die Resonanzkurven nach (5.148) eine sehr viel größere Mannigfaltigkeit zeigen, als sie bei linearen Systemen vorhanden ist. Außer der Dämpfungsgröße D sind jetzt auch noch die Größen α und x_0 von Einfluß. x_0 trat bei linearen Systemen lediglich als Faktor vor der Vergrößerungsfunktion auf und konnte daher unberücksichtigt bleiben. Bei nichtlinearen Systemen ist die Abhängigkeit von x_0 jedoch komplizierter und muß gesondert betrachtet werden.

Wir wollen einige charakteristische Eigenschaften der Resonanzkurven nichtlinearer Systeme untersuchen; in den Fig. 174 und 175 sind zwei derartige

Kurvenscharen aufgezeichnet worden. Fig. 174 gilt für $\alpha > 0$, Fig. 175 für $\alpha < 0$. Zum Vergleich möge man die für den linearen Fall geltende Kurvenschar von Fig. 147 heranziehen. Die im Faktor α zum Ausdruck kommende Nichtlinearität wirkt sich also in einer Verbiegung der Spitzen der einzelnen Resonanzkurven aus. Für $\alpha > 0$ werden die Spitzen nach rechts – d. h. zu größeren η-Werten hin – verbogen, für $\alpha < 0$ entsprechend nach links – d. h. zu kleineren η-Werten. Eine

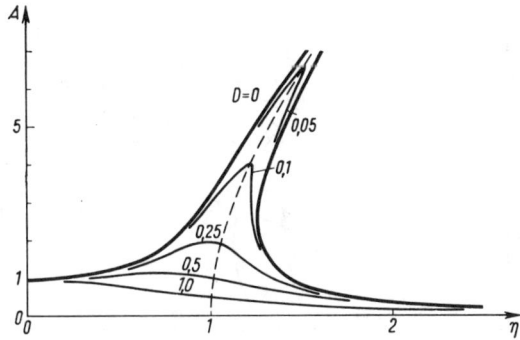

Fig. 174. Resonanzkurven eines nichtlinearen Schwingers, kubische Rückführfunktion mit $\alpha = +\,0{,}04$

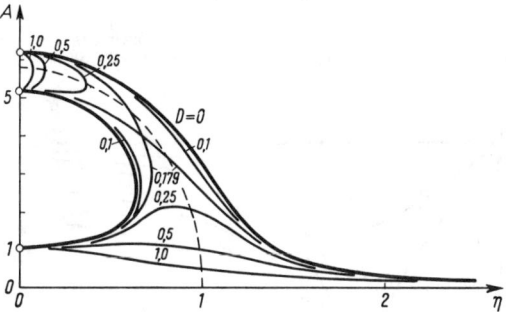

Fig. 175. Resonanzkurven eines nichtlinearen Schwingers, kubische Rückführfunktion mit $\alpha = -\,0{,}04$

Folge dieser Verbiegungen ist die Tatsache, daß es nun η-Bereiche gibt, in denen zu einem festen Wert von η drei Werte von A gehören (entsprechend den drei möglichen Lösungen der Bestimmungsgleichung (5.147)).

Die Maxima der verbogenen Resonanzkurven lassen sich leicht finden. Man hat dazu nur die Doppelwurzel für η^2 in Gl. (5.148) aufzusuchen, also die Bedingung dafür, daß der Radikand verschwindet. Das gibt eine quadratische Gleichung für A^2 mit der Lösung:

$$A^2_{\max} = -\frac{2(1-D^2)}{3\alpha} \pm \sqrt{\frac{4(1-D^2)^2}{9\alpha^2} + \frac{x_0^2}{3\alpha D^2}}. \qquad (5.149)$$

Der zugehörige η-Wert folgt aus Gl. (5.148) zu

$$\eta^2_{\text{max}} = 1 + \frac{3\alpha A^2_{\text{max}}}{4} - 2D^2$$

$$= 1 + \frac{1-D^2}{2}\left[\sqrt{1 + \frac{3\alpha x_0^2}{4D^2(1-D^2)^2}} - 1\right] - 2D^2. \tag{5.150}$$

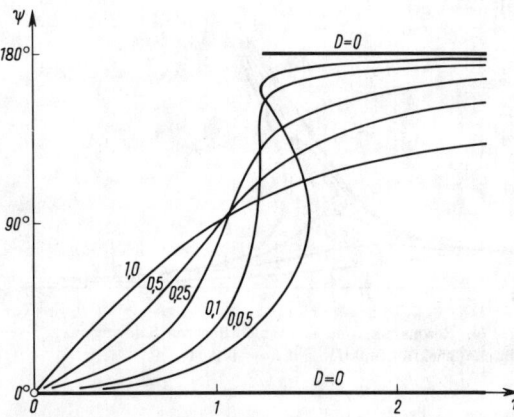

Fig. 176. Phasenverlauf eines nichtlinearen Schwingers, kubische Rückführfunktion mit $\alpha = +0{,}04$.

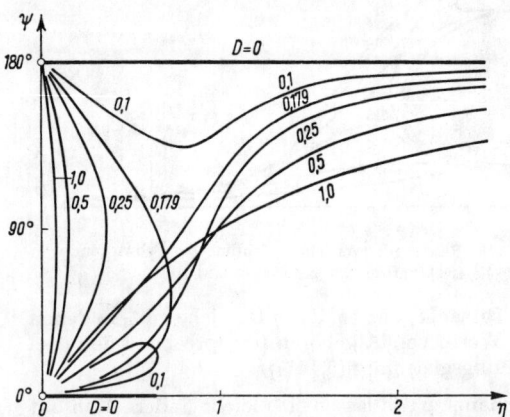

Fig. 177. Phasenverlauf eines nichtlinearen Schwingers, kubische Rückführfunktion mit $\alpha = -0{,}04$

Auch der Phasenverlauf weicht von dem des linearen Falles erheblich ab. In den Fig. 176 und 177 ist der den Resonanzkurven Fig. 174 und 175 zugeordnete Phasenverlauf gezeichnet worden. Er ergibt sich aus Gl. (5.146) mit (5.143):

$$\tan\psi = \frac{2D\eta}{1 + \dfrac{3\alpha A^2}{4} - \eta^2}, \tag{5.151}$$

wobei natürlich die Abhängigkeit $A(\eta)$ berücksichtigt werden muß.

Eine merkwürdige, aber für nichtlineare Systeme typische Erscheinung ist das Springen der stationären Amplitude beim langsamen, „quasistationären" Durchfahren einer überhängenden Resonanzkurve. Eine derartige Kurve ist in Fig. 178 gezeichnet worden. Steigert man die Erregerfrequenz von kleinen Werten beginnend, so wird die Amplitude der stationären Schwingung dem oberen Ast der Resonanzkurve entsprechend anwachsen. Nach Durchlaufen des Maximums fällt die Amplitude etwas ab bis zu dem am weitesten rechts gelegenen Punkt A der umgebogenen Resonanzkurve. Bei weiterer Steigerung von η muß sich nun die stationäre Amplitude sprunghaft den Werten anpassen, die dem unteren Ast der Resonanzkurve entsprechen. Die stationäre Amplitude springt also – man spricht auch von „Kippen" – von A nach B. Entsprechendes wiederholt sich bei Verkleinern der Erregerfrequenz: Hier wird sich die Amplitude zunächst auf dem unteren Ast bis zum Punkte C bewegen können. Dann muß ein Sprung $C — D$ erfolgen, der die Amplitude dem für kleinere η-Werte allein möglichen oberen Ast der Resonanzkurve anpaßt. Zugleich mit der Amplitude springt auch der „stationäre" Phasenwinkel ψ, wie man sich an Hand von Fig. 176 leicht überlegen kann.

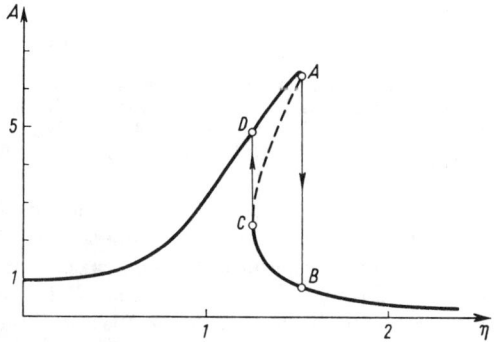

Ganz entsprechend können auch bei einer nach links übergebogenen Resonanzkurve Sprünge auftreten. Hier sind sogar noch kompliziertere Varianten möglich, da es Fälle gibt (z. B. Fig. 175, $D = 0{,}25$), bei denen die Resonanzkurve aus zwei voneinander unabhängigen Teilkurven besteht.

Fig. 178. Zur Erklärung des Sprungeffektes

Es sei noch bemerkt, daß das Springen nur für den Wert der stationären Amplitude gilt. Die wirkliche Amplitude ist im Übergang nicht stationär, da durch den Sprung Eigenschwingungen angestoßen werden. Erst wenn die Eigenschwingungen abgeklungen sind, wird der neue stationäre Amplitudenwert erreicht.

Wenn mehrere stationäre Amplitudenwerte existieren, dann ist nach dem Ergebnis des Abschnitts 5.423 zu erwarten, daß nicht alle diese Werte stabilen Bewegungsformen entsprechen. Eine nähere Untersuchung der Nachbarbewegungen zu den

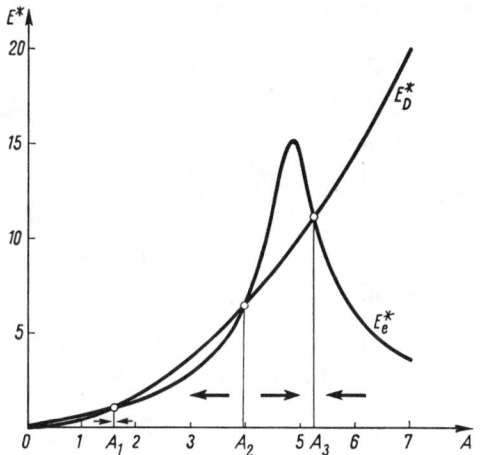

Fig. 179. Energiediagramm für nichtlineare erzwungene Schwingungen

stationären Bewegungen, die wir hier nicht durchführen wollen (s. z. B. [5, 12]), zeigt, daß im Falle von Fig. 178 der rückläufige Ast $A — C$ einer nicht stabilen Bewegung entspricht; er ist daher gestrichelt gezeichnet worden. Für Schwinger mit einem Freiheitsgrad läßt sich allgemein zeigen, daß die Grenzen zwischen den stabilen und instabilen Teilen der Resonanzkurven stets durch die Punkte gekennzeichnet werden, an denen die Resonanzkurven vertikal verlaufen.

Wir können die Tatsache der Instabilität des mittleren Astes der Resonanzkurve übrigens auch aus der Energiebilanz Gl. (5.112) ablesen. Im vorliegenden Fall ist die durch Dämpfung vernichtete Energie für eine Vollschwingung:

$$E_D^* = 2\pi D \eta A^2 \qquad (5.152)$$

und die durch die Erregung zugeführte Energie

$$E_e^* = \pi x_0 A \sin \psi. \qquad (5.153)$$

Durch Gleichsetzen beider Werte lassen sich wieder die möglichen stationären Amplituden A bestimmen. Um das Verhalten der Nachbarbewegungen zu erkennen, trägt man sich die Energiewerte über der Amplitude A auf (Fig. 179), wobei berücksichtigt werden muß, daß zum Unterschied vom linearen Fall nun auch $\sin \psi$ eine Funktion von A ist (siehe Gl. 5.151). Während im linearen Fall die E_e^*-Kurve eine Gerade war (siehe Fig. 151, Kurve E_e^*), bekommt man nun die in Fig. 179 gezeichnete Kurve mit einem ausgesprochenen Maximum. In bestimmten Fällen kann die E_D^*-Parabel diese E_e^*-Kurve dreimal schneiden. Die Tendenz der Amplitudenänderung läßt sich nun aus der Differenzenergie $E_D^* - E_e^*$ bestimmen. Wird mehr Energie vernichtet als zugeführt, dann werden die Amplituden kleiner. Die so erkennbare Tendenz ist in Fig. 179 durch Pfeile angedeutet. Man sieht daraus unmittelbar, daß die stationären Amplitudenwerte A_1 und A_3 stabilen Bewegungen entsprechen, während der Wert A_2 instabile Bewegungen ergibt.

5.432 Festreibung und lineare Rückstellkraft.

Bei Vorhandensein von Dämpfungskräften, die nicht linear von der Geschwindigkeit $\dot{x}$ abhängen, kann man in genau derselben Weise vorgehen wie im Falle nichtlinearer Rückstellkräfte. Wir wollen das an einem Beispiel zeigen und wählen hierzu den Fall der Coulombschen Dämpfung (Festreibung). Dann kann in der Gleichung (5.110) gesetzt werden:

$$x_e(t) = x_0 \cos \Omega t$$
$$f(x, \dot{x}) = r \operatorname{sgn} \dot{x} + x.$$

Die Bewegungsgleichung geht damit über in

$$\ddot{x} + r \operatorname{sgn} \dot{x} + x = x_0 \cos \Omega t. \qquad (5.154)$$

Das nichtlineare Glied wird nun transformiert

$$r \operatorname{sgn} \dot{x} \to b^* \dot{x}$$

mit

$$b^* = \frac{r}{\pi A \Omega} \int\limits_0^{2\pi} \operatorname{sgn}(A\Omega \sin \Omega t) \sin \Omega t \, \mathrm{d}(\Omega t) = \frac{4r}{\pi A \Omega}.$$

Setzt man noch zur Abkürzung

$$\frac{2r}{\pi A \Omega} = \frac{2r}{\pi A \eta} = D \qquad (\omega_0 = 1!), \qquad (5.155)$$

dann kann (5.154) in der dimensionslosen Form

$$x'' + 2Dx' + x = x_0 \cos \eta \tau \qquad (5.156)$$

geschrieben werden. Die periodische Lösung dieser Gleichung hat die Amplitude

$$A = \frac{x_0}{\sqrt{(1-\eta^2)^2 + 4D^2\eta^2}} \cdot$$

Da D selbst noch von A abhängt, ist das wieder eine Bestimmungsgleichung für A mit der Lösung

$$A = \frac{x_0}{1-\eta^2} \sqrt{1 - \left(\frac{4r}{\pi x_0}\right)^2}. \tag{5.157}$$

Der Phasenwinkel ergibt sich aus

$$\tan\psi = \frac{2D\eta}{1-\eta^2} = \frac{4r}{\pi A(1-\eta^2)}. \tag{5.158}$$

Bemerkenswert ist bei dieser Lösung, daß die Unendlichkeitsstelle der Resonanzkurve bei $\eta = 1$ erhalten bleibt, wenn die Reibung nicht zu stark ist. Damit die Lösung (5.157) sinnvoll ist, muß auf jeden Fall

$$r < \frac{\pi x_0}{4} \tag{5.159}$$

gelten. Dann aber wird $A \to \infty$ für $\eta \to 1$. Dieser Sachverhalt kann leicht erklärt werden, wenn man die Energie betrachtet, die durch die Festreibung vernichtet wird. Man erhält (siehe Gl. 5.152)

$$E_D^* = 2\pi D\eta A^2 = 4rA.$$

Diese Energie ist aber nur der Amplitude selbst, nicht mehr ihrem Quadrat proportional. Da auch die von der Erregung in den Schwinger hineingepumpte Energie proportional zu A anwächst (siehe z. B. Gl. 5.153), ist bei einem durch die Ungleichung (5.159) festgelegten Verhältnis von Reibungsbeiwert r zur Erregeramplitude x_0 ein dauerndes Aufschaukeln möglich. Die Energieverluste infolge der Reibung werden dann durch die Erregerenergie mehr als ausgeglichen.

5.44 Oberschwingungen, Kombinationsfrequenzen und Erregung von Unterschwingungen. Bei Erregung durch eine harmonische Erregerkraft tritt in linearen Systemen von einem Freiheitsgrad nur eine Resonanzstelle auf, bei der die Erregerfrequenz näherungsweise oder genau gleich der Eigenfrequenz des Schwingers ist. In nichtlinearen Systemen sind dagegen zahlreiche andere Arten von Resonanz möglich. Das soll am Beispiel eines ungedämpften Schwingers erklärt werden, wobei wir sogleich den etwas allgemeineren Fall annehmen wollen, daß die Erregerfunktion aus zwei harmonischen Anteilen besteht:

$$\ddot{x} + f(x) = x_e(t) = x_{10}\cos(\Omega_1 t + \delta_1) + x_{20}\cos(\Omega_2 t + \delta_2). \tag{5.160}$$

Die nichtlineare Funktion sei in eine Taylor-Reihe entwickelbar

$$f(x) = a_1 x + a_2 x^2 + a_3 x^3 + \dots \tag{5.161}$$

Durch entsprechende Wahl des Nullpunktes von x kann man stets erreichen, daß kein konstantes Glied a_0 vorkommt. Die Lösung der Bewegungsgleichung (5.160) kann dann in der früher angedeuteten Weise iterativ geschehen. Die n-te Näherung wird aus der $(n-1)$-ten durch die Rekursionsgleichung

$$\ddot{x}_n + a_1 x_n = x_{10} \cos(\Omega_1 t + \delta_1) + x_{20} \cos(\Omega_2 t + \delta_2) - \\ - (a_2 x_{n-1}^2 + a_3 x_{n-1}^3 + \ldots) \tag{5.162}$$

gewonnen. Mit $x_0 = 0$ bekommt man im ersten Schritt die Lösung

$$x_1 = \frac{x_{10}}{a_1 - \Omega_1^2} \cos(\Omega_1 t + \delta_1) + \frac{x_{20}}{a_1 - \Omega_2^2} \cos(\Omega_2 t + \delta_2). \tag{5.163}$$

Dabei sind – aus später ersichtlichen Gründen – solche Anfangsbedingungen vorausgesetzt, daß keine Eigenschwingungen angestoßen werden.

Geht man nun mit der ersten Näherung (5.163) in die rechte Seite der Rekursionsgleichung (5.162) ein, so bekommt man eine Fülle periodischer Erregerglieder mit den verschiedensten Frequenzen. Wegen der bekannten trigonometrischen Beziehungen

$$\cos^2 \alpha = \frac{1}{2}(1 + \cos 2\alpha)$$

$$\cos^3 \alpha = \frac{1}{4}(3 \cos \alpha + \cos 3\alpha)$$

$$\cos \alpha \cos \beta = \frac{1}{2} \cos(\alpha + \beta) + \frac{1}{2} \cos(\alpha - \beta)$$

enthält das Glied mit x_1^2 periodische Anteile mit den Frequenzen

$$2\Omega_1, \qquad 2\Omega_2, \qquad \Omega_1 + \Omega_2, \qquad \Omega_1 - \Omega_2;$$

entsprechend treten bei x_1^3 die Frequenzen

$$\Omega_1, \quad \Omega_2, \quad 3\Omega_1, \quad 3\Omega_2, \quad 2\Omega_1 + \Omega_2, \quad 2\Omega_1 - \Omega_2, \quad \Omega_1 + 2\Omega_2, \quad \Omega_1 - 2\Omega_2$$

auf usw. Bereits im zweiten Iterationsschritt werden daher alle möglichen Linearkombinationen der beiden Ausgangsfrequenzen Ω_1 und Ω_2 in der Lösung x_2 vorkommen. Die weiteren Iterationsschritte bringen demgegenüber prinzipiell nichts Neues, so daß man feststellen kann, daß die Lösung im allgemeinen Fall Frequenzen

1) $n\Omega_1, \qquad m\Omega_2$
2) $n\Omega_1 \pm m\Omega_2$ $(m, n$ ganze Zahlen) $\tag{5.164}$

enthalten wird. Schwingungen der ersten Art heißen Oberschwingungen, die der zweiten Art Kombinationsschwingungen. In der Akustik sind die letzteren unter der Bezeichnung Helmholtzsche Kombinationstöne bekannt geworden.

Der Anteil einer bestimmten Einzelschwingung am gesamten Schwingungsbild hängt nun nicht nur von der Art der Funktion $f(x)$ – also von den Koeffizienten a_i ihrer Taylor-Reihe – ab, sondern vor allem von der Tatsache, wie weit ihre Frequenz von der Eigenfrequenz des Schwingers entfernt liegt. Durch Resonanzwirkung kann es zur Aussiebung einzelner, sonst gar nicht besonders ausgezeichneter Teilschwingungen kommen. In der Technik können sich derartige Resonanzen mit Oberschwingungen als zusätzliche, meist unerwünschte kritische Frequenzen bemerkbar machen. Unerwünschte Kombinationstöne lassen sich gelegentlich bei schlechten Lautsprechern beobachten.

Ein Wort über den Einfluß der Eigenschwingung, die bei diesem Iterationsprozeß willkürlich unterdrückt wurde. Nimmt man die Eigenschwingung $x_{1e} = C \cos{(\sqrt{a_1}\, t - \varphi)}$ in der ersten Näherung (5.163) mit, dann werden im weiteren Verlauf der Iteration nicht nur Vielfache dieser Eigenfrequenz sowie Kombinationen mit den Erregerfrequenzen auftauchen, sondern auch die Eigenfrequenz selbst. Das würde aber im nächsten Iterationsschritt eine Resonanzlösung mit unendlich großer Amplitude ergeben. Diese Schwierigkeit ist jedoch lediglich durch die Art der Näherung hervorgerufen und hat nichts mit dem physikalischen Problem zu tun. Man kann sie durch entsprechende Verfeinerungen des Berechnungsganges vermeiden. Wegen näherer Einzelheiten sei auf die speziellere Literatur hingewiesen (z. B. [5]).

In nichtlinearen Systemen sind nicht nur Erregungen von Oberschwingungen, sondern auch Unterschwingungen möglich, deren Frequenz ein Bruchteil der Erregerfrequenz ist. Wir wollen uns hier mit der Angabe eines speziellen Beispiels begnügen: ein Schwinger mit kubischer Rückstellkraft und harmonischer Erregung genüge der Differentialgleichung

$$\ddot{x} + \omega_0^2 x + \alpha x^3 = x_0 \cos \Omega t. \tag{5.165}$$

Unter bestimmten Voraussetzungen kann dieser Schwinger harmonische Schwingungen ausführen, deren Frequenz ein Drittel der Erregerfrequenz ist. Mit dem Ansatz

$$x = A \cos \frac{\Omega}{3}\, t$$

findet man nach Einsetzen in (5.165) und trigonometrischer Umformung:

$$\cos \frac{\Omega}{3} t \left[A \left(\omega_0^2 - \frac{\Omega^2}{9} \right) + \frac{3 \alpha A^3}{4} \right] + \cos \Omega t \left[\frac{\alpha A^3}{4} - x_0 \right] = 0. \tag{5.166}$$

Diese Bedingung ist erfüllt für

$$A = \sqrt[3]{\frac{4 x_0}{\alpha}}; \qquad \Omega = 3 \sqrt{\omega_0^2 + \frac{3 \alpha A^2}{4}} = 3 \omega_A. \tag{5.167}$$

ω_A ist dabei gerade wieder die amplitudenabhängige Frequenz der Eigenschwingungen des nichtlinearen Schwingers. Dieses Beispiel zeigt übrigens auch, daß harmonische Schwingungen in nichtlinearen Systemen durchaus möglich sind. Man kann sich ihr Zustandekommen dadurch erklären, daß die infolge des nichtlinearen Gliedes hereinkommende dritte Oberschwingung gerade durch die Erregung kompensiert wird (siehe Gl. 5.166). Freilich ist diese Kompensation nur bei einer ganz bestimmten Stärke der Erregung möglich.

Analog wie in dem hier skizzierten Beispiel läßt sich allgemein zeigen, daß bei anderen Rückstellfunktionen $f(x)$ auch Unterschwingungen beliebiger anderer Ordnungen möglich sind, so daß der Schwinger mit Frequenzen Ω/m (m = ganze Zahl) schwingen kann. Berücksichtigt man nun, daß Unterschwingungen und

Oberschwingungen gleichzeitig auftreten können, dann sieht man, daß auch Schwingungen möglich sind, die in einem beliebigen rationalen Verhältnis zur Erregerfrequenz stehen: $\omega_A = \dfrac{n}{m}\,\Omega$, $(m, n = \text{ganze Zahlen})$. Sind gleichzeitig Erregungen mit verschiedenen Frequenzen vorhanden, dann wird die Zahl der Möglichkeiten durch die auftretenden Kombinationsschwingungen noch erheblich größer.

Wichtige technische Anwendungen finden die Unterschwingungen z. B. bei der Frequenzreduktion von Quarz- und Atomuhren.

5.45 Gleichrichterwirkungen. Bei der Betrachtung des Beispiels Gl. (5.160) am Anfang des vorigen Abschnittes ist eine Erscheinung vernachlässigt worden: das Auftreten konstanter Glieder bei der Bildung der Ausdrücke auf der rechten Seite der Rekursionsformel (5.162). Um ihren Einfluß zu erkennen, wollen wir uns auf einen einfachen Fall beschränken und eine Erregung durch nur eine harmonische Funktion voraussetzen. Wir können dann in Gl. (5.160) setzen:

$$x_{10} = x_0; \qquad x_{20} = 0; \qquad \Omega_1 = \Omega; \qquad \delta_1 = 0.$$

Die erste Näherung (5.163) geht damit über in

$$x_1 = \frac{x_0}{a_1 - \Omega^2}\cos\Omega t = A\cos\Omega t.$$

Bildet man nun die Potenzen von x_1, so treten bei allen geraden Potenzen außer den periodischen Anteilen noch zeitunabhängige Terme auf, und zwar

$$\text{bei}\quad x_1^2 : \frac{1}{2}\,A^2, \qquad \text{bei}\quad x_1^4 : \frac{3}{8}\,A^4, \qquad \text{bei}\quad x_1^6 : \frac{5}{16}\,A^6 \quad \text{usw.}$$

Diese konstanten Anteile ergeben für die zweite Näherung eine Verschiebung der Gleichgewichtslage von der Größe

$$x_{2G} = \frac{a_2}{2a_1}\,A^2 + \frac{3a_4}{8a_1}\,A^4 + \frac{5a_6}{16a_1}\,A^6 + \dots \tag{5.168}$$

Auch die höheren Näherungen x_3, x_4 usw. bringen weitere Anteile zur Gleichgewichtslagenverschiebung der Gesamtlösung. Jedenfalls ist die Verschiebung x_{nG} eine Funktion der Amplitude A und damit auch der Stärke x_0 der an den Schwinger gelegten Erregung. Man kann deshalb die Stärke der Erregung auch aus der Größe der Gleichgewichtslagenverschiebung bestimmen, ohne die um diese Gleichgewichtslage erfolgenden Schwingungen zu beachten. Die Schwingungen lassen sich sogar durch geeignete Maßnahmen aussieben, so daß nur noch die Gleichgewichtslagenverschiebung übrig bleibt. Die Erregerschwingung ist dann „gleichgerichtet" worden.

Nach dem Gesagten ist klar, daß Gleichrichterwirkungen nur auftreten können, wenn die Funktion $f(x)$ nicht symmetrisch zum Nullpunkt (ungerade) ist, denn nur dann treten gerade Potenzen in ihrer Taylor-Reihe auf.

Technische Anwendung findet die Gleichrichtung durch nichtlineare Systeme in großem Maße in der Funktechnik, wo sie dazu dient, die im Tonfrequenzbereich liegende Modulationsschwingung von der meist sehr hochfrequenten Trägerschwingung des

Senders zu trennen. Auch bei mechanischen Schwingungen kommen Gleichrichterwirkungen vor. Sie können sich bei Meßgeräten, deren mechanische Teile schwingen oder Erschütterungen ausgesetzt sind, als störende Fehlanzeigen bemerkbar machen. Sehr gefürchtet sind Gleichrichterwirkungen auch an Kreiselgeräten, wo sie zu Fehlauswanderungen führen.

5.46 Erzwungene Schwingungen in selbsterregungsfähigen Systemen. Als klassisches Beispiel für die Differentialgleichung eines selbsterregten Schwingers wurde im Abschnitt 3.32 die Van der Polsche Gleichung hergeleitet, durch die das Verhalten eines Röhrengenerators beschrieben werden kann. Wir wollen hier untersuchen, welche Erscheinungen zu erwarten sind, wenn der Generator zusätzlich einer periodischen äußeren Erregung unterworfen wird. Zu diesem Zweck ergänzen wir die Van der Polsche Gleichung (3.55) durch die Hinzunahme eines harmonischen Erregergliedes

$$x'' - (\alpha - \beta x^2)x' + x = x_0 \cos \eta \tau. \tag{5.169}$$

Schon bei der Untersuchung der selbsterregten Schwingungen wurde das nichtlineare Glied dieser Gleichung „harmonisch linearisiert", wobei der als Faktor von x' auftretende Koeffizient im linearen Ersatzausdruck nach Gl. (3.18) zu

$$b^* = \frac{1}{4}\beta A^2 - \alpha = 2D \tag{5.170}$$

errechnet wurde. Damit bekommt man für die Ausgangsgleichung (5.169) die Ersatzgleichung

$$x'' + 2Dx' + x = x_0 \cos \eta \tau,$$

deren periodische Lösung bekannt ist:

$$x = A \cos(\eta \tau - \psi),$$

$$A = \frac{x_0}{\sqrt{(1 - \eta^2)^2 + 4D^2 \eta^2}}, \tag{5.171}$$

$$\tan \psi = \frac{2D\eta}{1 - \eta^2}. \tag{5.172}$$

Wegen (5.170) ist Gl. (5.171) wieder eine Bestimmungsgleichung für A:

$$A^2 \left[(1 - \eta^2)^2 + \eta^2 \left(\frac{\beta}{4}A^2 - \alpha\right)^2\right] = x_0^2. \tag{5.173}$$

Diese Gleichung ist vom 3. Grade in A^2, aber nur vom 2. Grade in η^2. Wir ordnen deshalb nach η^2 und erhalten:

$$\eta^4 + \eta^2 \left[\left(\frac{\beta}{4}A^2 - \alpha\right)^2 - 2\right] + \left(1 - \frac{x_0^2}{A^2}\right) = 0$$

mit den Lösungen

$$\eta_{1,2}^2 = \left[1 - \frac{1}{2}\left(\frac{\beta}{4}A^2 - \alpha\right)^2\right] \pm \sqrt{\left[1 - \frac{1}{2}\left(\frac{\beta}{4}A^2 - \alpha\right)^2\right]^2 - \left(1 - \frac{x_0^2}{A^2}\right)}. \tag{5.174}$$

Daraus können zu jedem A die zugeordneten η-Werte bestimmt und somit die Resonanzkurven $A(\eta)$ errechnet werden. Einige derartige Kurven, die zu verschiedenen Werten von x_0 gehören, zeigt Fig. 180 in einer A, η-Ebene.

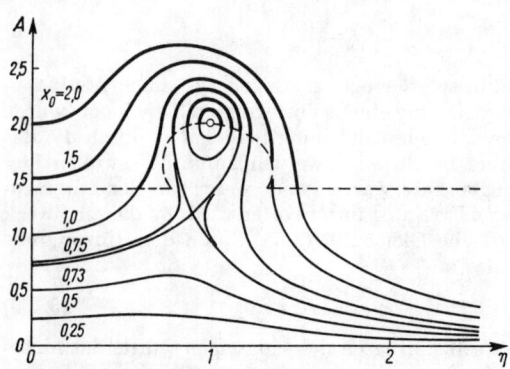

Man erkennt zunächst, daß im Falle $x_0 = 0$ – also bei fehlender äußerer Erregung – die schon bekannte Lösung für die selbsterregten Schwingungen herauskommt:

$$\eta^2 = 1;$$

$$A = A_0 = 2\sqrt{\frac{\alpha}{\beta}}. \qquad (5.175)$$

Für die in Fig. 180 gewählten Werte $\alpha = \beta = 1$ hat man $A_0 = 2$. Wir wollen nun sehen, was aus der stationären Lösung wird, wenn x_0 von Null verschieden, aber klein ist.

Fig. 180. Resonanzkurven eines selbsterregten und zwangserregten Schwingers

Da dann Lösungen in der Nachbarschaft der stationären Lösung (5.175) zu erwarten sind, setzen wir an

$$A = A_0 + \Delta A \qquad \text{mit} \qquad \Delta A \ll A_0.$$

Damit kann man die Gl. (5.174) angenähert wie folgt umformen:

$$\eta^2 \approx 1 \pm \sqrt{\frac{\beta x_0^2}{4\alpha} - \alpha\beta(\Delta A)^2},$$

oder quadriert

$$(1 - \eta^2)^2 + \alpha\beta(\Delta A)^2 = \frac{\beta x_0^2}{4\alpha}. \qquad (5.176)$$

Die Nachbarkurven Gl. (5.176) zur stationären Lösung (5.175) sind demnach in einer A, η^2-Ebene (Fig. 180) Ellipsen, die sich um so weiter aufblähen, je stärker die Erregung x_0 ist. Für $x_0 \to 0$ ziehen sie sich zu dem stationären Punkt

$$\eta = 1; \qquad A = A_0$$

zusammen.

Für größere Werte von x_0 müssen die Resonanzkurven durch Auflösen von Gl. (5.174) bestimmt werden. Wie schon bei den früher behandelten Beispielen wird man auch hier vermuten, daß nicht alle aus (5.174) folgenden Äste der Resonanzkurven stabilen, also physikalisch realisierbaren Bewegungen entsprechen. Wir wollen die nicht ganz einfache Stabilitätsbestimmung hier übergehen und nur ihr Ergebnis mitteilen: alle unterhalb der gestrichelten Kurve von Fig. 180 liegenden Teile der Resonanzkurven lassen sich nicht realisieren, sind also instabil. Die Stabilitätsgrenzkurve ist zu einem Teil wieder der geometrische Ort aller Punkte, an denen die Resonanzkurven vertikale Tangenten besitzen; zum anderen Teil wird sie durch die horizontale Gerade

$$A = \frac{A_0}{\sqrt{2}} = \sqrt{\frac{2\alpha}{\beta}} \qquad (5.177)$$

gebildet.

Wir wollen uns dieses Ergebnis durch eine Betrachtung der Energiebilanz plausibel machen. Die Dämpfungsenergie, die jetzt wegen der Selbsterregungsmöglichkeit auch zu einer Anregungsenergie werden kann, folgt wie bisher zu

$$E_D^* = 2\pi D \eta A^2 = \left(\frac{\beta}{4} A^2 - \alpha\right) \pi \eta A^2. \tag{5.178}$$

Ihr Verlauf in Abhängigkeit von A ist in Fig. 181 gezeichnet. Bei der Selbsterregungsamplitude $A = A_0$ durchschneidet die E_D^*-Kurve die A-Achse. Die von der Erregung gelieferte Energie ist – wie ebenfalls schon berechnet wurde –

$$E_e^* = \pi x_0 A \sin \psi. \tag{5.179}$$

Für den einfachsten Fall $\eta = 1$ wird die E_e^*-Kurve eine Gerade, da wegen $\sin \psi = 1$ dann $E_e^* = \pi x_0 A$ folgt. Diese Gerade ist in Fig. 181 eingetragen. Energiegleichgewicht herrscht im Schnittpunkt von E_D^*- und E_e^*-Kurve, also bei einem – und nur einem – A-Wert, der oberhalb von A_0 liegt. Diese Amplitude gehört zu den oberen Teilen der Resonanzkurven von Fig. 180. Die zugehörige Bewegung ist stabil, weil bei kleinerer Amplitude Energie in den Schwinger hereingepumpt, umgekehrt bei größerer Amplitude Energie entzogen wird. Eine Störung wird also in beiden Fällen wieder rückgängig gemacht.

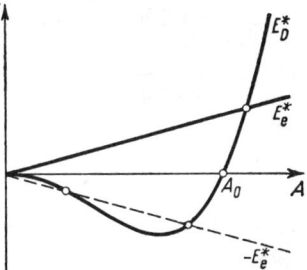

Fig. 181. Energiediagramm für einen selbsterregten und zwangserregten Schwinger

Nach dem Energiediagramm von Fig. 181 kann für andere Amplitudenwerte kein Energiegleichgewicht vorhanden sein, so daß also eine notwendige Bedingung für das Auftreten periodischer Lösungen nicht erfüllt ist. Nach Fig. 180 sind aber für $\eta = 1$ zumindest bei kleinen Werten von x_0 periodische Lösungen bei drei verschiedenen Amplituden möglich. Dieser Widerspruch kann durch eine genauere Stabilitätsuntersuchung aufgeklärt werden; sie ergibt, daß das System phaseninstabil ist, d. h. daß nicht nur $\sin \psi = 1$, sondern auch $\sin \psi = -1$ gelten kann. Daher muß auch die in Fig. 181 gestrichelt gezeichnete E_e^*-Gerade berücksichtigt werden. Ihre Schnittpunkte mit der E_D^*-Kurve entsprechen genau den in Fig. 180 gezeichneten unteren Ästen.

Das erhaltene Ergebnis ist sehr bemerkenswert. Es zeigt, daß in der Umgebung von $\eta = 1$ – also in der Nachbarschaft der Selbsterregungsfrequenz – stabile periodische Schwingungen mit der Frequenz $\eta \neq 1$ möglich sind. Die selbsterregte Schwingung wird dann frequenzmäßig von der Erregung „mitgenommen". Jedenfalls kann neben der erzwungenen Schwingung keine selbsterregte Schwingung mit der Frequenz $\eta = 1$ existieren. Man spricht von einem Mitnahme-Effekt oder auch einer Zieh-Erscheinung. Der Mitnahme-Bereich ist um so breiter, je stärker die Erregung ist. Er kann für die unmittelbare Nachbarschaft der stationären Lösung (5.175) leicht als der horizontal genommene Durchmesser der Ellipse von Gl. (5.176) berechnet werden. Man erhält

$$1 - \Delta\eta \leqq \eta \leqq 1 + \Delta\eta$$

mit:

$$\Delta\eta = \frac{x_0}{4} \sqrt{\frac{\beta}{\alpha}} = \frac{x_0}{2A}. \tag{5.180}$$

Der Mitnahmeeffekt wird technisch ausgenützt zur Synchronisierung von Schwinggeneratoren (z. B. von Uhren); er kann aber auch Begleiterscheinung und dann erwünscht oder unerwünscht sein. Durchaus positiv macht er sich beim Musizieren eines großen Orchesters bemerkbar. Streich- und Blasinstrumente sind ja selbsterregungsfähige Schwinger, die durch die Schallwellen des übrigen Orchesters zu erzwungenen Schwingungen erregt werden. Wird nun eines dieser Instrumente nicht ganz sauber gespielt, dann kann bei nicht zu großen Verstimmungen eine Mitnahme durch das übrige Orchester erfolgen, so daß sich die Verstimmung nicht auswirkt. Man könnte das gesamte Orchester als einen Verband selbsterregungsfähiger Schwinger bezeichnen, die sich beim Spiel selbsttätig auf einen mittleren Ton einigen.

5.5 Aufgaben

36. Ein stark gedämpfter Schwinger $(D > 1)$ soll aus der Ruhelage $x = 0$ in die neue Gleichgewichtslage $x = x_0$ gebracht werden. Die dazu notwendige Erregung soll aus einer Sprungfunktion, die die Gleichgewichtslagenverschiebung bewirkt, und zusätzlich aus einer Stoßfunktion bestehen, die eine Erhöhung der Anfangsgeschwindigkeit um den Betrag v_0^* verursacht. Wie groß muß v_0^* gewählt werden, wenn der Übergang möglichst rasch erfolgen soll, so daß sich der langsam abklingende Anteil der Gesamtlösung nicht auswirkt?

37. Man berechne den günstigsten Wert der Dämpfungsgröße D, der sich bei Anwendung des Kriteriums

$$F_4 = \int\limits_0^\infty \left\{ [x_{\ddot{u}}(\tau) - 1]^2 + k\,[x'_{\ddot{u}}(\tau)]^2 \right\}\,\mathrm{d}\tau = \text{Minimum}$$

aus der Übergangsfunktion (5.6) ergibt. (k ist ein noch willkürlich wählbarer konstanter Faktor).

38. Man bestimme die Werte der Dämpfungsgröße D, die sich aus den Stoß-Übergangsfunktionen $x_i(\tau)$ bei Anwendung der folgenden Kriterien ergeben:

a) kleinste Zeitkonstante,

b) $F_1 = \int\limits_0^\infty x_i(\tau)\,\mathrm{d}\tau = \text{Minimum},$

c) $F_2 = \int\limits_0^\infty |\,x(\tau)\,|\,\mathrm{d}\tau = \text{Minimum},$

d) $F_3 = \int\limits_0^\infty x_i^2(\tau)\,\mathrm{d}\tau = \text{Minimum}.$

39. Man berechne aus dem Duhamelschen Integral (5.25) die Reaktion eines Schwingers mit $D = 1$ auf eine Rampenfunktion

$$f(\tau) = \begin{cases} 0 & \text{für} \quad \tau \le 0 \\ \alpha\tau & \text{für} \quad 0 \le \tau \le \tau_0 \\ \alpha\tau_0 & \text{für} \quad \tau \ge \tau_0. \end{cases}$$

Der Schwinger soll für $\tau < 0$ in Ruhe gewesen sein ($x = 0$).

40. Für einen Schwinger mit Unwuchterregung berechne man die Vergrößerungsfunktion für die Schwingbeschleunigung x'' und gebe das Frequenzverhältnis η_{extr} an, bei dem Extremwerte auftreten. Wie groß darf D höchstens sein, damit Extremwerte vorhanden sind?

41. Man berechne die Lage der Maxima für Wirk- und Blindleistung der Erregerkraft im Fall B (Gl. 5.49).

42. Man gebe die Parameterdarstellung für die inversen Ortskurven (entsprechend Gl. 5.59) in den Fällen B und C (Gl. 5.41 und 5.42) an und bestimme die Art der Kurven.

43. Ein Erschütterungsmesser nach Fig. 144 sei mit einem induktiven Geber versehen, durch den die Größe $\dot{x}_R$ abgegriffen wird. Welche Größe wird gemessen

a) bei überkritischer Abstimmung ($\eta > 1$),
b) bei unterkritischer Abstimmung ($\eta < 1$)?

In welchem η-Bereich darf das Gerät verwendet werden, wenn bei $D = 1$ der Amplitudenfehler nicht größer als $5^0/_0$ sein soll?

44. Ein unterkritisch abgestimmter Schwingungsmesser mit $D = 1$ soll im Bereich $0 < \eta < 0{,}2$ verwendet werden. Wie hängt die Zeitverschiebung $\Delta\tau = \dfrac{\mathrm{d}\psi}{\mathrm{d}\eta}$ für die einzelnen Teilschwingungen von η ab? Wie groß ist der maximale Phasenfehler $\delta = \dfrac{\Delta(\Delta\tau)}{\Delta\tau}$ im angegebenen Bereich?

45. Eine elastisch gelagerte Maschine läuft mit 1000 U/min. Die Lagerung sei ungedämpft ($D \approx 0$). Wie groß muß der statische Durchgang f_0 der Maschine unter dem Eigengewicht gemacht werden, wenn die elastische Lagerung nur $5^0/_0$ der Unwuchtkräfte der Maschine auf das Fundament übertragen darf?

46. Wie groß müßte der Federungsweg einer linear wirkenden elastischen Befestigung in einem Kraftwagen gemacht werden, wenn dadurch die Beschleunigungskräfte bei einem Unfall (plötzliches Abbremsen der Geschwindigkeit auf Null) so reduziert werden sollen, daß bei $v = 40$ km/h Fahrgeschwindigkeit höchstens 10-fache Erdbeschleunigung erreicht wird?

47. Man berechne das Spektrum einer Schwingung mit Frequenzmodulation

$$x_e = x_0 \cos \int \Omega \, \mathrm{d}t \quad \text{mit} \quad \Omega(t) = \Omega_0(1 + k \cos \Omega_m t)$$

und vergleiche das Ergebnis mit Gl. (5.108) für Amplitudenmodulation. Man untersuche den Fall $k^* = k \dfrac{\Omega_0}{\Omega_m} \ll 1$.

48. Wie groß darf das Dämpfungsmaß D bei dem Schwinger von Abschnitt 5.431 (Fig. 174) höchstens werden, wenn die Resonanzkurven nicht überhängen sollen? Man berechne den Grenzwert D^* und die zugehörigen Werte A^* und η^* für den vertikalen Wendepunkt der Resonanzkurve.

49. Man berechne die Resonanzfunktion $A = A(\eta)$ für einen Schwinger mit quadratischer Dämpfung bei harmonischer Erregung: $x'' + qx' \, | \, x' \, | + x = x_0 \cos \eta\tau$ durch harmonische Linearisierung oder aus der Energiebilanz Gl. (5.112). Man untersuche, ob Sprungeffekte möglich sind.

50. Unter der Voraussetzung $\eta \approx 1$ entwickle man eine Näherungsformel für die Resonanzmaxima des Schwingers von Aufgabe 49.

51. Mit Hilfe des abgekürzten Störungsansatzes $x = x_1 + \alpha x_2$ berechne man einen Näherungswert für die Mittellage x_m der stationären erzwungenen Schwingungen eines Schwingers, der der Differentialgleichung $x'' + x + \alpha x^{2n} = x_0 \cos \eta \tau$ genügt. Der Faktor α sei klein, n ist eine ganze Zahl.

52. Man berechne die Resonanzfunktion $A = A(\eta)$ und den Mitnahmebereich für die Fremderregung des selbsterregungsfähigen Systems $x'' + 2Dx' - a\,\mathrm{sgn}\,x' + x = x_0 \cos \eta \tau$ unter der Voraussetzung kleiner Werte von x_0. (Siehe hierzu auch Aufgabe 23.)

6 Koppelschwingungen

Die in der Technik vorkommenden Schwinger haben meist mehrere Freiheitsgrade. Sie können dann in verschiedener Weise zu Schwingungen angeregt werden, und die verschiedenen möglichen Bewegungen werden sich sowohl der Schwingungsform, als auch der Frequenz nach voneinander unterscheiden. Wenn sich diese Schwingungen gegenseitig beeinflussen, dann nennt man sie gekoppelt. Je stärker diese Kopplung ist, um so wirksamer ist die Beeinflussung, und um so mehr können die dann stattfindenden Bewegungen von den bisher untersuchten Schwingungserscheinungen abweichen. Wir wollen in diesem Kapitel einige bei Koppelschwingungen zu beobachtende Erscheinungen behandeln, müssen uns jedoch hier noch mehr als in den vorangegangenen Kapiteln auf wenige Teilprobleme beschränken. Die Zahl der Möglichkeiten ist bei Koppelschwingungen so außerordentlich groß, daß wir hier nur einige typische Fälle herausgreifen können.

Es sei aber ausdrücklich darauf hingewiesen, daß sich viele Schwingungserscheinungen in Systemen mit mehreren Freiheitsgraden durchaus mit den in den vorhergehenden Kapiteln behandelten Methoden untersuchen lassen. Auch wenn mehrere Freiheitsgrade vorhanden sind, spielen einperiodische Bewegungen – d. h. Schwingungsvorgänge, bei denen nur eine einzige Frequenz auftritt – eine große Rolle. Wir werden sehen, daß die im allgemeinen recht komplizierten Schwingungserscheinungen in gekoppelten Systemen in vielen Fällen durch eine Überlagerung einperiodischer Hauptschwingungen erklärt und berechnet werden können. Damit aber wird die im vorliegenden Buch bevorzugte Behandlung einfacher Schwinger mit einem Freiheitsgrad nachträglich gerechtfertigt.

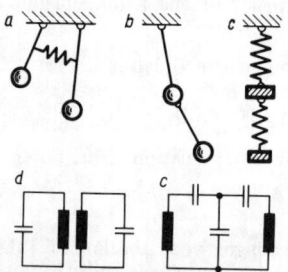

Fig. 182. Beispiele für Schwinger mit zwei Freiheitsgraden

6.1 Schwinger mit zwei Freiheitsgraden

Ein Schwinger besitzt zwei Freiheitsgrade, wenn seine Bewegungen durch die Angabe von zwei Koordinaten – als Funktionen der Zeit – in eindeutiger Weise gekennzeichnet werden können. Einige einfache Beispiele derartiger Schwinger sind in Fig. 182 skizziert. Es sind dies: a) zwei durch eine Feder gekoppelte ebene Schwerependel von je einem Freiheitsgrad; b) zwei aneinanderhängende ebene Schwerependel; c) zwei aneinanderhängende, vertikal schwingende Feder-Masse-Pendel; d) zwei induktiv gekoppelte elektrische Schwingkreise; e) zwei kapazitiv gekoppelte elektrische Schwingkreise. Weitere Beispiele ließen sich leicht angeben, zum Teil werden sie in den folgenden Abschnitten behandelt.

6.11 Eigenschwingungen eines ungedämpften Koppelschwingers. Wir betrachten
den in Fig. 183 skizzierten Schwinger: ein an zwei Federn mit den Federkonstanten c_1 und c_2 hängender starrer Körper möge eine ebene
Bewegung ausführen, die durch die beiden Koordinaten x (vertikale Bewegung des Schwerpunktes S) und
φ (Drehung um eine senkrecht zur Bewegungsebene
stehende Achse) eindeutig beschrieben werden kann.

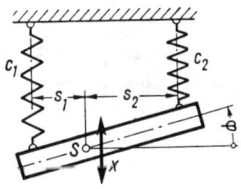

Wir wollen annehmen, daß der Körper eine senkrecht
zur Bewegungsebene stehende Hauptträgheitsachse
besitzt, so daß die genannte ebene Bewegung kinetisch
möglich ist; ferner setzen wir den Winkel φ als so klein
voraus, daß bezüglich dieses Winkels linearisiert werden
kann; außerdem soll von dämpfenden Bewegungswiderständen abgesehen werden.

Fig. 183. Koppelschwinger
mit zwei Freiheitsgraden

Zur Ableitung der Bewegungsgleichungen sollen die Lagrangeschen Gleichungen 2. Art verwendet werden:

$$\frac{d}{dt}\left(\frac{\partial E_k}{\partial \dot{q}}\right) - \frac{\partial E_k}{\partial q} + \frac{\partial E_p}{\partial q} = 0. \qquad (q = x, \varphi). \tag{6.1}$$

Für die kinetische Energie E_k und die potentielle Energie E_p findet man leicht

$$E_k = \frac{1}{2}m\dot{x}^2 + \frac{1}{2}\Theta_s\dot{\varphi}^2, \tag{6.2}$$

$$E_p = \frac{1}{2}c_1(x + s_1\varphi)^2 + \frac{1}{2}c_2(x - s_2\varphi)^2. \tag{6.3}$$

Die Ausrechnung von Gl. (6.1) ergibt damit

$$m\ddot{x} + (c_1 + c_2)x + (c_1 s_1 - c_2 s_2)\varphi = 0,$$

$$\Theta_s\ddot{\varphi} + (c_1 s_1^2 + c_2 s_2^2)\varphi + (c_1 s_1 - c_2 s_2)x = 0.$$

Mit den Abkürzungen

$$\frac{c_1 + c_2}{m} = \omega_x^2; \qquad \frac{c_1 s_1^2 + c_2 s_2^2}{\Theta_s} = \omega_\varphi^2 \tag{6.4}$$

$$\frac{c_1 s_1 - c_2 s_2}{m} = k_1^2; \qquad \frac{c_1 s_1 - c_2 s_2}{\Theta_s} = k_2^2; \qquad k_1^2 k_2^2 = k^4 \tag{6.5}$$

gehen die Bewegungsgleichungen über in:

$$\ddot{x} + \omega_x^2 x + k_1^2 \varphi = 0,$$
$$\ddot{\varphi} + \omega_\varphi^2 \varphi + k_2^2 x = 0. \tag{6.6}$$

Die Größen ω_x und ω_φ sind die Eigenfrequenzen der Schiebe- bzw. der Drehschwingung, wenn die Kopplung verschwindet ($k_1 = k_2 = 0$). Die Gleichungen
(6.6) ergeben mit dem Ansatz

$$x = X e^{\lambda t}; \qquad \varphi = \Phi e^{\lambda t}$$

ein lineares System zur Bestimmung der Amplitudenfaktoren X und Φ:

$$X\left(\lambda^2 + \omega_x^2\right) + \Phi k_1^2 = 0,$$
$$X k_2^2 + \Phi\left(\lambda^2 + \omega_\varphi^2\right) = 0,$$

(6.7)

das nur dann eine eindeutige Lösung hat, wenn die Determinante dieses homogenen Gleichungssystems verschwindet. Das führt auf die charakteristische Gleichung:

$$\begin{vmatrix} \lambda^2 + \omega_x^2 & k_1^2 \\ k_2^2 & \lambda^2 + \omega_\varphi^2 \end{vmatrix} = \lambda^4 + \lambda^2\left(\omega_x^2 + \omega_\varphi^2\right) + \left(\omega_x^2\,\omega_\varphi^2 - k^4\right) = 0 \qquad (6.8)$$

mit den beiden Lösungen für λ^2:

$$\left.\begin{array}{c} -\lambda_1^2 = \omega_1^2 \\ -\lambda_2^2 = \omega_2^2 \end{array}\right\} = \frac{1}{2}\left(\omega_x^2 + \omega_\varphi^2\right) \mp \sqrt{\frac{1}{4}\left(\omega_x^2 - \omega_\varphi^2\right)^2 + k^4}\,. \qquad (6.9)$$

ω_1 und ω_2 sind die Eigenfrequenzen des Schwingers. Sie sind – wie man aus der Form des Radikanden sofort sieht – stets voneinander verschieden. Ihre Abhängigkeit vom Verhältnis der „ungekoppelten Eigenfrequenzen" sowie von der Stärke der Kopplung, die durch die Größe k gekennzeichnet wird, ist in

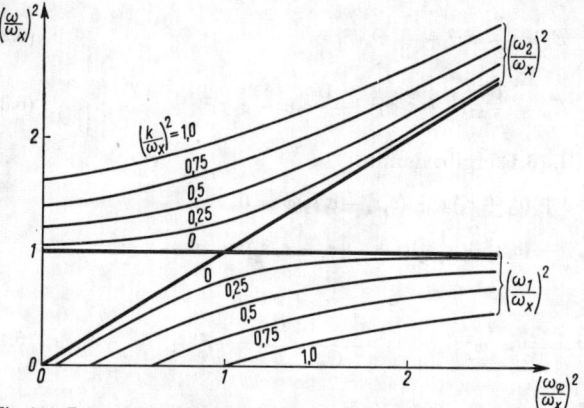

Fig. 184. Zusammenhang zwischen Koppelfrequenzen, Grundfrequenzen und Koppelstärke

Fig. 184 aufgetragen. Aus der dimensionslosen Auftragung ist zu erkennen, daß für verschwindende Kopplung $k = 0$ die Geraden $\omega/\omega_x = 1$ und $\omega = \omega_\varphi$ erhalten werden. Je stärker die Kopplung wird, um so mehr rücken die Eigenfrequenzen ω_1 und ω_2 auseinander. Stets ist ω_2 größer als die größere und ω_1 kleiner als die kleinere der beiden Frequenzen ω_x und ω_φ.

Die Lösung für die beiden Koordinaten x und φ läßt sich nun in bekannter Weise in trigonometrischen Funktionen ausdrücken und ergibt

$$x = X_1 \cos\left(\omega_1 t - \psi_{x1}\right) + X_2 \cos\left(\omega_2 t - \psi_{x2}\right),$$
$$\varphi = \Phi_1 \cos\left(\omega_1 t - \psi_{\varphi 1}\right) + \Phi_2 \cos\left(\omega_2 t - \psi_{\varphi 2}\right).$$

(6.10)

Darin sind noch 8 Konstanten enthalten, zu deren Bestimmung nur 4 Anfangsbedingungen zur Verfügung stehen. Das Problem ist dennoch lösbar, da die
Amplituden- und Phasen-Konstanten in beiden Koordinaten miteinander verknüpft sind. Man kann aus den Gleichungen (6.7) leicht feststellen, daß die
folgenden Beziehungen bestehen:

$$\frac{\Phi_1}{X_1} = \frac{\omega_1^2 - \omega_x^2}{k_1^2} = \frac{k_2^2}{\omega_1^2 - \omega_\varphi^2} = \varkappa_1,$$

$$\frac{\Phi_2}{X_2} = \frac{\omega_2^2 - \omega_x^2}{k_1^2} = \frac{k_2^2}{\omega_2^2 - \omega_\varphi^2} = \varkappa_2,$$

(6.11)

$$\psi_{x1} = \psi_{\varphi 1} \pm 2\pi n; \qquad \psi_{x2} = \psi_{\varphi 2} \pm 2\pi n \qquad (n = 1, 2, \ldots).$$

Damit geht Gl. (6.10) über in

$$x = X_1 \cos(\omega_1 t - \psi_1) + X_2 \cos(\omega_2 t - \psi_2),$$

$$\varphi = \varkappa_1 X_1 \cos(\omega_1 t - \psi_1) + \varkappa_2 X_2 \cos(\omega_2 t - \psi_2).$$

(6.12)

Sind die Anfangsbedingungen für $t = 0$

$$x = x_0; \qquad \dot{x} = \dot{x}_0,$$

$$\varphi = \varphi_0; \qquad \dot{\varphi} = \dot{\varphi}_0,$$

dann ergibt die Berechnung der Konstanten von Gl. (6.12) die folgenden Werte:

$$X_1 = \frac{1}{\varkappa_2 - \varkappa_1} \sqrt{(x_0 \varkappa_2 - \varphi_0)^2 + \left(\frac{\dot{x}_0 \varkappa_2 - \dot{\varphi}_0}{\omega_1}\right)^2},$$

$$X_2 = \frac{1}{\varkappa_2 - \varkappa_1} \sqrt{(x_0 \varkappa_1 - \varphi_0)^2 + \left(\frac{\dot{x}_0 \varkappa_1 - \dot{\varphi}_0}{\omega_2}\right)^2},$$

(6.13)

$$\tan \psi_1 = \frac{\dot{x}_0 \varkappa_2 - \dot{\varphi}_0}{\omega_1 (x_0 \varkappa_2 - \varphi_0)}; \qquad \tan \psi_2 = \frac{\dot{x}_0 \varkappa_1 - \dot{\varphi}_0}{\omega_2 (x_0 \varkappa_1 - \varphi_0)}.$$

6.12 Hauptschwingungen und Hauptkoordinaten. Die allgemeine Lösung (6.12)
zeigt, daß der Schwingungsvorgang durch Überlagerung von zwei harmonischen
Schwingungen entsteht. Es interessiert nun die Frage, ob es Anfangsbedingungen
gibt, die zu einem Schwingungsvorgang mit nur jeweils einer Frequenz führen.
Aus den Beziehungen (6.13) sieht man leicht, daß dies in zwei Fällen möglich ist:

1) $\qquad X_1 \neq 0; \qquad X_2 = 0 \quad$ mit $\quad \dfrac{x_0}{\varphi_0} = \dfrac{\dot{x}_0}{\dot{\varphi}_0} = \dfrac{x}{\varphi} = \dfrac{1}{\varkappa_1},$

(6.14)

2) $\qquad X_1 = 0; \qquad X_2 \neq 0 \quad$ mit $\quad \dfrac{x_0}{\varphi_0} = \dfrac{\dot{x}_0}{\dot{\varphi}_0} = \dfrac{x}{\varphi} = \dfrac{1}{\varkappa_2}.$

Bei Erfüllung dieser Bedingungen stehen die Werte der Koordinaten x und φ
während des ganzen weiteren Schwingungsvorganges in einem festen Verhältnis.
Wie man sich leicht überlegen kann, ist das nur möglich, wenn der Schwingungsvorgang selbst in einer reinen Drehung um einen festen Pol P besteht, der vom

Schwerpunkt S des Körpers den Abstand p_i ($i = 1, 2$) besitzt (Fig. 185). Wegen der Voraussetzung $\varphi \ll 1$ findet man in den beiden möglichen Fällen

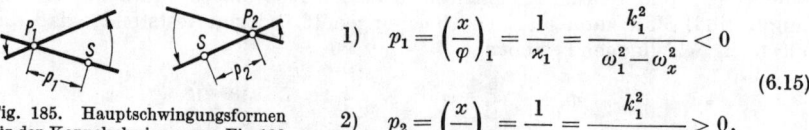

Fig. 185. Hauptschwingungsformen für den Koppelschwinger von Fig. 183

$$1) \quad p_1 = \left(\frac{x}{\varphi}\right)_1 = \frac{1}{\varkappa_1} = \frac{k_1^2}{\omega_1^2 - \omega_x^2} < 0$$

$$2) \quad p_2 = \left(\frac{x}{\varphi}\right)_2 = \frac{1}{\varkappa_2} = \frac{k_1^2}{\omega_2^2 - \omega_x^2} > 0.$$

(6.15)

Zur ersten Schwingungsform gehört die Frequenz ω_1, zur zweiten die Frequenz ω_2. Man bezeichnet diese einperiodischen Schwingungen als Hauptschwingungen oder auch als Normalschwingungen. Die allgemeine Bewegung kann dann als eine Überlagerung von zwei Hauptschwingungen aufgefaßt werden.

Wir wollen noch zwei leicht zu übersehende Sonderfälle betrachten:
a) $\omega_x = \omega_\varphi = \omega_0$. Bei Gleichheit der beiden ungekoppelten Eigenfrequenzen findet man aus Gl. (6.9) die Eigenfrequenzen

$$\omega_1^2 = \omega_0^2 - k^2; \qquad \omega_2^2 = \omega_0^2 + k^2,$$

und damit aus Gl. (6.15) die Polabstände

$$p_1 = -\frac{k_1}{k_2} = -\varrho; \qquad p_2 = \frac{k_1}{k_2} = \varrho \quad \text{mit} \quad \varrho = \sqrt{\frac{\Theta_s}{m}}.$$

Dabei ist ϱ der Trägheitsradius des Körpers für eine durch den Schwerpunkt gehende Achse. Die Pole liegen jetzt rechts und links vom Schwerpunkt jeweils um den Betrag des Trägheitsradius von diesem entfernt.

b) $k_1 = k_2 = 0$. Dieser Fall ist verwirklicht für $c_1 s_1 = c_2 s_2$. Jetzt wird, wie man aus Gl. (6.9) erkennt, $\omega_1 = \omega_\varphi$ und $\omega_2 = \omega_x$. Damit aber folgt aus Gl. (6.15) sofort $p_1 = 0$, so daß die eine der Hauptschwingungen eine reine Drehung um den Schwerpunkt wird. Für die andere Hauptschwingung bekommt man aus (6.15) einen unbestimmten Ausdruck. Wenn man jedoch in Gl. (6.9) zunächst k als eine sehr kleine Größe ansetzt, in Gl. (6.15) eingeht und dort den Grenzübergang $k \to 0$ vornimmt, dann folgt $p_2 \to \infty$. Die zweite Hauptschwingung besteht demnach in einer reinen Schiebebeschwingung des Körpers. Dieses Ergebnis hätte man freilich unmittelbar auch aus den Differentialgleichungen (6.6) ablesen können, die ja für $k_1 = k_2 = 0$ entkoppelt werden.

Dieses im Sonderfall b) erhaltene Ergebnis läßt sich verallgemeinern: es lassen sich ganz allgemein spezielle Koordinaten, die sogenannten Hauptkoordinaten finden, so daß in diesen Koordinaten jeweils eine einperiodische Bewegung stattfindet. Werden die Differentialgleichungen auf diese Hauptkoordinaten transformiert, dann zerfallen sie in zwei ungekoppelte Differentialgleichungen. Man findet diese Hauptkoordinaten z. B., wenn man die allgemeine Lösung (6.12) als eine Bestimmungsgleichung für die Teilschwingungen $X_1 \cos(\omega_1 t - \psi_1)$ und $X_2 \cos(\omega_2 t - \psi_2)$ auffaßt und löst. Dann folgt:

$$\xi = x\varkappa_2 - \varphi = X_1(\varkappa_2 - \varkappa_1) \cos(\omega_1 t - \psi_1),$$
$$\eta = x\varkappa_1 - \varphi = X_2(\varkappa_1 - \varkappa_2) \cos(\omega_2 t - \psi_2).$$

(6.16)

Die Hauptkoordinaten ξ und η werden demnach linear aus den ursprünglichen Koordinaten x und φ errechnet. Mit Einführen der ξ, η in die Ausgangsdifferentialgleichungen gehen diese in die entkoppelte Form:

$$\ddot{\xi} + \omega_1^2\, \xi = 0,$$
$$\ddot{\eta} + \omega_2^2\, \eta = 0 \tag{6.17}$$

über. Man kann sogar noch weiter zurückgehen und die Ausdrücke für kinetische Energie E_k und potentielle Energie E_p betrachten, aus denen ja die Differentialgleichungen nach der Lagrangeschen Methode gewonnen wurden. Ungekoppelte Differentialgleichungen können bei diesem Verfahren nur dann entstehen, wenn sowohl die kinetische als auch die potentielle Energie keine gemischt quadratischen Glieder in den verwendeten Koordinaten enthalten. Man kann daher eine solche lineare Transformation der Koordinaten suchen, die E_k und E_p gleichzeitig in eine rein quadratische Form überführt. Diese in der Algebra wohl bekannte Operation wird als **Hauptachsentransformation** bezeichnet. Wir wollen sie für den vorliegenden Fall durchführen und werden sehen, daß wir dabei genau wieder auf die Hauptkoordinaten ξ und η zurückkommen.

Unter Berücksichtigung der eingeführten Abkürzungen (6.4) und (6.5) können die Ausdrücke (6.2) und (6.3) wie folgt geschrieben werden:

$$E_k = \frac{1}{2}\, m \left(\dot{x}^2 + \frac{k_1^2}{k_2^2}\, \dot{\varphi}^2 \right),$$
$$E_p = \frac{1}{2}\, m \left(\omega_x^2\, x^2 + 2 k_1^2\, x\varphi + \frac{k_1^2}{k_2^2}\, \omega_\varphi^2 \varphi^2 \right). \tag{6.18}$$

Wir suchen nun neue Koordinaten u, v, die linear von den x, φ abhängen und so beschaffen sind, daß in den Ausdrücken für E_k und E_p keine gemischt quadratischen Glieder auftreten. Dazu wählen wir den Ansatz

$$x = u + v,$$
$$\varphi = au + bv. \tag{6.19}$$

Nach Einsetzen in Gl. (6.18) und Ausrechnen findet man, daß rein quadratische Ausdrücke nur entstehen, wenn

$$1 + \frac{k_1^2}{k_2^2}\, ab = 0$$

$$\omega_x^2 + k_1^2\, (a + b) + \frac{k_1^2}{k_2^2}\, \omega_\varphi^2 ab = 0$$

gilt. Das sind zwei Gleichungen für die in die Transformation (6.19) eingehenden Konstanten a, b. Nach einiger Umrechnung unter Berücksichtigung der Beziehungen (6.9) und (6.11) findet man:

$$a = \varkappa_2; \qquad b = \varkappa_1. \tag{6.20}$$

Löst man nun die Gleichungen (6.19) nach den u, v auf, so folgt wegen Gl. (6.16):

$$u = \frac{\varkappa_1 x - \varphi}{\varkappa_1 - \varkappa_2} = \frac{\eta}{\varkappa_1 - \varkappa_2},$$

$$v = \frac{\varkappa_2 x - \varphi}{\varkappa_2 - \varkappa_1} = \frac{\xi}{\varkappa_2 - \varkappa_1}.$$

Darin sind ξ und η wieder die früheren Hauptkoordinaten. Hätte man also von vornherein die Energieausdrücke (6.2) und (6.3) durch eine Hauptachsentransformation vereinfacht, dann wäre die weitere Rechnung auf die Bestimmung zweier voneinander unabhängiger Hauptschwingungen reduziert worden. Jede andere Bewegung des Schwingers kann durch Überlagerung der Hauptschwingungen erhalten werden. Durch Verwendung von Hauptkoordinaten lassen sich also wesentliche Vereinfachungen bei der Berechnung linear gekoppelter Schwingungen erreichen.

6.13 Eigenfrequenzen als Extremwerte eines Energieausdruckes. Für Schwingungen in Systemen mit einem Freiheitsgrad läßt sich die Frequenz durch eine einfache Energiebetrachtung, nämlich durch Gleichsetzen der Maximalwerte von potentieller und kinetischer Energie, berechnen. Auch bei Schwingungen mit mehreren Freiheitsgraden kann eine Energieüberlegung wertvolle Aufschlüsse geben. Wenn wir die potentielle Energie von der Ruhelage des Schwingers aus zählen, dann gilt bei konservativen Schwingungen stets

$$(E_k)_{\text{max}} = (E_p)_{\text{max}}. \tag{6.21}$$

Wir wollen diese Beziehung auf den hier untersuchten Koppelschwinger anwenden und setzen zu diesem Zweck mit einer zunächst noch unbekannten Frequenz ω:

$$x = X \cos \omega t,$$
$$\varphi = \Phi \cos \omega t = \varkappa X \cos \omega t \tag{6.22}$$

an. Durch Einsetzen in Gl. (6.18) bekommt man die beiden Energieausdrücke und kann daraus für den Umkehrpunkt (cos $\omega t = 0$) den Maximalwert für die potentielle Energie und entsprechend für den Durchgang durch die Ruhelage (sin $\omega t = 0$) den Maximalwert für die kinetische Energie bekommen:

$$(E_k)_{\text{max}} = \frac{1}{2} m \omega^2 X^2 \left(1 + \varkappa^2 \frac{k_1^2}{k_2^2} \right),$$

$$(E_p)_{\text{max}} = \frac{1}{2} m X^2 \left(\omega_x^2 + 2\varkappa k_1^2 + \varkappa^2 \omega_\varphi^2 \frac{k_1^2}{k_2^2} \right).$$

Damit aber läßt sich wegen Gl. (6.21) ein Ausdruck für das Quadrat der Frequenz gewinnen:

$$\omega^2 = \frac{\omega_x^2 + 2\varkappa k_1^2 + \varkappa^2 \omega_\varphi^2 \dfrac{k_1^2}{k_2^2}}{1 + \varkappa^2 \dfrac{k_1^2}{k_2^2}} = R. \tag{6.23}$$

Dieser als Rayleigh-Quotient bezeichnete Ausdruck läßt sich in doppelter Weise zur Bestimmung der Frequenz von Koppelschwingungen verwenden. Zunächst sieht man, daß ω vollkommen bestimmt ist, wenn außer den Parametern des Schwingers noch das Verhältnis der Amplituden $\varkappa$ zum Beispiel durch Messungen am Schwinger ermittelt werden kann. Aber auch ohne diese Kenntnis können die Eigenfrequenzen und die zugehörigen $\varkappa$-Werte aus dem Rayleigh-Quotienten gefunden werden. Faßt man nämlich $R = R(\varkappa)$ als Funktion von $\varkappa$ auf, so läßt sich zeigen, daß die Extremwerte dieser Funktion genau den Quadraten der Eigenfrequenzen ω_1 und ω_2 entsprechen. Trägt man sich also $R(\varkappa)$ als Kurve auf (Fig. 186), so findet man daraus sowohl ω_1 und ω_2 als auch die zugehörigen Amplitudenverhältnisse $\varkappa_1$ und $\varkappa_2$.

Diese allgemeine Behauptung läßt sich im vorliegenden Fall durch Ausrechnung nachweisen. Tatsächlich findet man aus Gl. (6.23) mit $dR/d\varkappa = 0$ eine quadratische Gleichung für $\varkappa$:

$$\varkappa^2 - \varkappa\,\frac{\omega_\varphi^2 - \omega_x^2}{k_1^2} - \frac{k_2^2}{k_1^2} = 0,$$

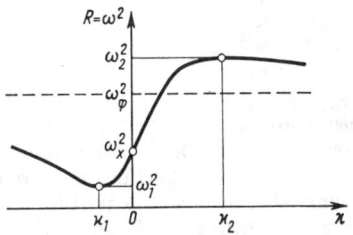

deren Auflösung nach entsprechender Umformung genau wieder die früheren Werte $\varkappa_1$ und $\varkappa_2$ von Gl. (6.11) ergibt. Geht man aber damit in Gl. (6.23) ein, so folgt entsprechend

$$R\left(\varkappa_1\right) = \omega_1^2\,; \qquad R\left(\varkappa_2\right) = \omega_2^2.$$

Fig. 186. Rayleigh-Quotient R als Funktion des Amplitudenverhältnisses $\varkappa$

Es muß freilich zugegeben werden, daß die praktische Ausrechnung der Eigenfrequenzen als Extremwerte des Rayleigh-Quotienten etwa den gleichen rechnerischen Aufwand erfordert, wie die unmittelbare Ausrechnung durch Lösen der charakteristischen Gleichung. Der Vorteil des Rayleigh-Verfahrens besteht aber darin, daß der Quotient R in der Umgebung der Eigenfrequenz ziemlich unempfindlich gegenüber Änderungen von $\varkappa$ ist. Wenn man daher mit roh geschätzten Werten für $\varkappa$ direkt in Gl. (6.23) eingeht, bekommt man meist schon erstaunlich gute Näherungswerte für die Eigenfrequenzen. Durch einen Iterationsprozeß lassen sich diese Werte dann noch verbessern. Der Wert dieses Verfahrens zur Abschätzung der Eigenfrequenzen wird erst bei Systemen höherer Ordnung augenfällig, wenn die charakteristische Gleichung nicht mehr explizit aufgelöst werden kann.

6.14 Das Schwerependel mit elastischem Faden.

Am speziellen Beispiel eines Schwerependels mit elastischem Faden (Fig. 187) soll nun gezeigt werden, daß sich Koppelschwingungen nicht immer durch eine Überlagerung einfacher Hauptschwingungen erklären lassen, daß vielmehr erheblich kompliziertere Erscheinungen auftreten können.

Wenn der Faden (die Schraubenfeder) des Pendels als masselos betrachtet wird und die ungespannte Länge L_0 besitzt, dann hat man:

$$E_k = \frac{1}{2}\,m\,(L^2\dot{\varphi}^2 + \dot{L}^2),$$

$$E_p = \frac{1}{2}\,c(L - L_0)^2 + mgh.$$

(6.24)

Mit $h = L_0(1 - \cos\varphi) - (L - L_0)\cos\varphi = L_0 - L\cos\varphi$ findet man aus (6.24) nach der Lagrangeschen Vorschrift die Bewegungsgleichungen:

$$m\ddot{L} - mL\dot{\varphi}^2 - mg\cos\varphi + c(L - L_0) = 0,$$

$$L\ddot{\varphi} + 2\dot{L}\dot{\varphi} + g\sin\varphi = 0. \tag{6.25}$$

Es ist nun zweckmäßig, die neue Variable x und die folgenden Abkürzungen einzuführen:

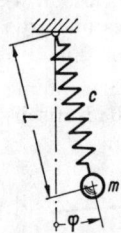

$$x = L - L_0 - \frac{mg}{c}\;; \qquad L_s = L_0 + \frac{mg}{c},$$

$$\omega_x^2 = \frac{c}{m}\;; \qquad \omega_\varphi^2 = \frac{g}{L_s}.$$

Damit gehen die Gleichungen (6.25) über in:

$$\ddot{x} + \omega_x^2 x = (L_s + x)\dot{\varphi}^2 - g(1 - \cos\varphi),$$

$$\ddot{\varphi} + \omega_\varphi^2 \sin\varphi = -\frac{1}{L_s}x\ddot{\varphi} - \frac{2}{L_s}\dot{x}\dot{\varphi}. \tag{6.26}$$

Fig. 187. Pendel mit elastischem Faden

Das ist ein nichtlineares gekoppeltes System von Differentialgleichungen, deren allgemeine Lösung nicht bekannt ist. Man kann aber leicht eine partikuläre Lösung finden, für die $\varphi = \varphi^* = 0$ ist. Das Pendel schwingt in diesem Fall nur vertikal. Es gilt:

$$x = x^* = X\cos(\omega_x t - \psi), \qquad \varphi = \varphi^* = 0. \tag{6.27}$$

Man kann diese einperiodische Bewegung als eine Hauptschwingung auffassen. Eine zugehörige zweite Hauptschwingung findet man jedoch nur, wenn $\varphi \ll 1$ vorausgesetzt wird und dementsprechend alle Glieder von zweiter und höherer Ordnung in den beiden Variablen x und φ vernachlässigt werden. Dann sind im vorliegenden Fall x und φ selbst schon Hauptkoordinaten, denn die Bewegungsgleichungen reduzieren sich auf die entkoppelten linken Seiten von (6.26). Obwohl also für $\varphi \ll 1$ formal eine völlige Entkopplung der Differentialgleichungen stattfindet, ist dennoch eine gegenseitige Beeinflussung der beiden Schwingungen – also eine Kopplung – möglich. Sie entsteht im vorliegenden Fall durch Instabilwerden der in Gl. (6.27) ausgedrückten Grundschwingung.

Um diese Zusammenhänge zu erklären, müssen die Nachbarbewegungen zur Grundschwingung (6.27) betrachtet werden. Wir setzen also

$$x = x^* + \tilde{x}; \qquad \varphi = \varphi^* + \tilde{\varphi},$$

wobei die durch eine Schlange gekennzeichneten Abweichungen vom Grundzustand als so klein vorausgesetzt werden, daß bezüglich dieser Größen linearisiert werden kann. Dadurch gewinnt man aus Gl. (6.26) die neuen Bewegungsgleichungen für die Koordinaten der Nachbarbewegung:

$$\ddot{\tilde{x}} + \omega_x^2\tilde{x} = 0,$$

$$\ddot{\tilde{\varphi}}\left(1 + \frac{x^*}{L_s}\right) + \frac{2\dot{x}^*}{L_s}\dot{\tilde{\varphi}} + \omega_\varphi^2\tilde{\varphi} = 0. \tag{6.28}$$

Obwohl diese Gleichungen bezüglich der Abweichungen $\tilde{x}$ und $\tilde{\varphi}$ entkoppelt sind, ist dennoch die Bewegung in der $\tilde{\varphi}$-Koordinate von der Grundbewegung x^* nach Gl. (6.27) abhängig. Die $\tilde{\varphi}$-Gleichung hat daher periodische Koeffizienten und muß nach den Verfahren behandelt werden, wie sie im Kapitel 4 bei der Berechnung von parametererregten Schwingungen besprochen wurden. Die $\tilde{\varphi}$-Gleichung von (6.28) ist genau vom Typ der Gl. (4.31) mit:

$$p_1(t) = -\frac{2X\omega_x \sin(\omega_x t - \psi)}{L_8 + X \cos(\omega_x t - \psi)} \; ; \qquad p_2(t) = \frac{L_8 \omega_\varphi^2}{L_8 + X \cos(\omega_x t - \psi)} \, .$$

Beide Koeffizienten haben die gleiche Kreisfrequenz ω_x, so daß die früher beschriebene Transformation mit dem Ansatz (4.32) zu einer Hillschen Differentialgleichung vom Typ (4.33) führt, wobei der einzige dann noch vorkommende Koeffizient $P(t)$ periodisch mit der Frequenz ω_x ist.

Aus der Theorie der Hillschen Gleichung, die für den Sonderfall der Mathieuschen Gleichung früher betrachtet wurde, ist bekannt, daß instabile Lösungsbereiche auftreten können, wenn zwischen der Eigenfrequenz des Schwingers und der Frequenz des Koeffizienten bestimmte ganzzahlige Verhältnisse bestehen. Im vorliegenden Fall sind instabile Lösungen in der Umgebung der Frequenzen

$$\omega_x = \frac{2\omega_\varphi}{n} \qquad (n = 1, 2, 3, \ldots) \tag{6.29}$$

möglich. Man könnte die für eine Mathieusche Gleichung ausgerechnete Stabilitätskarte von Fig. 128 näherungsweise übertragen und müßte dann als Abszisse

$$\lambda = \left(\frac{\omega_\varphi}{\omega_x}\right)^2$$

einsetzen.

Man erkennt daraus, daß der für $n = 1$, also $\omega_x \approx 2\omega_\varphi$ auftretende Bereich am gefährlichsten ist, da er die größte Breite besitzt. Die Breite des instabilen Bereiches wächst im vorliegenden Fall um so mehr an, je größer die Amplitude X der Grundschwingung wird.

Wir erkennen aus diesen Betrachtungen, daß von der stets möglichen Grundschwingung (6.27), bei der die Pendelmasse vertikal schwingt, bei bestimmten Verhältnissen der Eigenfrequenzen eine Schwingung in der Koordinate φ aufgeschaukelt werden kann. Wegen der Gültigkeit des Energiesatzes ist das natürlich nur auf Kosten der Amplitude der Grundschwingung möglich. Es wandert also bei dem Schwingungsvorgang Energie aus der x-Schwingung in die φ-Schwingung und – wie Versuche zeigen – auch wieder zurück. Das äußere Bild der Erscheinungen ist daher den üblichen Koppelschwingungen sehr ähnlich. Jedoch liegt hier ein völlig anderer Entstehungsmechanismus zugrunde. Während man normale Kopplungserscheinungen der früher behandelten Art nach der Methode der kleinen Schwingungen, also durch eine Linearisierung der Bewegungsgleichungen, untersuchen kann, lassen sich die hier beschriebenen Erscheinungen grundsätzlich nicht erfassen, wenn man mit linearisierten Gleichungen arbeitet. Auf diese wichtigen Zusammenhänge hat Mettler (Ing. Arch. XXVIII, 1959, 213–228) hingewiesen.

6.15 Erzwungene Schwingungen eines Koppelschwingers. Als Beispiel für erzwungene Schwingungen eines Koppelschwingers wollen wir das in Fig. 188 dargestellte System betrachten. Die äußere Einwirkung soll durch periodisches Auf- und Abbewegen des Aufhängepunktes zustandekommen, wobei wir für die Eingangsgröße ein harmonisches Zeitgesetz

$$x_e = X_e \cos \Omega t \qquad (6.30)$$

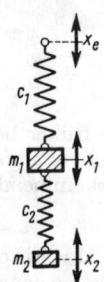

annehmen wollen. Wenn dämpfende Bewegungswiderstände vernachlässigt werden, dann lassen sich die Bewegungsgleichungen unmittelbar aus dem Newtonschen Grundgesetz gewinnen:

$$m_1 \ddot{x}_1 = \sum K_1 = -c_1(x_1 - x_e) - c_2(x_1 - x_2),$$

$$m_2 \ddot{x}_2 = \sum K_2 = -c_2(x_2 - x_1).$$

Mit den Abkürzungen:

Fig. 188. Doppel-Federpendel mit bewegtem Aufhängepunkt

$$\frac{c_1 + c_2}{m_1} = \omega_1^2 ; \qquad \frac{c_2}{m_2} = \omega_2^2 ; \qquad \frac{m_2}{m_1} = \mu ; \qquad \frac{c_1}{m_1} = \omega_{10}^2$$

bekommt man daraus die Bewegungsgleichungen:

$$\ddot{x}_1 + \omega_1^2 x_1 - \mu \omega_2^2 x_2 = \omega_{10}^2 X_e \cos \Omega t,$$

$$\ddot{x}_2 + \omega_2^2 x_2 - \omega_2^2 x_1 = 0. \qquad (6.31)$$

Wie schon bei den erzwungenen Schwingungen mit einem Freiheitsgrad wird man auch hier Lösungen erwarten, die die Periode der Erregung besitzen. Wir suchen sie mit dem Ansatz:

$$x_1 = X_1 \cos \Omega t,$$

$$x_2 = X_2 \cos \Omega t. \qquad (6.32)$$

Nach Einsetzen von (6.32) in die Differentialgleichungen (6.31) wird man in üblicher Weise auf ein System von zwei Gleichungen für die beiden Amplitudenfaktoren geführt. Seine Lösung ist:

$$X_1 = \frac{\omega_{10}^2 \left(\omega_2^2 - \Omega^2\right) X_e}{\left(\omega_1^2 - \Omega^2\right) \left(\omega_2^2 - \Omega^2\right) - \mu \omega_2^4},$$

$$X_2 = \frac{\omega_{10}^2 \omega_2^2 X_e}{\left(\omega_1^2 - \Omega^2\right) \left(\omega_2^2 - \Omega^2\right) - \mu \omega_2^4}. \qquad (6.33)$$

Eine Vorstellung von dem Verlauf dieser Amplitudenfunktionen bekommt man durch Untersuchen der Unendlichkeitsstellen (Nullstellen des Nenners) und der Nullstellen (des Zählers). Der Nenner verschwindet für:

$$\left.\begin{array}{c} \Omega_1^2 \\ \Omega_2^2 \end{array}\right\} = \frac{1}{2}\left(\omega_1^2 + \omega_2^2\right) \mp \sqrt{\frac{1}{4}\left(\omega_1^2 - \omega_2^2\right)^2 + \mu \omega_2^4}. \qquad (6.34)$$

Das sind gerade wieder die Eigenfrequenzen, also die Frequenzen der freien Schwingungen des Systems. Man kann auch hier wieder feststellen, daß die Frequenzen ω_1 und ω_2 stets zwischen den Eigenfrequenzen Ω_1 und Ω_2 liegen. Folglich liegt die einzige vorhandene Nullstelle von X_1 zwischen den für beide Amplitudenfaktoren gültigen Unendlichkeitsstellen. Der Verlauf der Resonanzfunktionen (6.33) mit Ω^2 ist aus Fig. 189 zu ersehen. Beide Kurven beginnen mit $\Omega = 0$ bei $X = X_e$; sie haben Unendlichkeitsstellen bei $\Omega = \Omega_1$ und $\Omega = \Omega_2$ und gehen gegen Null für $\Omega \to \infty$. Während X_2 für alle Werte von Ω von Null verschieden ist, hat X_1 eine Nullstelle bei $\Omega = \omega_2$.

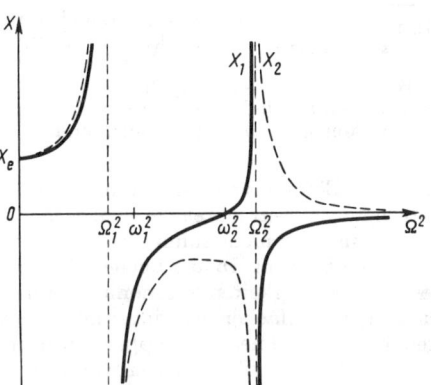

Diese Tatsache ist bemerkenswert; sie zeigt, daß die erste Masse, an der die erregende Kraft primär angreift, in vollkommener Ruhe verharren kann, wenn die Erregerfrequenz einen ganz bestimmten Wert besitzt. Man nützt diesen Effekt zur Konstruktion von Schwingungstilgern aus. Wenn schwingende Konstruktionsteile, zum Beispiel Maschinenfundamente, durch eine Erregung mit konstanter Frequenz angeregt werden, dann können die Schwingungen dadurch vollkommen getilgt werden, daß ein geeignet abgestimmter zweiter Schwinger an den ersten angekoppelt wird – so wie es Fig. 188 im Prinzip zeigt. Diese Tatsache läßt sich wie folgt erklären: Bei richtiger Abstimmung schwingt die zweite Masse in Gegenphase mit der Erregung gerade mit einer solchen Amplitude, daß

Fig. 189. Resonanzfunktionen des ungedämpften Doppelpendels von Fig. 188

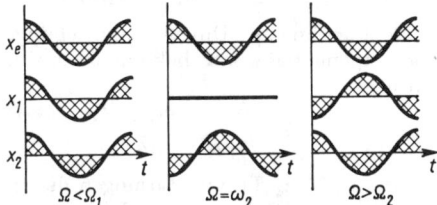

Fig. 190. Phasenlagen erzwungener Koppelschwingungen in verschiedenen Frequenzbereichen

die von der zweiten Feder auf den ersten Schwinger ausgeübte Kraft der über die erste Feder wirkenden Erregerkraft das Gleichgewicht hält. Dazu ist – wie man aus Gl. (6.33) sieht – eine Amplitude der zweiten Masse von der Größe

$$X_2 = -\frac{\omega_{10}^2 X_e}{\mu \omega_2^2} = -\frac{c_1}{c_2} X_e$$

notwendig.

Die Phasenlagen der Schwingungen in den verschiedenen Frequenzbereichen kann man sich leicht an Hand der Vorzeichen der Amplitudenfunktionen klarmachen. Für 3 Fälle sind diese Verhältnisse in Fig. 190 schematisch dargestellt worden. Bei kleinen Erregerfrequenzen ($\Omega < \Omega_1$) schwingen beide Massen mit der Erregung gleichsinnig; an den Resonanzstellen sowie bei der Nullstelle findet jeweils ein Phasensprung statt; schließlich erfolgen die Schwingungen für hinreichend große Frequenzen ($\Omega > \Omega_2$) wechselseitig gegensinnig zueinander.

Es mag erwähnt werden, daß die Konstruktion von Schwingungstilgern nach dem genannten Prinzip natürlich nur sinnvoll ist, wenn die Erregerfrequenz konstant bleibt. Das ist bei vielen Maschinenanlagen der Fall. Sind die Erregerfrequenzen veränderlich, dann müssen gedämpfte Zusatzschwinger angekoppelt werden, weil sich damit ein geeigneterer Verlauf für die Amplitudenfunktionen erreichen läßt. Wir können jedoch auf diese Dinge hier nicht näher eingehen.

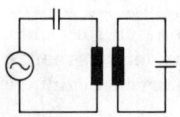

Fig. 191.
Elektrischer Saugkreis

In der Funktechnik verwendet man das beschriebene Prinzip zur Konstruktion von Saugkreisen nach Fig. 191. Durch Ankoppeln eines zweiten Schwingkreises an einen durch äußere Erregungen (z. B. Funkwellen) beeinflußten ersten Schwingkreis kann bei geeigneter Abstimmung erreicht werden, daß eine ganz bestimmte Frequenz im ersten Kreis nicht zur Auswirkung kommt, also herausgesaugt wird.

6.16 Der Einfluß von Dämpfungen. Bisher sind nur ungedämpfte Koppelschwingungen betrachtet worden. Den Einfluß von Dämpfungsgliedern wollen wir nun in einer mehr summarischen Betrachtung untersuchen, ohne dabei von konkreten Schwingern auszugehen. Die Dämpfungskräfte sollen proportional zu den Geschwindigkeiten angenommen werden, wie dies auch schon bei der Untersuchung der einfachen Schwinger mit einem Freiheitsgrad geschah. Im allgemeinsten Fall eines linearen Koppelschwingers mit zwei Freiheitsgraden hat man dann das folgende System von Bewegungsgleichungen zu untersuchen:

$$a_{11}\ddot{x}_1 + b_{11}\dot{x}_1 + c_{11}x_1 + a_{12}\ddot{x}_2 + b_{12}\dot{x}_2 + c_{12}x_2 = 0,$$
$$a_{21}\ddot{x}_1 + b_{21}\dot{x}_1 + c_{21}x_1 + a_{22}\ddot{x}_2 + b_{22}\dot{x}_2 + c_{22}x_2 = 0. \tag{6.35}$$

Mit dem bei linearen Differentialgleichungen mit konstanten Koeffizienten üblichen Exponentialansatz bekommt man dann eine charakteristische Gleichung 4. Grades:

$$\begin{vmatrix} a_{11}\lambda^2 + b_{11}\lambda + c_{11} & a_{12}\lambda^2 + b_{12}\lambda + c_{12} \\ a_{21}\lambda^2 + b_{21}\lambda + c_{21} & a_{22}\lambda^2 + b_{22}\lambda + c_{22} \end{vmatrix} = 0. \tag{6.36}$$

Sind $\lambda_1, \lambda_2, \lambda_3, \lambda_4$ die vier Lösungen dieser Gleichung, dann läßt sich die allgemeine Lösung der Bewegungsgleichung in die Form bringen:

$$x_1 = X_{11}e^{\lambda_1 t} + X_{12}e^{\lambda_2 t} + X_{13}e^{\lambda_3 t} + X_{14}e^{\lambda_4 t},$$
$$x_2 = X_{21}e^{\lambda_1 t} + X_{22}e^{\lambda_2 t} + X_{23}e^{\lambda_3 t} + X_{24}e^{\lambda_4 t}. \tag{6.37}$$

Wiederum sind die Amplitudenfaktoren der einzelnen Teilbewegungen in den beiden Koordinaten nicht voneinander unabhängig, sondern durch die Beziehung

$$\varkappa_j = \frac{X_{2j}}{X_{1j}} = - \frac{a_{11}\,\lambda_j^2 + b_{11}\,\lambda_j + c_{11}}{a_{12}\,\lambda_j^2 + b_{12}\,\lambda_j + c_{12}} = - \frac{a_{21}\,\lambda_j^2 + b_{21}\,\lambda_j + c_{21}}{a_{22}\,\lambda_j^2 + b_{22}\,\lambda_j + c_{22}} \tag{6.38}$$
$$(j = 1, 2, 3, 4)$$

verknüpft. Somit bleiben in der Lösung (6.37) gerade noch vier Konstanten übrig, die aus den jeweiligen Anfangsbedingungen zu bestimmen sind.

Je nach der Größe der Dämpfungsbeiwerte b_{ij} können die Wurzeln der charakteristischen Gleichung (6.36) reell oder komplex sein. Es können auch zwei reelle und zwei konjugiert komplexe Wurzeln auftreten. Wir wollen hier nur auf den vorwiegend interessierenden Fall komplexer Wurzeln eingehen, die dann paarweise konjugiert komplex sein müssen. Dann kann mit den reellen Größen μ und ω geschrieben werden:

$$\left.\begin{array}{c} \lambda_1 \\ \lambda_2 \end{array}\right\} = -\mu_1 \pm i\omega_1 \qquad \left.\begin{array}{c} \lambda_3 \\ \lambda_4 \end{array}\right\} = -\mu_2 \pm i\omega_2. \tag{6.39}$$

Je zwei der Lösungsglieder von Gl. (6.37) lassen sich nun zu einem Schwingungsglied zusammenfassen – genau so, wie dies bei den Schwingungen mit einem Freiheitsgrad schon gezeigt worden ist. Dann hat man die Lösung:

$$x_1 = C_{11}e^{-\mu_1 t}\cos(\omega_1 t - \varphi_{11}) + C_{12}e^{-\mu_2 t}\cos(\omega_2 t - \varphi_{12})$$

$$x_2 = C_{21}e^{-\mu_1 t}\cos(\omega_1 t - \varphi_{21}) + C_{22}e^{-\mu_2 t}\cos(\omega_2 t - \varphi_{22}), \tag{6.40}$$

mit

$$C_{11} = \sqrt{X_{11}^2 + X_{12}^2}; \qquad\qquad C_{12} = \sqrt{X_{13}^2 + X_{14}^2};$$

$$C_{21} = \sqrt{\varkappa_1^2 X_{11}^2 + \varkappa_2^2 X_{12}^2}; \qquad C_{22} = \sqrt{\varkappa_3^2 X_{13}^2 + \varkappa_4^2 X_{14}^2};$$

$$\tan\varphi_{11} = \frac{X_{12}}{X_{11}}; \qquad\qquad \tan\varphi_{12} = \frac{X_{14}}{X_{13}};$$

$$\tan\varphi_{21} = \frac{\varkappa_2 X_{12}}{\varkappa_1 X_{11}}; \qquad\qquad \tan\varphi_{22} = \frac{\varkappa_4 X_{14}}{\varkappa_3 X_{13}}.$$

Die allgemeine Lösung entsteht also durch eine Überlagerung von zwei gedämpften Schwingungen. Auch in diesem Falle könnte man das System (6.40) nach den gedämpften Teilschwingungen auflösen, um auf diese Weise zu Hauptschwingungen oder Hauptkoordinaten zu gelangen. Die Verhältnisse sind aber jetzt sehr viel komplizierter als im ungedämpften Fall, da auch die Amplitudenverhältnisse (6.38) komplex werden. Eine Transformation auf Hauptkoordinaten würde daher mit komplexen Linearfaktoren arbeiten müssen; sie wird deshalb undurchsichtig und hat keinerlei praktische Bedeutung erlangt, zumal sich die Hauptkoordinaten dann nicht mehr anschaulich deuten lassen.

Bei erzwungenen Schwingungen wirkt sich der Einfluß von Dämpfungen u. a. darin aus, daß die Unendlichkeitsstellen in den Resonanzkurven durch endliche Extremwerte ersetzt werden. Zugleich aber verschwindet auch die in Fig. 189 vorhandene Nullstelle in der Resonanzfunktion der ersten Masse.

6.2 Schwinger mit beliebig vielen Freiheitsgraden

Im folgenden sollen ganz allgemein Schwinger mit beliebig vielen Freiheitsgraden betrachtet werden. Zur eindeutigen Beschreibung der Bewegung derartiger Systeme sind dann so viele Koordinaten x_p ($p = 1, \ldots, n$) notwendig, wie Freiheitsgrade vorhanden sind. Bei den im Prinzip nicht schwierigen, aber wegen der zahlreichen Freiheitsgrade recht umständlichen Berechnungen wollen wir uns einer Bezeichnungsweise bedienen, wie sie in der Tensorrechnung üblich ist. Sie soll uns hier als eine sehr zweckmäßige Kurzschrift dienen. Die verschiedenen Koordinaten x_p sollen durch Indizes charakterisiert werden; man kann sie auch als Komponenten eines Vektors x auffassen. Entsprechend werden

die in die Bewegungsgleichungen eingehenden Koeffizienten durch Doppel-
indizes, z. B. a_{pq}, gekennzeichnet; die Koeffizienten bilden im allgemeinen quadratische Matrizen, und beide Indizes können unabhängig voneinander ihren
Wertebereich durchlaufen. In Sonderfällen – z. B. bei der Bildung von Unter-
determinanten oder bei Ableitungen – werden weitere Indizes herangezogen.

Weiterhin wollen wir die bekannte Einsteinsche Summationsvorschrift über-
nehmen, nach der bei Produktausdrücken stets über alle Indizes zu summie-
ren ist, die mindestens zweimal vorkommen. Wir wollen diese Vorschrift dahin-
gehend erweitern, daß wir sie auch auf Produkte anwenden, die selbst noch
Funktionen enthalten. Für Summen oder Differenzen soll jedoch die Summationsvorschrift nicht gelten. Wenn über einen mehrfach vorkommenden Index aus-
nahmsweise einmal nicht summiert werden darf, so wird er in runde Klammern
gesetzt; die in Klammern stehenden Indizes werden also bei Anwendung der
Summationsvorschrift nicht mitgezählt.

Zur Veranschaulichung dieser Bezeichnungsweise seien einige Ausdrücke angegeben:

$$x_p y_p = \sum_{p=1}^{n} x_p y_p = z,$$

$$a_{pq} x_q = \sum_{q=1}^{n} a_{pq} x_q = y_p,$$

$$a_{pq} x_p x_q = \sum_{p=1}^{n} \sum_{q=1}^{n} a_{pq} x_p x_q = Q,$$

$$A_p \cos \alpha_p = \sum_{p=1}^{n} A_p \cos \alpha_p,$$

$$x_{pq} y_{(pq)} = z_{pq}; \qquad x_{pq} y_{p(q)} = z_q; \qquad x_{pq} y_{pq} = z.$$

6.21 Die Bewegungsgleichungen linearer ungedämpfter Schwinger und ihre Lösung.

Wir wollen konservative, also ungedämpfte Schwinger betrachten und
werden zur Aufstellung der Bewegungsgleichungen wieder den Lagrangeschen
Formalismus heranziehen. Aus

$$\frac{d}{dt}\left(\frac{\partial E_k}{\partial \dot{x}_p}\right) - \frac{\partial E_k}{\partial x_p} + \frac{\partial E_{\text{pot}}}{\partial x_p} = 0, \qquad (p = 1, 2, \ldots, n) \qquad (6.41)$$

wird für jeden Wert von p eine der Bewegungsgleichungen erhalten. Zur Aufstellung der Energieausdrücke beachten wir zunächst, daß die potentielle
Energie E_{pot} ganz allgemein eine Funktion der verwendeten Systemkoordinaten
ist. Wir können diese Funktion für einen bestimmten Zustandspunkt in eine
Taylor-Reihe entwickeln:

$$E_{\text{pot}} = (E_{\text{pot}})_0 + \left(\frac{\partial E_{\text{pot}}}{\partial x_p}\right)_0 x_p + \frac{1}{2}\left(\frac{\partial^2 E_{\text{pot}}}{\partial x_p \partial x_q}\right)_0 x_p x_q + \cdots \qquad (6.42)$$
$$(p, q = 1, 2, \ldots, n).$$

Durch geeignete Wahl des Energienullpunktes kann das erste Glied der rechten Seite beseitigt werden. Aber auch das zweite Glied verschwindet, wenn die Zerlegung für einen solchen Zustandspunkt vorgenommen wird, der einer Gleichgewichtslage entspricht. In konservativen Systemen sind nämlich die Gleichgewichtslagen durch Extremwerte der potentiellen Energie gekennzeichnet – für diese aber verschwinden die ersten Ableitungen. Ist die Gleichgewichtslage stabil, dann hat die potentielle Energie dort ein Minimum, folglich muß das dritte Glied in diesem Fall eine positiv definite quadratische Funktion der Systemkoordinaten sein. Wir werden weiterhin k l e i n e S c h w i n g u n g e n um die Gleichgewichtslage betrachten und können dann die höheren Glieder der Reihenentwicklung vernachlässigen. Das entspricht vollkommen der bei der Methode der kleinen Schwingungen üblichen Linearisierung der Bewegungsgleichungen. Mit der Abkürzung

$$\left(\frac{\partial^2 E_{\text{pot}}}{\partial x_p \partial x_q} \right) = c_{pq} = c_{qp}$$

geht dann der Ausdruck für die potentielle Energie in die quadratische Form

$$2 E_{\text{pot}} = c_{pq} x_p x_q \tag{6.43}$$

über. Für ein System mit nur einem Freiheitsgrad wird daraus einfach

$$2 E_{\text{pot}} = c_{11} x_1^2.$$

Handelt es sich um die potentielle Energie einer gespannten Feder, dann ist c_{11} gleich dem doppelten Wert der Federkonstanten (sofern x_1 die Zusammendrückung der Feder bedeutet).

Wenn x Ortskoordinaten sind, dann läßt sich die kinetische Energie E_k eines beliebigen mechanischen Systems durch

$$E_k = \frac{1}{2} \int \dot{x}^2 \, dm$$

ausdrücken, wobei das Integral über alle zum System gehörenden Massen zu erstrecken ist. Definitionsgemäß ist dieser Ausdruck stets positiv. Für das Folgende brauchen wir einige Ergebnisse der analytischen Mechanik, die wir hier ohne Beweis anführen wollen: Für Systeme starrer Körper, wie sie in der Schwingungstechnik interessieren, läßt sich das Integral in E_k ausrechnen und erheblich vereinfachen. Es ist zweckmäßig, v e r a l l g e m e i n e r t e K o o r d i n a t e n einzuführen, bei denen dann x z. B. auch ein Winkel sein kann. Dann geht E_k in eine positiv definite quadratische Form

$$2 E_k = a_{pq} \dot{x}_p \dot{x}_q \tag{6.44}$$

über, deren Koeffizientenmatrix symmetrisch ist: $a_{pq} = a_{qp}$. Bei mechanischen Schwingern sind die a Maßzahlen für Massen oder Trägheitsmomente.

Die Anwendung der Lagrangeschen Gleichungen (6.41) führt nun mit den Energieausdrücken (6.43) und (6.44) zu den Bewegungsgleichungen:

$$a_{pq} \ddot{x}_q + c_{pq} x_q = 0. \tag{6.45}$$

Mit dem Ansatz $x_q = X_q e^{\lambda t}$ bekommt man daraus die Bedingungen

$$(a_{pq} \lambda^2 + c_{pq}) X_q e^{\lambda t} = 0, \qquad (6.46)$$

die nur dann eine eindeutige Lösung für die Amplituden X_q ergeben, wenn die Determinante des Systems verschwindet:

$$| a_{pq} \lambda^2 + c_{pq} | = 0. \qquad (6.47)$$

Die Ausrechnung dieser Determinante führt auf eine algebraische Gleichung n-ten Grades in λ^2, deren Wurzeln sämtlich negativ reell sind. Man erkennt das unmittelbar aus Gl. (6.46), die für unsere Zwecke auch in der Form

$$a_{pq} X_q \lambda^2 + c_{pq} X_q = 0$$

geschrieben werden kann. Multipliziert man diese Gleichung mit X_p, so folgt:

$$a_{pq} X_p X_q \lambda^2 + c_{pq} X_p X_q = 0$$

oder

$$\lambda^2 = - \frac{c_{pq} X_p X_q}{a_{pq} X_p X_q}.$$

Werden nun Schwingungen um eine stabile Gleichgewichtslage betrachtet, dann sind Zähler und Nenner dieses Quotienten wegen (6.43) und (6.44) positiv definite quadratische Funktionen, so daß $\lambda^2 < 0$ wird. Man kann nun $\lambda_p^2 = - \omega_p^2$ mit den reellen Werten ω_p ansetzen. Jeder Wurzel für λ^2 entsprechen zwei Wurzeln für λ, die sich nur durch ihr Vorzeichen unterscheiden:

$$\lambda_{p1} = + i\omega_p; \qquad \lambda_{p2} = - i\omega_p.$$

Wenn ausgeartete Fälle, bei denen Mehrfachwurzeln auftreten, ausgeschlossen werden, dann kann man die allgemeine Lösung der Bewegungsgleichungen jetzt in der Form

$$x_q = X_{pq1} e^{i\omega_p t} + X_{pq2} e^{-i\omega_p t} \qquad (6.48)$$

schreiben. Darin sind $2n^2$ Konstanten enthalten, die wir zunächst durch gleichviele andere Konstanten ersetzen wollen, indem wir

$$X_{pq1} = \frac{1}{2} X_{(pq)} e^{-i\varphi_{pq}}; \qquad X_{pq2} = \frac{1}{2} X_{(pq)} e^{+i\varphi_{pq}}$$

einführen. Damit geht Gl. (6.48) in die einfache Form

$$x_q = X_{p(q)} \cos(\omega_p t - \varphi_{pq}) \qquad (6.49)$$

über. Zwischen den $2n^2$ Konstanten X_{pq} und φ_{pq} bestehen noch weitere Beziehungen, die wir erhalten, wenn wir eine Teillösung – z. B. die durch den Index r gekennzeichnete:

$$x_{qr} = X_{(qr)} \cos(\omega_r t - \varphi_{qr})$$

in das System der Ausgangsgleichungen (6.45) einsetzen. Dann folgt:

$$(c_{pq} - \omega_r^2 a_{pq}) X_{q(r)} \cos\varphi_{q(r)} \cos\omega_{(r)} t + (c_{pq} - \omega_r^2 a_{pq}) X_{q(r)} \sin\varphi_{q(r)} \sin\omega_{(r)} t = 0. \qquad (6.50)$$

Da dies für beliebige Zeiten gelten muß, folgen daraus die beiden folgenden Systeme von Bestimmungsgleichungen für die jetzt als Unbekannte aufzufassenden Konstanten $X \cos \varphi$ und $X \sin \varphi$:

$$(c_{pq} - \omega_r^2 a_{pq}) X_{q(r)} \cos \varphi_{q(r)} = 0,$$
$$(c_{pq} - \omega_r^2 a_{pq}) X_{q(r)} \sin \varphi_{q(r)} = 0.$$

(6.51)

Da diese zwei Systeme von je n Gleichungen homogen sind, lassen sich aus ihnen die gesuchten Größen selbst nicht ermitteln, wohl aber ihre Verhältnisse. Wir führen daher ein:

$$\varkappa_{qr} = \frac{X_{(qr)} \cos \varphi_{qr}}{X_{(1r)} \cos \varphi_{1r}}; \qquad \varkappa_{qr}^* = \frac{X_{(qr)} \sin \varphi_{qr}}{X_{(1r)} \sin \varphi_{1r}}.$$

(6.52)

Aus der Tatsache, daß die aus Gl. (6.51) folgenden Bestimmungsgleichungen für die $\varkappa_{qr}$ identisch mit denen für die $\varkappa_{qr}^*$ sind, folgt:

$$\varkappa_{qr} = \varkappa_{qr}^* = \frac{X_{qr}}{X_{1(r)}}; \qquad \varphi_{qr} = \varphi_{1r} = \varphi_r, \qquad X_{qr} = \varkappa_{qr} X_{1(r)} = \varkappa_{qr} X_{(r)}.$$

(6.53)

Damit geht (6.49) über in:

$$x_q = \varkappa_{pq} X_p \cos (\omega_p t - \varphi_p).$$

(6.54)

In dieser allgemeinen Lösung sind nur noch $2n$ Konstanten enthalten, die gerade ausreichen, die Anfangsbedingungen zu befriedigen. Die allgemeine Lösung setzt sich nach Gl. (6.54) aus n ungedämpften Teilschwingungen zusammen, die im allgemeinen in jeder der Koordinaten auftauchen und sich dort ohne gegenseitige Beeinflussung überlagern. Die einzelnen Teilschwingungen sind in den verschiedenen Koordinaten entweder gleichphasig ($\varkappa > 0$) oder gegenphasig ($\varkappa < 0$). Andere Phasenverschiebungen sind im ungedämpften Fall nicht möglich. Ist die Amplitude einer Teilschwingung für irgendeine der Koordinaten gegeben, dann liegt sie auch für alle anderen Koordinaten fest. Die Matrix der $\varkappa_{pq}$ bestimmt vollständig die Amplitudenverteilung der Teilschwingungen in den Koordinaten. Man nennt daher die $\varkappa_{pq}$ auch Verteilungsfaktoren.

6.22 Hauptkoordinaten und Hauptschwingungen.
In der allgemeinen Lösung (6.54) kann jede der Teilschwingungen als eine neue Koordinate eingeführt werden:

$$\xi_p = X_{(p)} \cos (\omega_p t - \varphi_p),$$

(6.55)

womit (6.54) in die Gestalt

$$x_q = \varkappa_{pq} \xi_p$$

(6.56)

übergeht. Die ξ_p können nun als Hauptkoordinaten aufgefaßt werden. Definitionsgemäß kann jede der Hauptkoordinaten nur eine harmonische Schwingung mit einer der Eigenfrequenzen des Systems ausführen, so daß sich die Bewegung in den ursprünglichen Koordinaten x_q als Überlagerung der verschiedenen möglichen Hauptschwingungen ergibt.

Zwischen den ursprünglichen Koordinaten x_q und den Hauptkoordinaten ξ_p besteht der durch Gl. (6.56) gegebene lineare Zusammenhang. Durch Auflösen von (6.56) nach den ξ_p folgt daraus:

$$\xi_p = \varkappa_{pq}^{-1} x_q. \tag{6.57}$$

Dabei ist $\varkappa_{pq}^{-1}$ die zu $\varkappa_{pq}$ reziproke Matrix (Kehrmatrix).

Aus Gl. (6.55) sieht man, daß für jede der Hauptkoordinaten eine Differentialgleichung

$$\ddot{\xi}_p + \omega_p^2 \xi_p = 0 \tag{6.58}$$

gilt. Aus den Lagrangeschen Gleichungen können aber derartige Bewegungsgleichungen nur erhalten werden, wenn die kinetische Energie E_k und die potentielle Energie E_{pot} in den Hauptkoordinaten rein quadratisch sind, z. B.

$$2 E_k = a_{pp}^* \dot{\xi}_p \dot{\xi}_p \, ; \qquad 2 E_{\text{pot}} = c_{pp}^* \xi_p \xi_p.$$

In derselben Weise, wie es bereits bei den Schwingungen mit zwei Freiheitsgraden gezeigt wurde, kann man ganz allgemein bei linearen Schwingern die Hauptkoordinaten auch dadurch bestimmen, daß man diejenige lineare Transformation der Systemkoordinaten sucht, die die quadratischen Formen der kinetischen und der potentiellen Energie gleichzeitig in Hauptachsenform (d. h. rein quadratische Form) überführt. Diese Hauptachsentransformation wird aber gerade durch Gl. (6.56) bzw. (6.57) geleistet.

Zwischen den zu verschiedenen Hauptschwingungen gehörenden Verteilungsfaktoren $\varkappa$ besteht noch eine wichtige Beziehung, die wir nun ableiten wollen. Nach Gl. (6.51) und (6.52) genügen die zur r-ten Schwingung gehörenden $\varkappa$ den Gleichungen:

$$(c_{pq} - \omega_{(r)}^2 \, a_{pq}) \, \varkappa_{qr} = 0, \tag{6.59}$$

die man auch in die Form

$$c_{pq} \varkappa_{qr} = \omega_{(r)}^2 \, a_{pq} \varkappa_{qr} \tag{6.60}$$

bringen kann. Hieraus kann – wie wir beiläufig bemerken wollen – ein Ausdruck für die Frequenz gewonnen werden:

$$\omega_r^2 = \frac{c_{pq} \varkappa_{qr}}{a_{pq} \varkappa_{qr}}. \tag{6.61}$$

Ist die zur r-ten Schwingung gehörende Amplitudenverteilung, d. h. sind die Elemente der r-ten Spalte der $\varkappa$-Matrix bekannt, dann kann daraus nach Gl. (6.61) die Frequenz dieser Schwingung berechnet werden.

Wir wollen nun zu der für die r-te Schwingung angeschriebenen Gleichung (6.60) noch eine entsprechende Gleichung für die s-te Schwingung anschreiben – wollen aber sogleich die erste der Gleichungen mit dem Faktor $\varkappa_{ps}$, die zweite mit $\varkappa_{pr}$ multiplizieren:

$$c_{pq} \varkappa_{qr} \varkappa_{ps} = \omega_{(r)}^2 \, a_{pq} \varkappa_{qr} \varkappa_{ps},$$

$$c_{pq} \varkappa_{qs} \varkappa_{pr} = \omega_{(s)}^2 \, a_{pq} \varkappa_{qs} \varkappa_{pr}.$$

Wegen $c_{pq} = c_{qp}$ ist nun

$$c_{pq} \varkappa_{qr} \varkappa_{ps} = c_{qp} \varkappa_{qr} \varkappa_{ps} = c_{pq} \varkappa_{pr} \varkappa_{qs} = c_{pq} \varkappa_{qs} \varkappa_{pr}.$$

Folglich sind die auf den linken Seiten stehenden Ausdrücke gleich groß. Da ferner $a_{pq} = a_{qp}$ gilt, so sind auch die auf den rechten Seiten stehenden Faktoren der Frequenzen gleich groß. Durch Abziehen beider Gleichungen voneinander folgt somit:

$$\left[\omega_{(r)}^2 - \omega_{(s)}^2\right] a_{pq} \varkappa_{pr} \varkappa_{qs} = 0.$$

Da die Frequenzen voraussetzungsgemäß verschieden sein sollen, ist diese Bedingung nur erfüllt, wenn

$$a_{pq} \varkappa_{pr} \varkappa_{qs} = 0 \qquad (r \neq s) \tag{6.62}$$

gilt. Das ist die allgemeine Form der sogenannten Orthogonalitätsbeziehung, der die Amplituden-Verteilungsfaktoren genügen. In Analogie zu entsprechenden Ausdrucksweisen der Vektorrechnung sagt man, daß die „Vektoren" $\varkappa_{p(r)}$ und $\varkappa_{q(s)}$ (r und s sind dabei feste Zahlen!) orthogonal bezüglich der Matrix a_{pq} seien, die durch die Massenverteilung des schwingenden Systems bestimmt ist.

Die Orthogonalitätsbeziehung (6.62) vereinfacht sich, wenn im System keine Massenkopplungen vorhanden sind. Dann werden nämlich alle a_{pq} mit $p \neq q$ zu Null, so daß die Doppelsumme (6.32) in die einfache Summe

$$a_{pp} \varkappa_{pr} \varkappa_{ps} = 0, \qquad (r \neq s) \tag{6.63}$$

übergeht. Wegen Gl. (6.53) läßt sich diese Beziehung auch in der Form

$$\frac{a_{pp} X_{pr} X_{ps}}{X_{1r} X_{1s}} = 0 \tag{6.64}$$

schreiben.

Die Bedeutung der Orthogonalitätsbeziehung ist vor allem darin zu sehen, daß sie es erlaubt, den recht komplizierten Ausdruck für die kinetische Energie wesentlich zu vereinfachen. Von diesem Ausdruck gehen aber zahlreiche Berechnungsverfahren, z. B. für die Eigenschwingungen, aus. Setzt man in Gl. (6.44) die Lösungen (6.54) ein, so folgt:

$$2E_k = a_{pq} \omega_r \varkappa_{pr} X_r \sin(\omega_r t - \varphi_r) \, \omega_s \varkappa_{qs} X_s \sin(\omega_s t - \varphi_s). \tag{6.65}$$

Diese vierfache Summe (über die Indizes p, q, r, s) vereinfacht sich erheblich wegen Gl. (6.62) und geht in

$$2E_k = \omega_r^2 X_r^2 \sin^2(\omega_r t - \varphi_r) \, a_{pq} \varkappa_{pr} \varkappa_{qr} \tag{6.66}$$

über. Man erkennt hieraus, daß sich die gesamte kinetische Energie aus der Summe der Teilenergien zusammensetzt, die für die einzelnen Teilschwingungen (Hauptschwingungen) errechnet werden können.

Die zu einer der Teilschwingungen gehörenden Energieausdrücke lassen sich übrigens – wie das entsprechend schon früher bei zwei Freiheitsgraden gezeigt wurde – zur Bildung eines Rayleigh-Quotienten verwenden, der die Eigenfrequenzen zu bestimmen gestattet. Wir müssen dazu von der Tatsache Gebrauch machen, daß wegen der Abwesenheit von dämpfenden Einflüssen die Maximal-Beträge von kinetischer und potentieller Energie gleich sein müssen. Für die maximale kinetische Energie bekommt man aus Gl. (6.66):

$$2(E_k)_{\max} = \omega_{(r)}^2 X_{(r)}^2 a_{pq} \varkappa_{p(r)} \varkappa_{q(r)}. \tag{6.67}$$

Für die potentielle Energie bekommt man entsprechend aus Gl. (6.43) mit (6.54):

$$2(E_{\text{pot}})_{\max} = X_r^2 c_{pq} \varkappa_{p(r)} \varkappa_{q(r)}.$$
(6.68)

Durch Gleichsetzen der beiden Energieausdrücke läßt sich dann der Rayleigh-Quotient

$$R = \omega_r^2 = \frac{c_{pq}\varkappa_{p(r)}\varkappa_{qr}}{a_{pq}\varkappa_{p(r)}\varkappa_{qr}}$$
(6.69)

bilden. Faßt man darin das in den $\varkappa$ vorkommende $\omega_r = \omega$ als unabhängige Variable auf, dann wird R eine Funktion von ω. Wie schon im Falle von zwei Freiheitsgraden sind die Eigenwerte ω_r dadurch gekennzeichnet, daß sie $R(\omega)$ zu einem Extremwert machen. Auf dieser Tatsache baut das vielverwendete Rayleighsche Verfahren zur Bestimmung der Eigenfrequenzen auf.

6.23 Schwingerketten. Ein technisch wichtiger Sonderfall liegt vor, wenn Schwinger derart in Reihe geschaltet werden, daß der n-te Teilschwinger nur mit dem vorhergehenden $(n - 1)$-ten und dem nachfolgenden $(n + 1)$-ten gekoppelt ist. Ein derartiges System wird als Schwingerkette bezeichnet. Als Beispiel sei eine mehrfach mit Scheiben besetzte Turbinenwelle genannt. Die Scheiben wirken dabei als Schwingermasse, während die Federung durch die zwischen den einzelnen Scheiben liegenden Teile der Welle zustande kommt.

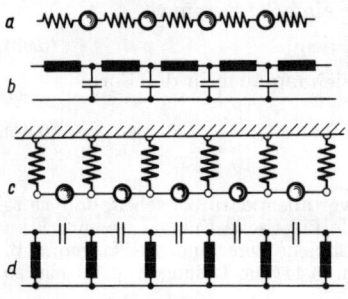

Fig. 192. Schwingerketten

Wir wollen hier nur den Sonderfall einer homogenen Schwingerkette näher betrachten, die aus gleichartigen Teilschwingern aufgebaut ist. In Fig. 192 sind einige typische Beispiele skizziert. Die Schwingerkette a) kann zugleich auch als Ersatzbild für eine gleichmäßig mit Scheiben besetzte Turbinenwelle aufgefaßt werden. Die Kopplung zwischen den Massen ist in diesem Fall reine Kraftkopplung, weil die Beeinflussung ausschließlich über die Federn erfolgt. Das elektrische Analogon dazu ist der unter b) gezeichnete Kettenleiter. Die zugehörigen Bewegungsgleichungen sind in beiden Fällen gleichartig aufgebaut. Einen etwas anderen Typ von Bewegungsgleichungen haben dagegen die unter c) und d) gezeigten Ketten. Bei dem mechanischen Schwinger erfolgt hier die Kopplung über die Massenträgheit, beim elektrischen über die Induktivität der Spulen. Nach ihrem Verhalten gegenüber periodischen Erregungen am Eingang der Ketten bezeichnet man die Typen a) und b) auch als Tiefpaßketten (Tiefpaßfilter), weil nur die unterhalb einer gewissen Grenzfrequenz liegenden Erregerfrequenzen in der Kette weitergeleitet werden. Dagegen sind in c) und d) Hochpaßketten (Hochpaßfilter) dargestellt, bei denen umgekehrt nur Schwingungen durchgelassen werden, deren Frequenz oberhalb einer Grenzfrequenz liegt.

Der Berechnung der Eigenschwingungen einer Schwingerkette legen wir das Schema von Fig. 192a zugrunde. Bei gleichartigen Massen $m_p = m$ und Federkonstanten $c_p = c$ findet man für die Bewegung der p-ten Masse die folgende Bewegungsgleichung:

$$m\ddot{x}_p = -c\,(x_p - x_{p-1}) - c\,(x_p - x_{p+1}),$$
$$m\ddot{x}_p + 2c\,x_p - c\,(x_{p-1} + x_{p+1}) = 0. \tag{6.70}$$

Wir suchen eine sicher existierende Hauptschwingung der p-ten Masse durch den Ansatz:

$$x_p = X_p \cos{(\omega t - \varphi)}.$$

Nach Einsetzen in Gl. (6.70) folgt damit

$$[(2c - \omega^2 m)X_p - c(X_{p-1} + X_{p+1})]\cos{(\omega t - \varphi)} = 0.$$

Diese Gleichung ist bei beliebigem t nur erfüllt, wenn der in eckigen Klammern stehende Ausdruck für sich verschwindet. Mit der Abkürzung

$$\frac{\omega^2 m}{c} = \left(\frac{\omega}{\omega_0}\right)^2 = \eta^2 \tag{6.71}$$

führt das zu der Forderung:

$$(2 - \eta^2)X_p - X_{p-1} - X_{p+1} = 0. \tag{6.72}$$

Mit $p = 1, 2, \ldots, n$ ergibt sich damit ein System linearer Gleichungen für die Amplituden X, das schrittweise gelöst werden kann. Da die Amplituden wieder nur bis auf einen unbestimmten Faktor ermittelt werden können, ist es zweckmäßig, die schon mehrfach verwendeten Amplitudenverhältnisse

$$\varkappa_p = \frac{X_p}{X_1}$$

einzuführen, womit Gl. (6.72) in die Form

$$\varkappa_p = (2 - \eta^2)\varkappa_{p-1} - \varkappa_{p-2} \tag{6.73}$$

überführt werden kann. Daraus lassen sich die $\varkappa_p$ nacheinander berechnen, sofern die Randbedingungen, d. h. die Bedingungen an den beiden Enden der Kette bekannt sind. Wir wollen uns hier auf den Fall beschränken, daß die Kette beidseitig fest eingespannt ist, daß also

$$X_0 = 0 \qquad \text{und} \qquad X_{n+1} = 0 \tag{6.74}$$

gilt. Dann aber ergibt die Anwendung von Gl. (6.73):

$$\begin{aligned}
\varkappa_1 &= 1 \\
\varkappa_2 &= -\eta^2 + 2 \\
\varkappa_3 &= \eta^4 - 4\eta^2 + 3 \\
\varkappa_4 &= -\eta^6 + 6\eta^4 - 10\eta^2 + 4
\end{aligned}$$

$$\ldots\ldots\ldots\ldots\ldots\ldots\ldots\ldots$$

Diese Amplitudenverhältnisse sind Funktionen des Frequenzverhältnisses η – man hat sie deshalb auch als **Frequenzfunktionen** bezeichnet. Sie sind insbesondere von Grammel [2] systematisch zur Berechnung der Eigenfrequenzen von Schwingerketten verwendet worden. Die Eigenfrequenzen lassen sich nämlich als Nullstellen der $(n + 1)$-ten Frequenzfunktion bestimmen, d. h. es gilt für die bezogenen Eigenfrequenzen η_q die Beziehung: $\varkappa_{n+1}(\eta_q) = 0$. Die Eigenfrequenzen sind also durch die besondere Eigenschaft ausgezeichnet, daß für sie die am Ende der Kette zu fordernde Randbedingung $\varkappa_{n+1} = 0$ automatisch erfüllt wird. Die Nullstellen der Frequenzfunktionen sind bis zu $n = 11$ in Tabellen niedergelegt (s. [2], Bd. II, Kap. XIII).

Es ist jedoch auch möglich, die Eigenfrequenz explizit durch eine geschlossene Formel auszudrücken. Zu diesem Zweck versuchen wir eine Lösung der Iterationsformel (6.72) mit dem Ansatz

$$X_p = C \sin p\alpha. \tag{6.75}$$

Dieser Ansatz erfüllt die erste der Randbedingungen (6.74). Damit auch die andere erfüllt ist, muß

$$(n + 1)\alpha = q\pi, \qquad q = 1, 2, \ldots$$

oder

$$\alpha = \frac{\pi q}{n + 1} \tag{6.76}$$

gelten. Andererseits aber folgt durch Einsetzen von Gl. (6.75) in die Iterationsformel (6.72):

$$C \sin p\alpha(2 - \eta^2 - 2 \cos \alpha) = 0.$$

Da die Werte $C = 0$ und $\sin p\alpha = 0$ nicht interessieren, kann diese Bedingung nur erfüllt sein, wenn

$$\eta^2 = 2(1 - \cos \alpha) = 4 \sin^2 \frac{\alpha}{2} \tag{6.77}$$

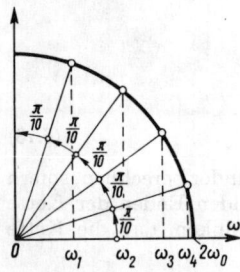

ist. Unter Berücksichtigung von Gl. (6.71) und (6.76) kann man damit unmittelbar die Eigenfrequenzen selbst angeben:

$$\omega = \eta\omega_0 = 2\omega_0 \sin \frac{\alpha}{2}$$

$$\omega_q = 2\omega_0 \sin \frac{\pi q}{2(n + 1)} . \tag{6.78}$$

Fig. 193. Bestimmung der Eigenfrequenzen einer homogenen Schwingerkette mit $n = 4$

Diese Beziehung läßt sich leicht auch auf graphischem Wege lösen, wie dies Fig. 193 für den Fall $n = 4$ zeigt. Man trage auf einer ω-Geraden die Strecke $2\omega_0$ ab und schlage einen Kreisbogen mit dem Radius $2\omega_0$ um den Anfangspunkt der Strecke. Dann teile man den Viertelkreis in $n + 1$ gleiche Sektoren ein. Werden nun die Schnittpunkte der diese Sektoren begrenzenden Radien mit dem Kreisbogen auf die ω-Gerade heruntergelotet, dann sind die Abstände der Fußpunkte vom Nullpunkt ein unmittelbares Maß für die Eigenfrequenzen.

Für die Amplitudenverteilung ergibt der Ansatz (6.75) unter Berücksichtigung von (6.76) nunmehr:

$$X_{pq} = C_q \sin \frac{\pi p q}{n + 1} . \tag{6.79}$$

Für den Fall $n = 4$ sind die zu jeder der vier Eigenfrequenzen ($q = 1, 2, 3, 4$) gehörenden Amplitudenverteilungen aus Fig. 194 zu ersehen. Die Gesamtlösung wird wieder durch Überlagerung der einzelnen Hauptschwingungen erhalten:

$$x_p = C_q \sin \frac{\pi p q}{n+1} \cos(\omega_q t - \varphi_q). \tag{6.80}$$

Die hierin noch auftretenden Konstanten C_q und φ_q müssen in bekannter Weise aus den für jede der Massen geltenden Anfangsbedingungen ausgerechnet werden. Man bekommt für $t = 0$ aus Gl. (6.80) unmittelbar 2 Systeme von je n Gleichungen, aus denen die Größen $C_{(q)} \cos \varphi_q$ und $C_{(q)} \sin \varphi_q$ errechnet werden können:

$$x_p(0) = C_q \cos \varphi_q \sin \frac{\pi p q}{n+1},$$

$$\dot{x}_p(0) = C_q \sin \varphi_q \, \omega_q \sin \frac{\pi p q}{n+1}.$$

Für den Fall der hier betrachteten Schwingerkette geht die früher besprochene Orthogonalitätsbedingung Gl. (6.63) über in:

$$\sin \frac{\pi p r}{n+1} \sin \frac{\pi p s}{n+1} = 0, \qquad r \ne s. \tag{6.81}$$

Ähnlich wie es hier für die beiderseits fest eingespannte Schwingerkette gezeigt wurde, lassen sich auch die Lösungen für andere Randbedingungen finden. Wir wollen jedoch darauf hier nicht näher eingehen.

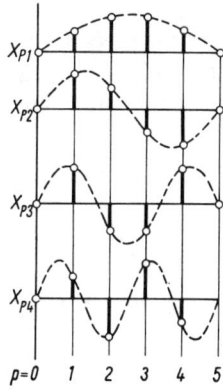

Fig. 194. Amplitudenverteilungen für die Eigenfrequenzen einer homogenen Schwingerkette mit $n = 4$

6.24 Filter. Auch die erzwungenen Schwingungen einer Schwingerkette können mit den im vorigen Abschnitt behandelten Methoden berechnet werden. Da sich hierbei die selektiven Eigenschaften noch stärker bemerkbar machen, als bei einem einfachen Schwinger mit einem Freiheitsgrad, verwendet man Schwingerketten häufig als Filter, um bestimmte Frequenzen oder bestimmte Bereiche von Frequenzen aus einem Gemisch von erregenden Schwingungen herauszufiltern. Als Beispiel sei wieder die in Fig. 192a skizzierte Schwingerkette betrachtet, jedoch soll jetzt der linke Einspannpunkt nicht festliegen, sondern eine periodische Bewegung

$$x_0 = x_e = X_e \cos \Omega t \tag{6.82}$$

ausführen. An den Bewegungsgleichungen (6.70) für die einzelnen Massen ändert sich dadurch nichts. Wir werden eine periodische Lösung erwarten dürfen, die die gleiche Frequenz wie die Erregung besitzt und die entweder in Phase oder in Gegenphase zur Erregung erfolgt. Daher wählen wir den Ansatz

$$x_p = X_p \cos \Omega t. \tag{6.83}$$

Den früheren Ansatz (6.75) für die Amplitude X_p erweitern wir jetzt zu

$$X_p = C \sin(p\alpha + \beta). \tag{6.84}$$

Die neu eingeführte Konstante β wird es uns ermöglichen, die Lösung der Randbedingung am Anfang der Kette anzupassen. Die Größe α steht dafür nicht zur Verfügung; geht man nämlich mit dem Ansatz (6.84) in die Amplitudenbeziehung (6.72) ein, dann stellt man fest, daß der Zusammenhang zwischen α und η festliegt und durch Gl. (6.77) bestimmt wird. Der Unterschied gegenüber den Verhältnissen des vorigen Abschnittes liegt darin, daß bei der Untersuchung der Eigenschwingungen η als bezogene Eigenfrequenz erst bestimmt werden mußte; bei den erzwungenen Schwingungen ist dagegen η als bezogene Erregerfrequenz bekannt. Der Zusammenhang zwischen α und η ist in Fig. 195 dargestellt. Man erkennt daraus, daß der hier gewählte Ansatz (6.84) nur für $\eta \leqq 2$ sinnvoll ist (wir werden den Fall $\eta > 2$ anschließend besprechen), und daß man – um die Betrachtungen etwas zu vereinfachen – weiterhin die Größe α als eine Maßzahl für die Erregerfrequenz ansehen kann. Der α-Maßstab ist lediglich etwas gegenüber dem η-Maßstab verzerrt.

Mit dem Ansatz (6.84) bekommt man nun für die hier zugrunde gelegten Randbedingungen die Forderungen:

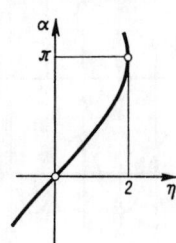

$$X_0 = X_e = C \sin \beta,$$
$$X_{n+1} = 0 = C \sin [(n+1)\alpha + \beta]. \tag{6.85}$$

Hieraus folgen die Konstanten des Ansatzes zu:

$$\beta = q\pi - (n+1)\alpha \qquad (q = 1, 2, 3, \ldots),$$
$$C = \frac{X_e}{\sin \beta} = \frac{X_e}{(-1)^{q+1} \sin (n+1)\alpha}.$$

Damit aber gewinnt man die Lösung (6.83) in der Form:

Fig. 195. Die Hilfsgröße $\alpha = \alpha(\eta)$

$$x_p = X_e \frac{\sin (n+1-p)\alpha}{\sin (n+1)\alpha} \cos \Omega t. \tag{6.86}$$

Es interessiert nun vor allem wieder die Vergrößerungsfunktion, d. h. der Faktor, um den die Schwingungen der einzelnen Massen gegenüber der Erregung verändert sind. In unserem Falle ist dieser Faktor gerade der Quotient der beiden Sinusfunktionen in (6.86):

$$V_p = \frac{\sin (n+1-p)\alpha}{\sin (n+1)\alpha}. \tag{6.87}$$

Der Verlauf dieser Funktionen in Abhängigkeit von der Größe α entspricht im wesentlichen den Resonanzfunktionen. Mit $\Omega = 0$, also $\alpha = 0$ beginnen diese Funktionen bei

$$V_{p0} = 1 - \frac{p}{n+1}.$$

Das ist die statische Auslenkung der einzelnen Massen für den Fall, daß der Anfang der Kette um den Betrag 1 verschoben wird. Die statische Auslenkung nimmt linear mit der Zahl p der Massen ab.

Der Nenner von (6.87) hat Nullstellen für diejenigen Werte von α, die den Eigenfrequenzen der Kette entsprechen. Das folgt unmittelbar aus der die Eigenfrequenzen definierenden Beziehung (6.76). In dem hier interessierenden

Bereich $0 < \alpha < \pi$ existieren n Nullstellen des Nenners, also auch n Resonanzstellen der Vergrößerungsfunktionen. Der Zähler von (6.87) hat ebenfalls Nullstellen, und zwar bei:

$$\alpha = \frac{q\pi}{n+1-p} .$$

Da $\alpha < \pi$ bleiben muß, existieren $n - p$ Nullstellen. Die Resonanzkurve der ersten Masse der Kette hat also $n - 1$ Nullstellen. Für jede folgende Masse geht eine der Nullstellen verloren, bis schließlich die Resonanzkurve der letzten, n-ten Masse überhaupt keine Nullstelle mehr besitzt.

Für die Grenzfrequenz $\Omega = 2\omega_0$; $\eta = 2$; $\alpha = \pi$ wird stets

$$V_p(\alpha = \pi) = \pm \left(1 - \frac{p}{n+1} \right) = \pm V_{p0} . \tag{6.88}$$

Es wird also gerade wieder die statische Auslenkung erreicht, wobei die Vorzeichen jedesmal wechseln. Das zeigt an, daß benachbarte Massen der Kette bei Erregung mit der Grenzfrequenz stets in Gegenphase schwingen.

Was passiert nun bei Erregerfrequenzen, die größer als die Grenzfrequenz $\Omega = 2\omega_0$ sind? Hier müssen wir an Stelle des Ansatzes (6.84) einen entsprechenden wählen, bei dem der trigonometrische Sinus durch den hyperbolischen ersetzt wird:

$$X_p = C \sinh (p\alpha + \beta). \tag{6.89}$$

Durch Einsetzen in Gl. (6.72) findet man wieder eine Beziehung zwischen α und η, die jetzt die Form

$$\cosh \alpha = 1 - \frac{1}{2}\eta^2 \tag{6.90}$$

hat. Da sie für reelle Werte von α nicht erfüllt werden kann, setzen wir

$$\alpha = \alpha^* + i\pi$$

an und erhalten dann unter Ausnützung der Additionstheoreme für die Hyperbelfunktionen

$$\cosh \alpha^* = \frac{1}{2}\eta^2 - 1 . \tag{6.91}$$

Auch in diesem Fall kann α^* als ein Maß für die Größe der Erregerfrequenz verwendet werden.

Die anderen beiden Konstanten des Ansatzes (6.89) findet man aus den Randbedingungen:

$$X_0 = X_e = C \sinh \beta,$$

$$X_{n+1} = 0 = C \sinh [(n+1)\alpha + \beta].$$

Die Ausrechnung führt auf $\beta = -(n+1)\alpha^*$ und

$$C = \frac{X_e}{\sinh \beta} ; \qquad X_p = X_e \frac{\sinh (p\alpha + \beta)}{\sinh \beta} = (-1)^p X_e \frac{\sinh (p\alpha^* + \beta)}{\sinh \beta} ,$$

so daß die endgültige Lösung nun in

$$x_p = (-1)^p X_e \frac{\sinh{(n+1-p)\alpha^*}}{\sinh{(n+1)\alpha^*}} \cos{\Omega t} \tag{6.92}$$

übergeht. Daraus stellt man zunächst fest, daß für alle Frequenzen $\Omega > 2\omega_0$ – also für alle α^* – die Vorzeichen der Vergrößerungsfunktionen alternieren. Die Massen der Kette schwingen also jetzt stets gegensinnig zu den Nachbarmassen. Man kann sich weiterhin davon überzeugen, daß für die Grenzfrequenz

$$\Omega = 2\omega_0; \qquad \eta = 2; \qquad \alpha^* = 0$$

ein stetiger Anschluß an die zuvor ausgerechnete Lösung (6.88) erreicht wird. Aus dem Verlauf der hyperbolischen Sinusfunktion folgt, daß ganz allgemein für jede der Massen der Betrag der Vergrößerungsfunktion [also der in (6.92) stehende Quotient] mit wachsendem α^* kleiner wird. Der Abfall ist um so stärker, je weiter die Massen vom Anfang der Kette entfernt sind. Für die letzte Masse der Kette ($p = n$) findet man die Vergrößerungsfunktion

$$V_n = (-1)^n \frac{\sinh{\alpha^*}}{\sinh{(n+1)\alpha^*}}. \tag{6.93}$$

Bei hinreichend großem n fällt diese Funktion mit wachsender Frequenz so stark ab, daß man praktisch von einer Sperrung sprechen kann: Frequenzen oberhalb der Grenzfrequenz $\Omega = 2\omega_0$ werden nicht durch die Kette hindurchgelassen; die Kette wirkt als Tiefpaß-Filter.

6.25 Der Übergang zum schwingenden Kontinuum. Mit einer Vergrößerung der Zahl n der Freiheitsgrade läßt sich ohne besondere Schwierigkeiten der Übergang zu einem schwingenden Kontinuum durchführen. Wenngleich es im allgemeinen zweckmäßiger ist, schwingende Kontinua unmittelbar aus den für das Kontinuum geltenden Gleichungen zu berechnen, so wollen wir hier doch für den Sonderfall einer homogenen Schwingerkette diesen Grenzübergang erläutern.

Denkt man sich in Fig. 192a die Unterteilung in Massen und Federn immer feiner gewählt, so kommt man zu dem Bild einer Saite. Es muß also möglich sein, durch einen Grenzübergang aus den Ergebnissen der vorhergehenden Abschnitte Formeln für die Längsbewegungen einer Saite zu bekommen. Um Übereinstimmung mit den Bezeichnungen im Abschnitt 2.116 zu bekommen – dort wurde die Bewegungsgleichung einer Saite abgeleitet –, soll jetzt die Verschiebungskoordinate eines Massenteilchens mit ξ, die Ortskoordinate mit x bezeichnet werden. Nennen wir den Abstand zweier Massen der Kette Δx und die Gesamtlänge der Kette L, dann gilt im Grenzübergang

$$n \to \infty; \qquad \Delta x \to 0; \qquad n\Delta x \to L; \qquad p\Delta x \to x.$$

Damit aber läßt sich das für die Eigenschwingungen einer Schwingerkette erhaltene Ergebnis (6.80) unmittelbar übertragen. Wegen

$$\frac{\pi p q}{n+1} = \frac{\pi q p \Delta x}{(n+1)\Delta x} \to \frac{\pi q x}{L}$$

erhält man:

$$\xi(x,t) = C_q \sin{\frac{\pi q x}{L}} \cos{(\omega_q t - \varphi_q)}. \tag{6.94}$$

Diese Lösung erfüllt die geforderten Randbedingungen

$$\xi(0, t) = \xi(L, t) = 0$$

für alle Eigenfrequenzen ω_q; sie hat außerdem die schon früher als möglich erkannte Produktform von Gl. (2.47): $\xi = G(x)F(t)$. Die Teilfunktionen G und F genügen den Differentialgleichungen (2.49) und (2.50), woraus zu entnehmen ist, daß wir

$$\frac{\pi q}{L} = \frac{\omega_q}{c^*} \tag{6.95}$$

wählen müssen, damit Übereinstimmung mit den früheren Bezeichnungen erhalten wird. Um Verwechselungen mit der Federkonstanten c zu vermeiden, wurde für die frühere Größe c hier c^* gesetzt. Die Lösung (6.94) geht damit über in

$$\xi(x, t) = C_q \sin \frac{\omega_q x}{c^*} \cos (\omega_q t - \varphi_q). \tag{6.96}$$

Die allgemeine Bewegung ist demnach eine Überlagerung der unendlich vielen Teilschwingungen, die als einperiodische Eigenschwingungen möglich sind. Jede Eigenschwingung bildet für sich eine s t e h e n d e W e l l e, die um so mehr Knoten und Bäuche besitzt, je höher der Grad der Eigenschwingung ist. Die Darstellung von Fig. 194 könnte sinngemäß auch auf die Amplitudenverteilung der schwingenden Saite übertragen werden.

Die Lösung (6.96) enthält zweimal unendlich viele Konstanten, die wieder aus den Anfangsbedingungen für $t = 0$ bestimmt werden müssen. Es muß sein:

$$\xi(x, 0) = C_q \cos \varphi_q \sin \frac{\omega_q x}{c^*} ,$$

$$\dot{\xi}(x, 0) = C_q \sin \varphi_q \omega_q \sin \frac{\omega_q x}{c^*} . \tag{6.97}$$

Wegen Gl. (6.95) und $q = 1, 2, 3, \ldots$ können diese unendlichen Summen als Fourier-Zerlegungen für Anfangsform und Anfangsgeschwindigkeit der Saite aufgefaßt werden. Dann aber ergeben sich die gesuchten Konstanten einfach als Fourier-Koeffizienten:

$$C_{(q)} \cos \varphi_q = \frac{1}{L} \int\limits_0^L \xi(x, 0) \sin \frac{\pi q x}{L} \, dx,$$

$$C_{(q)} \sin \varphi_q = \frac{1}{\pi c^* q} \int\limits_0^L \dot{\xi}(x, 0) \sin \frac{\pi q x}{L} \, dx. \tag{6.98}$$

Für den hier betrachteten Fall einer beiderseits fest eingespannten Saite geht die Orthogonalitätsbeziehung (6.81) über in:

$$\int\limits_0^L \sin \frac{\omega_r}{c^*} x \sin \frac{\omega_s}{c^*} x \, dx = 0. \tag{6.99}$$

Sie bezieht sich nur auf die Eigenschwingungsf o r m e n, da die Zeit darin nicht auftritt. Bei anderen Randbedingungen muß sie sinngemäß verallgemeinert werden.

6.3 Aufgaben

53. Die Bewegungen zweier gleichartiger Schwerependel mit den Trägheitsmomenten Θ und den Eigenfrequenzen ν_0 seien über eine Schraubenfeder mit der Federkonstanten c miteinander gekoppelt (siehe Fig. 196). Wie groß muß der Abstand a gewählt werden, damit sich die bei kleinen Schwingungen auftretenden Eigenfrequenzen um 10% (bezogen auf ν_0) voneinander unterscheiden.

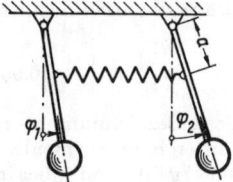

Fig. 196. Zu Aufgabe 53

54. An einem Fadenpendel der Länge L und der Masse m hängt ein zweites Fadenpendel gleicher Länge und gleicher Masse. Das System möge ebene Bewegungen ausführen, bei denen die Winkel φ_1 und φ_2 der Pendelfäden gegenüber der Vertikalen klein bleiben. Man berechne Normalkoordinaten $\xi(\varphi_1, \varphi_2)$ und $\eta(\varphi_1, \varphi_2)$ aus der Forderung, daß kinetische und potentielle Energie rein quadratische Formen der neuen Koordinaten werden.

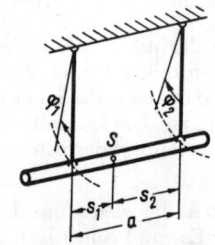

Fig. 197. Zu den Aufgaben 55, 56, 57

55. Ein gerader Stab von der Masse m ist horizontal an zwei als masselos anzusehenden Fäden der Länge L aufgehängt (siehe Fig. 197). Die Fäden sind in der Ruhelage parallel und vertikal; ihr Abstand voneinander sei a. Die Befestigungspunkte der Fäden haben vom Schwerpunkt S die Abstände s_1 und $s_2 (s_1 + s_2 = a)$; der Trägheitsradius des Stabes für eine vertikale Achse durch den Schwerpunkt sei ϱ. Unter der Voraussetzung $\varphi_1 \ll 1$, $\varphi_2 \ll 1$ leite man die Bewegungsgleichungen für die miteinander gekoppelten Pendel- und Drehschwingungen des Stabes ab. Die Pendelschwingung, bei der sich der Stab in Richtung der Stabachse bewegt, soll unberücksichtigt bleiben.

56. Man berechne die Eigenfrequenzen ω_1 und ω_2 des Schwingers von Fig. 197. Es soll überlegt werden, unter welchen Bedingungen $\omega_1 = \omega_2$ wird, und welche Werte die Schwerpunktsabstände s_1 und s_2 dann haben müssen.

57. Der Schwinger von Fig. 197 führt bei bestimmten Anfangsauslenkungen φ_{10} und φ_{20} bei stoßfreiem Loslassen Normalschwingungen mit den Frequenzen ω_1 bzw. ω_2 (siehe Aufgabe 56) aus. Man berechne die dazu notwendigen Verhältnisse $\varphi_{10}/\varphi_{20}$ und gebe den Charakter der Schwingung an.

58. Auf der Mitte eines beidseitig abgestützten Trägers steht eine Maschine, die bei einer Arbeitsdrehzahl von 600 U/min das System durch Unwuchten zu Schwingungen von der Amplitude $X = 2\,\mathrm{mm}$ erregt. Die Eigenfrequenz der Grundschwingung sei 15 Hz. Die erzwungenen Schwingungen sollen durch Ankoppeln eines Zusatzschwingers (Tilger) beseitigt werden. Wie groß wird die Amplitude Y des Tilgers bei richtiger Abstimmung, wenn die Tilgermasse 10% der effektiven Schwingermasse (Massenverhältnis $\mu = 0,1$) ausmacht?

59. Ein Gummiseil der Länge $4L$ sei durch die Spannkraft S gespannt und an beiden Enden befestigt. In Abständen L von den Enden bzw. voneinander seien drei gleichgroße Massen am Seil befestigt, deren Eigengewicht als klein gegenüber S angesehen werden kann. Die Auslenkungen x_1, x_2, x_3 der Massen senkrecht zur Seilrichtung seien klein gegenüber L. Man berechne die drei Eigenfrequenzen.

60. Für den Schwinger von Aufgabe 59 berechne man die Matrix der Amplitudenverhältnisse $\varkappa_{pq}$ (p, q von 1 bis 3) und zeige, daß die Orthogonalitätsbedingungen Gl. (6.62) erfüllt sind.

61. Man gebe eine der Rekursionsformel Gl. (6.73) entsprechende Beziehung für die Schwingerkette von Fig. 192c an und berechne durch Aufsuchen der daraus folgenden Frequenzfunktionen die Eigenfrequenzen für eine aus 3 Massen bestehende, an den Enden fest eingespannte ($X_0 = X_4 = 0$) homogene Schwingerkette.

62. Durch Vergleich der Rekursionsformeln (siehe Gl. 6.73 bzw. Aufgabe 61) oder der Frequenzfunktionen stelle man eine allgemeine Beziehung zwischen den dimensionslosen Eigenwerten η der homogenen Schwingerkette von Fig. 192c und η^* der Kette von Fig. 192a auf.

Lösungen der Aufgaben

1. $c = \dfrac{c_1 c_2}{c_1 + c_2}$ oder $\dfrac{1}{c} = \dfrac{1}{c_1} + \dfrac{1}{c_2}$.

2. $c = c_1 + c_2$.

3. $\omega = \sqrt{\dfrac{E F}{m L}}$.

4. $+ \dfrac{\varrho_f g}{\varrho L} x = 0; \qquad \omega = \dfrac{\varrho_f g}{\varrho L}$.

5. $A = \dfrac{a}{2}; \qquad T = 2\pi \sqrt{\dfrac{a}{2g}}$.

6. a) $A^* = \dfrac{1}{2} \sqrt{a^2 + 2A^2}$; b) $A^* = \dfrac{a}{2} + A$; c) $A^* = \left| \dfrac{a}{2} - A \right|$.

7. $\dot{x} = \sqrt{\dfrac{g}{2a} \ln \dfrac{1 + 4a^2 x_0^2}{1 + 4a^2 x^2}}$; $\omega = \sqrt{2 g a}$.

8. $s = \varrho_s = \dfrac{L}{\sqrt{12}} = 0{,}289 L$.

9. $\omega_R = \sqrt{\dfrac{g}{L}}; \qquad \omega_S = \sqrt{\dfrac{2g}{L}}$.

10. $T_s = 84{,}3$ Minuten.

11. $T = 4 \sqrt{\dfrac{m}{c}} \arccos \dfrac{1}{1 + \dfrac{cA}{h}}$.

12. $T = 2 \sqrt{\dfrac{m}{c}} \left[\pi + \dfrac{2 x_t}{A - x_t} \right]$.

Magnus, Schwingungen

13. $D = 0{,}378$.

14. $x_m = 0{,}955\,\mathrm{mm}$; $\vartheta = 0{,}826$; $D = 0{,}131$.

15. $\vartheta = 0{,}4$; $D = 0{,}0635$.

16. $D = 0{,}075$; $(x_{\max})_2 = 78{,}7\,{}^0\!/_0$.

17. $T_{z1} = 1{,}230\,\mathrm{s}$; $T_{z2} = 0{,}348\,\mathrm{s}$.

18. $x_0 = -\sqrt{9}$; $x_1 = \sqrt{7}$; $x_2 = -\sqrt{5}$; $x_3 = \sqrt{3}$; $x_4 = -1$;
4,5 Halbschwingungen.

19. $D = \dfrac{3\,k\,A^2\omega^3}{8c}$; $\Delta x = \dfrac{3\pi\,k\,A^3\omega^3}{4c}$.

20. $\ddot{x} - \left(\alpha - \dfrac{3}{4}\,\beta\,A^2\,\omega^2\right)\dot{x} + \omega_0^2\,x = 0$; $\omega \approx \omega_0$; $A \approx \dfrac{2}{\omega_0}\,\sqrt{\dfrac{\alpha}{3\beta}}$.

21. $A \approx \dfrac{2}{\omega_0}\,\sqrt{\dfrac{\alpha}{3\beta}}$.

22. $\ddot{x} - \dfrac{A\omega}{\pi}\left(\dfrac{8\alpha}{3} - \beta A\right)\dot{x} + \omega_0^2\left(1 + \dfrac{3\gamma A^2}{4}\right)x = 0$;

$\omega \approx \omega_0\,\sqrt{1 + \dfrac{16\gamma\alpha^2}{3\beta^2}}$; $A \approx \dfrac{8\alpha}{3\beta}$.

23. a) $A = a\,\coth\dfrac{\pi D}{2\,\sqrt{1-D^2}}$;   b) $A \approx \dfrac{2a}{\pi D}$.

24. $2Dv < a\,\sin v\tau_0$.

25. $v_{\mathrm{krit}} = \dfrac{\omega_0}{b\,\sin\psi}$.

26. $\dfrac{\Delta T}{T} = \dfrac{1}{\pi}\left(\arcsin\dfrac{x_r}{A-x_r} - \arcsin\dfrac{x_r}{A+x_r}\right)$; $5{,}5\,\mathrm{s}$.

27. $\dfrac{\Delta T}{T} = \mp\dfrac{1}{\pi}\,\arctan\dfrac{2\,\sqrt{A\,x_r}}{A-x_r}$,   Fall a): Minus-Zeichen,
Fall b): Plus-Zeichen.
$\Delta T = 5560\,\mathrm{s/d}$.

28. $T = \dfrac{4h^2t_0}{h^2-h_0^2}$; $A = ht_0$; $x_m = h_0t_0$.

29. $\alpha_0 = 3$; $\omega \approx \omega_0 = \dfrac{1}{RC}$; $A \approx \sqrt{\dfrac{4(\alpha-3)}{3\beta}}$.

30. $\alpha_0 = 2R$; $A \approx 2\beta C \left(\dfrac{\alpha - 2R}{3} \right)^{\frac{3}{2}}$.

31. $\Delta E_D = \dfrac{2qg\varphi_0^3}{3} \left(L_1^2 + L_2^2 \right)$; $\varphi_0^* = \dfrac{3mhL_1 \left(L_1^2 + L_1 L_2 + L_2^2 \right)}{4qL_2^3 \left(L_1^2 + L_2^2 \right)}$.

Die Schwingung ist stabil wegen $\Delta E_D > \Delta E$ für $\varphi_0 > \varphi_0^*$,

und $\Delta E_D < \Delta E$ für $\varphi_0 < \varphi_0^*$.

32. $0{,}99792 < \dfrac{\Omega}{\omega_0} < 1{,}00042$; $1{,}83 < \dfrac{\Omega}{\omega_0} < 2{,}24$.

33. $\Omega \geqslant 14{,}14\,\omega_0$.

34. $\lambda = \dfrac{c_0 R^2}{16 v^2 J}$; $\gamma = \dfrac{\Delta c R^2}{16 v^2 J}$; $v_1 = \dfrac{R}{2} \sqrt{\dfrac{1}{J} \left(c_0 - \dfrac{\Delta c}{2} \right)}$;

$v_2 = \dfrac{R}{2} \sqrt{\dfrac{1}{J} \left(c_0 + \dfrac{\Delta c}{2} \right)}$.

35. Durch Einsetzen von $y = a_1 \cos \dfrac{\tau}{2} + b_1 \sin \dfrac{\tau}{2} + \ldots$ in (4.41) folgt

$$a_1 \cos \dfrac{\tau}{2} \left[-\dfrac{1}{4} + \lambda + \dfrac{\gamma}{2} \right] + b_1 \sin \dfrac{\tau}{2} \left[-\dfrac{1}{4} + \lambda - \dfrac{\gamma}{2} \right] + \cdots = 0.$$

Nullsetzen der eckigen Klammern ergibt Gl. (4.46).

36. $v_0^* = x_0 (D + k) = x_0 \left(D + \sqrt{D^2 - 1} \right)$.

37. $F_4 = \dfrac{1}{4D} (1 + 4D^2 + k)$; $D_{\text{opt}} = \dfrac{1}{2} \sqrt{1 + k}$.

38. a) $D = 1$; b) Kriterium versagt, da $F_1 = v_0$ von D unabhängig ist. c) Kriterium versagt ebenfalls, da F_2 für $D < 1$ monoton und für $D \geqq 1$ konstant ist;

d) $F_3 = \dfrac{v_0^2}{4D}$; $D_{\text{opt}} \to \infty$.

39. $x(\tau) = \alpha \left[\tau - 2 + (\tau + 2) e^{-\tau} \right]$ für $0 \leqq \tau \leqq \tau_0$;

$x(\tau) = \alpha \left[\tau_0 - (2 + \tau - \tau_0) e^{-(\tau - \tau_0)} + (\tau + 2) e^{-\tau} \right]$ für $\tau \geqq \tau_0$.

40. $V = \dfrac{\varkappa \eta^4}{\sqrt{(1 - \eta^2)^2 + 4D^2 \eta^2}}$;

$\eta_{\text{extr}} = \sqrt{\dfrac{3}{2} (1 - 2D^2) \pm \sqrt{1 - 36D^2 (1 - D^2)}}$; $D \leqq 0{,}1691$.

41. $(\eta_{\max})_m = \dfrac{1}{\sqrt{1 - 2D^2}}$; $(\eta_{\max})_s = \sqrt{2(1 - 2D^2) \pm \sqrt{1 - 16D^2(1 - D^2)}}$

42. B) $u = \dfrac{1 - \eta^2}{2D\eta}$; $v = 1$;   Gerade parallel zur u-Achse im Abstand $v = 1$.

C) $u = \dfrac{1}{\eta^2} - 1$; $v = \dfrac{2D}{\eta}$;   Parabel wie im Falle A, nur mit reziprokem η-Maßstab.

43. a) $\dot{x}_R \approx -\dot{x}_G$; $4{,}36 < \eta < \infty$;

b) $\dot{x}_R \approx -\ddot{x}_G$; $0 < \eta < 0{,}229$.

44. $\Delta\tau = \dfrac{2}{1 + \eta^2}$; $\delta = 0{,}040$ entsprechend 4%.

45. $\eta = 4{,}58$; $\omega_0 = 22{,}8\,\dfrac{1}{\text{s}}$; $f_0 = 1{,}88\,\text{cm}$.

46. $x_{\max} = 1{,}26\,\text{m}$.

47. $x_e = x_0 J_0(k^*) \cos\Omega_0 t + x_0 J_1(k^*)[\cos(\Omega_0 + \Omega_m)t - \cos(\Omega_0 - \Omega_m)t] +$

$\qquad + x_0 J_2(k^*)\,[\cos(\Omega_0 + 2\Omega_m)t + \cos(\Omega_0 - 2\Omega_m)t] +$

$\qquad + x_0 J_3(k^*)\,[\cos(\Omega_0 + 3\Omega_m)t - \cos(\Omega_0 - 3\Omega_m)t] + \ldots$

Für $k^* \ll 1$ können die Bessel-Funktionen durch die ersten Glieder ihrer Reihenentwicklung ersetzt werden:

$$J_0(k^*) \approx 1 ; \qquad J_1(k^*) \approx \frac{k^*}{2} ; \qquad J_2(k^*) \approx \frac{k^{*2}}{8} \ldots$$

Bei Vernachlässigung quadratischer und höherer Glieder von k^* ergeben Amplituden- und Frequenzmodulation gleiche Spektren, wenn die Modulationstiefe k für Amplitudenmodulation gleich der bezogenen Modulationstiefe k^* für Frequenzmodulation ist.

48. Aus der Bedingung für eine 3fache Wurzel der Gl. (5.147) folgt

$$A^* = \sqrt[3]{\frac{4x_0}{3\alpha}} ; \qquad \eta^* = \sqrt{1 + \frac{9\alpha A^{*2}}{8}} ; \qquad D^* = \frac{3\sqrt{3}\,\alpha A^{*2}}{16\eta^*} .$$

49. $A = \dfrac{3\pi(1 - \eta^2)}{8\sqrt{2}\,q\eta^2} \sqrt{\pm\sqrt{1 + \dfrac{256 x_0^2 q^2 \eta^4}{9\pi^2(1 - \eta^2)^4}} - 1}$;

da nur ein reeller Wert für A existiert, können Sprünge nicht vorkommen.

50. $A_{\max} \approx \sqrt{\dfrac{3\pi x_0}{8q}}$.

51. $x_m \approx \alpha \dbinom{2n}{n} \left[\dfrac{x_0}{2(1 - \eta^2)}\right]^{2n}$.

52. $A = \dfrac{8aD\eta}{\pi\left[(1-\eta^2)^2 + 4D^2\eta^2\right]}\left\{1 \pm \sqrt{1 - \dfrac{\left(16a^2 - \pi^2 x_0^2\right)\left[(1-\eta^2)^2 + 4D^2\eta^2\right]}{64a^2D^2\eta^2}}\right\}$

$1 - \Delta\eta \leqq \eta \leqq 1 + \Delta\eta$ mit $\Delta\eta = \dfrac{\pi D x_0}{4a\sqrt{1 + D^2}}$.

53. $a = v_0\sqrt{\dfrac{0{,}105\Theta}{c}}$.

54. $\xi = c\left(\varphi_1 - \sqrt{0{,}5}\,\varphi_2\right);$ $\eta - c\left(\sqrt{2}\,\varphi_1 + \varphi_2\right),$
mit beliebigem konstanten Faktor c.

55. $\ddot{\varphi}_1\left(s_2^2 + \varrho^2\right) + \ddot{\varphi}_2\left(s_1 s_2 - \varrho^2\right) + \dfrac{g a s_2}{L}\varphi_1 = 0,$

$\ddot{\varphi}_1\left(s_1 s_2 - \varrho^2\right) + \ddot{\varphi}_2\left(s_1^2 + \varrho^2\right) + \dfrac{g a s_1}{L}\varphi_2 = 0.$

56. $\omega_1 = \sqrt{\dfrac{g}{L}};$ $\omega_2 = \sqrt{\dfrac{g s_1 s_2}{L\varrho^2}};$ $s_1 s_2 = \varrho^2;$ $\left.\begin{matrix} s_1 \\ s_2 \end{matrix}\right\} = \dfrac{a}{2} \pm \sqrt{\dfrac{a^2}{4} - \varrho^2}$;

diese Werte sind nur reell für $\varrho < \dfrac{a}{2}$.

57. $\left(\dfrac{\varphi_{10}}{\varphi_{20}}\right)_{\omega_1} = 1$: parallele Pendelschwingung der Stange,

$\left(\dfrac{\varphi_{10}}{\varphi_{20}}\right)_{\omega_2} = -\dfrac{s_1}{s_2}$: Drehschwingung um eine vertikale Achse durch den Schwerpunkt.

58. $Y = \dfrac{v_0^2 - \omega^2}{\mu\omega^2} X = 25$ mm.

59. $\omega_1 = \sqrt{\dfrac{\sqrt{2} - 1}{\sqrt{2}}}\, v_0 = 0{,}5412\, v_0$ mit $v_0 = \sqrt{\dfrac{2S}{mL}}$,

$\omega_2 = v_0,$

$\omega_3 = \sqrt{\dfrac{\sqrt{2} + 1}{\sqrt{2}}}\, v_0 = 1{,}3065\, v_0.$

60. $\varkappa_{pq} = \begin{pmatrix} 1 & \sqrt{2} & 1 \\ 1 & 0 & -1 \\ 1 & -\sqrt{2} & 1 \end{pmatrix};$

$\varkappa_{p1}\varkappa_{p2} = 1 + 0 - 1 = 0,$
$\varkappa_{p1}\varkappa_{p3} = 1 - 2 + 1 = 0,$
$\varkappa_{p2}\varkappa_{p3} = 1 + 0 - 1 = 0.$

61. $\varkappa_p = \left(\dfrac{4}{\eta^2} - 2\right)\varkappa_{p-1} - \varkappa_{p-2}$;

$\omega_1 = 1{,}082\,\omega_0; \qquad \omega_2 = 1{,}414\,\omega_0; \qquad \omega_3 = 2{,}613\,\omega_0 \quad \text{mit} \quad \omega_0 = \sqrt{\dfrac{c}{m}}$.

62. $\eta = \dfrac{2}{\sqrt{4 - \eta^{*2}}}$.

Literatur

1. A. A. Andronow – C. E. Chaikin, Theory of Oscillations, englische Übersetzung herausgegeben von S. Lefschetz, Princeton 1949, 358 S.
2. C. B. Biezeno – R. Grammel, Technische Dynamik. Berlin-New York-Heidelberg 1971. 2 Bde. 699 und 452 S.
3. I. P. Den Hartog, Mechanische Schwingungen, deutsche Übersetzung von G. Mesmer, 2. Aufl. Berlin-Göttingen-Heidelberg 1952. 427 S.
4. E. Hübner, Technische Schwingungslehre in ihren Grundzügen. Berlin-Göttingen-Heidelberg 1957. 322 S.
5. H. Kauderer, Nichtlineare Mechanik. Berlin-Göttingen-Heidelberg 1958. 696 S.
6. K. Klotter, Technische Schwingungslehre. 2 Bde. Berlin-Göttingen-Heidelberg 1951 und 1960. 399 und 483 S.
7. E. Lehr, Schwingungstechnik. 2 Bde. Berlin 1930 und 1934. 295 und 373 S.
8. I. G. Malkin, Theorie der Stabilität einer Bewegung, deutsche Übersetzung von W. Hahn und R. Reißig, München 1959. 415 S.
9. N. Minorsky, Introduction to non-linear Mechanics, Ann Arbor 1947. 464 S.
10. M. Schuler, Mechanische Schwingungslehre. 2 Bde. Leipzig 1958 und 1959. 158 und 150 S.
11. W. W. Solodownikow, Grundlagen der selbsttätigen Regelung, deutsche Bearbeitung von H. Kindler, 2 Bde. München 1959. 1180 S.
12. J. J. Stoker, Non-linear vibrations in mechanical and electrical systems, New York 1950. 273 S.
13. J. G. Truxal, Entwurf automatischer Regelsysteme, Übersetzung aus dem Amerikanischen, Wien-München 1960. 726 S.
14. A. Weigand, Einführung in die Berechnung mechanischer Schwingungen. 2 Bde. Berlin 1955 und 1958. 122 und 176 S.

Sachverzeichnis

(Die Zahlen geben die Seiten an)

Teubner Studienbücher Fortsetzung

Mathematik Fortsetzung

Hilbert: **Grundlagen der Geometrie.** 12. Aufl. DM 26,80

Jeggle: **Nichtlineare Funktionalanalysis.** DM 26,80

Kall: **Analysis für Ökonomen.** DM 28,80 (LAMM)

Kall: **Lineare Algebra für Ökonomen.** DM 24,80 (LAMM)

Kall: **Mathematische Methoden des Operations Research.** DM 25,80 (LAMM)

Kohlas: **Stochastische Methoden des Operations Research.** DM 25,80 (LAMM)

Krabs: **Optimierung und Approximation.** DM 26,80

Lehn/Wegmann: **Einführung in die Statistik.** DM 24,80

Müller: **Darstellungstheorie von endlichen Gruppen.** DM 24,80

Rauhut/Schmitz/Zachow: **Spieltheorie.** DM 32,— (LAMM)

Schwarz: **FORTRAN-Programme zur Methode der finiten Elemente.** DM 24,80

Schwarz: **Methode der finiten Elemente.** 2. Aufl. DM 38,— (LAMM)

Stiefel: **Einführung in die numerische Mathematik.** 5. Aufl. DM 32,— (LAMM)

Stiefel/Fässler: **Gruppentheoretische Methoden und ihre Anwendung.** DM 29,80 (LAMM)

Stummel/Hainer: **Praktische Mathematik.** 2. Aufl. DM 36,—

Topsøe: **Informationstheorie.** DM 16,80

Uhlmann: **Statistische Qualitätskontrolle.** 2. Aufl. DM 38,— (LAMM)

Velte: **Direkte Methoden der Variationsrechnung.** DM 26,80 (LAMM)

Vogt: **Grundkurs Mathematik für Biologen.** DM 21,80

Walter: **Biomathematik für Mediziner.** 2. Aufl. DM 23,80

Winkler: **Vorlesungen zur Mathematischen Statistik.** DM 26,80

Witting: **Mathematische Statistik.** 3. Aufl. DM 26,80 (LAMM)

Physik/Chemie

Becher/Böhm/Joos: **Eichtheorien der starken und elektroschwachen Wechselwirkung.** 2. Aufl. DM 36,—

Bourne/Kendall: **Vektoranalysis.** DM 23,80

Daniel: **Beschleuniger.** DM 25,80

Engelke: **Aufbau der Moleküle.** DM 36,—

Großer: **Einführung in die Teilchenoptik.** DM 21,80

Großmann: **Mathematischer Einführungskurs für die Physik.** 4. Aufl. DM 32,—

Heil/Kitzka: **Grundkurs Theoretische Mechanik.** DM 39,—

Heinloth: **Energie.** DM 38,—

Kamke/Krämer: **Physikalische Grundlagen der Maßeinheiten.** DM 19,80

Kleinknecht: **Detektoren für Teilchenstrahlung.** DM 26,80

Kneubühl: **Repetitorium der Physik.** 2. Aufl. DM 44,—

Lautz: **Elektromagnetische Felder.** 3. Aufl. DM 29,80

Lindner: **Drehimpulse in der Quantenmechanik.** DM 26,80

Preisänderungen vorbehalten